U0263658

多面体硅倍半氧烷合成与表征

杨荣杰　张文超　著

科学出版社

北　京

内 容 简 介

本书将多面体（低聚）硅倍半氧烷（POSS）作为研究对象，以作者近20年对POSS化合物设计、合成与表征的研究结果为主要内容，详细介绍了带有苯基及其硝基和氨基、炔烃基、含磷、含硫、含金属等不同有机基团的POSS化合物的合成方法、表征手段、谱图特征、物化性能等，并对包括直接水解缩合法、有机基团改性法和三硅醇POSS封角法等不同的合成方法制备完整笼状结构、缺角笼状结构、直链梯形结构、环梯形结构以及混合结构的POSS化合物的反应过程进行了不同程度地跟踪表征，对相关反应原理进行了详细阐述。本书还针对不同POSS化合物的结构特点、研究及应用现状和亟待解决的问题进行了分析，提出了多种创新的合成方法和表征方法。

本书主要面向我国从事POSS化合物合成、分析与应用的高等学校、科研院所、工业企业的学者、专家、工程师、研究生等科研工作者，阐述背景知识，提供研究思路和技术路线。

图书在版编目（CIP）数据

多面体硅倍半氧烷合成与表征／杨荣杰，张文超著. —北京：科学出版社，2021.4

ISBN 978-7-03-068181-2

Ⅰ. ①多… Ⅱ. ①杨… ②张… Ⅲ. ①硅氧烷-研究 Ⅳ. ①O627.41

中国版本图书馆CIP数据核字（2021）第036883号

责任编辑：李明楠　李丽娇／责任校对：杜子昂

责任印制：肖　兴／封面设计：时代世启

科学出版社 出版

北京东黄城根北街16号

邮政编码：100717

http://www.sciencep.com

河北鹏润印刷有限公司 印刷

科学出版社发行　各地新华书店经销

*

2021年4月第　一　版　开本：720×1000　1/16

2021年4月第一次印刷　印张：23

字数：464 000

定价：150.00元

（如有印装质量问题，我社负责调换）

前　言

多面体（低聚）硅倍半氧烷（笼状聚倍半硅氧烷，polyhedral oligomeric silsesquioxane，POSS）是一种有机-无机杂化的化合物，多面体（也称笼状）结构由无机的 Si—O 构成，有机基团 R 连接在 Si 原子上，最典型的 POSS 化合物是由 8 个硅原子和 12 个氧原子构成的多面体化合物 $R_8Si_8O_{12}$（简称 T_8），分子尺度为 1～2 nm。多面体、有机-无机杂化、纳米结构特征，使 POSS 化合物无论是合成还是应用都广受关注。

POSS 化合物的合成一般通过三氯硅烷或三烷氧基硅烷的水解缩合反应而完成。较早的工作主要由三氯硅烷水解缩合制备 POSS，近年的工作表明由三烷氧基硅烷水解缩合制备 POSS 会更为简便。三氯硅烷或三烷氧基硅烷的水解会生成有三个 Si—OH 的单体，可以设想，在不适当的反应条件下很容易形成无规缩聚的硅氧烷，控制较低的单体浓度是十分重要的。

本书作者研究团队自 2002 年始，对 POSS 化合物的合成进行研究，在多面体八苯基硅倍半氧烷、缺角的七苯基硅倍半氧烷、梯形苯基硅倍半氧烷等 POSS 化合物的合成方面有一些体会，对缩合反应的机理有了新的认识。本书的内容以作者研究团队完成的 POSS 化合物的合成与表征工作为主，包括苯基及其硝基和氨基 POSS、炔烃基、含磷 POSS、含硫 POSS、含金属 POSS 等 20 余种 POSS 化合物；在 POSS 化合物分子空间结构上，包括完整笼状结构、缺角笼状结构、直链梯形结构、环梯形结构等。作者研究团队中的秦兆鲁、吴义维、范海波、李紫千、叶妙芬、叶新明、王小霞、张笑语等多位研究生对本书中涉及的研究工作做出了重要贡献。

期望本书能够对从事 POSS 化合物设计与合成的研究者提供有益的参考，也希望这些 POSS 化合物能够在聚合物复合材料和功能材料中获得应用。当然对 POSS 化合物而言，本书只是它的一个阶段性的探索概览。

作　者

2021 年 2 月

目 录

第 1 章　多面体苯基硅倍半氧烷的合成及表征

1.1　多面体硅倍半氧烷合成方法

近二十年来，多面体（低聚）硅倍半氧烷（POSS），也称笼状（低）聚倍半硅氧烷，已成为材料研究的热点之一。POSS 的化学结构通式为$(RSiO_{1.5})_n$，其中 n=6, 8, 10,…。目前，研究最多、最具有代表性的是具有立方六面体的 POSS（n=8），分子式为 $R_8Si_8O_{12}$，如图 1-1 所示，有机基团 R 可以是全同的，也可以是各异的。POSS 的 Si—O 结构内核使其具有无机材料的热稳定性，而外部的有机基团 R 可赋予其与聚合物良好的相容性和可加工性。

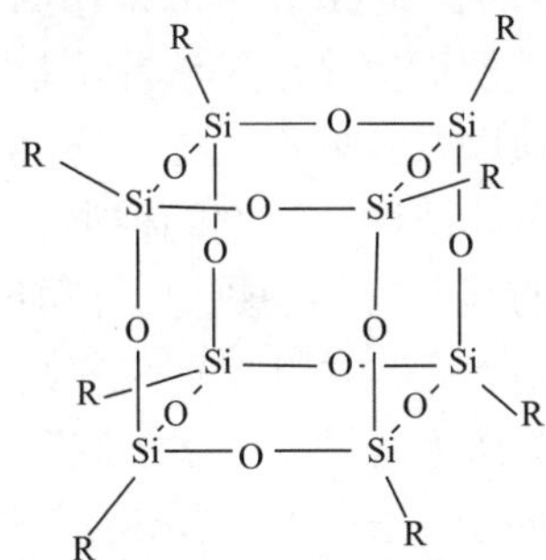

图 1-1　立方六面体 POSS 的结构

POSS 的笼状结构结合到聚合物中能够限制高分子链的运动，甚至在聚合物基体中产生晶畴，有利于提高聚合物的热性能和力学性能。由于 POSS 特有的纳米尺度与大分子链段大小相当，只要 POSS 化合物能够与聚合物分子级相容，它将以真正的分子尺度分散到聚合物中，对体系形成分子级的力学性能增强作用，这是其纳米效应的直接结果之一，远优于二氧化硅、黏土等填料对聚合物力学性能的影响[1]。

完全缩合的多面体 POSS 的合成方法主要包括：完全水解法、共水解法以及缺角 POSS 的顶角盖帽法三大类。

1. 完全水解法

完全水解法是指仅通过一种三官能度硅烷($RSiX_3$)在酸性或碱性条件下完

全水解发生缩聚反应生成官能团完全相同的八官能团 POSS[2-5]。R 基可以是乙烯基、甲基、苯基、环戊基、环已基等有机基团，X 一般为具有较高化学活性的非金属取代基团，如 Cl、OCH_3、OC_2H_5 等。X 为 OCH_3 时的水解缩合反应如图 1-2 所示。

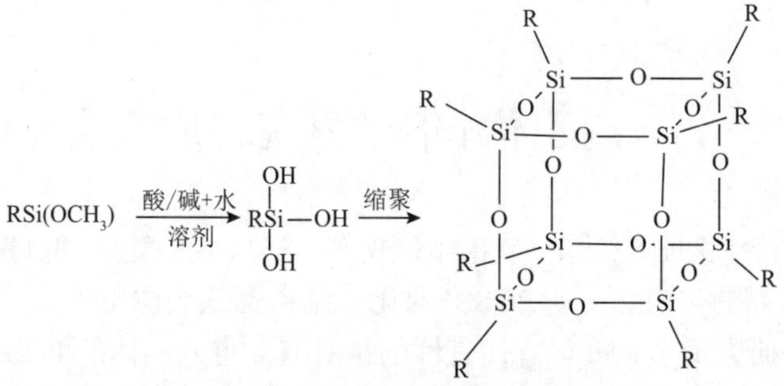

图 1-2　完全水解法缩合 POSS 的过程

完全水解法是在有机溶剂中以酸或碱作为催化剂条件下形成的，它既可以在极性溶剂中也可以在非极性溶剂中形成，多数采用四氢呋喃(THF)、苯或丙酮等作为合成 POSS 的反应溶剂。然而完全水解法并不是一种普遍适用的合成完全缩合 POSS 的方法，不同的原料以及合成不同种类的 POSS 所需条件与影响因素不完全一致，如原料的性质、单体浓度、溶剂的种类、生成物的性质、催化剂的种类与浓度以及在合成过程中的其他反应参数等。在酸性条件下，该反应常生成一些非平衡产物的混合物，其中包含少数几个产率较高的化合物，在某种意义上，完全缩合 POSS 的生成反应被认为是“动力学控制”的[6,7]。相比酸性条件，Si—O—Si 键的形成和水解断裂在碱性条件下比较容易，故又可以认为 POSS 的生成是由“热力学控制”的[8]。因此，可以认为 POSS 的合成是热力学与动力学共同平衡的结果，因而在 POSS 的合成中需要同时考虑两种因素来确定反应中的各项操作。在大多数情况下，酸催化 POSS 的合成，需要花费较长的时间，而碱性条件催化 POSS 的合成，产物多具有同分异构体，不易分离[9]。

2. 共水解法

共水解法是指有两种或两种以上的三官能度硅烷按照一定的比例在催化剂条件下合成完全缩合笼状 POSS 的方法(图 1-3)，采用此方法所合成的完全缩合的 POSS 通常是一类同时具有反应活性官能团和惰性官能团的 POSS。然而，共水解法与其他方法制备 POSS 的方法一样，也很难得到单一组分的目标产物，产率取决于反应时间、条件及官能团 R，同时该方法提纯困难，从而限制了此方法的工业化发展与应用。

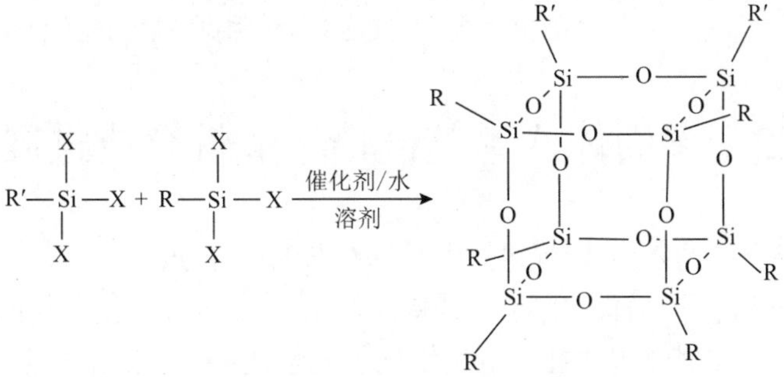

图 1-3　共水解法合成完全缩合 POSS 的过程

3. 顶角盖帽法

顶角盖帽(corner-capping)法，也称为缺角闭环法，是利用含有 3 个较活泼羟基的不完全缩合笼状硅倍半氧烷 $R_7Si_7O_9(OH)_3$ 与 $R'SiY_3$ 反应，生成笼状完全封闭的单官能化硅倍半氧烷，该法的合成路线示意图如图 1-4 所示[10-12]。例如，$R_7Si_7O_9(OH)_3$ 可与三氯硅烷、三烷氧基硅烷、某些金属化合物以 1∶1 的分子比例反应，使得活性基团或金属原子占据笼状 POSS 分子的一角，得到功能各异的单官能化 POSS。这一合成方法副产物较少，后期处理简单。

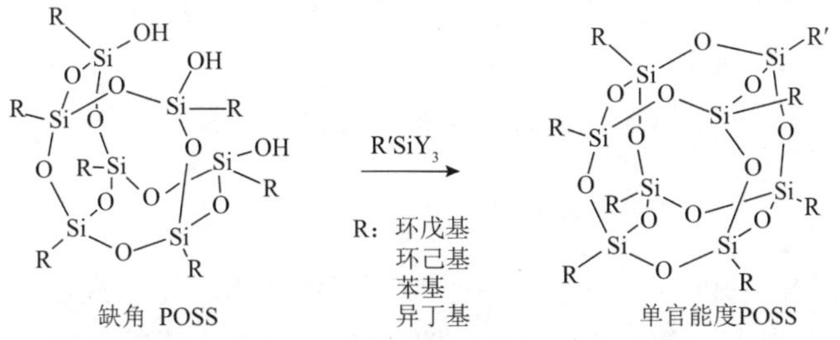

图 1-4　顶角盖帽法合成单官能化 POSS

$R_7Si_7O_9(OH)_3$ 与三氯硅烷反应时，三氯硅烷水解后产生的 HCl 需要使用合适比例的三乙胺来形成三乙胺盐酸盐去除。该反应速率较快，4～8 h 内反应物已完全转化，经过抽滤等简单的后处理操作即可得到最终产物[13,14]。Zhang 和 Müller 利用七异丁基 POSS 与氯丙基三氯硅烷在四氢呋喃溶剂中，使用三乙胺作为催化剂进行封角反应，得到带有一个氯丙基的 T_8-POSS[15]。Feng 等用$(C_6H_5)_7Si_7O_9(OH)_3$ 与乙烯基三氯硅烷反应制得了单乙烯基七苯基 T_8-POSS，并将其应用于硅橡胶中以改善材料的硬度、拉伸强度和断裂伸长率[16]。目前利用 T_7-POSS 与三氯硅烷的顶角盖帽反应已经成功将很多功能性基团(如乙烯基、氯丙基、环氧基、氨丙基、甲基丙烯酰氧丙基、氟丙基、苯乙烯基、巯丙基)引入 POSS 分子中。

顶角盖帽法因合成步骤简单、操作方便、反应时间适中、后期产物分离容易且产率较高等优势，成为制备单官能化 POSS 最常用和高效的方法。

1.2 多面体八苯基硅倍半氧烷合成进展

目前已经合成的六面体 POSS 中，具有苯基的 POSS——八苯基硅倍半氧烷（OPS），其分子式为$(C_6H_5SiO_{1.5})_8$，结构式如图 1-5 所示，具有较好的耐热性、耐候性、耐化学性、耐热氧化性、电绝缘性、光学透明性、防水性以及阻燃性等，可应用于聚合物改性、绝热材料、低介电材料、涂层材料、气体分离膜等领域。此外，对中国有机硅原料市场进行分析也发现，苯基硅烷单体是目前最易得的几种廉价硅烷单体之一。本章将对 OPS 的合成、应用及表征进行详细介绍。

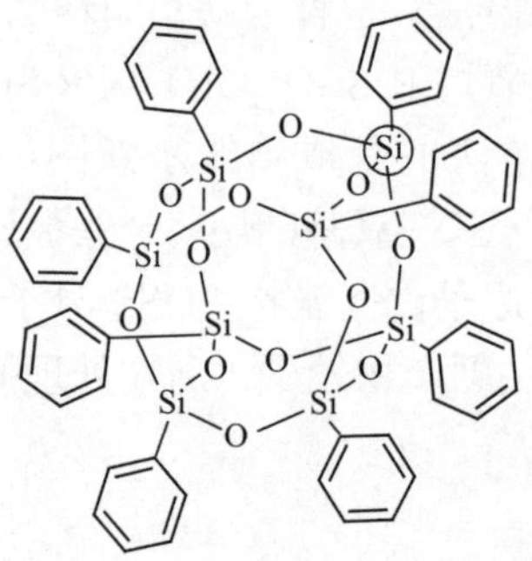

图 1-5 OPS 的结构式

1. 苯基三氯硅烷为原料合成 OPS

早在 1955 年，Barry 及其合作者[17]就已经制备出了笼状八苯基硅倍半氧烷。先用过量水洗涤苯基三氯硅烷的乙醚溶液，然后移除生成的氯化氢，在室温和痕量氢氧化钾存在的条件下，将水解产物的溶液放置在苯-乙醇中三周，使其缓慢达到平衡状态而析出结晶。采用沸点升高法测得 n=6.5（平均），X 射线衍射图谱发现它不同于其他异质同晶的八烷基硅倍半氧烷，便认为 n=6。

1958 年，Olsson[18]利用苯基三氯硅烷的水解缩聚产物制得笼状八苯基硅倍半氧烷。具体过程为：向 250 mL 烧瓶中加入 110 mL 甲醇，用手振荡，先滴加 6 mL 苯基三氯硅烷，然后快速加入 70 mL 氯化氢的饱和甲醇溶液和 5 mL 浓盐酸，回流 12 h。再加入 65 mL 丙酮，回流 30 min，在冰箱中放置 24 h，过滤并用丙酮洗涤，干燥得 0.56 g 粗产品。在 85 mL 吡啶中重结晶，用丙酮洗涤，100℃下真空干燥，得到 0.44 g 产品，收率为 9%。

1961 年，Olsson 和 Gronwall[19]以苯基三氯硅烷为原料重复了上述制备方法，分析认为产物均为笼状八苯基硅倍半氧烷，因为它的多晶变形使得表征变得困难。另外，Olsson 将 Barry 等的方法做了改进，即向 21.2 g(16.1 mL，0.1 mol)苯基三氯硅烷和 200 mL 乙醚组成的溶液中缓慢加入 25 mL 水，搅拌同时要求控制体系温度在 10℃以下。分离乙醚层，用水彻底洗涤几次，然后用碳酸氢钠水溶液洗涤 1 次，再用水洗涤 1 次，用硫酸钠干燥较短时间。在 70℃的水浴下蒸除乙醚，黏性残余物用 750 mL 苯溶解。加入 150 mL 无水乙醇和 1 mL 氢氧化钾的乙醇溶液，清亮溶液搅拌回流 72 h，混合物经热抽滤。沉淀经乙醚洗涤和空气干燥，称量为 11.6 g。在 1500 mL 吡啶中重结晶，用乙醚洗涤，干燥得到 OPS，收率为 74%。

1964 年，Brown 等[20]对平衡态下笼状八苯基硅倍半氧烷的反应做了更加深入的研究，进一步改进了工艺，提高了收率。即将苯基三氯硅烷(105.8 g，0.5 mol)溶解于 500 mL 苯中，再与水一起振荡直到水解完全。移去酸层，用水洗涤，加入 16.6 mL 30%的三甲基苄基氢氧化铵的甲醇溶液(0.03 mol)，回流 4 h，放置 4 天，再回流 24 h，冷却过滤得到 57 g 产品(收率 88%)。近年来文献中出现的笼状八苯基硅倍半氧烷的制备绝大多数是采用这一方法完成的[21-23]。虽然产率提高，但是制备过程需要多步反应，周期较长，工艺复杂，工业化生产成本较高。

2005 年，杜建科和杨荣杰[24]进一步改进了 Brown 的方法，以苯基三氯硅烷为原料。在严格控制水解条件的前提下，将由 20.7 g 苯基三氯硅烷和 80 mL 苯组成的溶液加入三口烧瓶中，缓慢滴加 150 mL 去离子水并快速搅拌，同时控制体系温度低于 10℃。分离水层，有机相用去离子水洗涤 3 次，再加入 1 mL 浓度为 1 mol/L 的氢氧化钾乙醇溶液，搅拌回流 24 h，抽滤，用乙醚洗涤沉淀，干燥，所得收率大于 90%。如果延长反应时间至 48 h，收率可达 98%，这也是近年来文献报道的收率最高的方法。

在现有的技术中，目前以苯基三氯硅烷为原料制备笼状八苯基硅倍半氧烷的常用的合成方法一般为典型的两步法，即首先使苯基三氯硅烷水解得到纯的中间产物，再使中间产物进行缩聚重排制备 OPS。但是，此合成路线仍然较为复杂，且纯度也不高，合成周期久，费用昂贵，不利于工业化。

2. 苯基三烷氧基硅烷为原料合成 OPS

1958 年，Sprung 和 Guenther[25]使苯基三乙氧基硅烷(PTES)碱性水解得到的高聚物重排制备了笼状八苯基硅倍半氧烷。他们设定各种条件，在痕量碱催化下完成重排过程，经过分析比较后认为最有可能是 OPS。

2012 年，张光亚等[26]以 PTES 为原料、氢氧化钾为催化剂，通过水解缩合法合成了八苯基硅倍半氧烷(OPS)。即在氮气保护下，将 28 g PTES 和 150 mL 无水甲苯加入到带有磁力搅拌和冷凝装置的 250 mL 的三口烧瓶中，再加入 0.56 g 氢氧化钾。将溶液加热至 110℃回流，滴加 4 mL 去离子水，110℃回流 72 h 停止反应。滤出白色产物，用无水甲醇洗涤 3 次，将产物放入 70℃真空干燥箱中干燥 48 h。用二氯甲烷和丙酮对上述产物进行重结晶，得到 12.13 g 产品，其收率约为 81%。

2014 年，孙洁等[27]以苯基三甲氧基硅烷在四甲基氢氧化铵催化下经有限水解—缩聚—重排制备笼状八苯基硅倍半氧烷。具体方法为：将 8 g 苯基三甲氧基硅烷和 100 mL 无水乙醇加入三口烧瓶中，快速搅拌下缓慢滴加适量蒸馏水，在 35～40℃水解一定时间后，将定量的四甲基氢氧化铵乙醇溶液分若干次缓慢滴加到反应体系中，N_2保护下搅拌反应 24 h 后，过滤、洗涤、干燥，产率可达 90%以上。

上述研究中，由于涉及多种合成条件，OPS 的合成过程受到多种因素的影响，包括单体类型、原料浓度、催化剂种类、水的添加量、溶剂、温度及反应时间等。以苯基三氯硅烷为原料合成 OPS 时，反应倾向于生成笼状的结构产品，但是反应温度偏高，反应时间较长，同时涉及多个步骤，比较烦琐。另外，苯基三氯硅烷的水解生成的盐酸对反应平衡有一定的影响，对设备也有一定的腐蚀作用。采用苯基烷氧基硅烷为原料合成 OPS 时，反应条件较为温和，但是产物往往不纯，异构体难以分离，另外，反应的水解-缩聚平衡强烈地依赖于所使用的催化剂种类：在酸性催化剂条件下，水解较快，但是缩聚往往不完全；在碱性催化剂条件下，缩聚反应较为完全，但是存在未水解的副产物难以分离的问题。

1.3 苯基三氯硅烷合成八苯基硅倍半氧烷研究

1.3.1 苯基三氯硅烷合成八苯基硅倍半氧烷的方法及影响因素

向装有电动搅拌、温度计和恒压滴液漏斗的 500 mL 三口烧瓶中加入 21.2 g 苯基三氯硅烷(0.10 mol)和 80 mL 苯，搅拌一段时间后，缓慢滴加适量去离子水并快速搅拌。分离水层，有机相用去离子水洗涤，再加入适量催化剂，搅拌回流 24 h，抽滤，用乙醚洗涤沉淀，干燥，得产物。为了获得高纯度的八苯基硅倍半氧烷，以吡啶为溶剂对上述产品进行重结晶，纯化样品用于后续的结构和性质表征[28]。

硅卤键有极高的反应性，一般烷基卤硅烷在湿空气中就会潮解发烟。水解的难易程度随 Si—X 键极性增强及数量增加而加快，但随有机基团位阻增大及数量增加而变慢。含活性基团有机硅单体的水解，通常得到有机硅醇，由于硅醇不稳定而存在缩聚倾向，硅原子上基团不同，发生缩聚的趋势大小不同。从硅醇中间体出发，经缩聚生成不同结构的聚硅氧烷。由于苯基的位阻及电负性均比甲基大，故苯基卤硅烷的水解反应速率相对较慢。

1960 年，Brown 等[29]发现使苯基三氯硅烷在乙醚中的水解产物和 0.1% KOH 在甲苯中反应 16 h，得到数均分子量(M_n)为 14000 的聚合物，再将其在 250℃下反应 1 h，M_n 可达 10^6 数量级。在 M_n 大于 2×10^5 时产生部分支链。Brown 还发现[30]，当溶液的浓度小于 50%时，聚合物可能是笼状结构，溶液浓度大于 55%时为梯形结构，二者可以互换。他同时认为在苯、四氢呋喃溶液中含水、碱和醇的梯形苯基硅倍半氧烷重排形成笼状八苯基硅倍半氧烷的动力学非常复杂，向晶体的转化总是遵从 S 形曲线，存在 10～20 h 的诱导期，期间的沉淀速度慢。这一观点极大地限制了对笼状八苯基硅倍半氧烷制备工艺的进一步完善。我们分析认为，由于笼状八苯基硅倍半氧烷不溶于绝大多数有机溶剂，控制苯基三氯硅烷水解产物的结构和聚合度，完全可能使体系在较短的时间内达到平衡并向生成笼状八苯基硅倍半氧烷的方向移动，缩短制备周期。

前面介绍过，三官能团硅烷单体水解缩聚制备笼状硅倍半氧烷的过程中，影响反应速率和收率的主要因素多达 8 个，但对于一定的体系来讲，只需重点考虑初始单体的浓度、溶剂的性质、催化剂类型、温度、水的添加量等 5 个因素。

溶液的浓度较小时，水解生成的硅醇中间体之间很难缩聚形成长的梯形结构，少量中间体之间却可能彼此缩聚形成笼状结构。分析文献[19]、[20]中的制备条件发现，前者苯基三氯硅烷的初始浓度为 13 wt%，后者为 20 wt%，但前者较后者收率高，说明 13 wt%已经能够满足大量形成笼状八苯基硅倍半氧烷的浓度要求。

极性溶剂能稳定硅醇中间体，也有利于得到高聚合度的产物。由于苯基三氯硅烷易溶于苯类弱极性溶剂和乙醚、丙酮等极性溶剂中，为了得到高收率的笼状八苯基硅倍半氧烷，选用苯作为溶剂较为理想。

从三官能团单体 $XSiY_3$ 的水解缩聚得到的线形、环形和多环形产物制备多面体硅倍半氧烷只能在酸或碱催化剂的存在下发生。不过短链烷基取代的三氯硅烷的水解不需要专门的催化剂。在这种情况下，反应为自催化过程，同时产物有相当高的活性。为了制备八烷基硅倍半氧烷，HCl、$ZnCl_2$、$AlCl_3$、$HClO_4$ 和 CH_3COOH 均可用作催化剂，其中以 HCl 最为有效[18]。低 pH 值有利于环化，而高 pH 值能促进聚合[30]。与此相反，OPS 的收率随着 HCl 浓度的降低而升高[19]，在使用碱催化剂时收率最大[20]。本书作者的团队选用四甲基氢氧化铵、三甲基苄基氢氧化铵、氢氧化钾作为该体系的催化剂，均取得满意的结果。

温度对水解缩聚过程起了非常重要的作用。为了获得适于重排的低分子量苯基硅倍半氧烷预聚体，要求水解反应在较低的温度下进行。作者团队尝试在常温下制备低分子量的苯基硅倍半氧烷预聚体，然后按文献[20]中描述催化重排制备笼状八苯基硅倍半氧烷，未能获得成功。二者的主要差别在于，前者通过乳化作用在室温下缓慢水解并经长时间搅拌来制备预聚体，后者则是在低于室温和较短时间内完成水解过程，按原理分析，前者得到的预聚体分子量高于后者，且可能出现支化现象，这可能是未能得到目标产物的根本原因。而加热蒸除溶剂的过程会促使低聚物在较短时间内进一步缩聚，分子量增大，将延长完成后续的催化重排过程所需时间。

水的滴加速度和添加量对水解产物的影响同样非常明显。在实验中发现，开始滴加水时由于苯基三氯硅烷的浓度较高而体系的总量较小，反应放热非常明显，应对滴加速度进行严格控制，水解后期则可以适当加快水的滴加速度。在添加量方面，为了缩短水解反应的周期，允许水大大过量。

在综合考虑上述各种因素和反复试验的基础上，提出了以苯为溶剂、苯基三氯硅烷的初始浓度为20%、催化剂为四甲基氢氧化铵（或三甲基苄基氢氧化铵、氢氧化钾）、水解时体系温度严格控制在8～10℃、洗除HCl但不蒸除溶剂、水的滴加速度严格控制、水大大过量的工艺路线和条件。经过大量重复实验，发现不仅使制备周期从144 h缩短为48 h，而且能使苯基三氯硅烷定量转化为笼状八苯基硅倍半氧烷，收率高达98%。新旧工艺路线及收率对比见表1-1。

表1-1　OPS制备的工艺路线及收率对比

工艺	水解阶段				催化重排阶段			制备周期/天	收率/wt%
	溶剂种类	单体初始浓度/wt%①	水解过程	蒸除溶剂	催化剂种类	诱导期	回流时间/h		
文献[19]	苯	13	常温水解	无	三甲基苄基氢氧化铵	先回流4 h，放置4天	24	6	88
文献[20]	乙醚	20	低温并严格控制水滴加速度	有	氢氧化钾	无	72	4	74
新工艺	苯	20	低温并严格控制水滴加速度	无	四甲基氢氧化铵、三甲基苄基氢氧化铵、氢氧化钾	无	24	2	98

1.3.2　苯基三氯硅烷合成八苯基硅倍半氧烷产物结构表征

1. FTIR分析

图1-6为作者团队合成的笼状八苯基硅倍半氧烷（OPS）的红外光谱。其中，1106.3 cm^{-1}处为Si—O—Si的不对称伸缩振动吸收峰，与文献[31]给出的笼状硅倍半氧烷的Si—O—Si反对称伸缩振动吸收峰ν_{as}为1100～1140 cm^{-1}一致。1432.0 cm^{-1}、1028.2 cm^{-1}、996.9 cm^{-1}处的吸收峰为Si—C_6H_5键的特征吸收峰，

① wt%表示质量分数。

745.6 cm^{-1}、696.4 cm^{-1} 处的吸收峰为单取代苯环上氢的面外弯曲振动($\delta_{=CH}$)吸收峰，499.8 cm^{-1} 和 426.2 cm^{-1} 处的吸收峰属于硅氧骨架的对称变形振动吸收峰。上述主要吸收峰与文献[32,33]中的数据相互印证，可以认为合成的产物为笼状八苯基硅倍半氧烷。

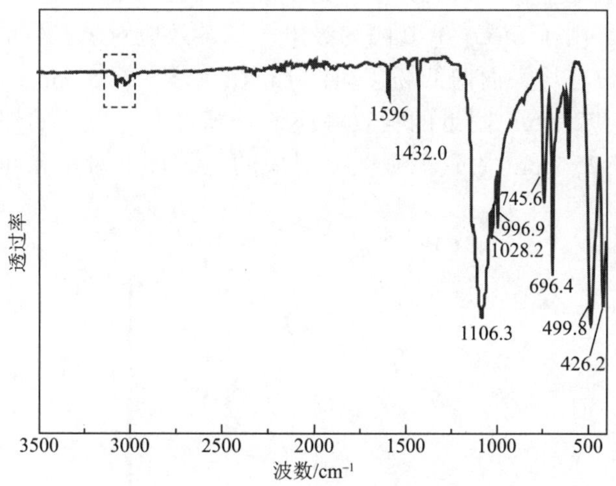

图 1-6　八苯基硅倍半氧烷的红外光谱

2. 核磁共振谱分析

为了确认样品中硅原子所处的化学环境，对其进行核磁共振分析。图 1-7 为笼状八苯基硅倍半氧烷的 ^{29}Si NMR 谱。因为只出现一个共振吸收峰(–78.47 ppm①)，说明体系中的硅处于单一的化学环境中，结构十分规整。结合红外分析可推测其为结构单元 $C_6H_5Si(O_{1/2})_3$ 中 Si 的共振吸收所致，排除了体系中同时存在不完全水解缩聚结构—Si—OH 的可能性。

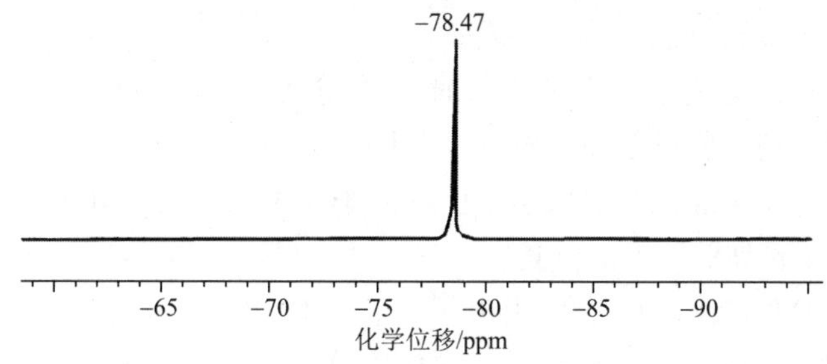

图 1-7　八苯基硅倍半氧烷的 ^{29}Si NMR 谱

① ppm 表示百万分之一，1ppm=10^{-6}。

图 1-8 为 OPS 的 ^{1}H NMR 谱，在 7.24 ppm 处是溶剂的 H 的化学位移。没有取代基存在时，苯环氢的化学位移为 7.25 ppm，但取代苯基的芳氢谱图一般都比较复杂。在普通仪器上，一些电子效应弱的烃基芳环、氯代苯或相同基团的对二取代苯可以呈现单峰，其他电子效应较强的取代苯都呈现不同的复杂谱峰。在笼状八苯基硅倍半氧烷分子中，苯环上只有一个取代基，所有氢原子均为苯环上的氢。由于 $Si(O_{1/2})_3$ 基团的吸电子诱导效应对氢产生的去屏蔽作用，苯环氢的化学位移增大而向低场移动，分布在 7.75～7.25 ppm，图谱变得复杂。其中，7.75～7.72 ppm 附近的吸收峰应该是苯环上硅氧笼的邻位氢的共振吸收峰，7.45～7.25 ppm 附近的吸收峰对应的是苯环上对位和间位氢的共振吸收峰。

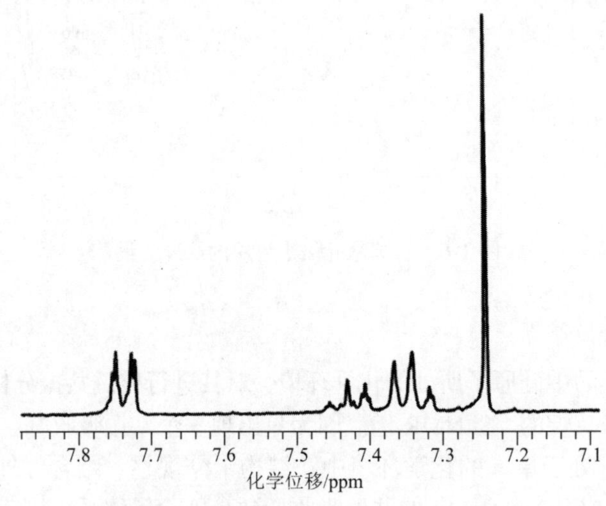

图 1-8 八苯基硅倍半氧烷的 ^{1}H NMR 谱

3. 质谱和元素分析

利用基质辅助激光解吸电离飞行时间质谱（MALDI-TOF MS）仪测定了样品的分子量。考虑到金属离子与有机物结合形成的加合离子有较强的丰度，有利于判断分子离子，通常加入金属离子来促进分子离子的形成，其中最常用的金属离子是碱金属离子，如 K^+、Na^+和 Li^+。本研究中向基质中加入了适量的钠盐，形成了由加合离子$[M+Na]^+$产生的分子离子峰，见图 1-9。样品的实际分子量应为（1054.4–23）即 1031.4，与试验样品经同位素分析确定的分子量 1033.5 相差不大，表明样品是由单一分子组成的低聚硅倍半氧烷。

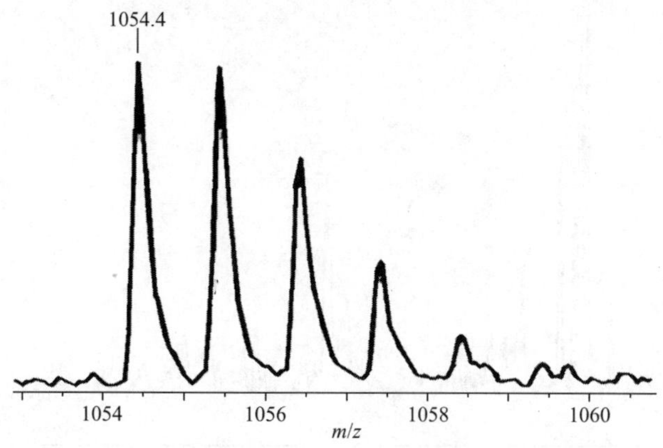

图 1-9　八苯基硅倍半氧烷的 MALDI-TOF MS 谱

OPS 的分子式：$C_{48}H_{40}O_{12}Si_8$；分子量 M=1033.5。元素分析的理论计算值为 w(C)=55.78%，w(H) = 3.90%；实测值为 w(C)= 55.61%，w(H) = 3.92%。

4. X 射线衍射分析

POSS 的晶体结构与低分子物质和高分子物质的晶体均有差别。首先，一般低分子物质以原子、离子或分子等作为单一结构单元排入晶胞，高分子链以链段(或化学重复单元)排入晶胞，而 POSS 虽然以分子整体排入晶胞，但可能是单一分子作为 1 个晶胞，也可能是多个分子组成 1 个晶胞。其次，由于分子较大，分子间存在范德瓦耳斯力或氢键相互作用，故使得分子的自由运动受阻，结晶时较难形成规整堆砌排列，容易出现部分结晶而产生许多畸变晶格及缺陷，体系可能是多晶变形的，也可能同时存在结晶、非晶、中间层、亚稳态等多种状态，结构复杂。

Olsson[34]通过在吡啶中重结晶制得含 1 个分子的三斜晶胞和 2 个分子的单斜晶胞形成的混晶 OPS 样品，Olsson 认为在二氯甲烷中结晶时可以得到单斜晶体，在热喹啉中重结晶，则以三斜晶系为主。图 1-10(a)是作者团队得到的从吡啶中析出的八苯基硅倍半氧烷 X 射线衍射图，图 1-10(b)为购买的 Aldrich 试剂公司同种物质的 X 射线衍射图，图 1-10(c)则是作者团队得到的 OPS 从二氯甲烷中析出时的 X 射线衍射图。可以认定三种物质具有相同的晶形，只是由于仪器分辨率和结晶度不同导致峰形和强度上有差别。

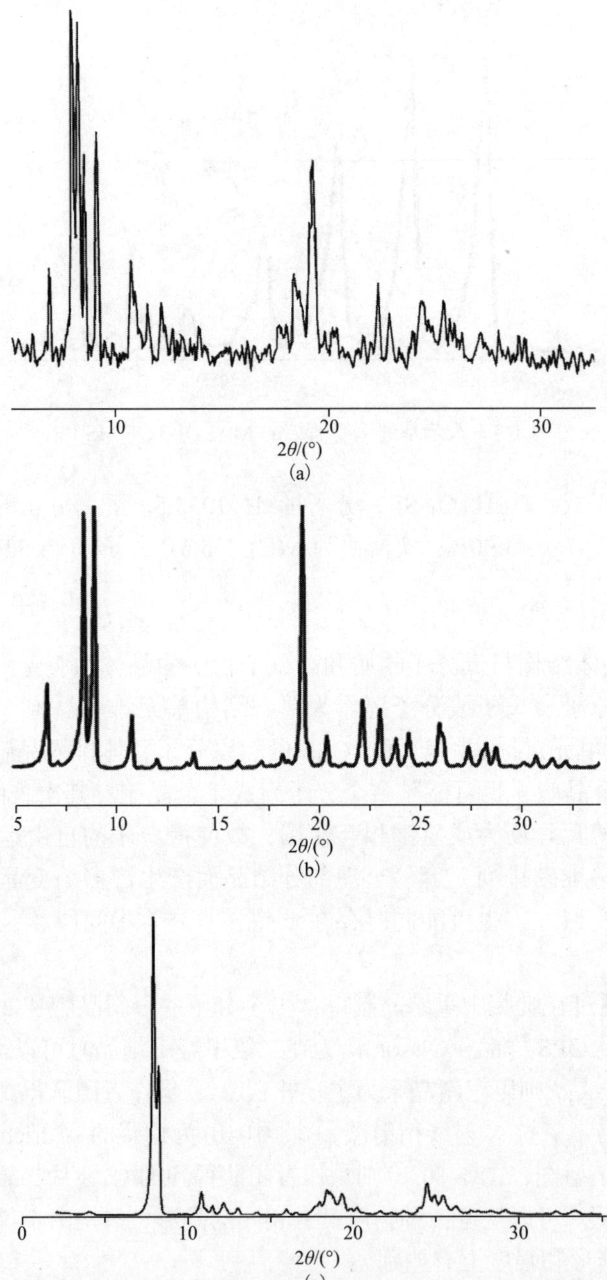

图 1-10　八苯基硅倍半氧烷的 X 射线衍射图

(a)作者团队合成的 OPS 在吡啶中析出的产品；(b) Aldrich 商业化的 OPS 产品；(c)作者团队合成的 OPS 在二氯甲烷中结晶出的产品

5. 八苯基硅倍半氧烷的热稳定性

图 1-11 为合成的笼状八苯基硅倍半氧烷在氮气气氛中的热重(TG)分析曲线图。从中可以看出，室温至 430℃体系没有明显失重，开始分解(失重 5%)的温度为 436.8℃，500℃以后失重速度减缓，表明主要分解过程基本完成。在 800℃时的残炭率为 54.93%。

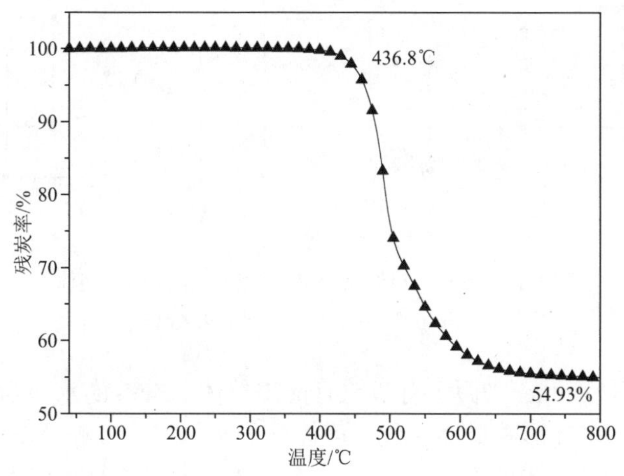

图 1-11　八苯基硅倍半氧烷的 TG 曲线(氮气气氛)

1.3.3　苯基三氯硅烷合成八苯基硅倍半氧烷反应机理分析

在稀溶液体系中，$XSiY_3$ 单体在水解缩聚过程中形成笼状低聚硅倍半氧烷，是一个多步的复杂过程，弄清水解缩聚的反应机理是进一步改进 POSS 合成工艺、缩短制备周期、降低成本的重要前提条件。目前有两种假设用于解释水解缩聚过程的机理，二者都是基于水解缩聚过程中形成的可检测到的中间体建立起来的。

具体地，在 $XSiY_3$ 缩聚过程中，可能存在含 2～4 个硅原子的线形硅氧烷[30, 35-37]、低聚环硅氧烷[$(XYSiO)_m$，其中 m=3～7，Y=OH、OR][38]以及稠合的多环硅氧烷等，中间体的结构和产率在很大程度上依赖于单体的反应性和反应条件。目前已经借助分馏、气-液色谱、色谱-质谱联用、核磁共振谱、红外光谱、紫外光谱及 X 射线衍射等将它们分离出来并进行了表征，部分中间体的结构已经得到确认[39]，如图 1-12 所示。

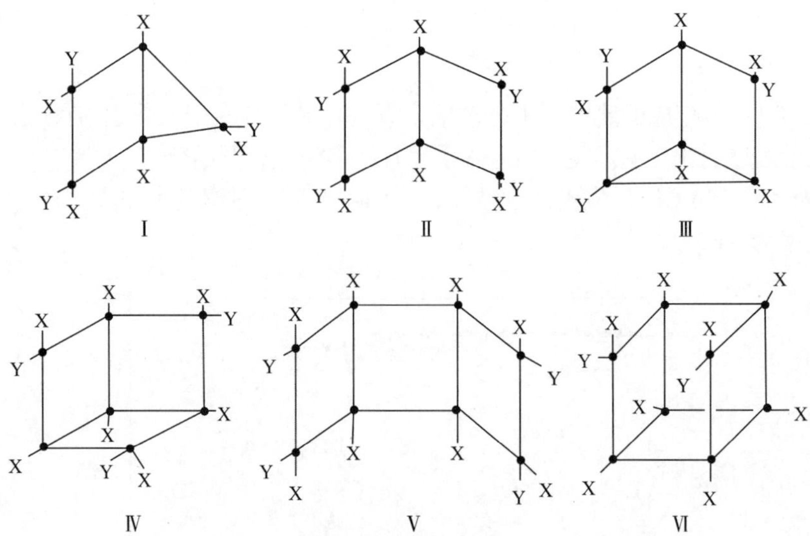

图 1-12　$XSiY_3$单体水解缩聚过程中出现的中间体

硅原子用实心圆点表示，连线代表氧原子

Sprung 和 Guenther[40]假定有机三官能团单体 $XSiY_3$ 的水解为连续不断地形成线形、环形、多环形并最终形成多面体硅倍半氧烷的过程。Brown 和 Vogt[41]对这一假设做了进一步的发展，提出多面体硅倍半氧烷及其衍生物通过环形大分子的逐步连续缩聚形成多环硅氧烷，它们不再发生分子间的缩聚，如图 1-13 所示。

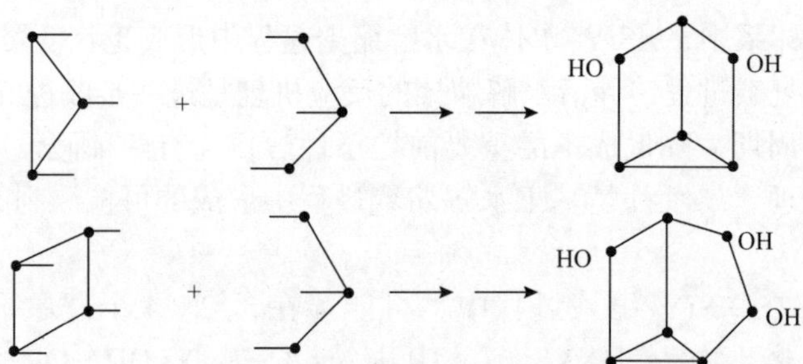

图 1-13　Brown 和 Vogt 提出的多面体硅倍半氧烷的形成机理

但也有研究者认为基于忽略官能团反应活性的统计理论不一定适用于图 1-12 中Ⅲ～Ⅳ型复杂聚硅氧烷及其异构体的缩聚。在许多情况下，与不同取代基 X 结合的三官能团单体 $XSiY_3$ 的缩聚机理实际上并不相同，因为在各自的缩聚过程中形成的线形、环形、多环硅氧烷中间体的类型和产率明显不同。例如，$C_6H_{11}SiCl_3$ 和 $C_6H_5SiCl_3$ 水解生成低聚硅倍半氧烷的过程中，$C_6H_{11}SiCl_3$ 的最终缩聚产物主要是六环己基硅倍半氧烷和三环硅氧烷三醇(Ⅵ型)，而 $C_6H_5SiCl_3$ 在相同条件下的水解得到低聚硅倍半氧烷和高分子量聚硅氧烷。一般认为，长链烷基三氯硅烷水解缩聚形成笼状低聚烷基硅倍半氧烷的过程是按照如图 1-13 所示的逐步连续缩聚过程进行的[42,43]。

Lavrent'yev 和 Kostrovskii[44]借助色谱-质谱联用技术详细研究了丁醇水溶液中乙基三氯硅烷和乙基二氯硅烷水解制备低聚乙基硅倍半氧烷的水解缩聚过程，提出了另一种形成多面体硅倍半氧烷的反应机理，如图 1-14 所示。他们利用 GC/MS 技术，通过控制水解缩聚过程中的中间体形成和浓度变化跟踪中间体之间的转化，确认了包括数量极少(小于 1%)和存活期短(约 1 min)的组分在内的约 30 种中间反应产物，提出了丁醇水溶液中 $C_2H_5SiCl_3$ 水解形成多面体乙基硅倍半氧烷的机理。

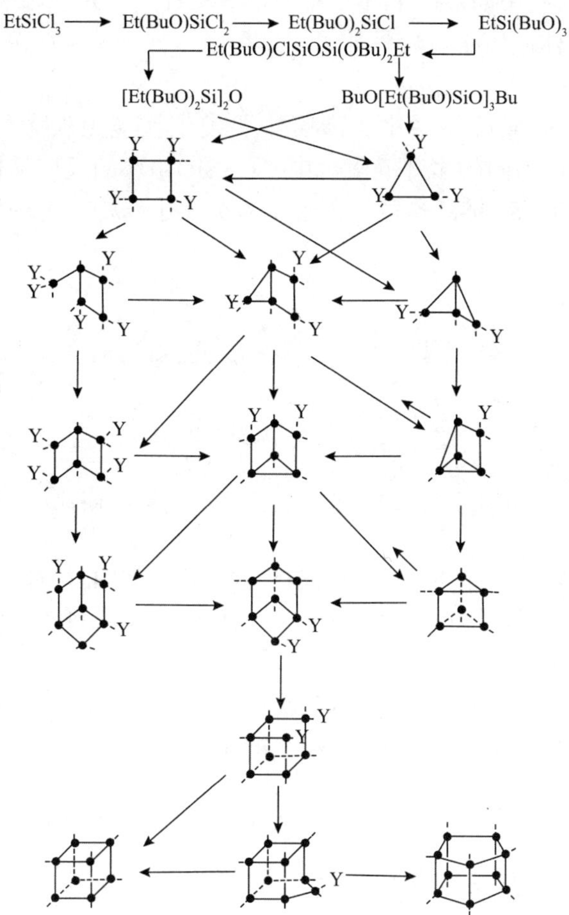

图 1-14　丁醇水溶液中 $C_2H_5SiCl_3$ 水解形成多面体乙基硅倍半氧烷的机理[44]

整个水解缩聚过程可以划分为两个阶段，首先是单体快速消耗生成 XSiYY′Y″、线形、环形和多环硅氧烷，不过在 $C_2H_5SiHCl_2$ 水解的第一步没有形成多环体系；其次才是多面体硅氧骨架的缓慢形成过程，即缩聚的多环硅氧烷与含相同或不同反应性取代基（Y = Cl, OH, OR, H）的单体 XSiYY′Y″和二聚体 $(XSiYY')_2O$ 相互反应形成多面体硅氧骨架，并通过复杂且频繁更替的不稳定多硅氧烷的重建使硅氧骨架不断更新，不排除环形分子经过逐步缩聚形成多面体化合物的可能性。

该反应机理已经在甲基三氯硅烷与乙基三氯硅烷水解缩聚形成多环乙基硅氧烷的平衡混合物的聚合过程研究中得到验证[37]，实验过程中分离出含数量不等的两种取代基的八烷基硅倍半氧烷[$(CH_3)_m(C_2H_5)_{8-m}(SiO_{1.5})_8$，$m$=1～7]，说明多面体硅倍半氧烷骨架的形成与三官能团衍生物连续加成形成多环硅氧烷密切相关。单环和多环硅氧烷结构中如果存在高活性取代基—OH、—OR，则 Si—O—Si 链很容易断裂[45]。多面体硅倍半氧烷骨架形成过程中，官能团活性按下述次序降低：Si—OH＞$(—SiO)_3$＞Si—OC_4H_9。

在缩聚的多硅氧烷体系中，断裂主要发生在应力较大的环三硅氧烷环 $(—SiO)_3$ 上。而在不同的多环硅氧烷中，$(—SiO)_3$ 环的反应活性取决于其结构的差异性，Si—O—Si 链断裂的可能性随着分子中结构应力的增大而降低，如图 1-15 所示。

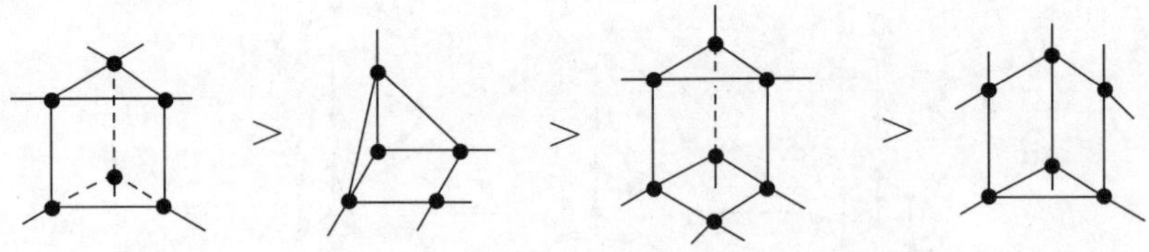

图 1-15 Si—O—Si 链发生断裂的概率大小排序

另外，Si—O—Si 键的断开和多硅氧烷的重排可能同时消耗 XSiYY′Y″单体，有时也可能会消耗 $(XSiYY')_2O$ 二聚体。一般认为，短链烷基取代的多面体硅倍半氧烷是按这一机理形成的。

关于苯基三氯硅烷水解缩聚过程的机理，目前同样缺乏足够的实验依据，仍在探索之中，这里只做简单的分析归纳。苯基三氯硅烷水解缩聚反应为

$$C_6H_5SiCl_3 + 3H_2O \longrightarrow C_6H_5Si(OH)_3 + 3HCl$$

$$8C_6H_5Si(OH)_3 \longrightarrow (C_6H_5SiO_{1.5})_8 + 12H_2O$$

硅烷水解缩聚的第一步得到相应的苯基三硅醇，这一步反应一般是非常快

的[41]，然后苯基三硅醇缩聚产生不同种类的硅倍半氧烷。苯基三硅醇本身非常活泼，通常无法分离出来，但有机基团较大时则有可能将其分离出来。与其他烷基三氯硅烷水解缩聚过程不同，从结构上讲苯基三氯硅烷分子中的苯基空间位阻较大，相对小体积烷基取代的三氯硅烷水解速率要慢一些，易得到低分子量中间体。

2004 年，Korkin 及其合作者[46]用苯基三甲氧基在低于室温的条件下发生缓慢水解得到白色结晶的苯基三硅醇，收率达 68%。同时发现它在固态下是相当稳定的，在阴暗处放置 4 个月不发生缩聚。在氘代丙酮中，极稀的苯基三硅醇溶液仅缓慢地发生缩聚。在最初的 4 个月内，其结构未发生变化，但 4 个月以后开始析出沉淀，而且生成沉淀的量随时间延长不断增加。18 个月以后，有近 30%的原料转化为沉淀，不过液相部分的结构却没有发生变化。如果将苯基三硅醇的浓度增大，缩聚的速度会相应加快。当苯基三硅醇浓度为 C=0.07 mol/L 时，放置第 7 天就发现生成少量的二聚硅氧烷，随着放置时间的延长，二聚硅氧烷的量有所增加，但仍少于苯基三硅醇的量。约 17 天后，生成痕量的三聚硅氧烷。约 7 周后，二聚硅氧烷的量还在缓慢增加，但苯基三硅醇的量仍占绝对优势。如果将苯基三硅醇浓度增大到 C=0.3 mol/L，大约 3 天以后已经有相当数量的二聚硅氧烷和三聚硅氧烷存在。与此同时，苯基三硅醇分子中羟基上质子的共振吸收峰明显降低。约 12 天后，苯基三硅醇分子中羟基上质子的共振吸收峰已经很弱，但苯环质子的吸收峰变宽，同时出现一组低聚物的吸收峰。34 天后，苯基三硅醇分子中羟基上质子的共振吸收峰完全消失，二聚体、三聚体的吸收峰也明显减弱。由此可以看出，在稀溶液中苯基三硅醇的缩聚存在一定的规律性，是可以控制的。

1987 年，Hayashi 等[47]制得顺式-(1, 3, 5, 7-四羟基)-1, 3, 5, 7-四苯基环四硅氧烷。2003 年，Yamamoto 等[48]在研究聚苯基硅倍半氧烷形成机理时指出，苯基三氯硅烷的水解缩聚过程可能为：首先苯基三氯硅烷分子上的 1 个氯原子被羟基取代生成二氯代羟基苯基硅烷，随后氯原子继续被羟基取代直到生成三羟基苯基硅烷，这一过程已经由 ^{29}Si NMR 证实。后者进一步脱水生成线形四聚体，进而环化生成顺式-(1, 3, 5, 7-四羟基)-1, 3, 5, 7-四苯基环四硅氧烷，它再脱水就能够形成梯形结构的聚硅倍半氧烷。

图 1-16 是作者团队获得的苯基三氯硅烷的水解产物——苯基硅倍半氧烷预聚体的红外光谱。与图 1-6 比较，发现二者的主要差别在于：3620.3 cm^{-1} 处的谱带为游离的 Si—OH 的伸缩振动吸收峰，在 852.4 cm^{-1} 处的谱带也验证了 Si—OH 的存在[49,50]；1133.3 cm^{-1} 处强且宽的谱带为苯基硅倍半氧烷预聚体中 Si—O 键伸缩振动产生的吸收峰，而在 426cm^{-1} 附近未出现类似于 OPS 的硅氧骨架振动吸收峰。

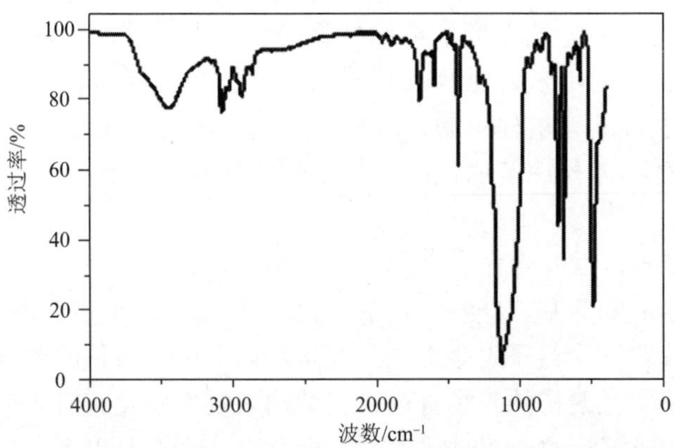

图 1-16　苯基硅倍半氧烷预聚体的红外光谱

尽管形成笼状八苯基硅倍半氧烷的详细机理仍不完全清楚，但普遍认为碱催化重排是产生笼状结构的主要途径之一。可以认为平衡态时苯基硅倍半氧烷中真正存在的重排方式只有两种，即环四硅氧烷顺式耦合到邻近硅原子上彼此连接形成笼状重排产物，或者环四硅氧烷反式耦合到邻近硅原子上彼此连接形成预聚物、线形多环化物和顺式-间规双链高聚物，因为只有这两种重排方式允许 O—Si—O 和 Si—O—Si 键以各自最适宜的角度存在(分别为 109.5°和 150°～155°)，并且在没有空间位阻的情况下允许体积较大的苯基存在。

通常认为痕量碱引发了连续的硅原子上双分子亲电取代。理论上，这种取代可以使预聚物转化为分子量差别较大的无数分子和离子，但经过一段时间后将在初始预聚物和所有这些分子、离子之间建立平衡。由于八苯基硅倍半氧烷仅微溶于大多数有机溶剂，在实验条件下的平衡浓度可能超过溶解度而产生沉淀，使平衡向生成八苯基硅倍半氧烷的方向移动，直至它的平衡浓度等于溶解度。实际制备过程中逐渐生成沉淀的现象支持了这一推断。

这样，就提出一种形成笼状八苯基硅倍半氧烷的机理，如图 1-17 所示。当然，

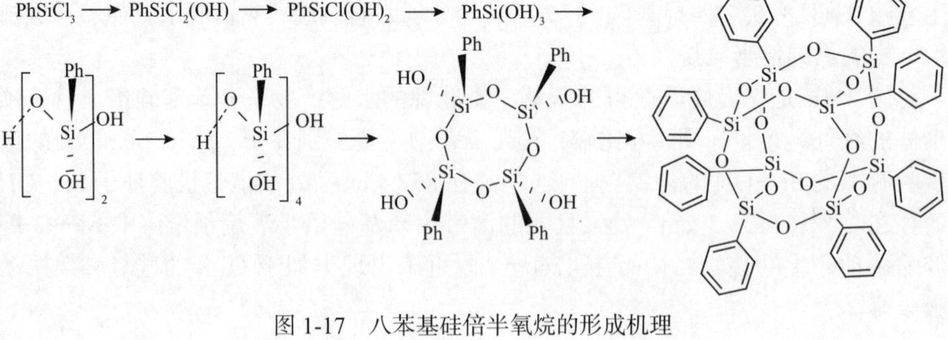

$PhSiCl_3 \longrightarrow PhSiCl_2(OH) \longrightarrow PhSiCl(OH)_2 \longrightarrow PhSi(OH)_3 \longrightarrow$

图 1-17　八苯基硅倍半氧烷的形成机理

实际水解缩聚过程中，中间体的种类较多，这里只是列出其中重要的部分。另外，根据这一机理，则实际制备过程中如何控制条件以提高顺式-(1, 3, 5, 7-四羟基)-1, 3, 5, 7-四苯基环四硅氧烷的收率将是进一步缩短生产周期的关键所在。

1.4　苯基三甲氧基硅烷合成八苯基硅倍半氧烷的研究

1.4.1　苯基三甲氧基硅烷合成八苯基硅倍半氧烷的方法及影响因素

在带有搅拌装置和恒压滴液漏斗的 500 mL 三口烧瓶中加入 400 mL 丙酮和 40 g 苯基三甲氧基硅烷。体系升温至 60℃，逐滴加入由 10 mL 去离子水与 0.3 g 氢氧化钾组成的溶液，加液时间为 60 min。加液结束后再持续搅拌 24 h，停止搅拌，对体系进行抽滤，将滤饼用乙醇和水的混合液(体积比 1 ∶ 1)洗涤 3～5 次，干燥，得到高纯度的八苯基硅倍半氧烷(OPS)，用于后续的结构和性质表征。

苯基硅氧烷水解的难易程度随 Si—X 键极性增强及数量增加而加快，由于硅卤键有极高的反应性，因此苯基三甲氧基硅烷或苯基三乙氧基硅烷的水解速率相对于苯基卤硅烷的水解速率较慢。对于该体系，需要重点考虑单体的浓度、催化剂用量、反应时间、反应温度、水的添加量等因素。

1. 单体浓度

苯基三甲氧基硅烷浓度是影响八苯基硅倍半氧烷形成的重要因素。浓度如果太低，分子间碰撞概率则低，而使闭环反应不完全，会生成有缺口的结构，偏向于生成低聚物；而浓度太高，因为分子间结合过多，则偏向于形成梯形大分子结构而非笼状结构。根据表 1-2，可以看出在给定的实验条件下，当苯基三甲氧基硅烷/丙酮为 0.1 g/mL(≈0.5 mol/L)时，产率最高。

表 1-2　苯基三甲氧基硅烷浓度对 OPS 产率的影响

浓度/(g/mL)	0.02	0.06	0.1	0.14	0.18	0.2
产率/%	31.25	64.86	95.57	90.21	80.26	52.87

2. 催化剂用量

表 1-3 是氢氧化钾用量对产率的影响(苯基三甲氧基硅烷/丙酮为 0.1 g/mL，反应温度 60℃，反应时间 24 h)。氢氧化钾作为催化剂使用，其作用显著，当氢氧化钾相对于苯基三甲氧基硅烷的用量(氢氧化钾的质量/苯基三甲氧基硅烷的摩尔量)从 0.25 g/mol 增加到 0.75 g/mol 时，产率逐步上升且变化显著，用量为 1.0 g/mol

时产率达到最大，为 96.31%，但继续增加氢氧化钾的相对用量到 1.5 g/mol 后，产率反而略有下降。实验证明，当催化剂用量过少时，反应活性不高且反应速率低，因而造成苯基三甲氧基硅烷水解速率过慢或水解不完全，则不能形成完整的笼状，产率极低。若是催化剂氢氧化钾的用量增加，虽然能促使苯基三甲氧基硅烷快速水解生成硅醇，但是反应平衡也遭到破坏，缩聚反应相应加快，不利于重排成笼状结构。

表 1-3　氢氧化钾用量对 OPS 产率的影响

催化剂用量/(g/mol)	0.25	0.5	0.75	1.0	1.25	1.5
产率/%	41.33	67.89	91.34	96.31	90.32	87.88

3. 反应时间

表 1-4 是反应时间对产率的影响(苯基三甲氧基硅烷/丙酮为 0.1 g/mL，反应温度 60℃，氢氧化钾/苯基三甲氧基硅烷用量比为 1 g/mol)。

表 1-4　反应时间对 OPS 产率的影响

时间/h	8	12	24	36	48	72	96
产率/%	25.23	71.33	96.31	96.34	96.45	96.32	96.58

由表 1-4 可以看出，反应时间对 OPS 的产率影响很大，反应时间从 8 h 提高到 24 h 后，OPS 的产率从 25.23%增加到 96.31%。反应时间短则缩聚-重排不完全，产率不高。继续增加反应时间时，产率变化不大且基本稳定，因此，反应时间选择 24 h 较合适。

4. 反应温度

表 1-5 是反应温度对产率的影响(苯基三甲氧基硅烷/丙酮为 0.1 g/mL，反应时间 24 h，氢氧化钾/苯基三甲氧基硅烷用量比为 1 g/mol)。

表 1-5　反应温度对 OPS 产率的影响

温度/℃	10	20	30	40	50	60	70
产率/%	6.98	20.14	51.33	76.21	90.45	96.31	81.45

由表 1-5 可知产率随着反应温度升高先升高后下降，在 60℃时产率最高为 96.31%，随后温度再继续升高产率略有降低，在 70℃时产率为 81.45%。由于反

应温度低时分子活动能力太低，分子之间碰撞概率小，因此水解—缩聚—重排成笼速率相应慢，从而造成 OPS 的收率也低。而温度继续升高，尤其是大大超过体系的共沸点(58℃)时，可能造成原料的浓度随着溶剂的挥发减少而增加的情况，从而造成产率大幅下降[51]。

综合考虑上述各种因素，在严格控制水解条件下，以苯基三甲氧基硅烷为原料，采用水解缩合法可合成高纯度 OPS，催化剂用量、水加入量和反应时间对产品收率有影响。以丙酮为溶剂，苯基三甲氧基硅烷与丙酮的用量比为 0.1 g/mL、氢氧化钾与苯基三甲氧基硅烷用量比为 1 g/mol、反应温度在 60℃、反应时间为 24 h 的最佳反应条件，所得 OPS 的收率大于 96%。此工艺与以苯基三氯硅烷为原料合成 OPS 的工艺路线及收率对比见表 1-6。

表 1-6　OPS 制备的工艺路线及收率对比

工艺	水解阶段			催化重排阶段			制备周期/天	收率/wt%
	溶剂种类	初始浓度/(g/mL)	水解过程	催化剂种类	诱导期	回流时间/h		
新工艺(苯基三氯硅烷)	苯	0.1	低温并严格控制水滴加速度	四甲基氢氧化铵、三甲基苄基氢氧化铵、氢氧化钾	无	24	2	98
新工艺(苯基三甲氧基硅烷)	丙酮	0.1	常温水解，控制水滴加速度	氢氧化钾、四甲基氢氧化铵	无	24	1	96

1.4.2　苯基三甲氧基硅烷合成八苯基硅倍半氧烷产物结构表征

1. FTIR 分析

以苯基三甲氧基硅烷为原料合成的 OPS 的 FTIR 谱图如图 1-18 所示。其中，1096 cm^{-1} 处为 Si—O—Si 的不对称伸缩振动吸收峰，与文献[31-33]给出的笼状硅倍半氧烷的 Si—O—Si 反对称伸缩振动吸收峰 ν_{as} 为 1100～1140 cm^{-1} 一致。1432 cm^{-1}、1028.2 cm^{-1}、996.9 cm^{-1} 处的吸收峰为 Si—C_6H_5 键的特征吸收峰，742 cm^{-1}、697 cm^{-1} 处的吸收峰为单取代苯环上氢的面外弯曲振动($\delta_{=CH}$)吸收峰。上述主要吸收峰与以苯基三氯硅烷为原料合成的 OPS 的 FTIR 谱图中的数据相当吻合，可以认为合成的产物为笼状八苯基硅倍半氧烷。

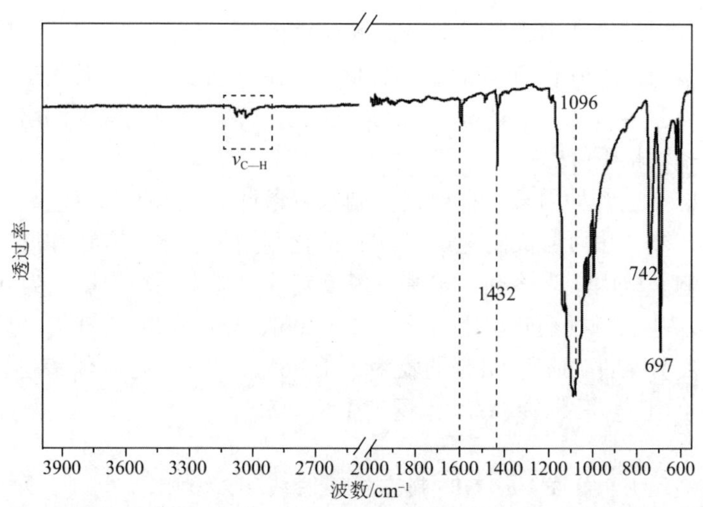

图 1-18 以苯基三甲氧基硅烷为原料合成的 OPS 的 FTIR 谱

2. 核磁共振谱分析

图 1-19 分别是以苯基三甲氧基硅烷为原料合成的笼状八苯基硅倍半氧烷的 ^{1}H NMR、^{13}C NMR 和 ^{29}Si NMR 谱。在图 1-19(A)中，位于 7.8～7.85 ppm 附近的吸收峰“a”是苯环上与硅氧笼连接的碳的邻位碳上的氢共振吸收峰，位于 7.4～7.46 ppm 附近的吸收峰“b”是苯环上与硅氧笼连接的碳的间位碳上的氢共振吸收峰，位于 7.5～7.55 ppm 附近的吸收峰“c”则是苯环上与硅氧笼连接的碳的对位碳上的氢共振吸收峰，a、b、c 的积分面积之比为 a∶b∶c=2∶2∶1，与苯环上三个碳所连接的氢原子数之比吻合。

图 1-19 (B)为 ^{13}C NMR 谱图，由于硅氧基团的吸电子诱导效应在 128～134 ppm 出现 4 个特征峰，其中 130 ppm 处的共振峰“a”为苯环上与 Si 相连的碳的化学位移，134 ppm、128 ppm 以及 131 ppm 的共振峰“b”、“c”和“d”分别对应为苯环上与 Si 相邻碳的邻、间和对位碳的化学位移。a、b、c、d 的积分面积之比为 a∶b∶c∶d=1∶2∶2∶1，与苯环上的四种碳原子数之比吻合。

图 1-19(C)为 ^{29}Si NMR 谱图，可以看出，主要共振峰处于−78.27 ppm 一个尖锐的单峰，这说明体系中的 Si 处于一个单一的化学环境，所带的基团相同，排除了结构破坏 Si—OH 的可能性及二聚体等副产物的存在。综合 ^{1}H NMR、^{13}C NMR 及 ^{29}Si NMR 三类谱图可以进一步证明产物为封闭的笼状苯基硅倍半氧烷。

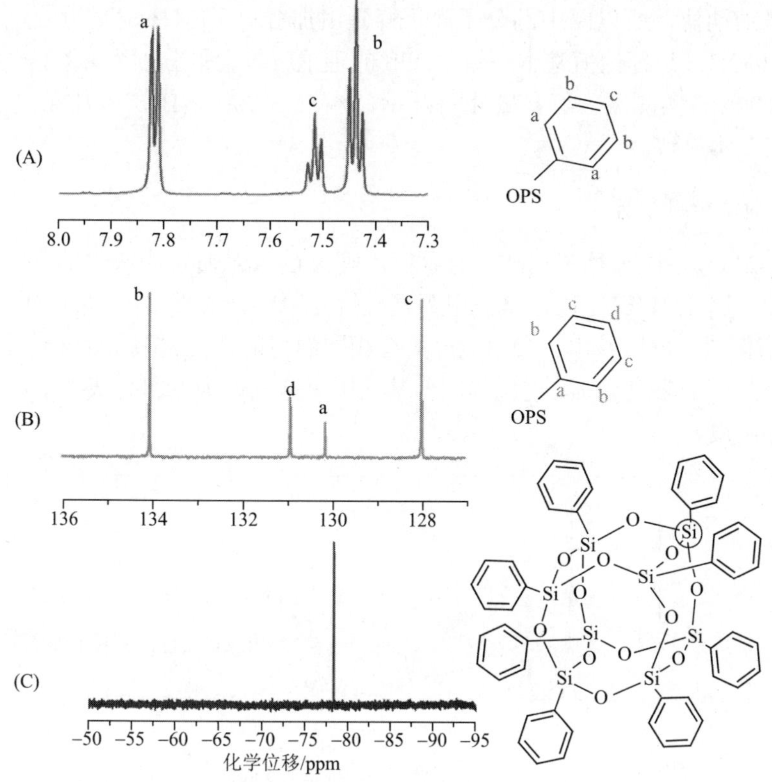

图 1-19　以苯基三甲氧基硅烷为原料合成 OPS 的 NMR 谱

3. 质谱和元素分析

利用基质辅助激光解吸电离飞行时间质谱(MALDI-TOF MS)仪测定了样品的分子量，如图 1-20 所示。在测试过程中，为了促进分子离子的形成，向基质中

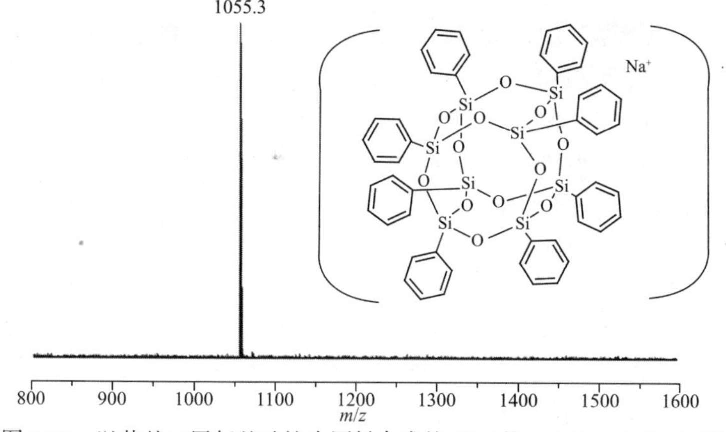

图 1-20　以苯基三甲氧基硅烷为原料合成的 OPS 的 MALDI-TOF MS 谱

加入适量的钠盐，所以图中的分子离子峰是由加合离子$[M+Na]^+$产生的，实际分子量为 1032.3，与理论值基本一致。OPS 的理论碳氢含量分别为 $w(C) = 55.78\%$，$w(H) = 3.90\%$；实测碳、氢含量分别为 $w(C) = 55.69\%$，$w(H) = 3.91\%$，实际结果与理论值基本一致。

4. X 射线衍射分析

图 1-21(a)是以苯基三氯硅烷为原料合成的 OPS 从吡啶中析出的产物的 X 射线衍射图，图 1-21(b)是以苯基三甲氧基硅烷为原料合成直接得到的 OPS 产物的 X 射线衍射图。可以看出，(a)和(b)具有相同的衍射特征，只是由于结晶度不同导致峰形强度上略有差别，这说明用苯基三甲氧基硅烷为原料合成的 OPS 本身具有更高的纯度。

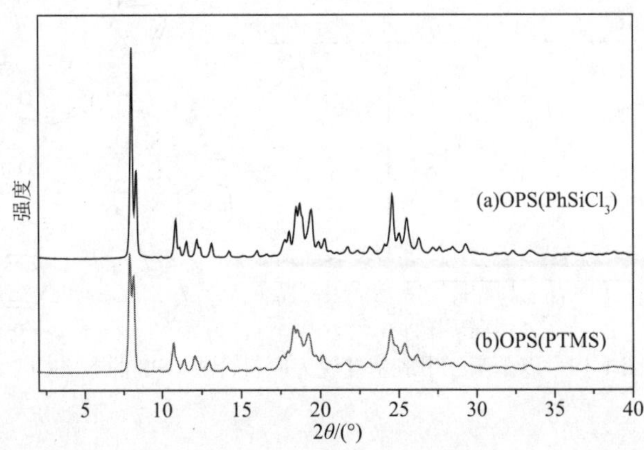

图 1-21　以苯基三氯硅烷和苯基三甲氧基硅烷为原料所合成 OPS 的 X 射线衍射图

5. 八苯基硅倍半氧烷的热稳定性

图 1-22 为以苯基三甲氧基硅烷为原料所合成八苯基硅倍半氧烷的 TG 曲线。从中可以看出，八苯基硅倍半氧烷在 450℃以前都非常稳定，体系没有明显失重。初始分解(失重 5%)的温度为 478℃，在 450～600℃失重明显，547.5℃对应最大失重速率(–3.06%/min)；600℃以后失重速率明显减缓，到 700℃时失重约为 30%，700～900℃时残炭率曲线几乎平行，表明在 700℃时主要分解过程基本完成，最终失重率约 32.77%，相较于结构中无机部分 Si—O 的含量(计算值约 40%)，最终残炭率(67.23%)较高，可能的原因是 OPS 热解过程中，由于 Si—O 结构存在，导致其易于成炭 [52]。与图 1-11 中以苯基三氯硅烷为原料所合成的 OPS 对比，以苯基三甲氧基硅烷为原料所合成的 OPS 的热稳定性更佳优异，这可能是由于以苯基三甲氧基为原料所合成的 OPS 纯度更高。

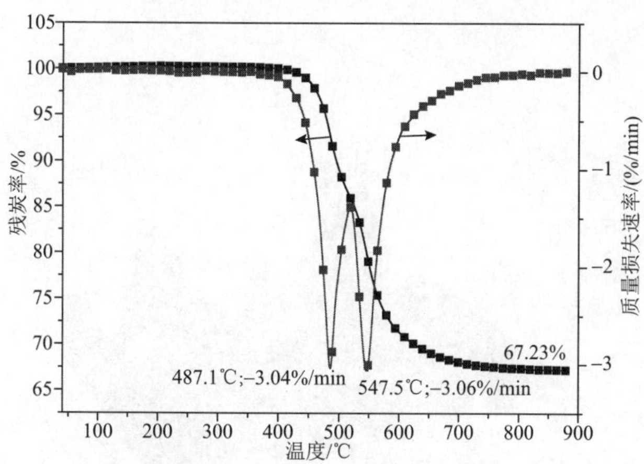

图 1-22　以苯基三甲氧基硅烷为原料所合成 OPS 的 TG 曲线(氮气气氛)

1.4.3　苯基三甲氧基硅烷合成八苯基硅倍半氧烷反应机理分析

在以苯基三甲氧基硅烷为原料制备 OPS 的合成过程中，为了研究反应机理，采用了在线红外(React IR TM[15])分析仪对反应过程中体系的红外实时变化进行了追踪和检测(图 1-23)，同时将 React IR 与 FTIR、^{29}Si NMR 以及 MALDI-TOF MS 技术联用，以探索其详细的反应机理。

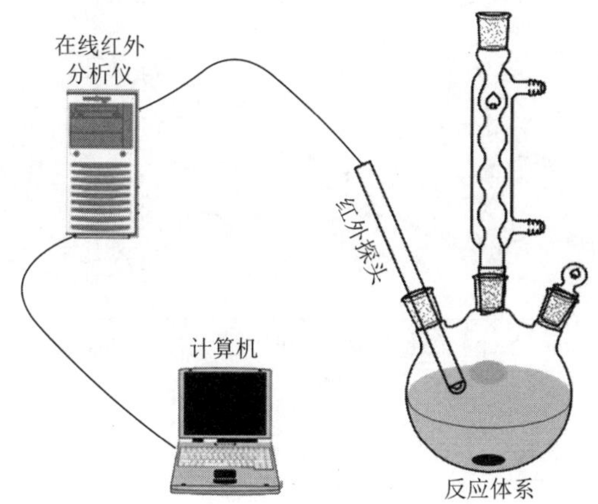

图 1-23　在线红外检测以苯基三甲氧基硅烷为原料制备 OPS 的合成过程

反应过程中的红外变化图谱如图 1-24 所示，可以清晰地看到反应过程中原料、中间物及产物的浓度随时间的变化。图 1-24 中位于 2250～1950 cm^{-1} 位置的不连续吸收峰为在线红外设备上金刚石探针的屏蔽区间。1714 cm^{-1}、1360 cm^{-1} 及 1220 cm^{-1} 处的吸收峰为溶剂的特征吸收峰。而 1100 cm^{-1} 为 OPS 中 Si—O—Si 的特征吸收峰，742 cm^{-1}、697 cm^{-1} 处的吸收峰为单取代苯环上氢的面外弯曲振动

($\delta_{=CH}$) 吸收峰。

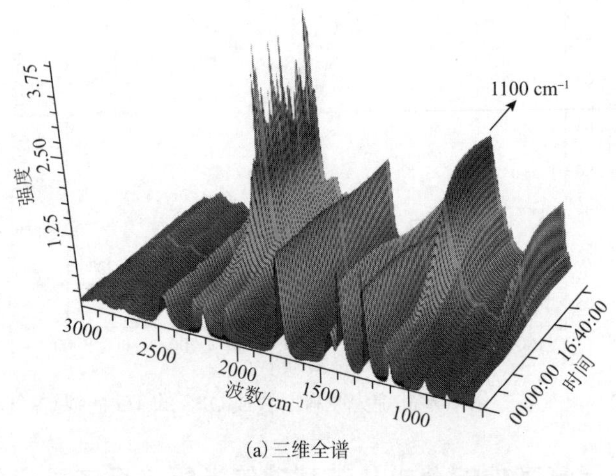

(a) 三维全谱

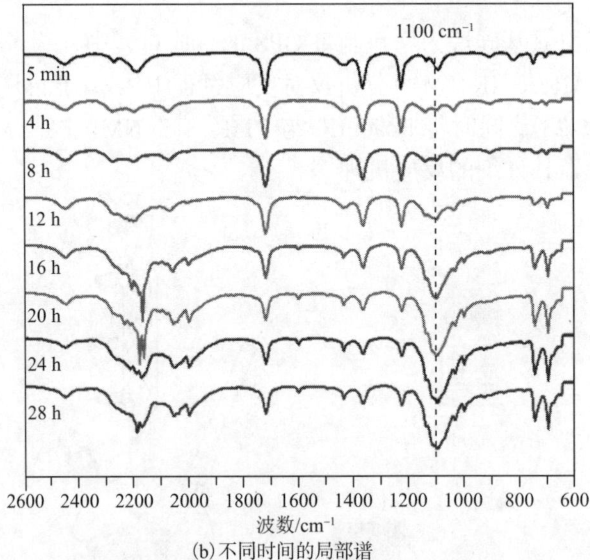

(b) 不同时间的局部谱

图 1-24　以苯基三甲氧基硅烷为原料制备 OPS 的反应过程中体系的红外光谱变化

在溶液体系中，由硅烷单体水解缩聚形成多面体硅倍半氧烷是一个多步的复杂过程，弄清水解缩聚的反应机理是进一步改进 POSS 单体合成工艺、缩短制备周期、降低成本的重要前提条件。尤其是水解步骤的快慢直接决定了后面硅醇缩聚速率和缩聚程度。理论上，在同样的催化剂条件下，由于官能团活性不同，苯基三甲氧基硅烷的水解速率相对于苯基三氯硅烷要慢一些。本实验室在以苯基三甲氧基硅烷为原料制备 OPS 时，通过检测体系的红外光谱变化时发现，在此条件下，苯基三甲氧基硅烷的水解在短时间内即可完成，如图 1-25 所示。可以看到，加入催化剂 1 h 内，在 1090 cm^{-1} 处的苯基三甲氧基硅烷的 Si—O—C 键的吸收峰的强度迅速下降，与此同时，在 1150 cm^{-1} 和 1050 cm^{-1} 处分别出现两个新的特征吸收峰，并且吸收峰的强度逐渐增加。这说明在加入催化剂后 1 h 内，苯基三甲氧基硅烷的水解已经基本完成。

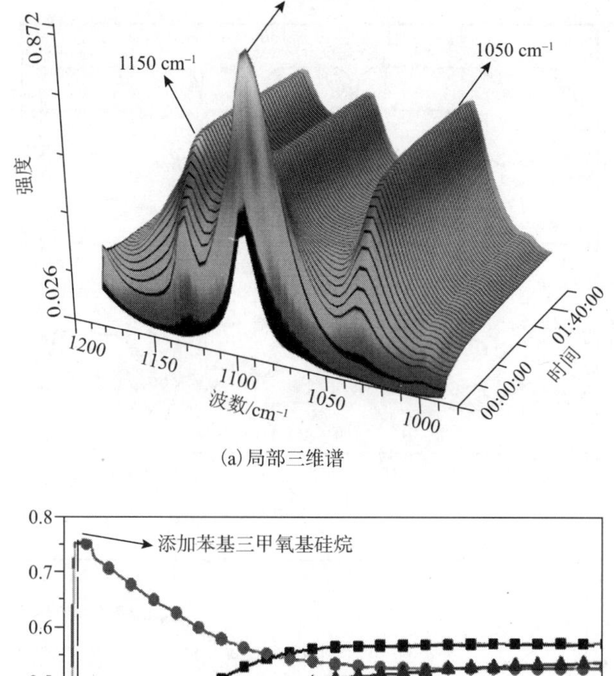

(a) 局部三维谱

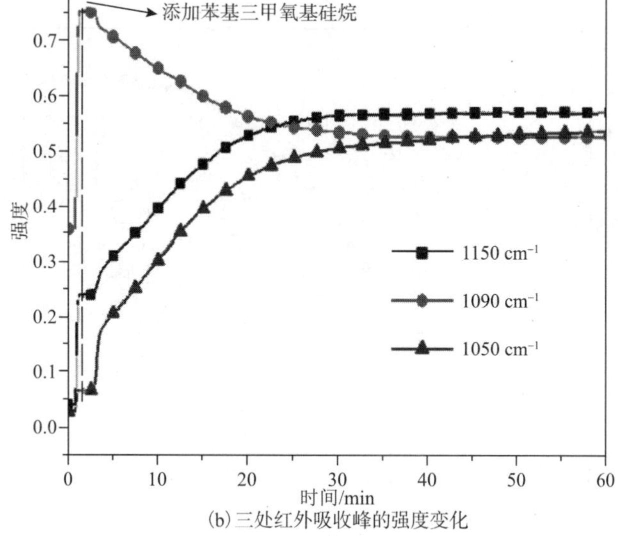

(b) 三处红外吸收峰的强度变化

图 1-25　以苯基三甲氧基硅烷为原料制备 OPS 的前 1 h 反应过程的红外光谱及特征吸收的强度变化

图 1-26 为以苯基三甲氧基硅烷为原料制备 OPS 反应体系的红外光谱图及 Si—

O—Si 特征吸收峰的强度随时间的变化。图 1-26(a)中，1736 cm^{-1}、1366 cm^{-1} 及 1213 cm^{-1} 为溶剂的特征吸收峰。而 1600 cm^{-1}、1432 cm^{-1}、1096 cm^{-1}、742 cm^{-1} 及 697 cm^{-1} 为 OPS 的特征吸收峰，由于 Si—O—C 的特征吸收峰(1090 cm^{-1})与 Si—O—Si 的特征吸收峰(1096 cm^{-1})极为接近，因此会存在重叠。从图 1-26(b)可以看出，在 1096 cm^{-1} 处的吸收峰的强度先是在短时间内迅速下降，在 1～6 h 处于平稳状态，然后在 8 h 以后开始逐渐增强，最后在 24 h 左右趋于平稳。

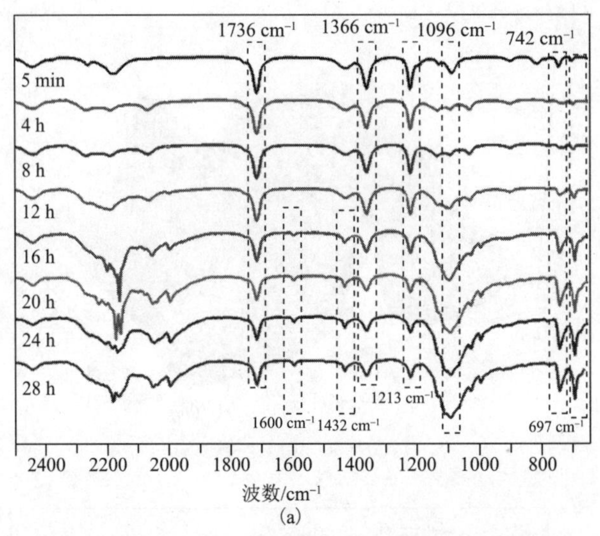

(a)

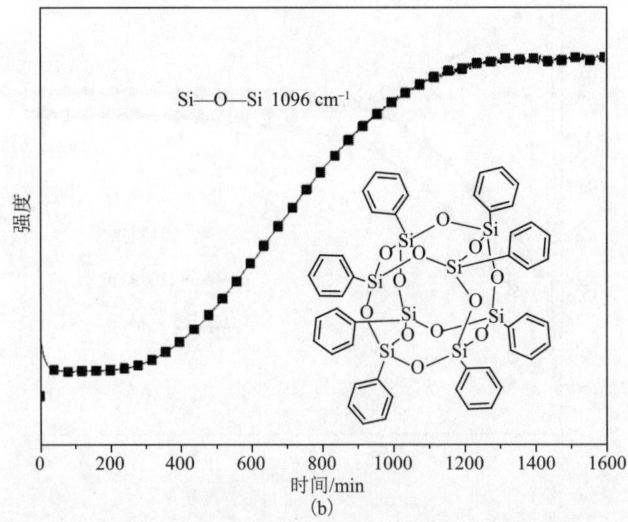

(b)

图 1-26　以苯基三甲氧基硅烷为原料制备 OPS 反应体系的红外光谱(a)及 Si—O—Si 特征吸收峰的强度随时间的变化(b)

为了排除溶剂对中间产物的影响，在制备 OPS 的过程中，经过一定时间间隔对反应过程进行取样，去除溶剂，以便更准确地观察中间产物的红外光谱变化。在取样过程中为了尽可能地减小溶剂挥发对中间产物的影响，取样后将液体的样品迅速置于液氮中冷冻，使反应保持在取样时的状态，然后在冷冻干燥机中低温状态下(−40℃)除去溶剂。如图 1-27 所示，可以看出，原料苯基三甲氧基硅烷在 1090 cm^{-1} 左右为 Si—O—C 的特征吸收峰，在 8 h 以前分别在 1150 cm^{-1} 和 1040 cm^{-1} 处出现了两个吸收峰。在反应 12 h 后 1096 cm^{-1} 处出现了新的吸收峰，并且吸收峰的强度随着反应时间的延长逐渐增强。通常认为无规结构(random)或梯形结构的苯基硅倍半氧烷(PPSQ)由于其结构中同时存在水平方向的—Si—O—Si—和垂直方向的—Si—O—Si—R 两种键，因此会在 1150 cm^{-1} 和 1040 cm^{-1} 这两个位置出现吸收峰[53]。因此，初步认为是在反应的初期形成了无规结构或者梯形结构的中间产物，然后经过断链重排，最后形成了笼状的结构。

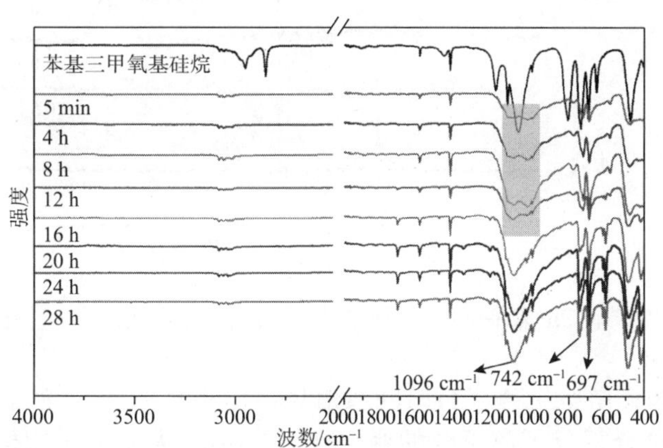

图 1-27　以苯基三甲氧基硅烷为原料制备 OPS 反应体系不同时间产物扣除溶剂后的红外光谱

由于红外光谱无法区别无规结构和梯形结构的硅倍半氧烷，因此需要借助于核磁共振谱图以进一步分析合成中间产物的具体结构。图 1-28 为以苯基三甲氧基硅烷为原料制备 OPS 过程中中间产物的 ^{29}Si NMR 谱图。从图中可以看出，作为原料，苯基三甲氧基硅烷在−54.8 ppm 处只有一个单一的化学位移。在反应 0.5 h 后，在−63 ppm 处出现了一个新的化学位移，这被认为是苯基三甲氧基硅烷的水解产物缩聚形成的二聚体 $Ph(OH)_2$—Si—O—$Si(OH)_2Ph$，而不是苯基三甲氧基硅烷的水解产物[54]。由于苯基三甲氧基硅烷水解所需要的能量与水解产物缩聚形成二聚体的能量基本相同，并且由于二聚体比水解产物更加稳定，因此，这个结果说明二聚体是几乎与苯基三甲氧基硅烷的水解产物同时形成的。在反应进行到 4 h 以后，可以看到原料与二聚体的化学位移都已经消失不见，取而代之的是在−80 ppm 处出现了新的宽峰，这就意味着经过水解与缩聚反应，原料与二聚体都已经被消耗掉，同时生成了新的长链中间体。随着反应继续进行，在 12 h 后，在−78.3 ppm 处又出现了新的化学位移，这个单一的尖峰对应着 OPS 中 Si 的化学位移；同时，在−80 ppm 处的化学位移的强度逐渐降低，在 24 h 的时候已经基本消失不见，只存在−78.3 ppm 处的单一的化学位移，说明此时链状结构的中间体已经被消耗完毕，产物中只有单一的 OPS。

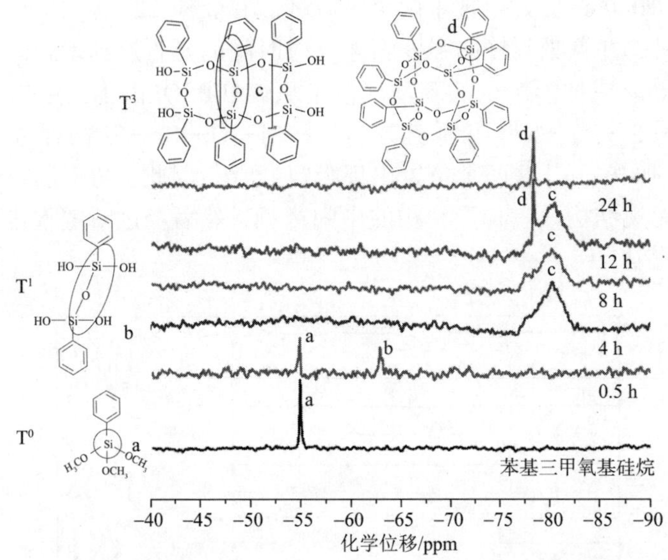

图 1-28 以苯基三甲氧基硅烷为原料制备 OPS 过程中中间产物的 ^{29}Si NMR 谱

基质辅助激光解吸电离飞行时间质谱(MALDI-TOF MS)能如实地反映出物质的组成，通过分析分子离子峰的变化规律，可以得到与中间体结构有关的信息[55,56]。为了进一步验证合成过程中中间体的分子结构，利用 MALDI-TOF MS 对中间产物进行了表征，结果如图 1-29 所示。在反应 4 h 到 8 h 这一阶段，中间产物的分子离子峰的变化规律性强，其任意间隔一个峰的两峰分子量差值为 258 或 259，即相差一个结构单元。因此，由以上结果可知，合成过程中的中间产物与梯形苯基硅倍半氧烷(PPSQ)的结构相似，具有链状结构的$(Ph_2Si_2O_3)_nO_2H_4$ (n=10, 11, ⋯, 28)。因此其重复结构单元应为 $Ph_2Si_2O_3$，分子量为 258，其结构示意图如图 1-30 所示。

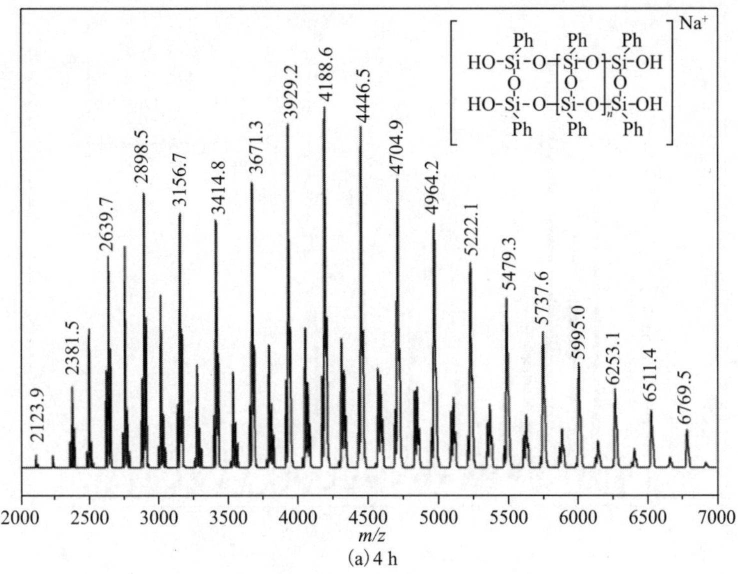
2123.9
2381.5
2639.7
2898.5
3156.7
3414.8
3671.3
3929.2
4188.6
4446.5
4704.9
4964.2
5222.1
5479.3
5737.6
5995.0
6253.1
6511.4
6769.5
Na+
Ph Ph Ph
HO-Si-O-[Si-O]-Si-OH
O O O
HO-Si-O-[Si-O]n-Si-OH
Ph Ph Ph
2000 2500 3000 3500 4000 4500 5000 5500 6000 6500 7000
m/z
(a) 4 h

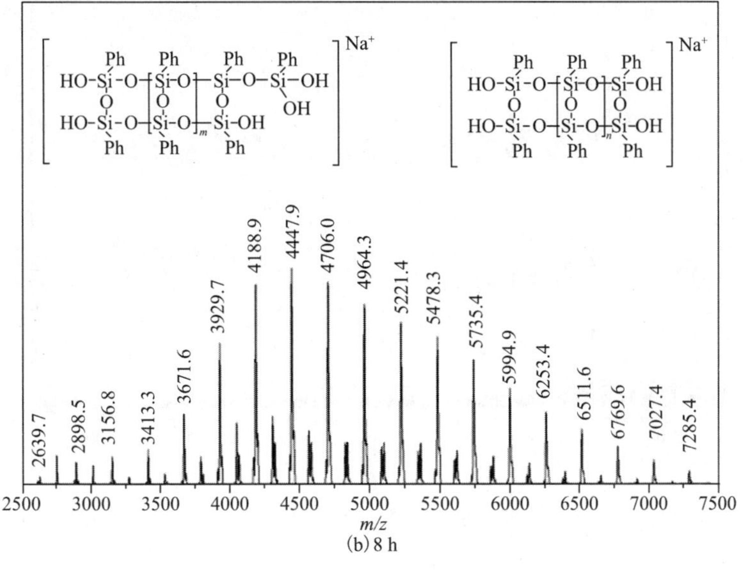
Na+
Ph Ph Ph Ph
HO-Si-O-[Si-O]-Si-O-Si-OH
O O O OH
HO-Si-O-[Si-O]m-Si-OH
Ph Ph Ph
Na+
Ph Ph Ph
HO-Si-O-[Si-O]-Si-OH
O O O
HO-Si-O-[Si-O]n-Si-OH
Ph Ph Ph
2639.7
2898.5
3156.8
3413.3
3671.6
3929.7
4188.9
4447.9
4706.0
4964.3
5221.4
5478.3
5735.4
5994.9
6253.4
6511.6
6769.6
7027.4
7285.4
2500 3000 3500 4000 4500 5000 5500 6000 6500 7000 7500
m/z
(b) 8 h

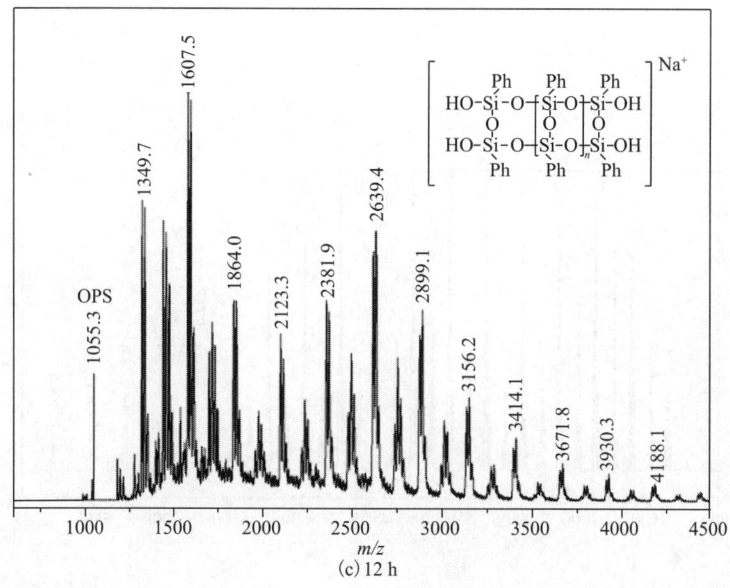

(c) 12 h

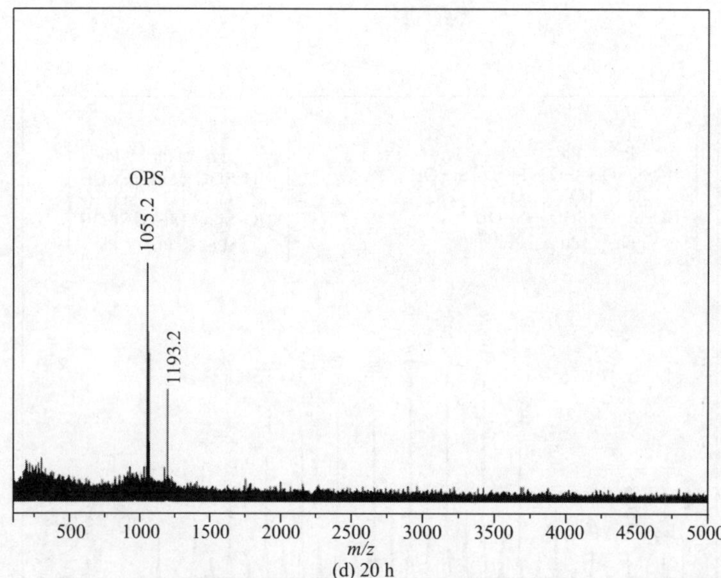

(d) 20 h

图 1-29　以苯基三甲氧基硅烷为原料制备 OPS 过程中中间产物的 MALDI-TOF MS 谱

Ph
—O—Si—
O
—O—Si—
Ph

图 1-30　结构单元 $Ph_2Si_2O_3$ 示意图(分子量为 258)

在反应 12 h 以后，除了梯形结构的中间体之外，在 *m*/*z*1055.3 处出现了 OPS 的分子离子峰，当反应进行到 20 h 后，基本上只剩下了 1055.3 处 OPS 的分子离子峰，而梯形结构的中间体已经消失不见，这一结果恰好与图 1-28 中 ^{29}Si NMR 的结果相对应。

根据以上 FTIR、^{29}Si NMR 及 MALDI-TOF MS 的结果分析，我们提出一种以苯基三甲氧基硅烷为原料制备 OPS 的机理，如图 1-31 所示，首先是苯基三甲氧基硅烷水解形成硅醇，然后两个硅醇分子之间缩聚生成二聚体，前两步反应速率很快。随着二聚体的浓度增加，二聚体之间开始进一步缩聚形成梯形链状的 PPSQ，当二聚体被消耗殆尽时，体系中梯形链状 PPSQ 的浓度达到最大值，随后在碱催化作用下，PPSQ 开始断链重排生成 OPS，由于 OPS 不溶于绝大多数溶剂，在反应过程中随着 OPS 沉淀越来越多，反应的平衡向生成 OPS 的方向移动，直至它的平衡浓度等于溶解度。实际制备过程中逐渐生成沉淀的现象支持了这一机理。

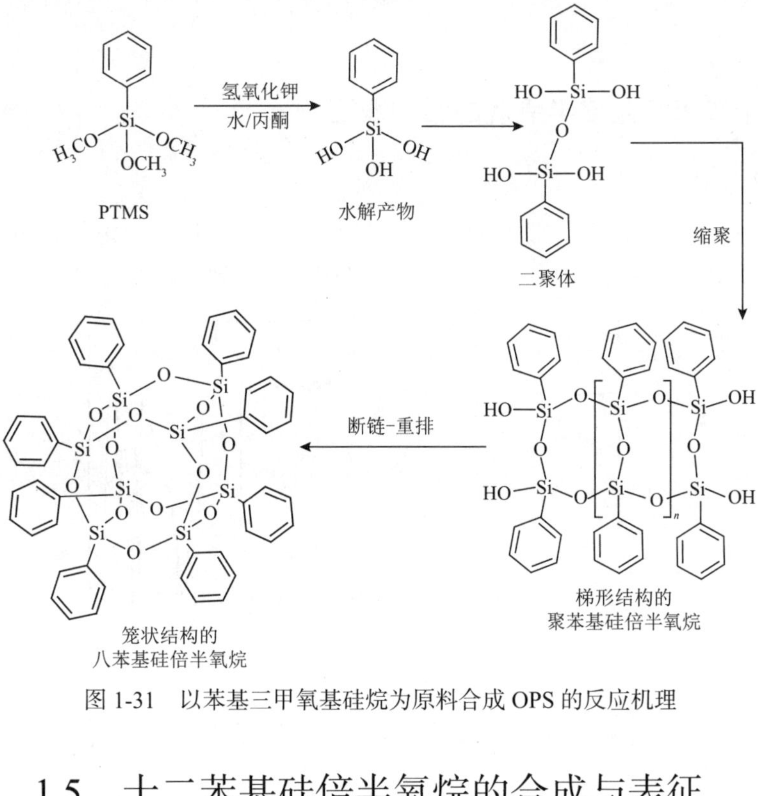

图 1-31　以苯基三甲氧基硅烷为原料合成 OPS 的反应机理

1.5　十二苯基硅倍半氧烷的合成与表征

1.5.1　十二苯基硅倍半氧烷的合成

目前，除了八苯基硅倍半氧烷之外，还有其他的多面体苯基硅倍半氧烷合成的报道[57,58]。但是关于多面体十二苯基硅倍半氧烷(dodecaphenyl silsesquioxane，DPS)的合成却很少有人介绍。2012 年，Lee 等介绍了一种以苯基三甲氧基硅烷为原料合成 DPS 的方法[59]。该方法以苯基三甲氧基硅烷为原料，以碳酸钾 K_2CO_3 为催化剂，室温下在四氢呋喃溶剂中经过 14 天得到了收率为 98%的 DPS。虽然该方法有着较高的收率，但是反应时间漫长，不易于工业化生产。

本实验室在以苯基三氯硅烷为原料合成八苯基硅倍半氧烷的方法上进行改进，通过控制反应体系的温度合成了具有笼状结构的十二苯基硅倍半氧烷(DPS)。具体方法如下：在装有温度计、滴液漏斗、回流冷凝器和冰水循环装置的 50 L 反应器中，加入计量的苯基三氯硅烷和溶剂，搅拌 20～30 min，使反应体系彻底冷却至室温，然后滴加去离子水，水解结束后，继续搅拌 10～20 min，停止搅拌并进行分液，得到有机相和水相；对有机相进行升温至 40℃，加入催化剂搅拌反应 18～20 h，然后真空抽滤得到固体粉末状产品，真空干燥 2～3 h 得到 DPS 产品。

1.5.2　十二苯基硅倍半氧烷的结构表征

1. FTIR 分析

图 1-32 是作者团队合成的 DPS 的红外光谱图，可以看出 DPS 和 OPS 的红外光谱相似(图 1-6 和图 1-18)，很难从红外光谱图上看到二者的区别。

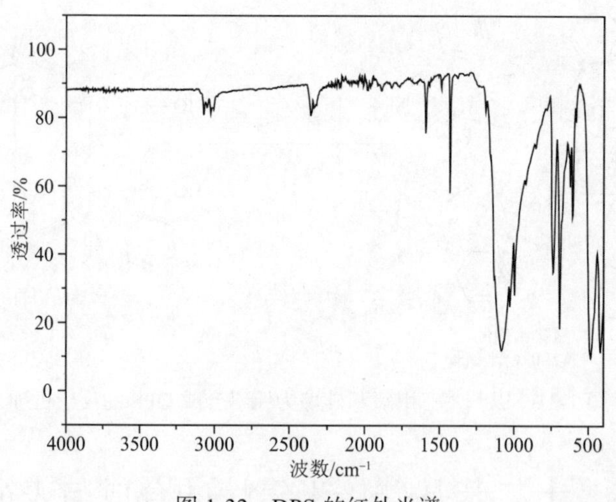

图 1-32　DPS 的红外光谱

2. MALDI-TOF 质谱

由于在红外光谱图上无法区分 OPS 和 DPS 二者的不同，因此需要对 DPS 进行进一步的表征。图 1-33 为作者团队合成的笼状十二苯基硅倍半氧烷的

MALDI-TOF 质谱图，在测试过程中，加入了钠盐以促进分子离子峰的形成，所以质谱图中的分子离子峰是由加合离子[M+Na$^+$]产生的。在图 1-33 中，只有一个位于 1572.4 位置的明显质谱峰，其分子量应为(1572.4–23)即 1549.4，表明样品是 DPS。这个分子量值与杂化塑料公司(Hybrid Plastics)产品目录中的笼状八苯基硅倍半氧烷的分子量(1550.26)非常接近，可以初步认定 1549.4 即为 DPS 的分子量。此外，在位于 1055.4 的位置出现了的相应的质谱峰，这是 OPS 的分子量。由于十二苯基硅倍半氧烷和八苯基硅倍半氧烷均不易溶于二氯甲烷并且在质谱图中的强度很低，说明在样品中，OPS 是以副产物存在，含量不高。

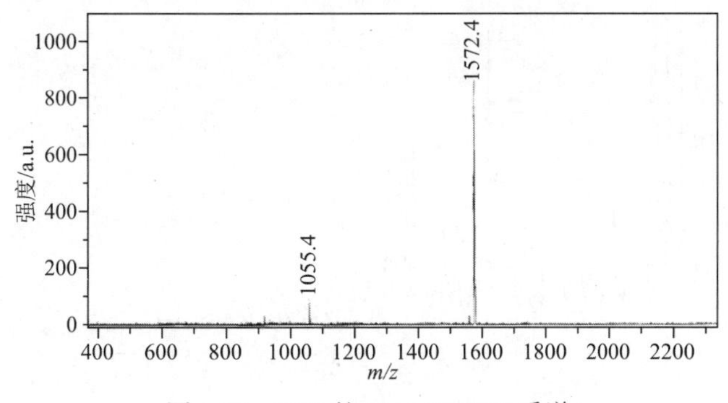

图 1-33　DPS 的 MALDI-TOF 质谱

3. ^{29}Si NMR 分析

对作者团队合成的样品进行 ^{29}Si NMR 测试，结果见图 1-34，可以看到在谱图中的约–77.101 ppm 和–79.932 ppm 两个位置出现了两个共振峰。文献[60]中，在–75.0 ppm 和–78.0 ppm 两个位置出现了两个共振峰，另有文献[61]也证实了这个结果。原因可能是 DPS 分子存在两种异构体。

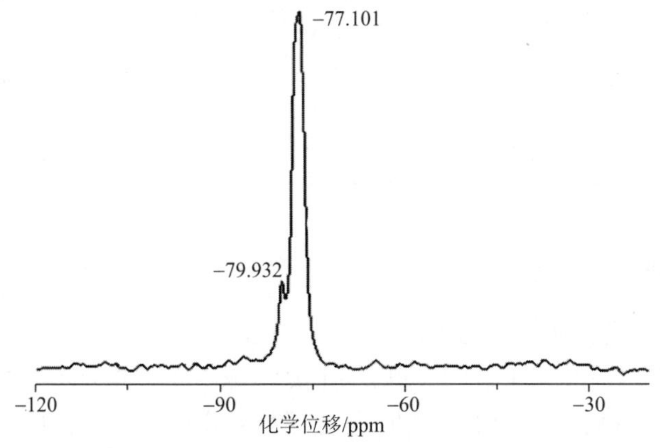

图 1-34　十二苯基硅倍半氧烷的 ^{29}Si NMR 谱

4. X 射线衍射分析

图 1-35 是作者团队制得的 DPS 粉末的 XRD 图。其中在典型位置所对应的相对强度和晶面间距的值都列在表 1-7 中。与 OPS 粉末的 XRD 图相比较可以看出，在 2θ 位置为 8.0°、19.0°和 25.0°的附近，还有强度相当的一些峰出现，由于 DPS 存在异构体，这也是 DPS 粉末 XRD 谱图复杂的一个原因。这些数据和文献[60]中的数据一致，可以辅助地认定合成的产物为十二苯基硅倍半氧烷。

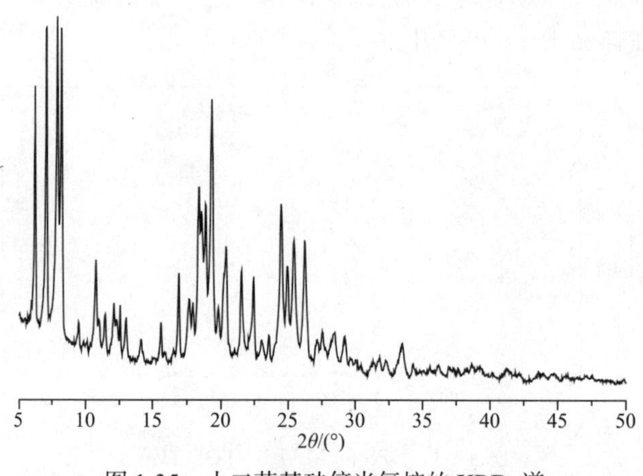

图 1-35　十二苯基硅倍半氧烷的 XRD 谱

表 1-7　十二苯基硅倍半氧烷的 XRD 的典型数据表

2θ/(°)	晶面间距/Å	相对强度/%
7.13	12.41	96.33
7.94	11.14	100.00
8.24	10.73	94.89
19.34	4.59	76.18
18.89	4.70	48.61
24.51	3.63	48.39
26.25	3.40	39.29

5. 十二苯基硅倍半氧烷的热稳定性

图 1-36 为作者团队合成的 DPS 的 TG 和 DTG 曲线。从图中可以看出，DPS 从室温到 400℃体系没有明显的失重，其初始分解(5%失重)的温度是 406.0℃，相比较 OPS，初始分解温度稍低，同时也具有两步分解的特征，最大失重的温度分别在 478℃和 573℃。第一个最大失重温度和 OPS 相近，都是苯环脱去的结果，第二个失重速率峰则高于 OPS 将近 50℃。不同的是，与 OPS 相比，DPS 在 800℃

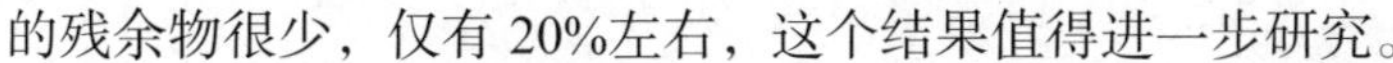

的残余物很少，仅有 20%左右，这个结果值得进一步研究。

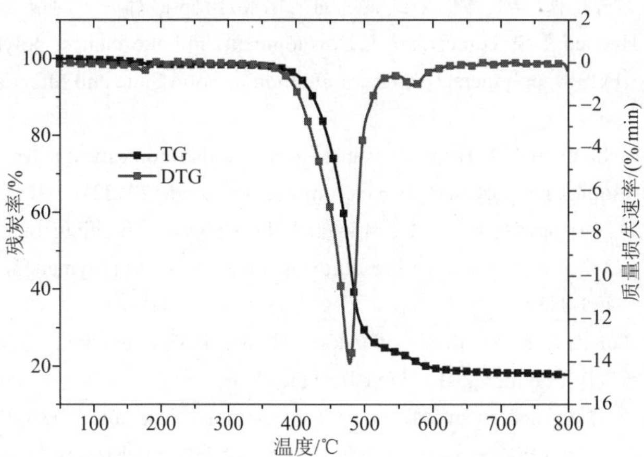

图 1-36　DPS 的 TG 和 DTG 曲线(氮气气氛)

参 考 文 献

[1] Blansky R L, Phillips S H, Chaffee K, et al. The synthesis of hybrid materials by the blending of polyhedral oligosilsesquioxanes into organic polymers[J]. MRS Proceedings, 2000: 628.

[2] Cerveau G, Corriu R J P, Framery E. Influence of the nature of the catalyst on the textural properties of organosilsesquioxane materials[J]. Polyhedron, 2000, 19(3): 307-313.

[3] Pescarmona P P, Raimondi M E, Tetteh J, et al. Mechanistic study of silsesquioxane synthesis by mass spectrometry and *in situ* ATR FT-IR spectroscopy[J]. The Journal of Physical Chemistry A, 2003, 107(42): 8885-8892.

[4] Kim K M, Adachi K, Chujo Y. Polymer hybrids of functionalized silsesquioxanes and organic polymers utilizing the sol-gel reaction of tetramethoxysilane[J]. Polymer, 2002, 43(4): 1171-1175.

[5] Patel R R, Mohanraj R, Pittman Jr C U. Properties of polystyrene and polymethyl methacrylate copolymers of polyhedral oligomeric silsesquioxanes: a molecular dynamics study[J]. Journal of Polymer Science Part B: Polymer Physics, 2006, 44(44): 234-248.

[6] Agaskar P A. New synthetic route to the hydridospherosiloxanes Oh-$H_8Si_8O_{12}$ and D_5h-$H_{10}Si_{10}O_{15}$[J]. Inorganic Chemistry, 1991, 30(13): 2707-2708.

[7] Rikowski E, Marsmann H C. Cage-rearrangement of silsesquioxanes[J]. Polyhedron, 1997, 16(5): 3357-3361.

[8] Lu C, Schwartzbauer G, Sperling M A, et al. Demonstration of direct effects of growth hormone on neonatal cardiomyocytes[J]. The Journal of Biological Chemistry, 2001, 276(25): 22892-22900.

[9] 刘鸿志. 含多面齐聚的倍半硅氧烷(POSS)的热固性聚合物的结构与性能研究[D]. 上海: 上海交通大学, 2005.

[10] 张亚峰, 孙陆逸, 刘安华, 等. 笼型六面体倍半硅氧烷衍生物制备聚合物纳米复合材料[J].

化学世界, 2001, 42(2): 98-102.
[11] 婷利, 梁国正, 宫兆和, 等. 含倍半硅氧烷的杂化聚合物[J]. 高分子通报, 2004, 1: 15-20.
[12] Phillips S H, Haddad T S, Tomczak S J. Developments in nanoscience: polyhedral oligomeric silsesquioxane (POSS) -polymers[J]. Current Opinion in Solid State and Materials Science, 2004, 8: 21-29.
[13] Haddad T S, Lichtenhan J D. Hybrid organic-inorganic thermoplastics: styryl-based polyhedral oligomeric silsesquioxane polymers[J]. Macromolecules, 1996, 29(22): 7302-7304.
[14] Lichtenhan J D, Otonari Y, Carr M J. Linear hybrid polymer building blocks: methacrylate-functionalized polyhedral oligomeric silsesquioxane monomers and polymers[J]. Macromolecules, 1995, 28(24): 8435-8437.
[15] Zhang W, Müller A H E. Synthesis of tadpole-shaped POSS-containing hybrid polymers via "click chemistry"[J]. Polymer, 2010, 51(10): 2133-2139.
[16] Wheeler P A, Fu B X, Lichtenhan J D, et al. Incorporation of metallic POSS, POSS copolymers, and new functionalized POSS compounds into commercial dental resins[J]. Journal of Applied Polymer Science, 2006, 102(3): 2856-2862.
[17] Barry A J, Daudt W H, Domicone J J, et al. Crystalline organosilsesquioxanes[J]. Journal of the American Chemical Society, 1955, 77(16): 4248-4252.
[18] Olsson K. An improved method to prepare octa-(alkysilsesquioxanes) [J]. Arkiv Kemi, 1958, 13: 367-377.
[19] Brown J F, Vogt L H, Prescott P I. Preparation and characterization of the lower equilibrated phenylsilsesquioxanes [J]. Journal of the American Chemical Society, 1964, 86(6): 1120-1125.
[20] Olsson K, Gronwall C. Octakisoarylsilsesquioxanes (2) [J]. Arkiv Kemi, 1961, 17: 529-540.
[21] Cai H L, Zhang X J, Xu K, et al. Preparation and properties of polycarbonate/polyhedral oligomeric silsesquioxanes (POSS) hybrid composites[J]. Polymers for Advanced Technologies, 2012, 23(4): 765-775.
[22] Ni Y, Zheng S X, Nie K M. Morphology and thermal properties of inorganic-organic hybrids involving epoxy resin and polyhedral oligomeric silsesquioxanes[J]. Polymer, 2004, 45(16): 5557-5568.
[23] Huang F, Rong Z, Shen X, et al. Organic/inorganic hybrid bismaleimide resin with octa(aminophenyl) silsesquioxane[J]. Polymer Engineering & Science, 2008, 48(5): 1022-1028.
[24] 杜建科, 杨荣杰. 笼形八苯基硅倍半氧烷的合成及表征[J]. 精细化工, 2005, 22(6): 409-411.
[25] Sprung M M, Guenther F O. The hydrolysis of *n*-amyltriethoxysilane and phenyltriethoxysilane[J]. Journal of Polymer Science, 1958, 28(116): 17-34.
[26] 张光亚, 黄光速, 张典. 八苯基取代笼形倍半硅氧烷的合成及表征[J]. 合成橡胶工业, 2012, 35(5): 343-346.
[27] 孙洁, 赵强强, 曹争艳, 等. 新型协效阻燃剂笼形八苯基硅倍半氧烷的制备[J]. 印染助剂, 2014, 31(4): 24-31.
[28] Becker G S, Carpenter II L E, King R K, et al. Process for synthesis of silicone: USA US 6395825[P]. 2002-03-28.
[29] Brown J F, Vogt L H, Katchman A, et al. Double chain polymers of phenylsilsesquioxane[J]. Journal of the American Chemical Society, 1960, 82(23): 6194-6195.

[30] Brown J F. The polycondensation of phenylsilanetriol[J]. Journal of the American Chemical Society, 1965, 87: 4317-4324.

[31] Voronkov M G, Lavrent'yev V I. Polyhedral oligosilsesquioxanes and their homo derivatives Ⅵ[J]. Topics in Current Chemistry, 1982, 102: 199-236.

[32] Feher F J, Newman D A, Walzer J F. Silsesquioxanes as models for silica surfaces[J]. Journal of the American Chemical Society, 1989, 111(5): 1741-1748.

[33] Vogt L H, Brown J F. Crystalline methylsilsesquioxanes[J]. Inorgnic Chemistry, 1963, 2(1): 189-192.

[34] Olsson K. A crystal structure investigation of substituted octa-(silsesquioxanes) $(RSiO_{15})_8$ and $(ArSiO_{15})_8$[J]. Arkiv for Kemi, 1960, 16: 209-214.

[35] Sprung M M, Guenther F O. The partial hydrolysis of methyl triethoxysilane[J]. Journal of the American Chemical Society, 1955, 77: 3990-3995.

[36] Lavrent'yev V I, Kovrigin V M, Treer G G. Methylethyloctasilsesquioxanes as products of the reaction of ethylpolycyclosiloxanes with methyltrichlorosilane and their chromatographic-mass spectrometric study[J]. Chemischer Informationsdienst, 1981, 51: 123.

[37] Sprung M M. Recent progress in silicone chemistry. I. Hydrolysis of reactive silane intermediates[J]. Advances in Polymer Science, 1961, 2: 442-446.

[38] Sprung M M, Guenther F O. The partial hydrolysis of methyltri-*n*-propoxysilane, methyltri-isopropoxysilane and methyltri-*n*-butoxysilane[J]. Journal of the American Chemical Society, 1955, 77(22): 6045.

[39] Shklover V E, Struchkov Y T. The structure of organocyclosiloxanes[J]. Russian Chemical Reviews, 1980, 49(3): 518-556.

[40] Sprung M M, Guenther F O. The partial hydrolysis of ethyl triethoxysilane[J]. Journal of the American Chemical Society, 1955, 77: 3996-3999.

[41] Brown J F, Vogt L H. The polycondensation of cyclohexylsilanetriol[J]. Journal of the American Chemical Society, 1965, 87(19): 4313-4317.

[42] Andrianov K A, Izamilov B A. Hydrolytic poly-condensation of higher alkyltrichlorosilanes[J]. Journal of Organometallic Chemistry, 1967, 8(3): 435-441.

[43] Voronkov M G, Lavrentyev V I, Kovrigin V M. The formation of polyhedral ethylsilsesquioxanes in the process of oligoethylhydrocyclosiloxane polycondensation[J]. Journal of Organometallic Chemistry, 1981, 220(3): 285-293.

[44] Lavrent'yev V I, Kostrovskii V G. Chromatographic-mass spectrometric study of liquid-phase ethyldichorosilane hydrolysis[J]. IZvest. Sib. Otd. An SSSR Ser. Khim., 1979, 12: 14.

[45] Voronkov M G, Mileshkevich V P, Yuzhelevskii Y A. Complexes of organosilicon compounds containing a siloxane bond[J]. Russian Chemical Reviews, 1976, 45(12): 1167-1178.

[46] Korkin S D, Buzin M I, Matukhina E V, et al. Phenylsilanetriol-synthesis, stability, and reactivity[J]. Journal of Organometallic Chemistry, 2003, 686(1): 313-320.

[47] Hayashi N, Ueno T, Shiraishi H, et al. A silicon-containing positive photoresist developable with aqueous alkaline solution[J]. ACS Symposium Series, 1987, 346: 211-223.

[48] Yamamoto S, Yasuda N, Ueyama A, et al. Mechanism for the formation of poly(phenylsilsesquioxane)[J]. Macromolecules, 2004, 37(8): 2775-2778.

[49] Pescarmona P P, Der Waal J C, Maxwell I E, et al. A new, efficient route to titanium-silsesquioxane epoxidation catalysts developed by using high-speed experimentation techniques[J]. Angewandte Chemie, 2001, 40(4): 740-743.

[50] Kudo T, Gordon M S. Theoretical studies of the mechanism for the synthesis of silsesquioxanes. 1. Hydrolysis and initial condensation[J]. Journal of the American Chemical Society, 1998, 120(44): 11432-11438.

[51] 张万里，陈清，陆凤英. 八乙烯基笼型倍半硅氧烷的合成[J]. 有机硅材料，2012, 26(6): 392-395.

[52] Laine R M, Roll M F. Polyhedral phenylsisquioxanes[J]. Macromolecules, 2011, 44(5): 1073-1109.

[53] Unno M, Matsumoto T, Matsumoto H. Synthesis of laddersiloxanes by novel stereocontrolled approach[J]. Journal of Organometallic Chemistry, 2007, 692(1): 307-312.

[54] Kudo T, Gordon M S. Exploring the mechanism for the synthesis of silsesquioxanes. 3. The effect of substituents and water[J]. The Journal of Physical Chemistry A, 2002, 106(46): 11347-11353.

[55] Ren Z J, Sun D M, Li H H, et al. Synthesis of dibenzothiophene-containing ladder polysilsesquioxane as a blue phosphorescent host material[J]. Chemistry: A European Journal, 2012, 18(13): 4115-4123.

[56] He J L, Yue K, Liu Y Q, et al. Fluorinated polyhedral oligomeric silsesquioxane-based shape amphiphiles: molecular design, topological variation, and facile synthesis[J]. Polymer Chemistry, 2012, 3(8): 2112-2120.

[57] Koželj M, Orel B. Synthesis of polyhedral phenylsilsesquioxanes with KF as the source of the fluoride ion[J]. Dalton Transactions, 2008, 37: 5072-5075.

[58] Bassindale A R, Liu Z, Mackinnon I A, et al. A higher yielding route for T_8 silsesquioxane cages and X-ray crystal structures of some novel spherosilicates[J]. Dalton Transactions, 2003, 14(14): 2945-2949.

[59] Lee A S, Choi S, Lee H S, et al. A new, higher yielding synthetic route towards dodecaphenyl cage silsesquioxanes: synthesis and mechanistic insights[J]. Dalton Transactions, 2012, 41(35): 10585-10588.

[60] Kim S G, Sulaiman S, Fargier D, et al. Octaphenyloctasilsesquioxane and polyphenylsilsesquioxane for nanocomposites[J]. Materials Syntheses, 2008: 179-191.

[61] Kim S G, Choi J, Tamaki R, et al. Synthesis of amino-containing oligophenylsilsesquioxanes[J]. Polymer, 2005, 46(12): 4514-4524.

第 2 章　高规整梯形聚苯基硅倍半氧烷的合成及表征

按照结构特点，聚有机硅倍半氧烷(PSQ)可分为无规结构、梯形结构、笼状结构和不完整笼状结构等[1,2]。其中，具有规整梯形结构的聚有机硅倍半氧烷比带有支化和缺陷结构的聚有机硅倍半氧烷具有更高的热稳定性，更具应用价值。

2.1　梯形聚苯基硅倍半氧烷的合成现状

目前已经研究的 PSQ 中，苯基 PSQ 的分子链刚性大，热稳定性高，以其为基础可获得带多种不同官能团的衍生物。本章对梯形聚苯基硅倍半氧烷(PPSQ)的合成与工艺进行具体介绍。PPSQ 的分子式一般表示为$(PhSiO_{3/2})_n$，可以用$PhSiCl_3$[39]、$PhSi(OMe)_3$、$PhSi(OEt)_3$等单体来合成制备。

1. 苯基三烷氧基硅烷制备方法

1958 年，Sprung 和 Guenther[3]在酸或碱催化下，由苯基三乙氧基硅烷水解合成出了低聚笼状苯基硅倍半氧烷和梯形苯基硅倍半氧烷。当采用苯作溶剂、酸作催化剂时，得到了分子量为 1000～1200 的几种结晶产物；当采用甲基异丁基酮作溶剂、碱作催化剂时，得到的则是分子量超过 5000 而羟基和乙氧基含量都很低的固体产物。1960 年，可溶性的低分子量聚苯基硅倍半氧烷获得专利权[4]，该产物是在合适溶剂(如甲苯、二甲苯或二甘醇二甲醚)中使苯基三硅醇的缩聚产物经过进一步的缩聚平衡化后得到的。

Yamazaki 等[5]用酸催化苯基三甲氧基硅烷水解制备水解产物，并用固含量为 90%的强碱在 250℃制备出可溶性的聚合物 PPSQ，其分子量为 9.0×10^4。Tsai 等[6]用分子链两端含有苯基三甲氧基硅烷的聚酰亚胺(PI)作前驱体与单芳香烷氧基硅烷进行自催化水解/聚合反应，制备出一种新型低介电性 PI/PPSQ 杂化纳米材料，该工艺的独特之处在于它避免了外加催化剂和水，而是用自身的酸性基团作催化剂和借助于空气中的水分进行水解和聚合。所得的 PPSQ 型纳米杂化膜具有优异的透明性，其热分解温度较纯的 PI 高，热膨胀系数较纯的 PI 低。

2. 苯基三氯硅烷制备方法

1960 年，Brown 等[7]首次以苯基三氯硅烷为原料，在碱性和高温条件下(KOH 催化，250℃)，采用“热平衡缩聚法”合成了高分子量可溶性的梯形聚苯基硅倍半氧烷。苯基三氯硅烷的水解产物与 0.1% KOH 和等质量甲苯的混合物经 250℃高温回流得到了约 99.9%缩合度的产物$(C_6H_5SiO_{3/2})_n$，通过蒸馏同时除去水，然后产物在石油醚或甲醇中沉淀析出产物。并且，在较少量的适宜溶剂中，Brown 用碱重排催化剂使预聚物 T_{12}(T_n 代表笼状结构，n 表示其结构中单元 $SiO_{3/2}$ 的数量)或高浓度的预聚物高温平衡化后得到了水溶性的、更高分子量的聚苯基硅倍半氧烷。

随后，许多科研工作者采用热平衡缩聚法制备出了 PPSQ。Pavlova 等[8]在不同溶剂中通过 KOH 催化 $PhSiCl_3$ 水解产物的平衡化制得了不同分子量的梯形聚合物。Adachi 等 [9-11]在甲基异丁基酮(MIBK)或脂肪族溶剂中制备出 $PhSiCl_3$ 的水解产物，然后用 KOH 作催化剂把固含量为 50%的水解产物在二甲苯中回流，制备出的聚合物用凝胶渗透色谱法(GPC)测得 M_w 为 $1.65×10^5$ 且 M_w/M_n 为 3.3。Zhang 和 Shi[12]对各种溶剂中制备 PPSQ 进行了研究，用 $PhSiCl_3$ 在醚或甲苯中制备的水解产物，其 M_n 为 $1.08×10^3$～$2.82×10^3$，并用 KOH 或 1,3-二环己基碳二亚胺作催化剂，在苯、甲苯、二甲苯、四氢化萘和苯基醚所组合的各种混合溶剂中，通过回流 13 h 或者进行 260℃和 7 h 的共沸除水，使上述水解产物进一步缩合制备出 PPSQ。采用前一种工艺制备的聚合物特性黏数$[\eta]$=0.71～2.76 dL/g，M_n 为 $1.2×10^4$～$2.6×10^4$，而采用后一种工艺制备的聚合物特性黏数$[\eta]$=8.0 dL/g，M_w 为 $3.4×10^5$，其中 1,3-二环己基碳二亚胺在水解产物缩合过程中起脱水作用[13]，所用的另一种脱水剂为烷基氯甲酸酯[14]。

陈剑华等[15]对合成梯形聚苯基硅倍半氧烷的催化剂进行了探索，发现 KOH 是一种较好的催化剂。他们在 $PhSiCl_3$ 水解产物中加入计量的二苯醚和 KOH 的甲醇溶液，在 250℃下反应 30 min；冷却后用甲苯溶解，经无水乙醇沉析，得到极细的白色粉末，平均产率为 48.6%。Lee 和 Kimura[16,17]通过两步法合成 PPSQ，得到了更为与众不同的结果。$PhSiCl_3$ 在甲苯/水非均相溶剂中水解，从水层中结晶析出分子量分布很窄的低分子量水解物；该水解物在甲苯中通过 KOH 催化缩聚，得到了分子量为 120000 的高度有序的梯形聚合物。他们认为在水层中的水解物分子上的硅醇基指向朝外，易于发生分子间缩合而生成高分子量产物。Xie 等[18]采用二胺或苯胺对 $PhSiCl_3$ 预氨解，然后在丙酮和甲苯或二甲苯中相继进行水解缩聚，合成出了高分子量梯形聚苯基硅倍半氧烷。反应温度控制在−5～0℃，CH_3NOH、BF_3 和几种有机胺用作缩聚反应的催化剂。他们认为，预氨解试剂与 $PhSiCl_3$ 相连接起到模板的作用，使之在后续反应中生成了结构规整的梯形聚合物。他们还发现，在相对较低的温度(95℃)下，用二乙胺适宜制备高分子量的梯形聚苯基硅倍半氧烷。用这种方法，他们还制备出了其他种类的梯形聚硅倍半氧烷[19-22]。Ma 和 Kimura[23]报道，采用相转移催化法使 $PhSiCl_3$ 在甲苯和水所组成的溶剂界面进行水解，水相中产生苯基硅三醇，然后在苯基硅三醇的水溶液中加入相转移催化剂，通过甲苯/水溶液体系的回流缩合所形成的 PPSQ 溶于甲苯中，且产率高。这是由于缩合过程中，苯基硅三醇和相转移催化剂在水相中形成了一种盐，而这种盐又被转移到甲苯相中进一步诱导苯基硅三醇缩合。

总之，PPSQ 的合成条件对其化学结构具有重要影响。Nishida 等[24]分析认为：苯基三氯硅烷（$PhSiCl_3$）浓度，反应温度和溶剂的亲水性对 PPSQ 的化学结构有影响。从 $PhSiCl_3$ 开始采用两步法进行合成，结果表明，随单体浓度的降低，水解物的分子量下降；而采用较低的单体浓度或亲水性较强的溶剂，可以得到硅醇含量较低的低聚物，这些低聚物可以进一步聚合得到理想的梯形聚苯基硅倍半氧烷。降低 $PhSiCl_3$ 浓度、水解产物的分子量和使用亲水性强的溶剂会降低水解产物的官能度，即每个水解产物分子所含 OH 基团的数量。只有降低水解产物的官能度才能获得结构较为规整的可溶性梯形低聚硅倍半氧烷。

3. 低聚苯基硅倍半氧烷的制备方法

Lee 和 Kimura[25]用低聚的环形苯基硅倍半氧烷作模板，制备了梯形结构的 PPSQ。他们用弱碱 $NaHCO_3$ 使 $PhSiCl_3$ 催化水解所产生的低分子量聚合物聚合形成 T_4，然后，用 KOH 作催化剂使 T_4 在甲苯中聚合形成 PPSQ。研究表明，T_4 的聚合速度要比 $PhSiCl_3$ 的水解产物在同样条件下直接聚合的速度慢得多，而且后者聚合产物的分子量比前者聚合产物的分子量高，通过对两种工艺制备的 PPSQ 进行 X 射线散射分析表明，两种产物梯形结构的规整性有所差异，并且其聚合机理也不同。

Masafumi 等[26]在前人工作的基础上，通过对低聚硅氧烷结构研究指出，顺-1, 3, 5, 7-环四硅氧烷四醇[*i*-PrSi(OH)O]$_4$ 是一种用途广泛的前驱体，可用于合成 T_3 和多面体硅倍半氧烷。他们用[*i*-PrSi(OH)O]$_4$ 和(*i*-PrPhSiCl)$_2$O 以吡啶为溶剂进行脱羟基氯化聚合反应，制备出三环低聚硅氧烷，产率达 85%，如图 2-1 所示。

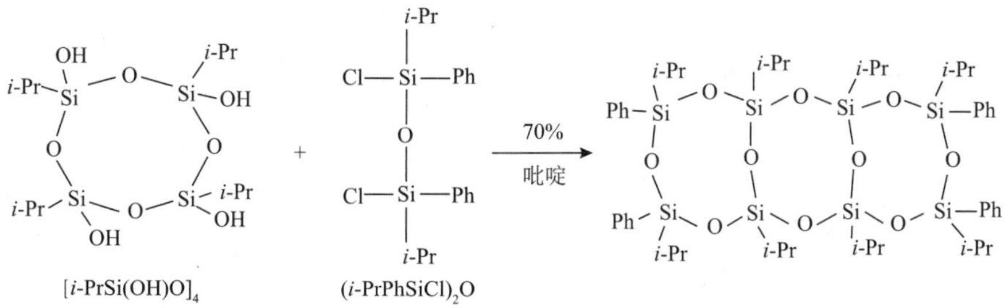

图 2-1　顺-1, 3, 5, 7-环四硅氧烷四醇的脱羟基氯化聚合反应

采用循环型反相高效液相层析（RP-HPLC）的方法分离出异构体，并通过 X 射线晶体学分析发现，这些异构体均为顺式结构；进一步用 $AlCl_3$/HCl 作催化剂，把干燥的 HCl 气体通入含有$(i\text{-}PrPhSiCl)_2O$ 和 $AlCl_3$ 平衡的苯溶液中，使三环低聚硅氧烷发生去苯基氯化反应，随后在 H_2O/吡啶/乙醚的混合溶剂中水解生成具有羟基的立体异构体产物，如图 2-2 所示。进而将此产物和$(i\text{-}PrPhSiCl)_2O$ 进行缩合，可以制备出六环异构体，如图 2-3 所示。结果分析表明：这种六环梯形硅氧烷具有很高的热稳定性，422.6℃以下无任何取代基损失。

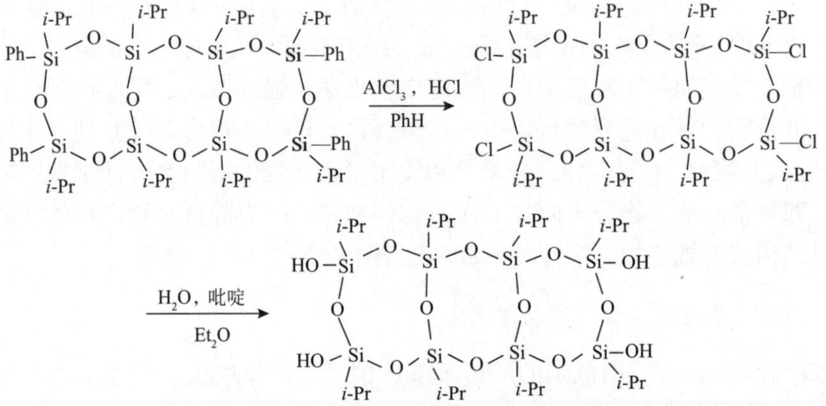

图 2-2　去苯基-氯化-水解反应

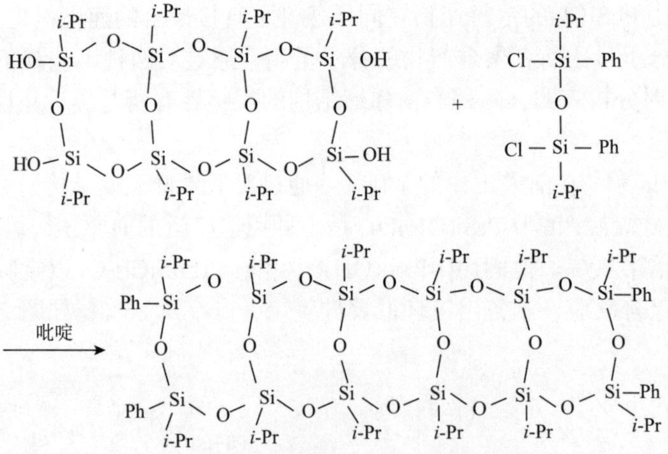

图 2-3　六环梯形硅氧烷的聚合反应

此外，在 200～250℃下，用一定数量的碱性催化剂加热笼状苯基低聚硅倍半氧烷，可按图 2-4 的反应生成梯形聚合物[27-32]。如此形成的 PPSQ 聚合物具有极高的热稳定性。例如，在约 550℃以上才发生分解，700～800℃时只失去苯基而大分子的硅-氧骨架仍然完整[20]，这与线形和支化的聚苯基硅倍半氧烷明显不同。

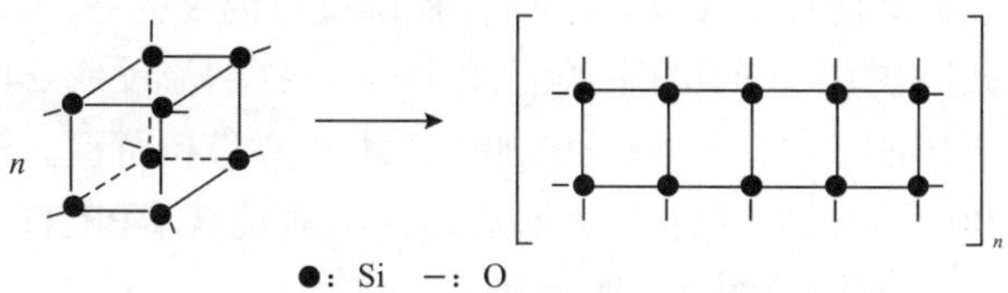

图 2-4　碱催化下笼状低聚硅倍半氧烷的热解反应

聚合条件对 PPSQ 的分子量有显著影响，其中主要影响因素包括预聚物浓度、温度和催化剂，体系通常在预聚物或聚合物的形成过程中伴随少量结构为 T_8 和 T_{11} 的晶体形成。Li 等[33]指出在反应体系中若用 CaF_2 或 MgF_2 作催化剂，则催化剂的用量对 PPSQ 的分子量的影响最为显著，其次是反应温度；加入二环己基碳二亚胺则能阻止交联反应，并增大 PPSQ 的分子量；若使用催化活性较高的 CaF_2 作催化剂，则可缩短反应时间、减少催化剂用量。在适宜的混合溶剂中，较低的缩聚温度下可制得高 M_w 的 PPSQ。由于制备条件不同，PPSQ 的溶解性可能不同，但多数 PPSQ 可溶于苯、甲苯和四氢呋喃。分子量超过 10^4 的 PPSQ 可溶于苯、二氯乙烷、四氢呋喃、氯苯和二甲基甲酰胺中，不溶于甲苯、二甲苯、丙酮、乙醇和乙酸酯类；而分子量只有几千的低聚物则溶于上述所有溶剂[34]。

关于 PPSQ 分子水平上的微结构，可通过基质辅助激光解吸电离飞行时间质谱(MALDI-TOF MS)法来表征。对于高规整梯形 PPSQ 来说，根据分子水平上微结构的不同，可分为环梯形(Cy-PPSQ)和直链梯形(L-PPSQ)[35]。

上述文献中，规整度好或高性能的梯形聚苯基硅倍半氧烷(PPSQ)合成温度基本都控制在 180～250℃，反应后期需要使用高沸点溶剂(联苯、二苯醚等)，对其产品的规整性表征则很少介绍。本章将对环梯形和直链梯形 PPSQ 合成和表征进行详细介绍。

2.2　环梯形聚苯基硅倍半氧烷的合成及表征

2.2.1　环梯形聚苯基硅倍半氧烷的合成方法

作者研究团队提出一种采用三氯化铝($AlCl_3$)或氯化镁($MgCl_2$)作为助反应物，通过苯基三氯硅烷单体的水解和缩聚，在 80℃合成出分子链规整度高的环梯形结构的 PPSQ(Cy-PPSQ)的合成新方法。首先，0℃条件下，在装有 100 mL 苯的三口烧瓶中加入 21.2 g 苯基三氯硅烷，并滴加 200 mL 去离子水，持续搅拌使硅烷水解。称取适量的无水三氯化铝($AlCl_3$)或无水氯化镁($MgCl_2$)配制 $AlCl_3$ 水

溶液或 $MgCl_2$ 水溶液 10 mL。取硅烷水解体系中的有机相，加入 $AlCl_3$ 水溶液或 $MgCl_2$ 水溶液，常温下搅拌 5 min。然后，控制反应温度为 80℃，加入适当浓度的四甲基氢氧化铵[$N(CH_3)_4OH$]的甲醇溶液 3 g，搅拌回流反应 24 h。反应结束后抽滤，得到少量固体副产物；在滤液中加入无水乙醇进行沉淀，经过抽滤、正己烷洗涤、真空 100℃干燥得到梯形聚苯基硅倍半氧烷 Cy-PPSQ(白色粉末状)。Cy-PPSQ 的标准化学结构如图 2-5 所示。

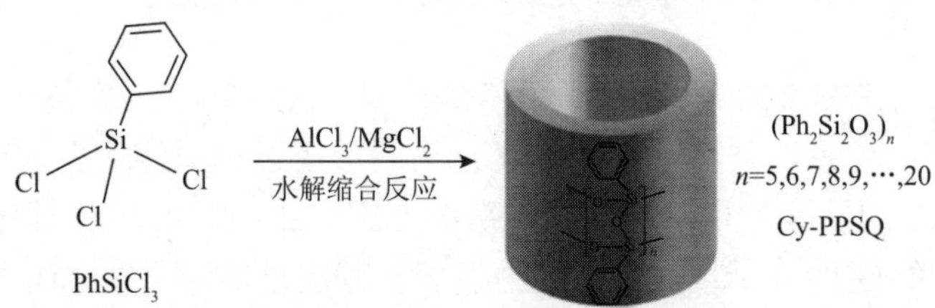

图 2-5　Cy-PPSQ 的合成及分子结构

以苯基三氯硅烷单体为原料，分别采用三氯化铝($AlCl_3$)和氯化镁($MgCl_2$)作为助反应物，在最优的合成条件下得到的 Cy-PPSQ 分别记为 Cy-PPSQ-Al 和 Cy-PPSQ-Mg。

2.2.2　环梯形聚苯基硅倍半氧烷的结构和热性能

1. 红外光谱和拉曼光谱分析

红外光谱和拉曼光谱同属分子光谱范畴，在化学领域中研究的对象大致相同。红外吸收波数与拉曼位移均在红外光区，两者都反映分子的结构信息。对某一给定的化合物，红外光谱与拉曼光谱产生的特征吸收峰的波数相近，但相对强度差别很大，一些峰的红外吸收与拉曼散射完全对应，但也有许多峰有拉曼散射却无红外吸收，或有红外吸收却无拉曼散射。因此，红外光谱与拉曼光谱互补，可用于有机化合物的结构鉴定[36]。

红外和拉曼测试结果表明 Cy-PPSQ-Al 与 Cy-PPSQ-Mg 的谱图出峰位置相同，图 2-6 给出了 Cy-PPSQ-Al 的红外和拉曼谱图。分析 FTIR 谱图，发现 1434 cm^{-1}、1594 cm^{-1}、3050 cm^{-1} 是苯基的吸收峰位置。1021 cm^{-1}、1100 cm^{-1} 是典型的聚硅倍半氧烷吸收峰，峰强与梯形结构聚硅倍半氧烷的规整度有关[37]。合成和表征中发现，相对于 1021 cm^{-1} 的吸收峰，1100 cm^{-1} 处的峰强随合成条件的改变而有所变化，并且，1100 cm^{-1} 处的吸收峰越强，样品的热分解初始温度越高，意味着 Cy-PPSQ 的规整度越高。与 Cy-PPSQ-Al 相比，Cy-PPSQ-Mg 在 1100 cm^{-1} 的相对峰强较高。从拉曼谱图可以看出，3053 cm^{-1}、1000 cm^{-1} 是苯基基团上的 Ar—H 振动，1594 cm^{-1} 是苯基基团上的 C═C 振动，谱图的各个峰位置，与文献[37]报道的一致。

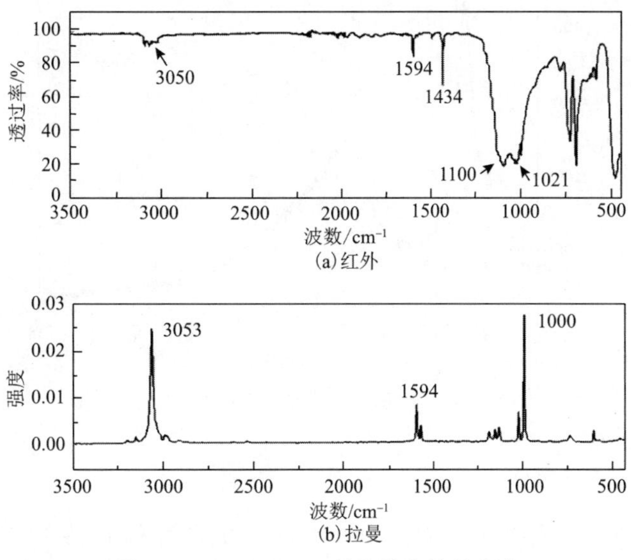

(a)红外

(b)拉曼

图 2-6　Cy-PPSQ-Al 的红外和拉曼光谱

2. X 射线衍射分析

X 射线衍射(XRD)分析是利用晶体形成的 X 射线衍射，对物质进行内部原子在空间分布状况的结构分析方法。将具有一定波长的 X 射线照射到结晶性物质上时，X 射线因在结晶内遇到规则排列的原子或离子而发生散射，散射的 X 射线在某些方向上相位得到加强，从而显示与结晶结构相对应的特有的衍射现象。对于同种晶体，峰的强度表示结晶的好坏，强度高结晶度高，强度低结晶度低。半峰宽表示晶体的规整性，规整度好，半峰宽窄；规整度低，半峰宽加宽。如果得到的产物分子链为较规整的梯形结构，具备一定的有序性，进行 X 射线衍射时，应该在衍射图上有峰出现。

图 2-7 给出了 Cy-PPSQ-Al 的 XRD 衍射图，存在两个明显的衍射峰：2θ=7.3°和 19.4°。7.3°处是个尖峰，通过布拉格方程计算可知对应的晶格间距为 12.06 Å；19.4°是个宽峰，对应着 4.60 Å 的晶格间距。从 X 射线衍射获得的晶格间距可以给出聚合物分子链排列的信息，根据施良和等的研究[37]，在小角区的尖峰应为梯形聚合物的 2 条主链间的宽度(d=12.06 Å)，而另一个较弥散的峰为梯形聚合物的厚度(d=4.60 Å)，证实了样品梯形结构的存在。7.3°峰为样品的特征峰，缺陷的存在，会使 7.3°峰减弱，所以 7.3°峰越尖，相对强度越大，意味着样品的梯形规整度越高。测试中发现，Cy-PPSQ-Mg 衍射峰位置与 Cy-PPSQ-Al 的衍射峰出峰位置一致，且 7.3°峰的相对强度更大，峰形更平滑。

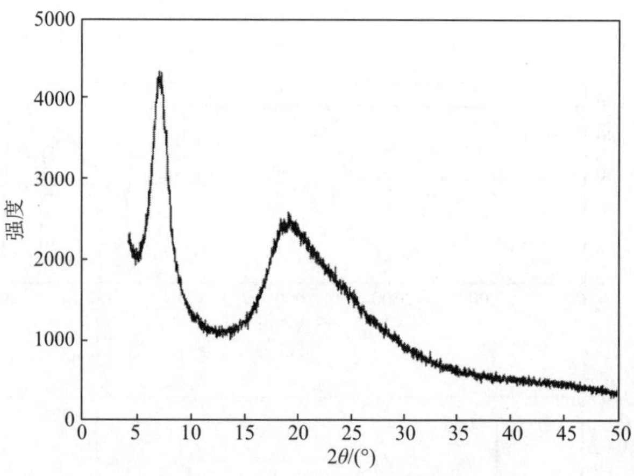

图 2-7 Cy-PPSQ-Al 的 X 射线衍射谱

3. 核磁共振谱分析

^{29}Si NMR 是表征梯形聚合物规整度最有效的方法。对于 Cy-PPSQ 的 ^{29}Si NMR 一般存在 3 种 Si 原子峰，分别代表末端基 Si 原子、主链上断链处的含有一个—OH 的 Si 原子(峰位置在 $\delta = -69$ ppm 左右)[38]以及完整的主链上的 Si 原子(峰位置在 $\delta = -80$ ppm 左右)[39]。图 2-8 列出了 Cy-PPSQ-Al 和 Cy-PPSQ-Mg 的 ^{29}Si NMR 谱图，可以根据化学位移判断硅的化学环境。Cy-PPSQ-Al 和 Cy-PPSQ-Mg 的峰位置都介于 $\delta = -82 \sim -76$ ppm，也就是说，两者都是不含硅羟基(Si—OH)的硅氧烷结构，即仅存在梯形主链上的 Si 原子，说明样品的规整性好。

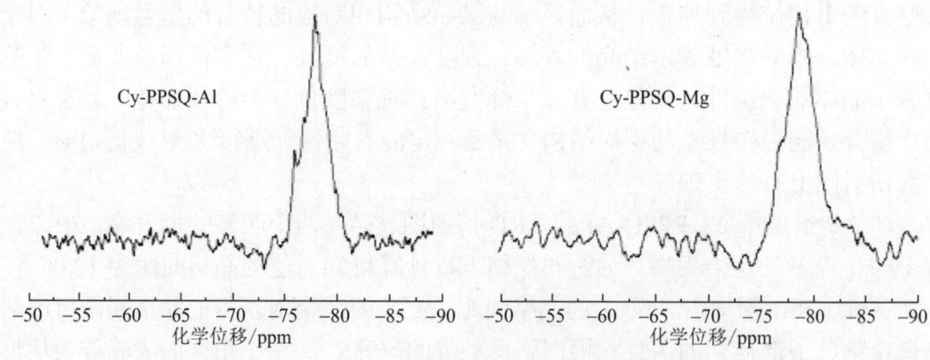

图 2-8 Cy-PPSQ-Al 与 Cy-PPSQ-Mg 的 ^{29}Si NMR 谱

Prado 等[40]研究了不同合成路线得到的聚苯基硅倍半氧烷结构，提出 ^{29}Si NMR 谱图中半峰宽的数值可以作为一个参数来衡量聚苯基硅倍半氧烷的结构规整性，半峰宽越窄，结构越有序。图 2-8 得到半峰宽数值均约为 2.5 ppm，相比 Prado 得到的半峰宽 6.7 ppm，作者团队合成的 Cy-PPSQ 半峰宽更窄，呈现出更为规整的结构。此外，Cy-PPSQ-Al 的 ^{29}Si 共振峰上存在些许“毛刺”，Cy-PPSQ-Mg 的 ^{29}Si 共振峰比 Cy-PPSQ-Al 的略微平滑，说明 Cy-PPSQ-Mg 的梯形结构比 Cy-PPSQ-Al 更加规整。

从梯形聚苯基硅倍半氧烷的典型化学结构式(图 2-5)可知，在 Cy-PPSQ 中，只有一个苯基取代基，所有氢原子均为苯环上的氢。纯粹的苯环氢的化学位移为 δ = 7.25 ppm，但作为取代基苯的苯基上的氢谱图一般都比较复杂[36]。图 2-9 是 Cy-PPSQ-Al 的 ^{1}H NMR 谱图，Cy-PPSQ-Mg 的 ^{1}H NMR 谱图和 Cy-PPSQ-Al 的大致相同。由图 2-9 可看出，在 δ = 6.5～8.0 ppm 范围内出现了一个尖峰(δ = 7.15 ppm)和两个包峰(δ = 6.95 ppm 和 δ = 7.70 ppm)，但是在其他位置(特别是 δ = 1.5 ppm 附近)没有出峰，即样品所有氢原子均为苯环上的氢，没有 Si—OH 的存在。这说明，本章采用的合成方法可以使—OH 完全参与缩聚，得到无—OH 的规整性好的 Cy-PPSQ，测试结果与 ^{29}Si NMR 结果相符合。

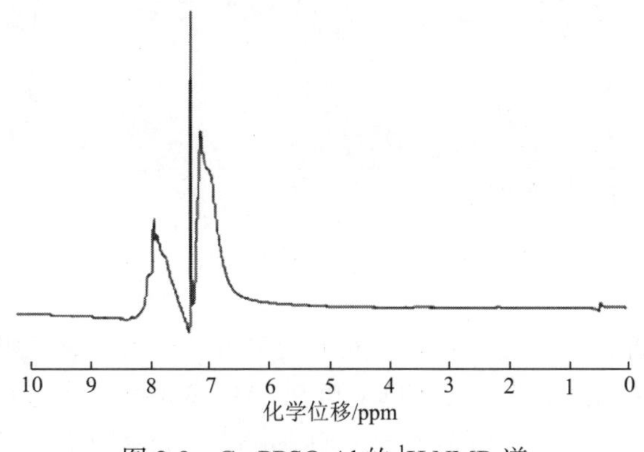

图 2-9　Cy-PPSQ-Al 的 ^{1}H NMR 谱

Adachi 等[10]在合成的聚苯基硅倍半氧烷中，指出 δ = 7 ppm 附近的宽峰为苯基的质子峰。我们认为，图 2-9 中包峰的出现与 $Si(O_{1/2})_3$ 基团的吸电子诱导效应对氢产生的去屏蔽作用有关，也与样品具有一定的聚合度有关，这些使谱图变得复杂。

4. 凝胶渗透色谱表征

凝胶渗透色谱(GPC)是基于体积排除的分离机理，从聚合物的 GPC 曲线的形状(对称、不对称、单峰、双峰等)可以得到该聚合物样品的分子量分布情况，GPC 峰的峰宽则可大致反映聚合物的多分散性系数(polydispersity，PDI)。

图 2-10 是 Cy-PPSQ-Al 的 GPC 曲线图，图中只有一个单峰分布，说明产物结构比较单一；图中也有两个倒峰，较小的倒峰通常是小分子杂质(如分水)造成的，较大的倒峰是溶剂峰。Cy-PPSQ-Mg 的 GPC 曲线图与图 2-10 相似，只是

出峰位置、峰高有所不同。表 2-1 列出了 Cy-PPSQ-Al 和 Cy-PPSQ-Mg 数均分子量 M_n、重均分子量 M_w、多分散性系数(PDI: M_w/M_n)等数据。可以看出，Cy-PPSQ-Al 的 M_n 为 5183，多分散性系数为 1.10；Cy-PPSQ-Mg 的 M_n 为 5780，多分散性系数为 1.12。

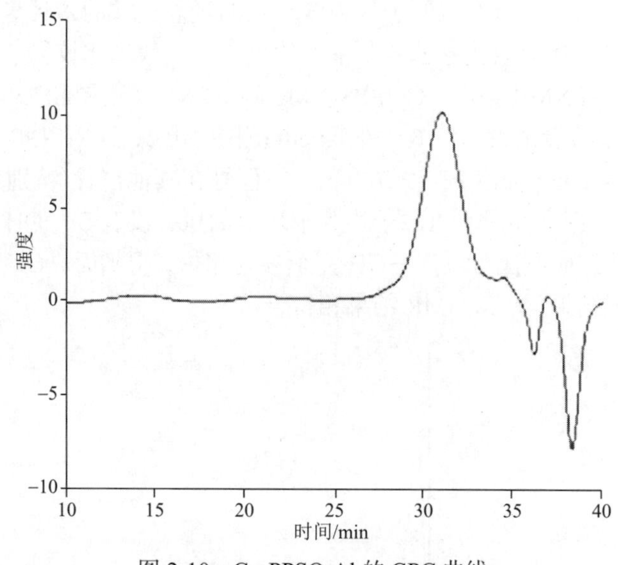

图 2-10　Cy-PPSQ-Al 的 GPC 曲线

Baney 等[34]曾报道，分子量只有几千的聚苯基硅倍半氧烷可溶于大多数有机试剂。实验中发现，Cy-PPSQ-Al 和 Cy-PPSQ-Mg 的溶解性十分优异，虽然不溶于甲醇、乙醇和正己烷，但是可溶于苯、四氢呋喃、二氯甲烷、三氯甲烷、吡啶、丙酮、乙醚等常见有机试剂，有利于其应用。

表 2-1　Cy-PPSQ 的分子量和分子量分布情况

样品	M_n	M_w	M_p	M_z	多分散性系数
Cy-PPSQ-Al	5183	5700	4002	6393	1.10
Cy-PPSQ-Mg	5780	6481	4541	7576	1.12

5. 质谱分析

近年来，质谱发展了一些新的电离技术，如基质辅助激光解吸电离(MALDI)，这种“软电离”技术的突破，使得一些大分子量化合物的分析成为可能，并且具有样品不易裂解、分子离子峰强、灵敏度高等特点，这种方法通常结合飞行时间检测器(TOF)来测定物质的分子量[41]。为了进一步确定样品的分子结构，利用基质辅助激光解吸电离飞行时间质谱(MALDI-TOF MS)测定了样品的分子量，见图 2-11。

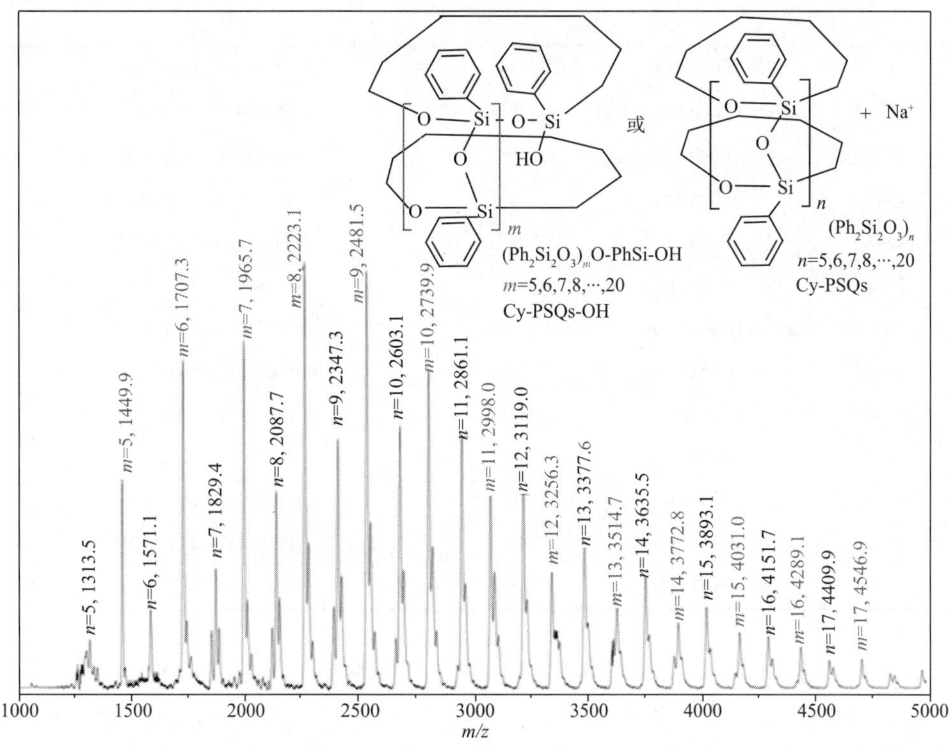

图 2-11　Cy-PPSQ-Al 的 MALDI-TOF MS 谱

MALDI-TOF MS 谱基本真实地反映了 Cy-PPSQ 的组成，通过对分子离子峰变化规律的分析，可以得到关于 Cy-PPSQ 结构的信息。对于合成的 Cy-PPSQ 来说，Cy-PPSQ 的梯形链具有不同的长度，即 Cy-PPSQ 具有不同的分子量，只是合成条件的变化会致使具有某种分子量的梯形链存在的比例大。因此可以根据梯形链间分子量的差值对 Cy-PPSQ 进行结构分析。由于 Cy-PPSQ-Mg 与 Cy-PPSQ-Al 的 MALDI-TOF MS 结果基本相同，本章只对 Cy-PPSQ-Al 的结果进行分析，从图 2-11 中 Cy-PPSQ-Al 分子结构的分布规律可以看出，“n”和“n+1”峰之间的分子量差异约为 258，对应于结构单元“$Ph_2Si_2O_3$”。令人惊讶的是，我们只得到两个系列公式(图 2-11)，第一个系列对应于 Cy-PPSQ [$(Ph_2Si_2O_3)_n$, n=5,6,⋯,20]，第二个系列分子式对应于 Cy-PPSQ-OH [$(Ph_2Si_2O_3)_m$O-PhSi-OH, m=5, 6,⋯,20]，具体对应结构如表 2-2 所示。

表 2-2　Cy-PPSQ 的 MALDI-TOF MS 图中各峰的对应结构

$(Ph_2Si_2O_3)_n$, Cy-PPSQ		$(Ph_2Si_2O_3)_m$O-PhSi-OH, Cy-PPSQ-OH	
M+Na$^+$	分子式	M+Na$^+$	分子式
1313.5	$(Ph_2Si_2O_3)_5$	1449.9	$(Ph_2Si_2O_3)_5$O-PhSi-OH
1571.1	$(Ph_2Si_2O_3)_6$	1707.3	$(Ph_2Si_2O_3)_6$O-PhSi-OH
1829.4	$(Ph_2Si_2O_3)_7$	1965.7	$(Ph_2Si_2O_3)_7$O-PhSi-OH
2087.7	$(Ph_2Si_2O_3)_8$	2223.1	$(Ph_2Si_2O_3)_8$O-PhSi-OH
2347.3	$(Ph_2Si_2O_3)_9$	2481.5	$(Ph_2Si_2O_3)_9$O-PhSi-OH
2603.1	$(Ph_2Si_2O_3)_{10}$	2739.9	$(Ph_2Si_2O_3)_{10}$O-PhSi-OH
2861.1	$(Ph_2Si_2O_3)_{11}$	2998.0	$(Ph_2Si_2O_3)_{11}$O-PhSi-OH
3119.0	$(Ph_2Si_2O_3)_{12}$	3256.3	$(Ph_2Si_2O_3)_{12}$O-PhSi-OH
3377.6	$(Ph_2Si_2O_3)_{13}$	3514.7	$(Ph_2Si_2O_3)_{13}$O-PhSi-OH
3635.5	$(Ph_2Si_2O_3)_{14}$	3772.8	$(Ph_2SiO_3)_{14}$O-PhSi-OH
3893.1	$(Ph_2Si_2O_3)_{15}$	4031.0	$(Ph_2Si_2O_3)_{15}$O-PhSi-OH
4151.7	$(Ph_2Si_2O_3)_{16}$	4289.1	$(Ph_2Si_2O_3)_{16}$O-PhSi-OH
4409.9	$(Ph_2Si_2O_3)_{17}$	4546.9	$(Ph_2Si_2O_3)_{17}$O-PhSi-OH

为了确定$(Ph_2Si_2O_3)_m$O-PhSi-OH 的结构，采用取代反应将 Si—OH 基团转化为 Si—O—Si$(CH_3)_3$，图 2-12 所示。图 2-13(a)和(b)分别为$(Ph_2Si_2O_3)_m$O-PhSi-OH 和$(Ph_2Si_2O_3)_k$O-PhSi-O-Si$(CH_3)_3$的 ^{29}Si CP-MAS NMR 谱图。由图 2-13(A)可以观察到，在化学位移−78.7 ppm 处有一个主峰，对应[Ph—Si(O—)$_3$]；在化学位移−69.1 ppm 处有一个小峰，对应[Ph—Si(O—)$_2$—OH]。由图 2-13(B)可以观察到，化学位移−78.7 ppm 处的峰没有发生改变，化学位移−69.1 ppm 处的峰几乎消失了，并且在−49.6 ppm 和 10.2 ppm 处出现了两个新的峰。这一结果表明，在取代反应中，所有的 Si—OH 基团都已转化为 Si—O—Si$(CH_3)_3$。

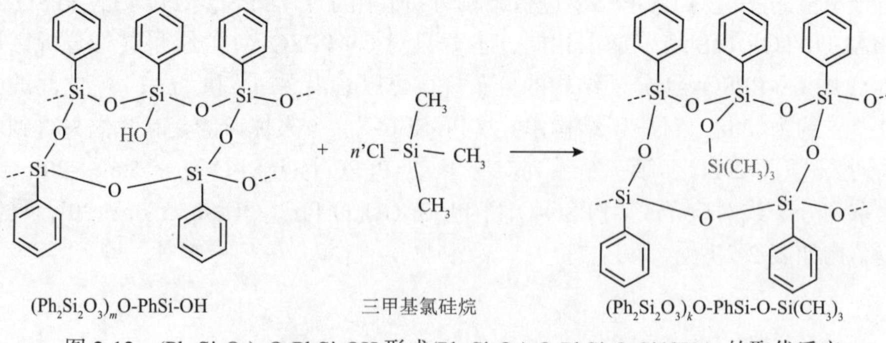

$(Ph_2Si_2O_3)_m$O-PhSi-OH　　三甲基氯硅烷　　$(Ph_2Si_2O_3)_k$O-PhSi-O-Si$(CH_3)_3$

图 2-12　$(Ph_2Si_2O_3)_m$O-PhSi-OH 形成$(Ph_2Si_2O_3)_k$O-PhSi-O-Si$(CH_3)_3$的取代反应

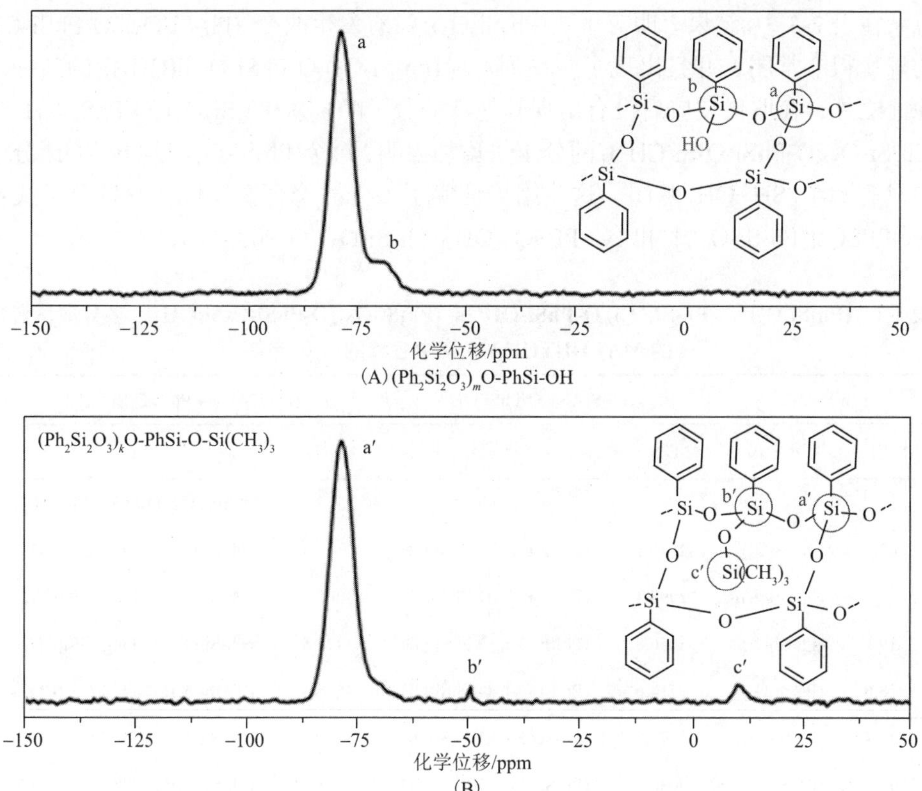

图 2-13　$(Ph_2Si_2O_3)_mO\text{-}PhSi\text{-}OH$(A)和$(Ph_2Si_2O_3)_kO\text{-}PhSi\text{-}O\text{-}Si(CH_3)_3$(B)的 ^{29}Si CP-MAS NMR 谱

取代反应后产物的 MALDI-TOF MS 图如图 2-14 所示，计算出的可能分子式

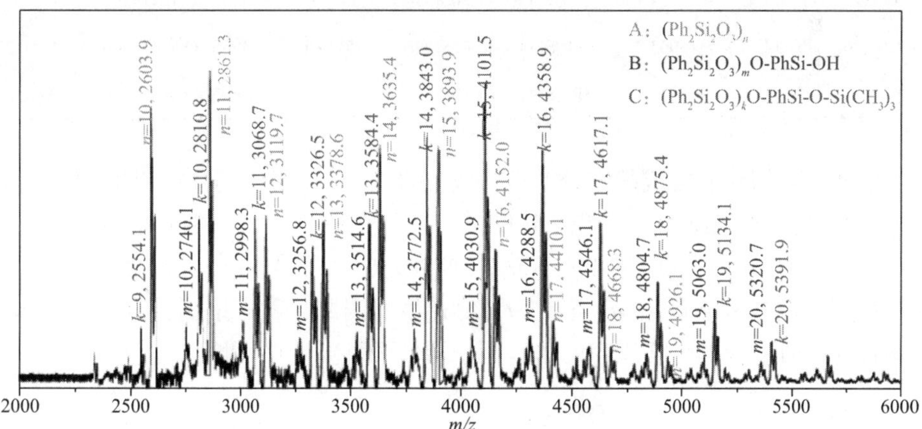

图 2-14　$(Ph_2Si_2O_3)_n$、$(Ph_2Si_2O_3)_mO\text{-}PhSi\text{-}OH$ 和$(Ph_2Si_2O_3)_kO\text{-}PhSi\text{-}O\text{-}Si(CH_3)_3$ 多分散聚合物的 MALDI-TOF MS 谱

总结在表 2-3 中。结果表明分子式$(Ph_2Si_2O_3)_n$没有发生改变。$(Ph_2Si_2O_3)_m$O-PhSi-OH 的峰变得非常弱，并且出现了一系列对应$(Ph_2Si_2O_3)_k$O-PhSi-O-Si$(CH_3)_3$ 的新峰。除此之外，在取代反应后没有出现其他新的分子峰。从$(Ph_2Si_2O_3)_m$O-PhSi-OH 到$(Ph_2Si_2O_3)_k$O-PhSi-O-Si$(CH_3)_3$的分子量增加表明，每个$(Ph_2Si_2O_3)_m$O-PhSi-OH 分子中只有一个 Si—OH 基团。这些结果证实了多分散聚合物仅包含两种分子式：cyc-PPSQs[$(Ph_2Si_2O_3)_n$] 和 cyc-PPSQs-OH [$(Ph_2Si_2O_3)_m$O-PhSi-OH]。

表 2-3　$(Ph_2Si_2O_3)_n$、$(Ph_2Si_2O_3)_m$O-PhSi-OH 和 $(Ph_2Si_2O_3)_k$O-PhSi-O-Si$(CH_3)_3$ 多分散聚合物的 MALDI-TOF MS 谱中各峰的对应结构

$(Ph_2Si_2O_3)_n$		$(Ph_2Si_2O_3)_m$O-PhSi-OH		$(Ph_2Si_2O_3)_k$O-PhSi-O-Si$(CH_3)_3$	
M+Na$^+$	分子式	M+Na$^+$	分子式	M+Na$^+$	分子式
—	—	—	—	2554.1	$(Ph_2Si_2O_3)_9$O-PhSi-OSi$(CH_3)_3$
2603.9	$(Ph_2Si_2O_3)_{10}$	2740.1	$(Ph_2Si_2O_3)_{10}$O-PhSi-OH	2810.8	$(Ph_2Si_2O_3)_{10}$O-PhSi-OSi$(CH_3)_3$
2861.3	$(Ph_2Si_2O_3)_{11}$	2998.3	$(Ph_2Si_2O_3)_{11}$O-PhSi-OH	3068.7	$(Ph_2Si_2O_3)_{11}$O-PhSi-OSi$(CH_3)_3$
3119.7	$(Ph_2Si_2O_3)_{12}$	3256.8	$(Ph_2Si_2O_3)_{12}$O-PhSi-OH	3326.5	$(Ph_2Si_2O_3)_{12}$O-PhSi-OSi$(CH_3)_3$
3378.6	$(Ph_2Si_2O_3)_{13}$	3514.6	$(Ph_2Si_2O_3)_{13}$O-PhSi-OH	3584.4	$(Ph_2Si_2O_3)_{13}$O-PhSi-OSi$(CH_3)_3$
3635.4	$(Ph_2Si_2O_3)_{14}$	3772.5	$(Ph_2Si_2O_3)_{14}$O-PhSi-OH	3843.0	$(Ph_2Si_2O_3)_{14}$O-PhSi-OSi$(CH_3)_3$
3893.9	$(Ph_2Si_2O_3)_{15}$	4030.9	$(Ph_2Si_2O_3)_{15}$O-PhSi-OH	4101.5	$(Ph_2Si_2O_3)_{15}$O-PhSi-OSi$(CH_3)_3$
4152.0	$(Ph_2Si_2O_3)_{16}$	4288.5	$(Ph_2Si_2O_3)_{16}$O-PhSi-OH	4358.9	$(Ph_2Si_2O_3)_{16}$O-PhSi-OSi$(CH_3)_3$
4410.1	$(Ph_2Si_2O_3)_{17}$	4546.1	$(Ph_2Si_2O_3)_{17}$O-PhSi-OH	4617.1	$(Ph_2Si_2O_3)_{17}$O-PhSi-OSi$(CH_3)_3$
4668.3	$(Ph_2Si_2O_3)_{18}$	4804.7	$(Ph_2Si_2O_3)_{18}$O-PhSi-OH	4875.4	$(Ph_2Si_2O_3)_{18}$O-PhSi-OSi$(CH_3)_3$
4926.1	$(Ph_2Si_2O_3)_{19}$	5063.0	$(Ph_2Si_2O_3)_{19}$O-PhSi-OH	5134.1	$(Ph_2Si_2O_3)_{19}$O-PhSi-OSi$(CH_3)_3$
—	—	5320.7	$(Ph_2Si_2O_3)_{20}$O-PhSi-OH	5391.9	$(Ph_2Si_2O_3)_{20}$O-PhSi-OSi$(CH_3)_3$

根据上述结果，合成的多分散聚合物仅含有两系列分子结构，即闭环双链结构[Cy-PPSQ, $(Ph_2Si_2O_3)_n$]和环链上仅带有一个 Si—OH 基团的类似闭环结构[Cy-PPSQ-OH, $(Ph_2Si_2O_3)_m$O-PhSi-OH]。此外，Cy-PPSQ 和 Cy-PPSQ-OH 都显示出一系列连续的分子量，“n”和“m”值递增。因此，我们推测，封闭环结构是在缩合开始时形成的，在适当的条件下，通过两种方式逐渐增长。

6. 热性能

为了研究 Cy-PPSQ 的热性能，采用差示扫描量热法（DSC）和热失重（TG）分析对其进行表征。Cy-PPSQ 的玻璃化转变温度（T_g）可以反映其梯形双链的规整性，

T_g 值越大，表明链刚性越大和双链的梯形规整性越高。图 2-15 是 Cy-PPSQ-Al 的 DSC 曲线图，Cy-PPSQ-Mg 的 DSC 曲线图与图 2-15 一致。从图 2-15 可以看出，从−40℃至 350℃体系没有出现明显的玻璃化转变，也没有吸热或放热过程，说明体系在此加热过程中未发生熔融或晶形转变，表明 Cy-PPSQ 具有很高的刚性和规整性。

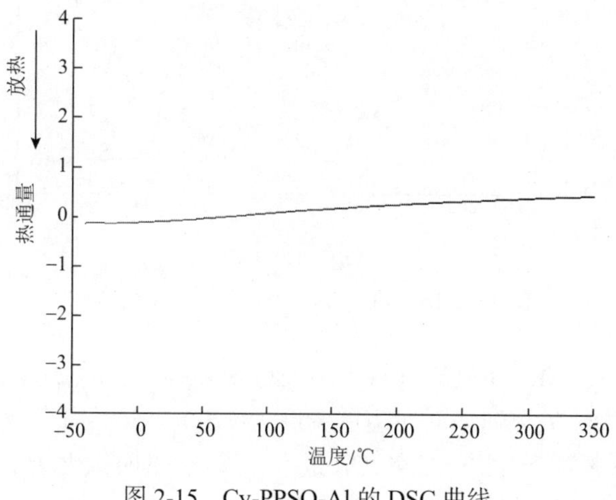

图 2-15　Cy-PPSQ-Al 的 DSC 曲线

与单链聚硅氧烷和其他有机聚合物相比，梯形聚苯基硅倍半氧烷具有更高的热稳定性[42]。图 2-16 是 Cy-PPSQ 的 TG 曲线。

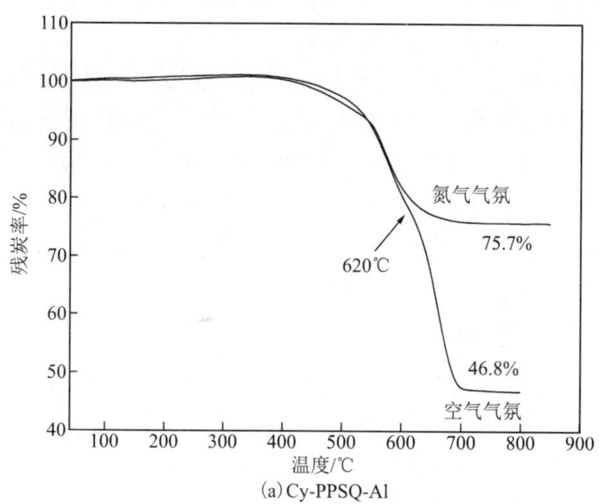

(a) Cy-PPSQ-Al

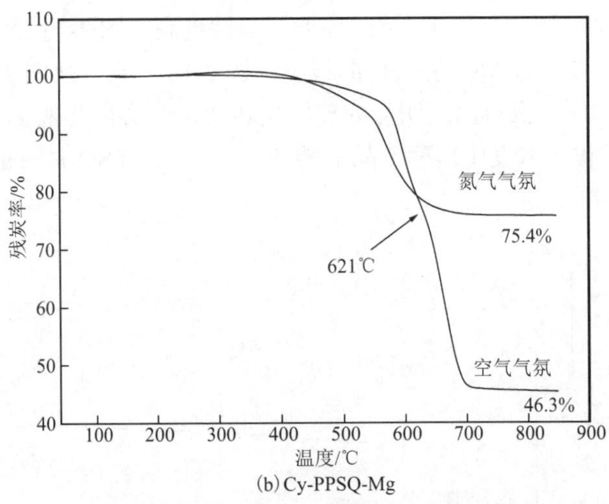

(b) Cy-PPSQ-Mg

图 2-16　两种 Cy-PPSQ 的 TG 曲线

对于 Cy-PPSQ-Al，在氮气气氛中，失重 5%时温度为 521℃，失重 10%时温度为 563℃，最大热失重速率时对应的温度为 572℃。样品只有一个分解阶段，残炭为黑色，残炭率为 75.7%；在空气气氛中，失重 5%时温度为 530℃，样品有两个分解阶段(620℃为分界点)，残炭为白色，残炭率为 46.8%。

对于 Cy-PPSQ-Mg，在氮气气氛中，失重 5%时温度为 560℃，失重 10%时温度为 580℃，最大热失重速率时对应的温度为 581℃，样品只有一个分解阶段，残炭为黑色，残炭率为 75.4%；在空气气氛中，失重 5%时温度为 566℃，样品有两个分解阶段(621℃为分界点)，残炭为白色，残炭率为 46.3%。

Cy-PPSQ 梯形结构的规整性与热稳定性密切相关。从以上 TG 数据可以看出，Cy-PPSQ-Mg 的热稳定性优于 Cy-PPSQ-Al。其中，无论是氮气还是空气气氛中，Cy-PPSQ-Mg 失重 5%时的温度均比 Cy-PPSQ-Al 的大约高 40℃。Cy-PPSQ-Mg 相对更好的热稳定性，说明 Cy-PPSQ-Mg 的梯形结构更加规整。

Cy-PPSQ 具有很好的耐热性能，一方面是由于硅氧烷 Si—O 键具有较高的键能(422.5 kJ/mol)[43]，在高温下难以断裂；另一方面是由于双链环梯形结构，即使其中一条链上的化学键断裂，另一条链仍是完整的，还能保持整个聚合链的耐热性能。由于 Si—O 的键能大于 C—C、Si—C 的键能，因此 Cy-PPSQ 的降解始于有机基团中的 C—C 键的断裂以及梯形结构侧基上的 S—C 键的断裂。在氮气气氛下，Cy-PPSQ 降解主要是有机基团 C—C 键的断裂，850℃残炭中含有 Si—C，所以样品热失重过程只有一个分解阶段，残炭为黑色。在空气气氛下，620℃以前的阶段为有机基团 C—C 键的断裂，620℃以后的分解阶段是梯形结构侧基上的 Si—C 键的断裂，最终的残炭是 SiO_2，所以样品热失重过程有两个分解阶段，残炭为白色。

Cy-PPSQ 的结构单元 $C_6H_5SiO_{1.5}$ 转化为 SiO_2 时的理论失重率为 53.5%，即残炭率最终应为 46.5%。Cy-PPSQ-Al 和 Cy-PPSQ-Mg 空气气氛下热降解残余物经红外分析是 SiO_2，按式(2-1)[44]计算 Cy-PPSQ-Al 的硅含量为 21.86%，Cy-PPSQ-Mg 的硅含量为 21.63%，均较符合$(C_6H_5SiO_{1.5})_n$中的硅比例(21.74%)。

$$\mathrm{Si}(\%)=\frac{0.4672m_1}{m_s}\times 100\% \tag{2-1}$$

式中：m_1 为热解生成的 SiO_2 质量，g；m_s 为试样质量，g；0.4672 为 SiO_2 换算成 Si 的经验换算系数。

2.2.3　环梯形聚苯基硅倍半氧烷合成的影响因素

聚硅倍半氧烷的结构很大程度上取决于其合成反应过程，与三官能硅烷单体中 R 基团的性质、X 基团的性质、三官能硅烷单体在溶液中的浓度、溶剂的性质、反应温度、催化剂的种类、水的用量等有关。通常是在酸或碱催化剂的催化下，由含 1 个不水解的有机取代基(R 基团)和 3 个易水解基(X 基团，如氯或烷氧基)的硅化合物与水反应，反应过程包括水解生成硅醇，硅醇进一步缩合反应生成 Si—O—Si 键。一般地，三官能硅烷的水解缩聚反应可以简单地用反应式(2-2)表示。Cy-PPSQ 产率的计算按(实际产量/理论产量)×100%进行，其中的理论产量由反应式(2-2)推算出。

$$n\,\mathrm{RSiX_3} + 1.5n\,\mathrm{H_2O} \xrightarrow[\text{溶剂}]{\mathrm{H^+}\text{ 或 }\mathrm{OH^-}} (\mathrm{RSiO_{1.5}})_n + 3n\,\mathrm{HX} \tag{2-2}$$

由于 Cy-PPSQ-Al 和 Cy-PPSQ-Mg 的合成过程中，只有金属氯化物的种类和加入量不一样，其余条件一致，因此在本节中，以采用三氯化铝($AlCl_3$)作为助反应物的体系为例，讨论各因素对合成反应的影响。以下内容中，除被讨论因素有变化外，合成条件与合成 Cy-PPSQ-Al 的条件一致。

1. 三官能硅烷单体的选择及特点分析

选用的初始反应物单体是苯基三氯硅烷($PhSiCl_3$)，主要是以下原因：

(1)R 基团可能通过其立体和电子效应影响形成聚硅倍半氧烷的合成反应热力学和动力学。例如，大体积 R 基团如环己基、环戊基等硅烷单体易于形成不完全缩聚的聚硅倍半氧烷[45]，且大体积 R 基团的位阻效应使产物倾向于梯形结构或无规结构；体积较小的基团如甲基[46]、氢[47]等硅烷单体更易得到完全的缩聚产物，产物倾向于笼状。这说明基团 R 的立体效应在相当大的程度上决定了产物的缩聚程度和缩聚类型。

苯基属于大体积基团。若聚硅倍半氧烷所带有机基团为苯基，其自身会具有十分优异的热稳定性。例如，Yamamoto 等[48]发现苯基聚硅倍半氧烷热稳定性比聚酰亚胺高 50℃。并且，以苯基聚硅倍半氧烷为基础，通过苯基上的取代、加成等反应可获得带多种不同官能团的衍生物，应用广阔。本章研究中，基团 R 的种类选择为苯基。

(2) Cy-PPSQ 的合成分两步完成，三官能硅烷的水解反应和缩聚反应是分步进行的。X 官能团在水解反应过程中会首先快速消耗掉，因此 X 官能团的性质对于 Cy-PPSQ 的合成不会产生重要影响。

当 X 为卤素时，水解速率快于 X 为烷氧基的硅烷单体，并且，三氯硅烷水解产生的 HCl 可能催化后续的缩聚反应。最为重要的是，在合成过程中会用到金属氯化物，若硅烷单体的水解基团是 Cl，水解后形成的体系环境则很可能有利于金属氯化物更好地发挥其助反应物的作用。因此，选用 X 基团为 Cl 的硅烷单体是合适的。

2. 苯基三氯硅烷在溶剂中的浓度

有机硅烷单体的起始浓度影响合成反应的动力学过程，溶剂与缩聚反应中过渡态中间体的相互作用也会影响反应动力学，并且溶剂分子能够与反应体系中存在的各种硅倍半氧烷发生相互作用。

用苯基三氯硅烷物质的量(mol)与溶剂苯的用量(L)之比(mol/L)来定义苯基三氯硅烷单体在溶剂中的浓度。苯的添加量定为 0.1 L，实验中变化因素为苯基三氯硅烷的物质的量。

图 2-17 显示了苯基三氯硅烷单体在溶剂中的浓度对产率的影响。当原料的浓度处于 0.2～1.0 mol/L 范围时，Cy-PPSQ 的产率随原料浓度的增大而增大，当原

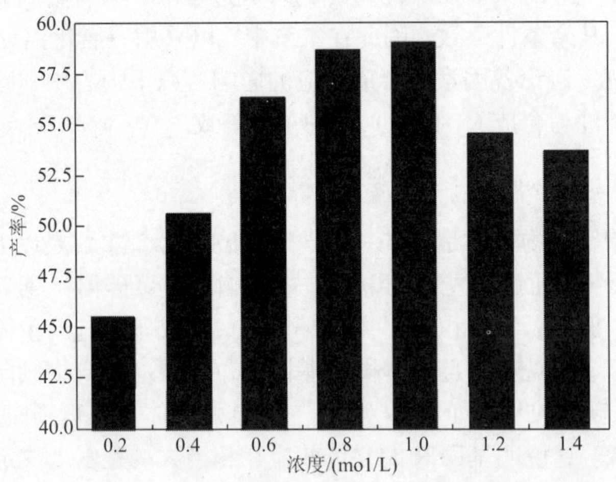

图 2-17　苯基三氯硅烷单体在溶剂中的浓度对产率的影响

料的浓度在 1.0 mol/L 时，产率达到最大值(59.1%)。当原料浓度大于 1.0 mol/L 后，Cy-PPSQ 的产率随原料浓度的增大而下降，并且 FTIR 分析发现此阶段的产物中存在少许羟基，梯形结构规整度下降。

硅羟基缩聚反应包括分子内缩聚和分子间缩聚，单体浓度的高低决定着反应体系中这两种不同缩聚反应的趋势。在低单体浓度时，水解反应形成的硅醇分子间距离都较大，分子相互碰撞的概率较小，此时硅醇以分子内缩聚反应为主，容易形成低分子量的笼状或半笼状硅倍半氧烷等齐聚物。随着单体浓度的增大，硅醇分子间相互碰撞的概率加大，分子间缩聚反应速率加快，此时以分子间的链扩展反应为主，使 Cy-PPSQ 的产率增加。但是，当单体浓度超过一定的数值，体系分子内和分子间缩聚反应的趋势变得复杂，两种反应之间存在不稳定的竞争，这导致 Cy-PPSQ 的产率和规整度降低。Nishida 等[24]也认为，在反应体系中降低苯基三氯硅烷浓度可以降低水解产物的官能度，即水解产物分子所含 OH 基团的数量，只有降低水解产物的官能度才能获得结构较为规整的可溶性梯形低聚硅倍半氧烷。综上所述，取原料浓度为 1 mol/L 较合适。

3. 反应温度

由于水解反应和缩聚反应是分步进行的，水解反应的温度为 0℃，此时只讨论缩聚反应温度对产物结构和产率的影响。温度是影响反应速率的一个很重要的因素，提高反应温度，可以加快缩聚反应。但是，反应温度过高会引起严重缩聚，即由于缩聚反应速率过快，水解形成的硅醇来不及有序排列就发生缩聚，导致生成的产物为没有特定结构的无规网络状聚合物[49]。

合成实验中选择的溶剂是苯，苯的沸点为 80℃。由于缩聚过程中会加入少量甲醇，因此体系的共沸点将稍低于 80℃。理论上，为了保证体系中各类物质充分反应，温度应该不低于 80℃。图 2-18 显示了反应温度对产率的影响。可以看出，温度过低或过高都不利于获得高的产率，温度控制在 80～90℃范围内时产率高且产率相差不大，80℃对应的产率为 59.1%。实验中发现，温度控制在 80～90℃范围内，反应比较平稳，缩聚反应速率适中，Cy-PPSQ 产率和结构稳定；温度低于 75℃，实验重复性差，图 2-18 显示的是 70℃和 75℃时 Cy-PPSQ 的最高产率。FTIR 和 XRD 分析给出，本章合成方法的副产物为笼状或无规聚苯基硅倍半氧烷衍生物，副产物和 Cy-PPSQ 的生成都与缩聚反应有关，当温度高于 100℃，缩聚反应速率加快，水解形成的硅醇来不及有序排列，利于副产物的形成，此阶段发现副产物的产量增大，而 Cy-PPSQ 的产率明显降低，并且温度高于 120℃时，较难得到高规整的 Cy-PPSQ，产物的热稳定性下降。

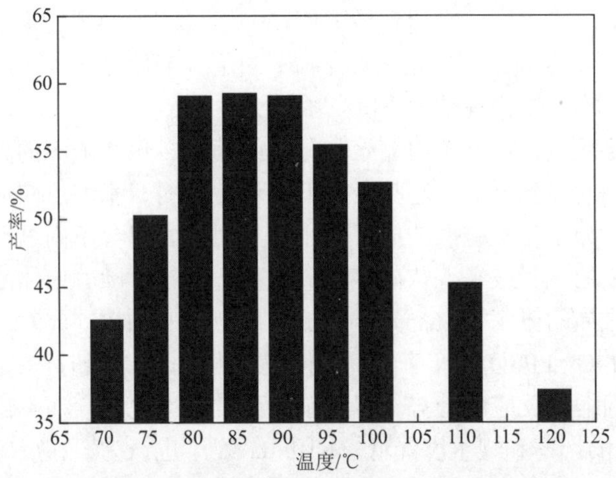

图 2-18 苯基三氯硅烷水解产物缩聚反应温度对产率的影响

因此，为了获得所需的高规整梯形结构产物，反应温度应控制在 80～90℃，这样才能保证反应速率较快、产率较高，同时得到特定的环梯形结构。本章文献[5,12,15-17]报道规整度好或高性能的 PPSQ 合成温度基本都控制在 180～250℃，本合成方法在 80℃就能得到高规整的环梯形的 Cy-PPSQ，且产率高(59.1%)，具有实用价值。

4. 反应时间

Cy-PPSQ 产率与反应时间的关系如图 2-19 所示。反应时间低于 12 h，合成的产物含大量羟基且结构复杂，无法得到高规整的产物；反应时间在 12 h，反应重

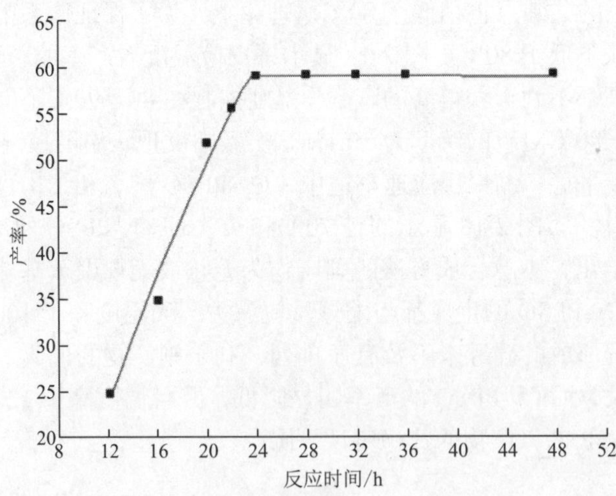

图 2-19 苯基三氯硅烷水解产物缩聚反应的产率和反应时间的关系

复性差，最大产率为 24.6%；此后，随着反应时间的延长，产率迅速提高，反应进行 24 h 时的产率可达 59.1%；反应时间超过 24 h，产率随时间的延长有一定提高，但是提高程度很小，说明反应时间大于 24 h 后，不能仅靠延长反应时间来提高产率。为了提高合成效率，反应时间取 24 h 较合适。

5. 催化剂

当水解基团 X 为卤素时，硅烷 $RSiX_3$ 水解速率快于 X 为烷氧基的硅烷单体。不同氯硅烷的水解速率顺序大致如下：$RSiCl_3 > R_2SiCl_2 > R_3SiCl$。单体 $PhSiCl_3$ 水解速率大，且水解过程中会释放 HCl，这些状况会对缩聚反应产生复杂的影响，因此水解和缩聚反应是分步进行的。

本章所选用的催化剂仅在缩聚反应阶段发挥作用。催化剂四甲基氢氧化铵 [$N(CH_3)_4OH$]是固态物质，为了将 $N(CH_3)_4OH$ 均匀加入体系中，采用的方法是将其溶于甲醇中配制成一定浓度的四甲基氢氧化铵的甲醇溶液。因此，体系中甲醇的用量和甲醇中催化剂的浓度都是 Cy-PPSQ 合成的影响因素。

甲醇的用量：固体 $N(CH_3)_4OH$ 溶于甲醇，而甲醇能和溶剂苯互溶，因此甲醇可以作为催化剂的载体，使其在体系中均匀地分散。催化剂浓度为定值时，甲醇的用量越大，则催化剂的加入量越大。但是，实验中发现不能随意调节甲醇的用量来控制催化剂的添加量，因为甲醇对合成反应也存在一定的影响。

缩聚反应具有以下特点：由一系列缩合反应逐步完成，可逆平衡反应，除链增长反应外，还有链裂解、交换和其他副反应发生。首先，甲醇的大量加入会影响可逆平衡反应的平衡常数，限制反应体系中硅醇的数量，从而降低了分子间的氢键作用，最终导致缩聚反应的终止。其次，在一定温度下，低分子醇可使不完全缩聚的聚合物醇解，使分子量降低，这样的情况在聚合反应中常常发生。最后，Cy-PPSQ 溶于苯但是不溶于甲醇，甲醇过多会影响 Cy-PPSQ 在溶剂苯中的状态，不利于 Cy-PPSQ 的形成。

图 2-20 是甲醇用量过大时最终产物的 FTIR 谱图。由图 2-6 的分析已知 1021 cm^{-1}、1100 cm^{-1} 是典型的聚硅倍半氧烷吸收峰，峰强与梯形结构聚硅倍半氧烷的规整度有关。图 2-20 中，虽然在 1021 cm^{-1}、1100 cm^{-1} 区域存在两峰的趋势，但是只观察到 1021 cm^{-1} 的峰，1100 cm^{-1} 的峰很弱。并且，在 3150～3680 cm^{-1} 区域出现包峰，表明了—OH 的存在。说明得到的产物 Si—O—Si 缩合不完全，产物规整度差，结构复杂。

甲醇过量无法得到高规整的 Cy-PPSQ，然而甲醇过少，也无法通过调整催化剂浓度来较大程度地控制催化剂的添加量。通过参考文献[50]和实验分析，最终确定，在反应体系中设定四甲基氢氧化铵的甲醇溶液的总添加量为 3 g，在此基础上分析催化剂浓度变化对合成反应的影响。

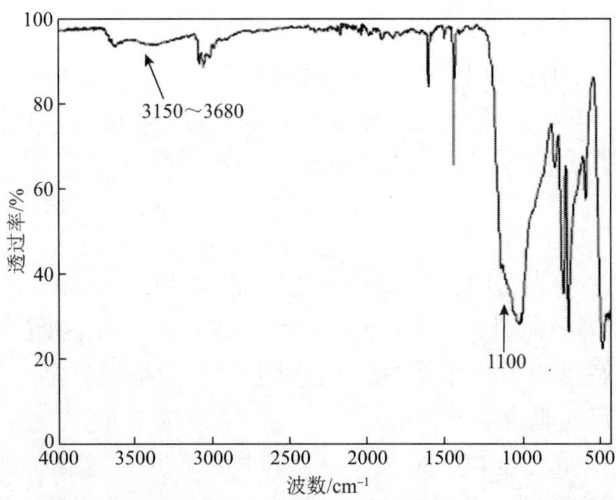

图 2-20　苯基三氯硅烷水解产物缩聚过程中甲醇过量时产物的 FTIR 谱

催化剂浓度：从三官能团单体的水解缩聚得到线形、环形等中间产物制备硅倍半氧烷在酸性或碱性催化剂的存在下都可以发生。酸性催化有利于环化，碱性催化能促进聚合[51]。同样是碱性催化剂，采用弱碱作催化剂的效果比强碱(如 NaOH)好得多,这可能是由于强碱性的催化剂可能对 Cy-PPSQ 的梯形结构有较强的破坏作用。因此，这里选用弱碱 $N(CH_3)_4OH$ 作为体系的催化剂。

表 2-4 单独考察了四甲基氢氧化铵的甲醇溶液的浓度对 Cy-PPSQ 产率和热稳定性的影响，催化剂浓度分别为 10%、30%和 50%(质量分数)。可以看出，随催化剂溶液浓度的增加，产物产率和热稳定性都相对提高，其中 $T_{5\%}$是 Cy-PPSQ 在氮气气氛中热失重 5%时对应的温度，T_{max} 是 Cy-PPSQ 在氮气气氛中处于最大热失重速率时对应的温度。Cy-PPSQ 梯形结构的规整性与热稳定性密切相关，测试结果表明催化剂浓度越高，Cy-PPSQ 的产率越大，结构规整性越好。但是，催化剂浓度进一步提高，甲醇溶液的黏度太大，不利于其在溶剂苯中的分散，因此，催化剂浓度取 50%较合适。

表 2-4　催化剂浓度对 Cy-PPSQ 产率和热稳定性的影响

$N(CH_3)_4OH$ 浓度/%	产率/%	$T_{5\%}$/℃	T_{max}/℃	TG (N_2, 850℃)残炭率/%
10	24.6	398	575	75.3
30	48.1	476	560	75.7
50	59.1	521	572	75.7

值得注意的是，以上催化剂浓度的结论是以采用三氯化铝($AlCl_3$)为助反应物的体系为例而得到的，且除催化剂浓度有变化外，其余合成条件与合成 Cy-PPSQ-

Al 的条件一致。$AlCl_3$ 水溶液呈酸性，$MgCl_2$ 水溶液呈碱性，两种合成体系存在差别，因此催化剂对两种体系的影响也存在差别。实验发现，采用 $AlCl_3$ 为助反应物的体系比采用 $MgCl_2$ 为助反应物的体系复杂，后者催化剂浓度对产物热性能和梯形规整度的影响不大。这与金属氯化物自身的性质有关，催化剂和金属氯化物之间也存在关联。

6. 两种金属氯化物对环梯形聚苯基硅倍半氧烷合成的影响

按照苯基三氯硅烷（$PhSiCl_3$）与金属氯化物的摩尔比选择金属氯化物的添加量，并且结合不同的催化剂浓度来考察金属氯化物添加量对 Cy-PPSQ 合成的影响。表 2-5 和表 2-6 给出了部分实验结果，其中，$PhSiCl_3$ 的用量为定值，摩尔比 $PhSiCl_3/AlCl_3$= 8～5，$PhSiCl_3/(1.5MgCl_2)$= 7～5，催化剂四甲基氢氧化铵的甲醇溶液选择 10%、30%、50%的浓度。表中合成体系得到的产物均呈白色粉末状。

表 2-5　$AlCl_3$ 和 $N(CH_3)_4OH$ 浓度对 Cy-PPSQ 产率和热性能的影响

序号	$PhSiCl_3/AlCl_3$	$N(CH_3)_4OH$ 浓度/%	产率/%	$T_{5\%}$/℃	T_{max}/℃	TG（N_2, 850℃）残炭率/%
1#	8	10	31.8	314	554	60.1
2#		30	27.0	334	537	59.1
3#		50	20.1	361	521	58.1
4#	7	10	28.0	366	564	65.5
5#		30	29.8	528	561	75.6
6#		50	38.1	536	590	75.9
7#	6	10	24.6	398	575	75.3
8#		30	48.1	476	560	75.7
9#		50	59.1	521	572	75.7
10#	5	10	26.3	374	574	67.6
11#		30	54.8	419	510	61.4
12#		50	57.5	413	523	56.5

表 2-6　$MgCl_2$ 和 $N(CH_3)_4OH$ 浓度对 Cy-PPSQ 产率和热性能的影响

序号	$PhSiCl_3/(1.5MgCl_2)$	$N(CH_3)_4OH$ 浓度/%	产率/%	$T_{5\%}$/℃	T_{max}/℃	TG（N_2, 850℃）残炭率/%
13#	7	10	16.3	560	579	74.9
14#		30	22.8	570	580	74.5
15#		50	23.8	551	570	76.8
16#	6	10	19.2	563	583	74.0
17#		30	28.8	568	585	73.2
18#		50	39.8	560	581	75.4

续表

序号	$PhSiCl_3/(1.5MgCl_2)$	$N(CH_3)_4OH$ 浓度/%	产率/%	$T_{5\%}$/℃	T_{max}/℃	TG(N_2, 850℃)残炭率/%
19#		10	21.7	569	578	77.7
20#	5	30	30.5	564	575	77.1
21#		50	40.0	542	566	75.2

由表 2-5 可以看出，当 $AlCl_3$ 添加量少时($PhSiCl_3/AlCl_3=8$)，产物的产率随催化剂浓度的增大而变小，合成实验中还发现体系中副产物的产量随催化剂浓度的增大而增大，即该体系中随催化剂 $N(CH_3)_4OH$ 的增多，产物产量会下降，副产物的量将提高。然而当 $PhSiCl_3/AlCl_3=7$～5 时，产物产率随催化剂浓度的增大而增大，副产物产量却变化不大。此外，表 2-5 显示当 $PhSiCl_3/AlCl_3=5$、8 时，产物的热稳定性和残炭率都较低；当 $PhSiCl_3/AlCl_3=6$、7 时，随催化剂溶液浓度的增加，产物热稳定性和残炭率都相对地大幅度提高。FTIR、XRD 和 NMR 等测试结果表明，5#、6#、8#和 9#产物均为无—OH 的高规整 Cy-PPSQ，其余体系的产物均带有—OH 且部分产物夹杂其他结构，这些有缺陷的产物热失重 5%对应的温度($T_{5\%}$)均显示偏低。综合来看，9#体系的合成条件相对而言利于 Cy-PPSQ 的合成，得到的产物产率最高，热性能也很优异，9#产物即为前面所讨论的 Cy-PPSQ-Al。

金属氯化物为 $AlCl_3$ 时，产物的热稳定性与 $AlCl_3$ 添加量、催化剂浓度有很大关系，产物之间热稳定性的差别也较大。然而，由表 2-6 可以知道，当 $PhSiCl_3/(1.5MgCl_2)=7$～5 时，虽然各个体系中产物的产率没有金属氯化物为 $AlCl_3$ 时的体系的产物产率高，但是各个体系均可得到热稳定性高的高规整 Cy-PPSQ，产物之间热稳定性的差别较小，即金属氯化物为 $MgCl_2$ 时，产物的热稳定性与 $MgCl_2$ 的添加量、催化剂浓度之间的关联较小。表 2-6 显示 $PhSiCl_3/(1.5MgCl_2)=7$～5 合成体系之间的最大区别在于 Cy-PPSQ 产率的变化，产物的产率随催化剂浓度的增大而增大，结合产率和热稳定性的测试结果发现 18#体系产物的产率高，热稳定性也很优异，18#产物即为前面所讨论的 Cy-PPSQ-Mg。

对表 2-5 和表 2-6 中各个体系的产物进行了 SEM 微观形貌的观测。图 2-21 给出的是 6#、9#、18#产物的扫描电子显微镜(SEM)照片。采用 $AlCl_3$ 为助反应物的体系，Cy-PPSQ 的微观形貌随 $AlCl_3$ 添加量和催化剂溶液浓度的不同而变化很大。如图 2-21(b)所示，合成的 Cy-PPSQ-Al 是尺寸分布较小的球形颗粒，直径为 0.5～1.5μm，其他条件下合成的高规整 Cy-PPSQ 是不规则块状，如图 2-21(a)所示。6#和 9#产物微观形貌上的巨大差别应该是 $AlCl_3$ 添加量的不同所造成的，$AlCl_3$ 添加量的不同使两种 Cy-PPSQ 在溶剂苯中的溶解状态存在差异，进而导致 Cy-PPSQ 在最终沉淀析出时出现不同的微观形貌。采用 $MgCl_2$ 为助反应物的体系，Cy-PPSQ 的微观形貌差别不大，均显示是无规则形状的颗粒，像是球形颗粒的粘连和堆积体，其中 Cy-PPSQ-Mg 的尺寸为 1～3 μm，如图 2-21(c)所示。

(a) 6# Cy-PPSQ[$PhSiCl_3/AlCl_3$= 7, $N(CH_3)_4OH$溶液浓度为50%]

(b) 9# Cy-PPSQ [$PhSiCl_3/AlCl_3$= 6, $N(CH_3)_4OH$溶液浓度为50%]

(c) 18# Cy-PPSQ[$PhSiCl_3/MgCl_2$= 6, $N(CH_3)_4OH$溶液浓度为50%]

图 2-21　Cy-PPSQ 的 SEM 照片

以上研究结果表明，采用 $AlCl_3$ 为助反应物的体系比采用 $MgCl_2$ 为助反应物的体系复杂。前者 $AlCl_3$ 添加量和催化剂溶液浓度的改变对高规整 Cy-PPSQ 的合成有着关键性的影响，条件的不同会导致产物微观形貌和热稳定性的较大差异，$AlCl_3$ 和催化剂的添加比例需适当；后者 $PhSiCl_3/(1.5MgCl_2)$= 7～5 时，各个体系均可得到高规整 Cy-PPSQ，产物热稳定性高，微观形貌相差不大，Cy-PPSQ 的微观形貌和热稳定性的变化与 $MgCl_2$ 添加量、催化剂浓度的关联小。

值得注意的是，分别采用 $AlCl_3$ 和 $MgCl_2$ 这两种金属氯化物为助反应物的合成实验存在一定的规律性和相关性：最优产物（Cy-PPSQ-Al 和 Cy-PPSQ-Mg）体系的摩尔比 $PhSiCl_3/AlCl_3$= 6，$PhSiCl_3/(1.5MgCl_2)$= 6，即 $PhSiCl_3$ 和金属氯化物之间氯元素的摩尔比均为 6，催化剂浓度均为 50%，其余合成条件相同。

2.2.4　环梯形聚苯基硅倍半氧烷合成反应机理

1. 实验现象

分析合成机理，首先需要对合成过程中的实验现象进行观察。表 2-7 列出了 Cy-PPSQ-Al 和 Cy-PPSQ-Mg 合成过程中的一些实验现象。

表 2-7　Cy-PPSQ-Al 和 Cy-PPSQ-Mg 合成过程中的实验现象

观察内容	实验现象	
	Cy-PPSQ-Al 体系	Cy-PPSQ-Mg 体系
0℃，$PhSiCl_3$ 水解，体系有机相的颜色变化	澄清→乳白色	澄清→乳白色
加入金属氯化物水溶液后，体系有机相的颜色变化	乳白色→澄清	乳白色→些许混浊
缩聚反应后，固体副产物的颜色	乳白色	白色偏黄
缩聚反应后，体系有机相的颜色	较澄清	浅乳白色
Cy-PPSQ 的产率	相对较高	相对较低

对于 Cy-PPSQ-Al 体系，如表 2-7 所示，$PhSiCl_3$ 水解后，有机相存在乳化现象，颜色由澄清变为乳白色；而加入 $AlCl_3$ 水溶液并常温搅拌 5 min 后，有机相恢复澄清状态，即乳化现象消失。为了进一步研究 $AlCl_3$ 水溶液在体系中的作用，对反应体系做了红外光谱的跟踪测试，红外谱图如图 2-22 所示。

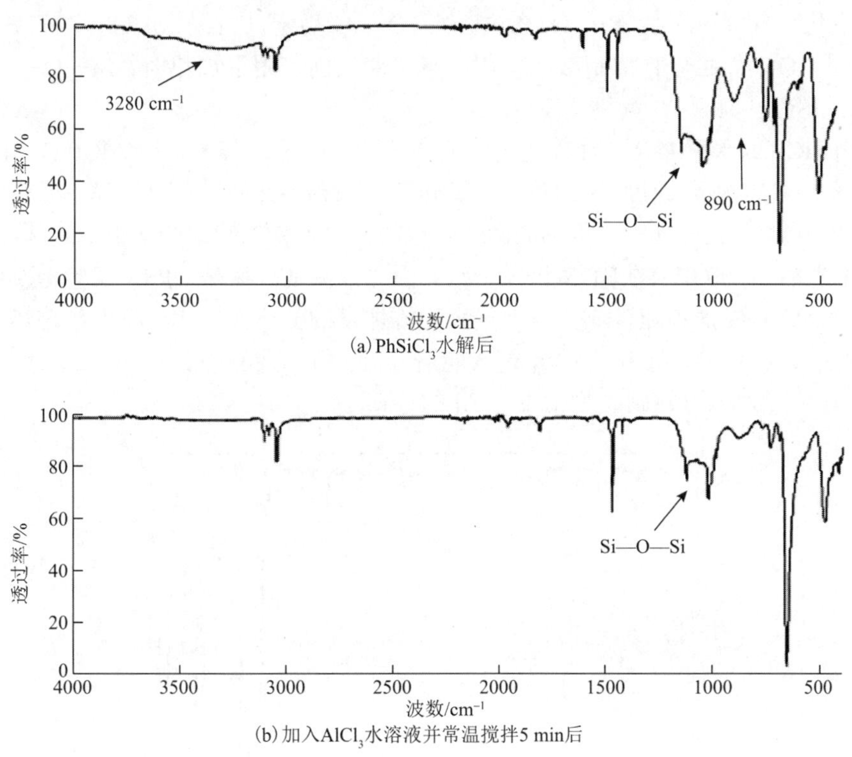

(a) $PhSiCl_3$水解后

(b) 加入$AlCl_3$水溶液并常温搅拌5 min后

图 2-22　Cy-PPSQ-Al 合成反应体系中有机相的红外光谱

$PhSiCl_3$ 水解时，虽然控制的水解温度低(0℃)，但是由于剧烈搅拌以及有机相洗涤等步骤给予的能量，从图 2-22(a)可以看出，硅烷已自行发生低程度的缩合反应[1000～1100 cm^{-1} 的 Si—O—Si 键，反应式如式(2-3)所示]，并且溶液中还存在着未缩合的 Si—OH(3280 cm^{-1}，890 cm^{-1})。此时，由于反应式(2-3)的进行和 Si—O—Si 的存在，有机相颜色呈乳白色。

$$\text{Si—OH} + \text{Si—OH} \longrightarrow \text{Si—O—Si} + H_2O \tag{2-3}$$

室温下在水解有机相中加入 $AlCl_3$ 水溶液进行搅拌后，由于少量水的存在，使反应式(2-3)逆向反应，表现为 1000～1100 cm^{-1} 的 Si—O—Si 峰强相对地减弱，如图 2-22(b)所示。但是，此时 3280 cm^{-1} 的大包峰却明显地变小，可以推测这是由于 Al^{3+}的影响，即金属离子与 Si—OH 之间的相互作用，形成了 Si—O—Al，消耗—OH，—OH 的减少利于反应式(2-3)逆向进行，有机相颜色恢复澄清。

此外，当体系静置一段时间，有机相逐渐呈现出图 2-22(a)所示的红外光谱特征，即在缺乏能量供给的情况下，由于 H_2O 的存在，Si—O—Al 并不稳定，水解形成 Si—OH，Si—OH 之间进行着低程度的缩合反应(1000～1100 cm^{-1} 处 Si—O—Si

峰的变化）。由此可见：Si—O—Si 比 Si—O—Al 稳定。所以，$AlCl_3$ 水溶液的存在对 Si—OH 自缩合有抑制减缓作用。当在催化剂作用下加热时，Si—O—Al 与 Si—O—Si 之间将存在竞争反应。

$PhSiCl_3$ 的水解缩合，在催化剂浓度合适的情况下，若不添加 $AlCl_3$ 或 $MgCl_2$ 水溶液，可得到高纯度的笼状八苯基硅倍半氧烷(OPS)[50]，产率高达 99%。Cy-PPSQ-Al 合成过程中，得到的固体副产物呈白色粉末状，产量很少，其 FTIR 谱图(图 2-23)与 OPS 的 FTIR 谱图一致，因此推测副产物是 OPS。实验中发现该副产物的红外光谱不随合成体系中 $AlCl_3$ 添加量的变化而变化，将副产物热失重测试(氮气气氛)的残余物进行 X 射线能谱分析，得知残炭中含有 Si、C、O 元素，不含有 Al 元素，可知副产物中没有 Al 的存在。

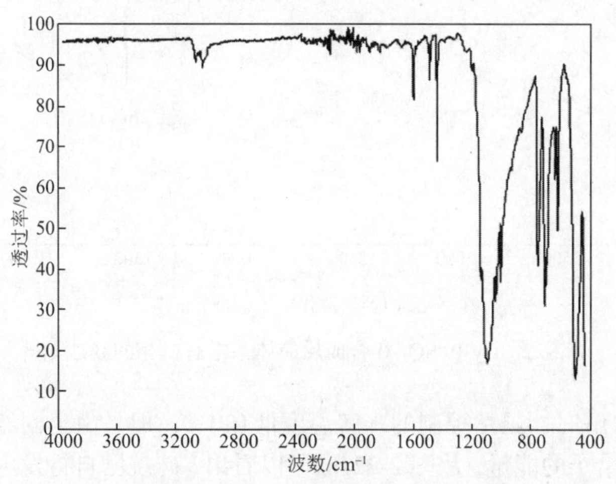

图 2-23 Cy-PPSQ-Al 合成反应体系中副产物的红外光谱

对于 Cy-PPSQ-Mg 体系，如表 2-7 所示，$PhSiCl_3$ 水解后，有机相也存在乳化现象，颜色由澄清变为乳白色；但加入 $MgCl_2$ 水溶液并常温搅拌 5 min 后，有机相未完全恢复澄清状态，仍存在部分乳化现象。此外，终止缩聚反应后，有机相的颜色仍然呈现乳白色。Cy-PPSQ-Mg 和 Cy-PPSQ-Al 的合成现象不同，可以推测出 $MgCl_2$ 水溶液在体系中的作用也会不同于 $AlCl_3$ 水溶液。

实验中还发现，Cy-PPSQ-Mg 体系得到的固体副产物也不同于 Cy-PPSQ-Al 体系的副产物。Cy-PPSQ-Mg 合成过程中，得到的副产物是白色偏黄固体粉末，容易粘连。一系列合成实验表明，采用 $MgCl_2$ 为助反应物，副产物的结构组成会随 $MgCl_2$ 添加量的变化而变化，如图 2-24 所示。

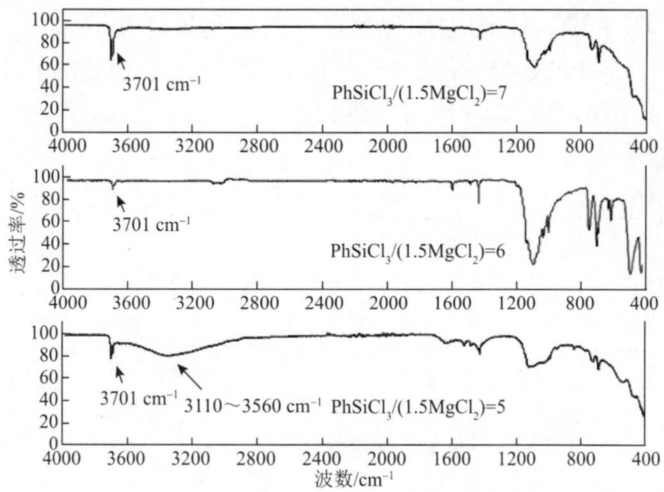

图 2-24　采用 $MgCl_2$ 为助反应物的合成体系中副产物的红外光谱

$PhSiCl_3$ 的添加量为定值。当 $PhSiCl_3$/(1.5$MgCl_2$)=7 时，图 2-24 中 3701 cm^{-1} 处尖锐的吸收峰可能与游离羟基有关，1000～1100 cm^{-1} 处是 Si—O—Si 的吸收峰；当 $PhSiCl_3$/(1.5$MgCl_2$)= 6 时，Si—O—Si(1000～1100 cm^{-1})和苯基(1434 cm^{-1}、1594 cm^{-1}、3050 cm^{-1})的吸收峰明显增强，而 3701 cm^{-1} 的吸收峰明显减弱，红外光谱图与 OPS 的红外光谱图相似；当 $PhSiCl_3$/(1.5$MgCl_2$)=5 时，在 3100～3560 cm^{-1} 出现大包峰，其他吸收峰出现的位置与 $PhSiCl_3$/(1.5$MgCl_2$)=7 时的谱图相似。这说明，在采用 $MgCl_2$ 为助反应物的合成体系中，副产物结构受 $MgCl_2$ 添加量的影响较大。将 Cy-PPSQ-Mg 合成过程中得到的副产物进行 TG 分析(氮气气氛)，对其残余物进行 X 射线能谱分析，残炭中含有 Si、C、O、Mg 元素，且 Mg 原子百分数达到 27%，结合副产物结构的 FTIR 分析，认为 Mg 元素很可能存在于副产物中。

将 Cy-PPSQ-Al 和 Cy-PPSQ-Mg TG 分析(氮气气氛)的残炭进行 X 射线能谱分析，发现 Cy-PPSQ-Mg 的残炭中只存在 Si、C、O 元素；而 Cy-PPSQ-Al 的残炭中存在 Si、C、O、Al 元素，其中 Al 元素原子百分数大约为 0.78%。对 Cy-PPSQ-Al 做固体铝核磁测试发现样品在 δ=57.9 ppm 和 26.2 ppm 处有极其微弱的出峰，也就是说， Cy-PPSQ-Al 中存在微量 Al，且 Al 所处化学状态包括四配位和五配位。这些测试表明 $MgCl_2$ 水溶液没有参与水解产物的缩聚反应，Mg 不能进入梯形链结构中；$AlCl_3$ 水溶液中的 Al 元素除了以 Al^{3+}离子形式存在外，还有可能以铝羟基(Al—OH)的共价键形式存在，而 Al—OH 可与硅羟基(Si—OH)形成 Si—O—Al，Si—O—Al 与 Si—O—Si 之间存在竞争反应，因此 Al 有机会进入梯形链结构中(可能的理想结构如图 2-25 所示)。Cy-PPSQ-Al 结构中存在少量 Al—O 结构，这略降低了 Cy-PPSQ-Al 结构的规整性，因此其规整性不如 Cy-PPSQ-Mg。Cy-PPSQ-Al 和 Cy-PPSQ-Mg 之间规整性的高低已由前面所述的 FTIR、XRD、^{29}Si NMR、TGA 和 MALDI-TOF MS 等分析验证。

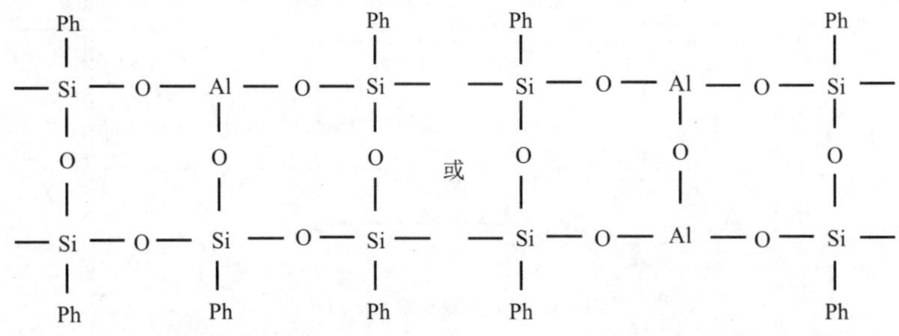

图 2-25 Cy-PPSQ-Al 梯形链含 Al 元素可能的理想结构

2. 合成机理分析

不同 pH 条件下有机硅氧烷的水解和缩聚速率不同。酸性和碱性的条件下，都能促进硅氧烷的水解和缩聚，pH 对有机硅氧烷缩聚反应速率的影响如图 2-26 所示。

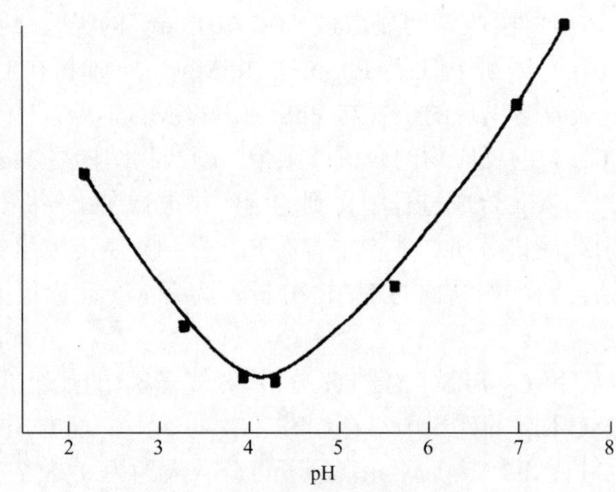

图 2-26 pH 对缩聚反应速率的影响[52]

对 Cy-PPSQ-Al 和 Cy-PPSQ-Mg 体系的金属氯化物水溶液进行 pH 测试，得到 $AlCl_3$ 水溶液的 pH=0.6，$MgCl_2$ 水溶液的 pH=8.2。单独将 $AlCl_3$ 水溶液和催化剂溶液（四甲基氢氧化铵）混合后，发生白色絮状沉淀，沉淀物为 $Al(OH)_3$，但是放置不久后沉淀逐渐溶解消失，此时两者的混合溶液 pH=1.6；单独将 $MgCl_2$ 水溶液和催化剂溶液混合后，有大量白色絮状沉淀，沉淀物为 $Mg(OH)_2$，沉淀物稳定，此时两者的混合溶液 pH=9.2。

由此可见，Cy-PPSQ-Al 体系中，由于 $AlCl_3$ 水溶液的酸性较强，体系中不易生成 $Al(OH)_3$ 的固体形态，大量 Al^{3+}在溶液中游离存在，进而影响并可能参与有机相中生成 Cy-PPSQ 的缩合反应。Cy-PPSQ-Mg 体系中，加入 $MgCl_2$ 水溶液和催化剂溶液，由于体系偏碱性，$Mg(OH)_2$ 沉淀容易发生，而副产物正在逐渐生成并析出，Mg^{2+}很可能影响和参与副产物的结构组成。因此，Cy-PPSQ-Al 和 Cy-PPSQ-Mg 体系所得到的产物和副产物结构和形貌的不同，可以归因于金属离子的作用差异。Al 是两性金属元素，$AlCl_3$ 水溶液具有酸性，而 Mg 是碱土金属元素，Mg^{2+}呈碱性，Al^{3+}和 Mg^{2+}具有不同的物理化学性质。$PhSiCl_3$ 水解体系由于少量 HCl 的存在而呈弱酸性，催化剂 $N(CH_3)_4OH$ 呈弱碱性。$AlCl_3$ 和 $MgCl_2$ 水溶液的加入，改变了体系的酸碱性和乳化状态，既会影响目标产物 Cy-PPSQ 的形貌[53, 54]，也影响副产物的结构。另外，Mg 元素在反应体系中只以 Mg^{2+}离子特征存在；Al 除了以 Al^{3+}离子形式存在外，还有可能以共价键形式存在，即 Si—O—Al 形式，反应体系中 Si—O—Al 的存在显然会影响有机相 Si—OH 的缩合反应，Cy-PPSQ-Al 结构中极少的 Si—O—Al 将略为降低其结构规整性。

关于 $AlCl_3$ 和 $MgCl_2$ 在 Cy-PPSQ 梯形结构形成中的作用，可以从两方面进行分析。一方面，John 和 Brown[55]提出，Cy-PPSQ 和多种笼状结构（T_8、T_{10}、T_{12} 等）的苯基硅倍半氧烷之间存在着结构的转变，如图 2-27 所示。以八苯基硅倍半氧烷（T_8）为例，当笼状结构转变为顺式等规立构的梯形结构时，需要旋转氧原子，而梯形结构转变为笼状结构时，需破坏 2 个化学键。

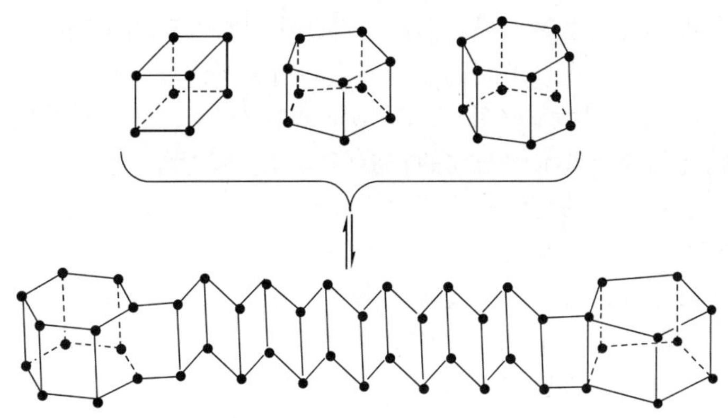

图 2-27　苯基硅倍半氧烷的结构转变（●代表 C_6H_5Si 基团）

在合成实验中，若不添加金属氯化物水溶液，只改变催化剂的添加量可得到高纯度的笼状八苯基硅倍半氧烷（OPS）[50]。而有 $AlCl_3$ 和 $MgCl_2$ 水溶液存在时，体系主要得到环梯形结构的 Cy-PPSQ，只有少量的 OPS 副产物。这说明，金属氯化物的助反应作用应利于笼状结构产生转变，促进梯形结构的生成。

另外，$RSiX_3$ 水解缩聚过程中，中间体的结构在很大程度上依赖于单体的反应性和反应条件。中间体包括线形、环形、多环形结构等[56]，如图 2-28 所示。这些中间体可通过复杂且频繁更替的不稳定硅氧烷重建使硅氧骨架不断更新。

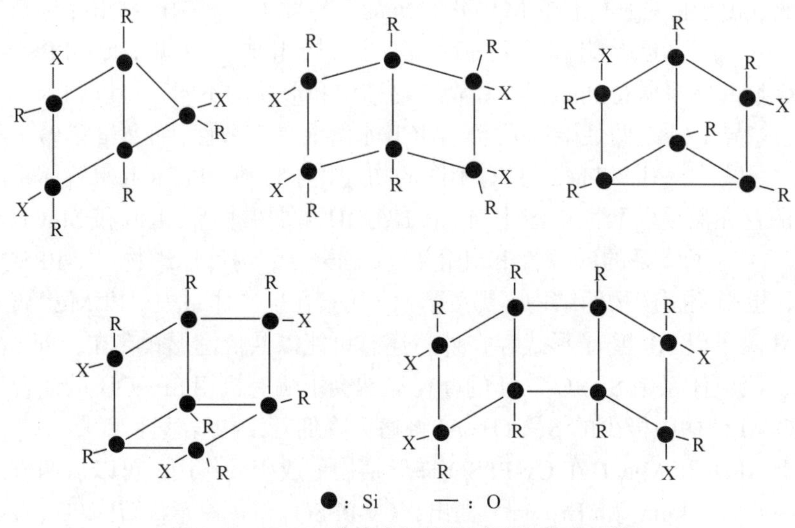

图 2-28　$RSiX_3$ 单体水解缩聚过程中的中间体

Sprung 和 Guenther[51]曾假定有机三官能团单体 $RSiX_3$ 的水解为连续不断地形成线形、环形、多环形中间体并最终形成笼状硅氧烷的过程。Brown 和 Vogt[57]对这一假设做了进一步的发展，提出多面体硅倍半氧烷及其衍生物的形成是由于环形大分子中间体不再发生分子间的缩合，而通过分子内缩合逐步连续缩聚形成多环硅氧烷。Unno 等[58]认为，在反应体系中降低单体浓度、水解产物的分子量和使用亲水性强的溶剂会降低水解产物的官能度，即水解产物分子所含 OH 基团的数量，只有降低水解产物的官能度才能促进中间体发生分子间的缩合，进而获得结构较为规整的可溶性梯形低聚硅倍半氧烷。

本章的合成实验，若不添加金属氯化物水溶液，只改变催化剂的添加量就可得到高纯度的笼状八苯基硅倍半氧烷(OPS)[50]，即分子内缩聚。然而，$AlCl_3$ 或 $MgCl_2$ 水溶液的加入，促进了高规整 Cy-PPSQ 的生成。这说明 Al^{3+}和 Mg^{2+}离子的存在，可能通过 Si—O—Al 与 Si—O—Si 之间的竞争反应或者 Mg^{2+}影响并参与副反应消耗了部分 Si—OH，降低了水解产物的官能度，使 Si—OH 倾向于分子间缩合，也有利于初级缩聚的多羟基环形硅氧烷分子的分子间缩聚形成规则的梯形结构，而不利于其分子内缩聚形成笼状结构或不规则结构，如图 2-29 所示。

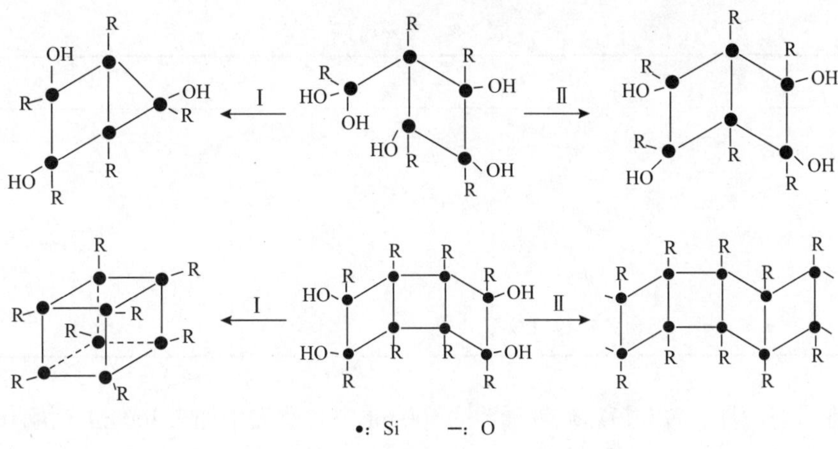

图 2-29　多羟基环形硅氧烷分子内缩聚（Ⅰ）和分子间缩聚（Ⅱ）的示意图

2.3　直链梯形聚苯基硅倍半氧烷的合成及表征

与环梯形聚苯基硅倍半氧烷（Cy-PPSQ）相比，高规整直链梯形聚苯基硅倍半氧烷（L-PPSQ）是指分子链结构没有环化封端，而是两端带有—OH 的结构。二者的结构区别如图 2-30 所示。事实上，在此之前还未曾有人对梯形聚苯基硅倍半氧烷的分子链结构进行详细的分析和研究。作者团队在研究以苯基三甲氧基硅烷为原料合成笼状八苯基硅倍半氧烷（OPS）时发现，通过适当地改变原料的初始浓度，可以分别选择性地合成具有笼状结构的 OPS 和具有直链梯形结构的 PPSQ。本节内容将详细介绍高规整直链梯形聚苯基硅倍半氧烷（L-PPSQ）的合成及表征和机理分析。本章涉及的主要原料见表 2-8。

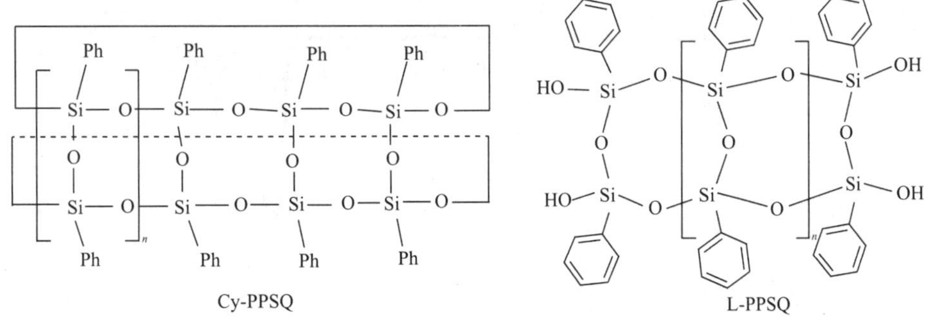

图 2-30　环梯形（Cy-PPSQ）与直链梯形（L-PPSQ）聚苯基硅倍半氧烷分子结构上的区别

表 2-8　主要原料

名称	规格
苯基三甲氧基硅烷	工业级
甲醇	分析纯
氢氧化钾	分析纯
丙酮	分析纯
四甲基氢氧化铵	分析纯

在带有搅拌装置和恒压滴液漏斗的500 mL三口烧瓶中加入300 mL丙酮和60 g苯基三甲氧基硅烷。体系升温至60℃，逐滴加入由15 mL去离子水与0.6 g四甲基氢氧化铵组成的溶液，加液时间为40～60 min。加液结束后再持续搅拌72 h，停止搅拌，对反应体系进行抽滤，滤饼用甲醇和去离子水(体积比1∶1)洗涤3～5次，干燥，得产物，得到高规整直链梯形聚苯基硅倍半氧烷(L-PPSQ)，用于后续的结构和性质表征。

2.3.1　直链梯形聚苯基硅倍半氧烷的结构和热性能

1. 红外光谱分析

红外光谱测试结果表明L-PPSQ与图2-6中的Cy-PPSQ-Al和Cy-PPSQ-Mg的谱图出峰位置相同。如图2-31所示，1434 cm^{-1}、1594 cm^{-1}、3050 cm^{-1}是苯基的吸收峰位置。1035 cm^{-1}与1140 cm^{-1}分别是梯形聚苯基硅倍半氧烷分子链结构中垂直方向的Ph—Si—O—Si—Ph和水平方向的Si—O—Si的共振吸收峰，峰强

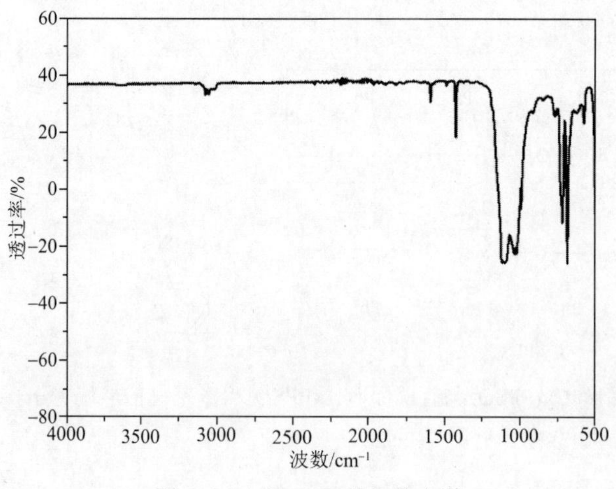

图2-31　L-PPSQ的红外光谱

与梯形结构聚硅倍半氧烷的规整度有关[58]。在合成实验中发现，相对于 1035 cm^{-1} 处的吸收峰，1140 cm^{-1} 处的峰强随合成条件的改变而有所变化，并且还发现，1140 cm^{-1} 处的吸收峰越强，样品的热分解初始温度越高，意味着 L-PPSQ 的链越长，规整度越高。

2. X 射线衍射分析

由于 L-PPSQ 分子链为较为规整的梯形结构，具备一定的有序性，进行 X 射线衍射时，在衍射图上有明显的衍射峰出现。如图 2-32 所示，L-PPSQ 的 XRD 衍射图，存在两个明显的衍射峰：2θ=7.3°和 19.4°。这个结果与图 2-7 中 Cy-PPSQ-Al 和 Cy-PPSQ-Mg 的 XRD 图谱一样，通过布拉格方程计算可知两个峰对应的晶格间距分别为 12.06 Å 和 4.60 Å。另外，L-PPSQ 在 7.3°的峰比 Cy-PPSQ-Al 和 Cy-PPSQ-Mg 更尖，意味着 L-PPSQ 的梯形规整度更高。

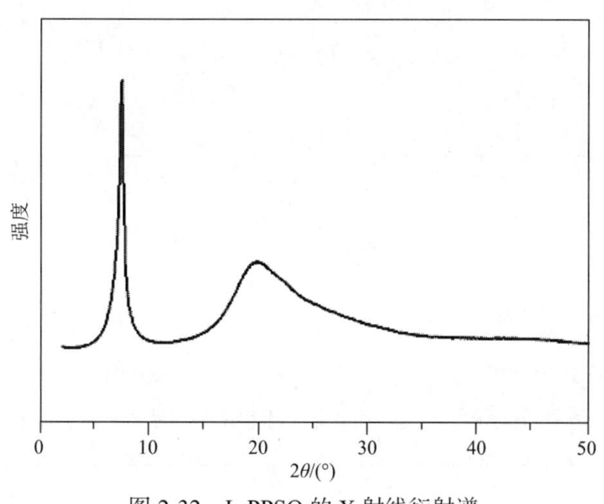

图 2-32　L-PPSQ 的 X 射线衍射谱

3. 核磁共振谱分析

图 2-33 为氘代二氯甲烷中 L-PPSQ 的 ^{1}H NMR 谱。图中 6.5～8 ppm 处的大

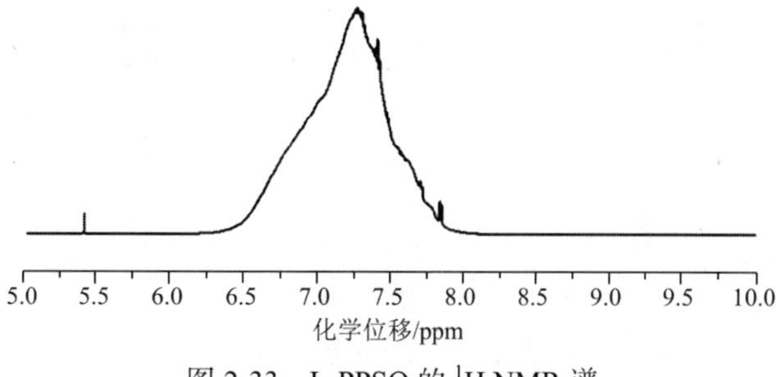

图 2-33　L-PPSQ 的 ^{1}H NMR 谱

包峰对应 L-PPSQ 苯基上的 H，谱图中 5.38 ppm 处较小的峰为 Si—OH 中 H 的化学位移[59]，此处的 H 的化学位移较弱，说明 L-PPSQ 的分子链较长，端 OH 基数很少。

图 2-34 列出了 L-PPSQ 的 ^{29}Si NMR 谱，可以看出 L-PPSQ 在−80 ppm 处存在明显的峰代表完整的主链上的 Si 原子，而在−67～−70 ppm 处存在的较弱的峰则代表着末端连接 OH 基的 Si 原子。与 Cy-PPSQ-Al 和 Cy-PPSQ-Mg 的 ^{29}Si NMR 类似，L-PPSQ 主链半峰宽数值也约为 2.5 ppm，同时主链 Si 原子峰面积要比端基 Si 原子峰面积大得多，说明 L-PPSQ 是具有长链端的梯形结构，样品的规整性好。

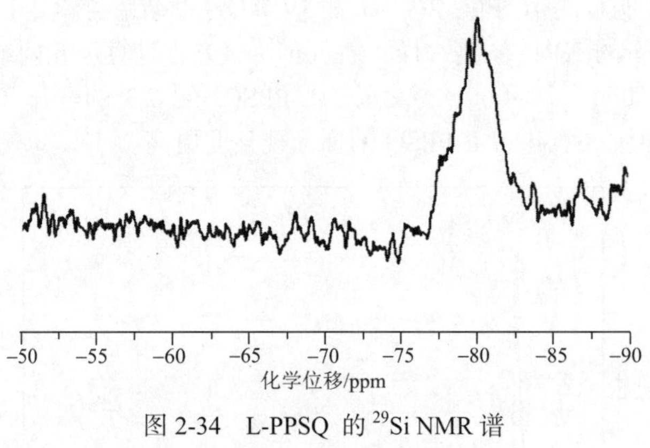

图 2-34　L-PPSQ 的 ^{29}Si NMR 谱

4. 凝胶渗透色谱表征

图 2-35 是 L-PPSQ 的 GPC 曲线图，与 Cy-PPSQ-Al 相同的是，L-PPSQ 的 GPC 谱图中的主峰也是一个单峰，不同的是，L-PPSQ 主峰末端有两个很小的峰，说明

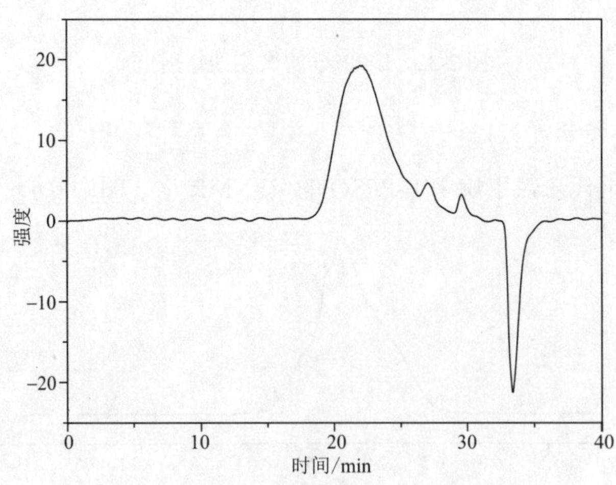

图 2-35　L-PPSQ 的 GPC 谱

合成的 L-PPSQ 样品中可能存在少量的低分子物质。另外，两个倒峰中较小的倒峰通常是小分子杂质，较大的倒峰是溶剂峰。表 2-9 列出了 L-PPSQ 与 Cy-PPSQ 数均分子量 M_n、重均分子量 M_w、多分散性系数(PDI：M_w/M_n)等数据。可以看出，与 Cy-PPSQ 相比，具有直链梯形结构的 L-PPSQ 的平均分子量要大，说明其分子链结构较长。

表 2-9　L-PPSQ 与 Cy-PPSQ 的分子量和分子量分布情况

样品	M_n	M_w	M_p	M_z	多分散性系数
L-PPSQ	8604	11779	8816	12402	1.37
Cy-PPSQ-Al	5183	5700	4002	6393	1.10
Cy-PPSQ-Mg	5780	6481	4541	7576	1.12

5. 质谱分析

在研究 Cy-PPSQ 的分子结构时发现，MALDI-TOF MS 能够基本真实地反映 Cy-PPSQ 的分子结构组成，通过分析 MALDI-TOF MS 图中分子离子峰的变化规律,可以得到关于 Cy-PPSQ 结构的信息。图 2-36 给出了本研究团队合成的 L-PPSQ 的 MALDI-TOF MS 图，从图中可以看出，L-PPSQ 的分子离子峰也呈现出一定的

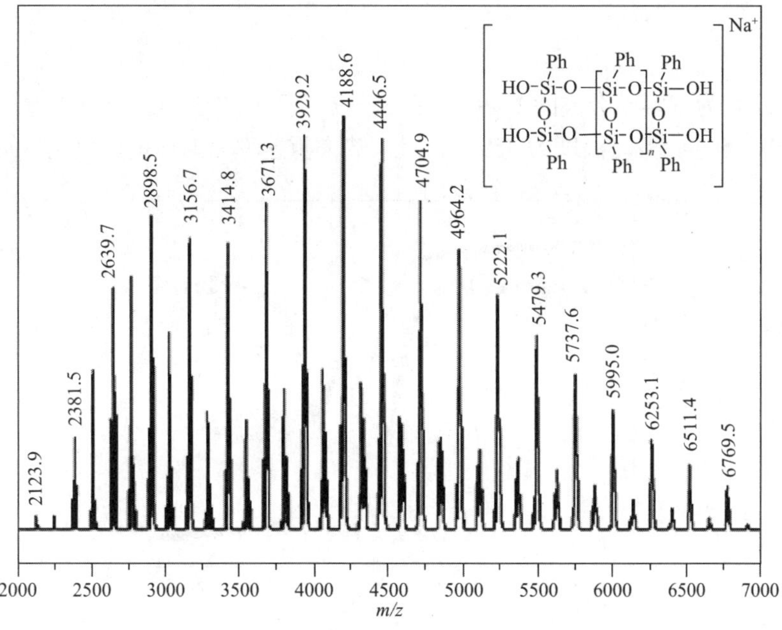

图 2-36　L-PPSQ 的 MALDI-TOF MS 图

变化规律，其“*n*”和“*n*+1”峰之间的分子量差异约为 258 或 259，对应着重复结构单元“$Ph_2Si_2O_3$”。L-PPSQ 的分子量为 $n\times258+36+Na^+$，符合 L-PPSQ 的直链结构。与 Cy-PPSQ 相比，其重复结构单元相同，不同的是 L-PPSQ 末端为—OH，没有环化封端。

在分析 L-PPSQ 的分子离子峰的变化规律时，同样得到了两个系列的分子离子峰，第一个系列对应于 $[(Ph_2Si_2O_3)_nO_2H_4, n=5, 6,\cdots,26]$[图 2-37 (a)]，第二个系列分子式对应于$[(Ph_2Si_2O_3)_mO—PhSi—O_4H_5, m=5, 6,\cdots,26]$[图 2-37 (b)]。结合前面对 Cy-PPSQ 的质谱分析结果可知本研究团队合成的直链梯形聚苯基硅倍半氧烷含有两种系列分子结构。这两种系列的分子结构都显示出一系列连续的分子量，“*n*”和“*m*”值递增。

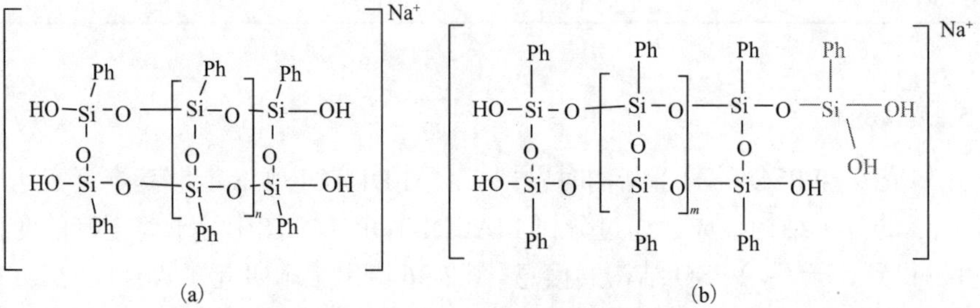

(a)　(b)

图 2-37　L-PPSQ 的结构式

6. 热性能

图 2-38 为本实验合成的 L-PPSQ 在氮气气氛下的 TG 曲线。可以看出，在氮气气氛中，失重 5%时温度为 459℃，最大热失重速率时对应的温度为 498℃，样

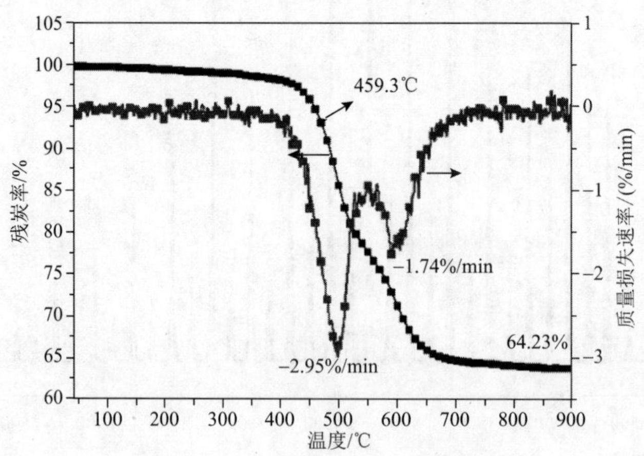

图 2-38　L-PPSQ 的 TG 曲线(氮气气氛)

品有两个分解阶段，残炭为黑色，残炭率为 64.23%；梯形结构的规整性与热稳定性密切相关。与环梯形 Cy-PPSQ 相比，L-PPSQ 的热稳定性略低。这可能是由于其分子链结构两端为 Si—OH，与封端的环梯形 Cy-PPSQ 相比，链段更容易断开。L-PPSQ 的热稳定与 OPS 差别不大，三种 POSS 的热稳定对比为 Cy-PPSQ＞OPS＞L-PPSQ。

2.3.2　直链梯形聚苯基硅倍半氧烷合成收率的影响因素

对于 L-PPSQ 的合成，重点考察了单体苯基三甲氧基硅烷的浓度、催化剂用量、温度和反应时间对 L-PPSQ 收率的影响。

1. 单体浓度

用苯基三甲氧基硅烷物质的量(mol)与溶剂丙酮的用量(L)之比(mol/L)来定义单体的浓度。在以苯基三甲氧基硅烷为原料在合成笼状八苯基硅倍半氧烷(OPS)时，苯基三甲氧基硅烷浓度是影响 OPS 形成的重要因素。研究发现，当苯基三甲氧基硅烷的浓度较低时(≤0.75 mol/L)，倾向于形成笼状的 OPS；而当苯基三甲氧基硅烷的浓度较高时(≥0.9 mol/L)，偏向于形成梯形大分子结构而非笼状结构。表 2-10 给出了在设定的实验条件下，单体浓度变化为 L-PPSQ 收率的影响。可以看出，随着单体浓度的逐渐增加，L-PPSQ 的收率先增加后降低，当苯基三甲氧基硅烷浓度为 1.5 mol/L 时，L-PPSQ 收率最高。

表 2-10　苯基三甲氧基硅烷甲醇溶液浓度对 L-PPSQ 产率的影响

浓度/(mol/L)	0.9	1.2	1.5	1.8	2.1	3.0
产率/%	71.23	84.27	98.14	92.43	88.35	82.67

2. 催化剂用量

表 2-11 是四甲基氢氧化铵用量对产率的影响(苯基三甲氧基硅烷/丙酮为 1.5 mol/L，反应温度 60℃，反应时间 72 h)。以四甲基氢氧化铵的质量与原料苯基三甲氧基硅烷的摩尔质量比(g/mol)作为其相对用量。当四甲基氢氧化铵的相对用量从 0.5 g/mol 增加到 1.5 g/mol 时，产率显著增加，在 1.5 g/mol 时产率达到最大，为 98.22%；随着四甲基氢氧化铵的相对用量继续增大，L-PPSQ 的收率反而略有下降。

表 2-11　四甲基氢氧化铵用量对 L-PPSQ 产率的影响

四甲基氢氧化铵浓度/(g/mol)	0.5	0.75	1.0	1.5	2.0	3.0
产率/%	71.43	87.35	92.87	98.22	90.32	85.88

3. 反应温度

表 2-12 是反应温度对 L-PPSQ 产率的影响(苯基三甲氧基硅烷/丙酮为 1.5 mol/L，反应时间 72 h，氢氧化钾/苯基三甲氧基硅烷用量比 1.5 g/mol)。从表中可知 L-PPSQ 产率随着反应温度升高先升高后下降，在 60℃时最高为 98.14%；随后温度再继续升高产率略有降低，在 70℃时产率为 76.33%。这是因为在低温条件下，分子活动能力较低，分子之间碰撞概率小，水解速率较慢，而由于缩聚是吸热反应，受影响较大，L-PPSQ 收率较低。当温度超过溶剂丙酮的沸点以后，在合成过程中会造成溶剂沸腾，部分溶剂可能来不及冷却而挥发，引起了体系中反应物浓度的变化，从而造成产率大幅下降[50]。

表 2-12　反应温度对 L-PPSQ 产率的影响

温度/℃	10	20	30	40	50	60	70
产率/%	11.21	18.2	51.56	75.41	91.93	98.14	76.33

4. 反应时间

图 2-39 是反应时间对 L-PPSQ 产率的影响(苯基三甲氧基硅烷/丙酮为 1.5 mol/L，

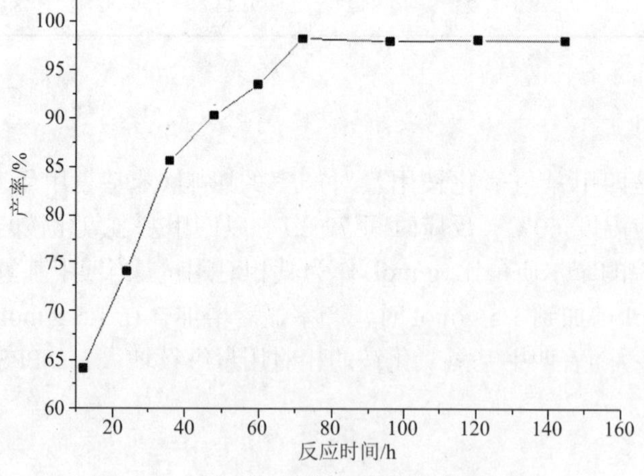

图 2-39　L-PPSQ 的产率随反应时间的变化

反应温度 60℃，氢氧化钾/苯基三甲氧基硅烷用量比 1.5 g/mol）。从图中可以看出，反应时间对 L-PPSQ 的产率影响很大，反应时间从 12 h 提高到 72 h 时，L-PPSQ 的产率从 64.21%增加到 98.14%。继续增加反应时间，L-PPSQ 的产率基本不再增加。说明反应时间大于 72 h 后，不能仅靠延长反应时间来提高产率。为了提高合成效率，在合成 L-PPSQ 时反应时间取 72 h 较合适。

2.3.3　直链梯形聚苯基硅倍半氧烷合成反应机理

为了研究 L-PPSQ 的合成反应机理，作者团队采用了在线红外（React IR）设备对反应过程中体系的红外光谱实时变化进行了一系列的追踪和检测，在合成过程中将红外探头插入到反应体系中，实时监测体系的红外光谱变化。同时将 React IR 与 ^{29}Si NMR、GPC 以及 MALDI-TOF MS 分析联合，探索其详细的反应机理。

L-PPSQ 合成过程中反应体系的红外光谱变化三维图谱如图 2-40 所示，从图中可以看到反应过程中原料、中间物及产物的红外吸收峰强度随时间的变化，尤其是在 1150 cm^{-1} 和 1050 cm^{-1} 这两处的吸收峰的强度随着反应时间的变化趋势。

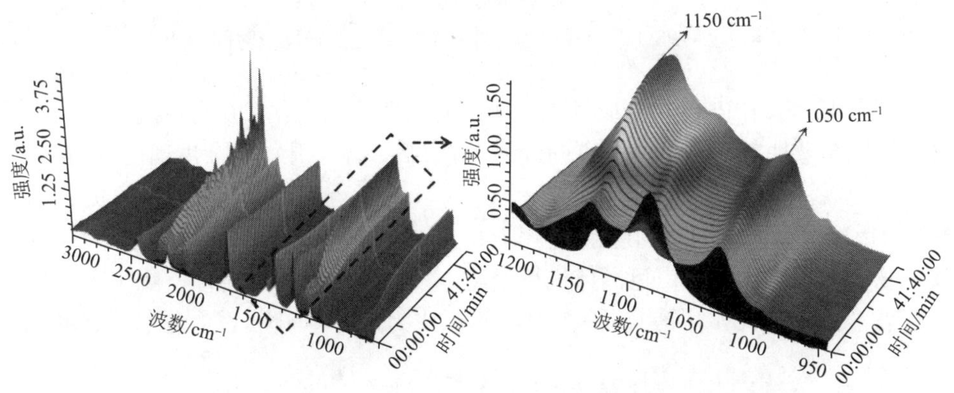

图 2-40　L-PPSQ 的合成反应过程中体系的红外光谱变化三维谱

图 2-41 为 L-PPSQ 合成过程中反应体系的红外光谱随时间的变化。图中，1736 cm^{-1}、1366 cm^{-1} 及 1213 cm^{-1} 为溶剂的特征吸收峰。1090 cm^{-1} 处为原料中 Si—O—C 的吸收峰，在反应 2 h，1090 cm^{-1} 处的吸收峰就已经消失，说明此时苯基三甲氧基硅烷已经基本完全水解。随着反应继续进行，在 1150 cm^{-1} 和 1050 cm^{-1} 处出现两个新的特征吸收峰。这两个新的特征吸收峰被认为分别是梯形结构中水平方向的 Si—O—Si 键和垂直方向的 R—Si—O—Si—R 键的特征吸收峰[58]。在反应 2～8 h 这一阶段，1150 cm^{-1} 和 1050 cm^{-1} 处这两个吸收峰的强度基本相同，推断可能是原料水解产生的硅醇分子之间缩聚形成的二聚体或低分子量的梯形结构。随着反应继续进行，在 12 h 以后，这两处的吸收峰的强度随着反应时间的增

加逐渐增强，并且在 1150 cm^{-1} 处的吸收峰的强度更加明显，这说明在此阶段，二聚体之间开始进一步缩聚，形成了长链的结构。

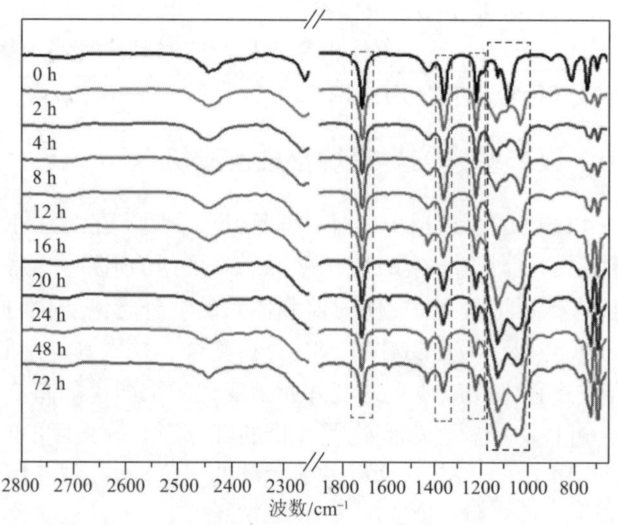

图 2-41　L-PPSQ 的合成过程中体系的红外光谱随反应时间的变化

图 2-42 是 L-PPSQ 在合成过程中体系的颜色状态变化，在合成过程中，体系开始为完全透明的状态，当反应进行到 4 h 以后，体系开始逐渐出现白色的沉淀，并且白色沉淀随着反应时间的增加逐渐增多。为了进一步研究反应体系的详细变化，对反应体系的中间产物进行间隔取样。取样过程分为两部分：①首先取 10 mL 反应物，将反应物中的白色固体进行过滤，然后用无水甲醇洗涤，烘干；②将①中的滤液部分在无水甲醇(滤液与甲醇体积比为 1∶10)中沉淀，继续过滤烘干。

图 2-42　L-PPSQ 的合成过程中反应体系的颜色状态变化

分别对这两部分的中间产物进行 GPC 测试，分析其分子量变化规律。对于 PPSQ 来说，当其分子量较小时，可溶于除甲醇、乙醇和正己烷之外的绝大多数有机试剂。在对 L-PPSQ 合成过程中的中间产物进行 GPC 分析发现，对于体系中析出的白色沉淀，其分子量大小和分布基本没有发生变化，并且与最终产物 L-PPSQ 的分子量和分子情况基本一致，如表 2-13 所示，说明反应体系中析出的白色沉淀即为 L-PPSQ，不同的是随着反应的进行，体系中的白色沉淀的量逐渐增多。

表 2-13　L-PPSQ 合成反应体系中白色沉淀分子量及其分布随反应时间的变化

取样时间/h	M_n	M_w	M_p	多分散性系数	质量浓度/(g/mL)
4	8705	12002	7976	1.38	0.0091
8	8545	11425	7966	1.38	0.0452
12	9627	13194	8209	1.37	0.0943
24	8816	12058	7343	1.37	0.1329
36	9257	12827	7686	1.38	0.1893
48	8527	11682	7645	1.37	0.2038
72	8604	11779	8816	1.37	0.2387

如表 2-14 所示，对于溶解在溶剂中的中间产物，经过在甲醇中沉淀析出后发现，其分子量和分布也基本没有发生变化，但是其分子量要比产物 L-PPSQ 小，可以判断溶解在溶剂中的这部分物质为短链的聚合物。另外对于体系中沉淀出的产物的质量和溶解在溶剂中的物质的质量进行计算对比，发现在反应 4 h 时，二者质量比为 0.038，在反应 72 h 时，二者的质量比为 27.44。二者的质量比随着反应时间的增加逐渐增大。这可以解释为，在反应初期，体系中大部分为低分子量的短链缩聚物，由于其分子量低，溶解性较好，体系为透明状态。随着缩聚程度的增加，体系开始生成分子量较大的长链缩聚物 L-PPSQ，由于其分子量大，在溶剂中的溶解度也较低，L-PPSQ 开始从体系中沉淀出来，随着 L-PPSQ 浓度的增加，体系中析出的沉淀也越来越多。整个合成反应是一个从液相到固液混合相转变的过程。

表 2-14　L-PPSQ 合成反应的滤液在甲醇中的沉淀物的分子量及其分布随反应时间的变化

取样时间/h	M_n	M_w	M_p	多分散性系数	质量浓度/(g/mL)
1	3694	4054	3800	1.10	0.2516
2	3588	3965	3648	1.10	0.2622
4	4108	4712	4218	1.14	0.2341
8	3843	4336	3950	1.13	0.2018
12	4219	4916	4136	1.16	0.1436

续表

取样时间/h	M_n	M_w	M_p	多分散性系数	质量浓度/(g/mL)
24	3906	4434	3911	1.14	0.0892
36	4228	4688	3387	1.11	0.0321
48	3981	4278	3837	1.07	0.0265
72	3722	4072	3861	1.09	0.0087

图 2-43 为反应体系中间产物的 ^{29}Si NMR 谱变化。从图中可以看出，在反应 0.5 h 后，原料苯基三甲氧基硅烷(PTMS)在−54.8 ppm 处的化学位移开始减弱，而在−63 ppm 处出现了二聚体 $Ph(OH)_2$—Si—O—$Si(OH)_2Ph$ 的化学位移[60]。在反应进行到 2 h 以后，可以看到原料与二聚体的化学位移都已经消失不见，取而代之的是在−80 ppm 处出现了新的宽峰，这就意味着经过水解与缩聚反应，二聚体之间已经开始进行缩聚，形成直链状的缩聚物。随着反应继续进行，在−80 ppm 处的宽峰逐渐增强，这说明缩聚物的链长度不断增加，形成了直链梯形的 L-PPSQ。

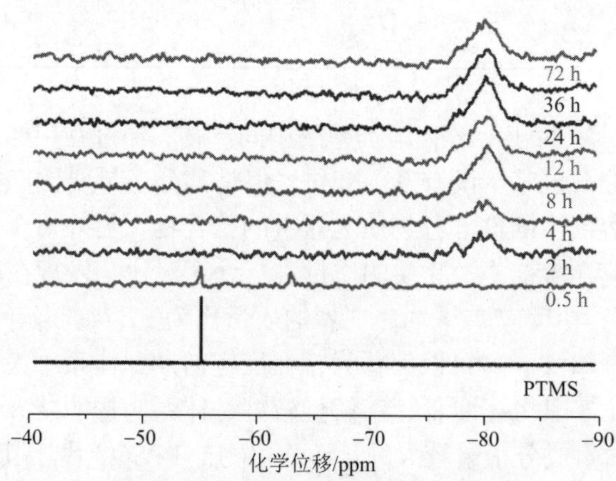

图 2-43　L-PPSQ 的合成反应过程中体系 ^{29}Si NMR 谱随时间的变化

综合以上结果，作者团队提出在较高浓度下以苯基三甲氧基硅烷为原料制备 L-PPSQ 的机理。首先是苯基三甲氧基硅烷水解形成硅醇，然后两个硅醇分子之间缩聚生成二聚体，前两步反应速率很快。随着二聚体的浓度增加，二聚体之间开始进一步缩聚形成短链的低聚物，当短链的低聚物的浓度增大到一定程度以后，会进一步缩聚形成长链的 L-PPSQ，由于长链的 L-PPSQ 溶解度较差，随着生成的 L-PPSQ 的量不断增加，体系中的 L-PPSQ 形成白色沉淀，并且越来越多，实际制备过程中逐渐生成沉淀的现象支持这一推断。

2.4 本章小结

与笼状八苯基硅倍半氧烷 OPS 相比，无论是环梯形的 Cy-PPSQ，还是直链梯形的 L-PPSQ，合成时需要更高的单体浓度，单位容积的反应釜所得到的产物量也更高。因此，从合成效率上来说，梯形结构的产品要比笼状结构的 OPS 产品合成效率高。由于环梯形的 Cy-PPSQ 在合成后期需要用大量甲醇作为沉淀剂，因此其成本要略高于 L-PPSQ。由于梯形的 PPSQ 在有机溶剂中溶解性要远远大于笼状的 OPS，PPSQ 的应用领域更加广泛。作为一种具有特殊性能的有机无机杂化材料，梯形结构的聚苯基硅倍半氧烷 PPSQ 的热稳定性比笼状结构的 OPS 更高，在一些工程塑料（如聚碳酸酯）应用中，阻燃效果更好。

参考文献

[1] Su R Q, Müller T E, Procházka J, et al. A new type of low-κ dielectric films based on polysilsesquioxanes[J]. Advanced Materials, 2002, 14(19): 1369-1373.

[2] Su K, Bujalski D R, Eguchi K, et al. Low-κ interlayer dielectric materials: synthesis and properties of alkoxyfunctional silsesquioxanes[J]. Chemistry of Materials, 2005, 17: 2520-2529.

[3] Sprung M M, Guenther F O. The hydrolysis of *n*-amyltriethoxysilane and phenyltriethoxysilane[J]. Journal of Polymer Science, 1958, 28(116): 17-34.

[4] Brown J F, Vogt L H. Nouveaux organopolysiloxanes et leur preparation: BEL, BE 586783[P]. 1960-05-16.

[5] Lee J K, Char K, Kim H J, et al. Synthetic control and properties of processible poly (methylsilsesquioxane) s[J]. MRS Online Proceeding Library Archive, Volume 612: Symposium D-Materials, Technology & Reliability for Advanced Interconnects, 2000, D3. 6. 1.

[6] Tsai M H, Whang W T. Low dielectric polyimide/poly(silsesquioxane)-like nanocomposite material[J]. Polymer, 2001, 42(9): 4197-4207.

[7] Brown J F, Vogt J H, Katchman A, et al. Double-chain polymers of phenylsilsesquioxane[J]. J Am Chem Soc, 1960, 82(23): 6194-6195.

[8] Pavlova S, Pakhomov V, Tverdokhlebova I. Pahomov Ⅵ and tverdokhlebova Ⅱ[J]. Vysokomol Soedin, 1964, 6(7): 1275-1279.

[9] Adachi H, Adachi E, Hayashi O, et al. Pyrolysis of phenylsilsesquioxane[J]. Reports on Progress in Polymer Physics in Japan, 1985, 28: 261-268.

[10] Adachi H, Adachi E, Yamamoto S, et al. Highly temperature resistant silicone ladder polymers[J]. MRS Proceedings, 1991, 227: 95.

[11] Adachi H，Adachi E，Hayashi O, et al. High purity phenyl silicone ladder polymer and method for producing the same: USA, US 5081202[P]. 1992-01-14.

[12] Zhang X S, Shi L H. Syntheses and structures of polyphenylsilsesquioxanes[J]. Chinese Journal of Polymer Science, 1987, 5(3): 197-204.

[13]Sato H, Uchimura S, Suzuki H, et al. Intermediate, copolymer resin and production thereof: USA, US 4338426[P]. 1982-07-06.

[14] Adachi E, Adachi H，Hayashi O, et al. Method of forming high purity SiO_2 thin film: USA, US 5057336[P]. 1991-10-15.

[15]陈剑华, 于伟泳, 邱化玉, 等. 立体有序的耐高温全苯基有机硅树脂[J]. 有机硅材料及应用, 1994, 5: 8-11.

[16] Lee E C, Kimura Y. A new formation process of poly (phenylsilsesquioxane) in the hydrolytic polycondensation of trichlorophenylsilane. Isolation of low molecular weight hydrolysates to form high molecular weight polymers at mild reaction conditions[J]. Polymer Journal, 1997, 29(8): 678-684.

[17] Lee E C, Kimura Y. Structural regularity of poly (phenylsilsesquioxane) prepared from the low molecular weight hydrolysates of trichlorophenylsilane[J]. Polymer Journal, 1998, 30(3): 234-242.

[18] Xie Z, Dai D, Zhang R. Synthesis of the soluble, high molecular weight and ladderlike polyphenylsilsesquioxane and copolymethylphenylsilsesquioxanes by preamminolysis method[J]. Chinese Journal of Polymer Science, 1991, 9(3): 266-272.

[19] Xie Z, He Z, Dai D. Study on the synthesis and characterization of the soluble high molecular weight and ladderlike polymethylsilsesquioxane[J]. Chinese Journal of Polymer Science, 1989, 7(2): 183-188.

[20] Xie Z, Jin S, Wan Y. Synthesis and characterization of the soluble, high molecular weight and ladderlike polyhydrosilsesquioxane and its copolymerts[J]. Chinese Journal of Polymer Science, 1992, 10(4): 361-365.

[21] Xie P, Guo J S, Dai D R, et al. Synthesis and anisotropic behavior of new ladderlike polysilsesquioxanes with side-on and end-on fixed NLO chromophores[J]. Molecular Crystals and Liquid Crystals, 1996, 289: 45-57.

[22] Xie P, Xie Z S, Wan Y Z, et al. Synthesis and mesomorphic properties of fishbone-like liquid-crystalline polysilsesquioxanes 2. Imine-based side-chain mesogenic polysilsesquioxanes[J]. Molecular Crystals and Liquid Crystals, 1996, 289: 59-68.

[23] Ma C, Kimura Y. Synthesis of poly (phenylsilsesquioxane) by the aid of phase transfer catalysts[J]. Kobunshi Ronbunshu, 2001, 58(7): 319-325.

[24] Nishida H, Yamane H, Kimura Y, et al. The effects of synthesis conditions of poly (phenylsilsesquioxane) on its chemical structure[J]. Kobunshi Ronbunshu, 1996, 53(3): 193-200.

[25] Lee E C, Kimura Y. Synthesis and polycondensation of a cyclic oligo (phenylsilsesquioxane) as a model reaction for the formation of poly (silsesquioxane) ladder polymer[J]. Polymer Journal, 1998, 30(9): 730-735.

[26] Masafumi U, Akiko S, Hideyuki M. Pentacyclic laddersiloxane[J]. Journal of the American Chemical Society, 2002, 124(8): 1574-1575.

[27] Brown J F. The polycondensation of phenylsilanetriol[J]. Journal of the American Chemical Society, 1965, 87(19): 4317-4324.

[28] Hyde J F, Daudt W H. Preparation of thermoplastic polysiloxanes: USA, US 2482276[P].

1949-09-20.

[29] Tsvetkov V N, Andrianov K A, Ryumtsev Y N, et al. Molecular conformations, hydrodynamics and optics of ladder polymers[J]. Polymer Science USSR, 1973, 15(2): 455-471.

[30] Tsvetkov V N, Andrianov K A, Ryumtsev Y N, et al. Electrical and flow birefringence of ladder polychlorophenylsilsesquioxane solutions[J]. Polymer Science USSR, 1975, 17(11): 2867-2881.

[31] Tsvetkov V N, Andrianov K A, Riumtsev E I, et al. Flow and electric birefringence in solutions of ladder polychlorophenylsilsesquioxane[J]. European Polymer Journal, 1975, 11(11): 771-778.

[32] Andrianov K A, Pavlova S S A, Zhuravleva I V, et al. Thermal breakdown of cyclo-linear polyorganosiloxanes[J]. Polymer Science USSR, 1977, 19(6): 1599-1605.

[33] Li G Z, Ye M L, Shi L H. Effect of polymerization conditions on the molecular weight of polyphenylsilsquioxane[J]. Chinese Journal of Polymer Science, 1994, 12(4): 331-336.

[34] Baney R H, Itoh M, Sakakibara A, et al. Silsesquioxanes[J]. Chemical Reviews, 1995, 95(5): 1409-1430.

[35] Park E S, Ro H W, Nguyen C. Infrared spectroscopy study of microstructures of polysilsesquioxanes[J]. Chemistry of Materials, 2008, 20(4): 1548-1554.

[36] 张华, 彭勤纪, 李亚明, 等. 现代有机波谱分析[M]. 北京: 化学工业出版社, 2005: 336-342.

[37] Ma J, Shi L H, Zhang J M, et al. Study on pyrolysis of polyphenylsilsesquioxane[J]. Chinese Journal of Polymer Science, 2002, 20(6): 573-577.

[38] Kim S G, Sulaiman S, Fargier D, et al. Octaphenyloctasilsesquioxane and Polyphenylsilsesquioxane for Nanocomposites — Materials Syntheses[M]. Printed in Germany, Springer-Verlag/ Wien, 2008:179-192.

[39] 张军营, 肖志刚, 张晓洁. 梯形聚苯基倍半硅氧烷的新型制备方法[J]. 化工新型材料, 2008, 36(12): 39-41.

[40] Prado L, Yoshida I V P, Torriani I L, et al. Poly(phenylsilsesquioxane)s: structural and morphological characterization[J]. Journal of Polymet Science, Part A: Polymer Chemistry, 2000, 38: 1580-1589.

[41] Wallace W E, Guttman C M, Antonucci J M. Molecular structure of silsesquioxanes determined by matrix-assisted laser desorption/lonization time-of-flight mass spectrometry[J]. Journal of the American Society for Mass Spectrometry, 1999, (10): 224-230.

[42] Zhang X, Shi L, Li S. Thermal stability and kinetics of decomposition of polyphenylsilsesquioxanes and some related polymers[J]. Polymer Degradation and Stability, 1988, 20: 157-172.

[43] Lu T, Liang G, Guo Z. Preparation and characterization of organic-inorganic hybrid composites based on multiepoxy silsesquioxane and cyanate resin[J]. Journal of Applied Polymer Science, 2006, 101(6): 3652-3658.

[44] 欧育湘, 李建军. 阻燃剂——性能、制造及应用[M]. 北京: 化学工业出版社, 2006: 438-439.

[45] Feher F J, Newman D A, Walzer J F. Silsesquioxanes as models for silica surfaces[J]. Journal of the American Chemical Society, 1989, 111(5): 1741-1748.

[46] Sprung M M, Guenther F O. The partial hydrolysis of methyl triethoxysilane[J]. Journal of the American Chemical Society, 1955, 77: 3990-3995.

[47] Frye C L, Collins W T. The oligomeric silsesquioxanes, $(HSiO_{3/2})_n$[J]. Journal of the American

Chemical Society, 1970, 92(19): 5586-5588.

[48] Yamamoto S, Yasuda N, Adachi H, et al. Mechanism for the formation of poly (phenylsilsesquioxane) [J]. Macromolecules, 2004, 37(8): 2775-2778.

[49] 张增平. 笼型倍半硅氧烷的合成及其杂化材料研究[D]. 西安: 西北工业大学, 2006.

[50] 杜建科. 笼形低聚硅倍半氧烷的合成及应用研究[D]. 北京: 北京理工大学, 2006.

[51] Sprung M M, Guenther F O. The partial hydrolysis of ethyl triethoxysilane[J]. Journal of the American Chemical Society, 1955, 77: 3996-3999.

[52] 杜作栋. 有机硅化学[M]. 北京: 高等教育出版社, 1990: 207-228.

[53] Dong H, Brennan J D. Controlling the morphology of methylsilsesquioxane monoliths using a two-step processing method[J]. Chemistry of Materials, 2006, 18(2): 541-546.

[54] Dong H, Brennan J D. Macroporous monolithic methylsilsesquioxanes prepared by two-step acid/acid processing method[J]. Chemistry of Materials, 2006, 18(17): 4176-4182.

[55] John F, Brown J R. Double chain polymers and nonrandom crosslinking[J]. Journal of Polymer Science: Part C, 1963, 1: 83-97.

[56] Shklover V E, Struchkov Y T. The structure of organocyclosiloxanes[J]. Uspekhi Khimii, 1980, 49(3): 518-556.

[57] Brown J F, Vogt L H. The polycondensation of cyclohexylsilanetriol[J]. Journal of the American Chemical Society, 1965, 87(19): 4313-4317.

[58] Unno M, Matsumoto T, Matsumoto H J. Synthesis of laddersiloxanes by novel stereocontrolled approach[J]. Journal of Organometallic Chemistry, 2007, 692(1): 307-312.

[59] Zhang Z X, Hao J K, Xie P, et al. A Well-defined ladder polyphenylsilsesquioxane (Ph-LPSQ) synthesized via a new three-step approach: monomer self-organization-lyophilization-surface-confined polycondensation[J]. Chemistry of Materials, 2008, 20(4): 1322-1330.

[60] Kudo T, Gordon M S. Exploring the mechanism for the synthesis of silsesquioxanes. 3. The effect of substituents and water[J]. The Journal of Physical Chemistry A, 2002, 106(46): 11347-11353.

第 3 章 苯基硅倍半氧烷的硝基和氨基衍生物合成与表征

3.1 八氨基苯基硅倍半氧烷的合成及表征

由于八苯基硅倍半氧烷(OPS)在多数有机溶剂中不溶解，改善 OPS 与聚合物体系的相容性，对扩大其应用范围具有非常重要的意义。近年来，研究者在这方面已经做了许多有益的尝试，制得了多种 OPS 的衍生物，以扩展其应用[1-9]。其中，OPS 最重要的一个衍生化学反应是对苯环进行的硝化反应，制备笼状八硝基苯基硅倍半氧烷[$(O_2NC_6H_4SiO_{1.5})_8$，octa(nitrophenyl)silsesquioxane，ONPS]。ONPS 由 Laine 等[10]在 2001 年首次合成，到目前为止，很多研究者都按照 Laine 的方法对 OPS 硝化以合成 ONPS[11-16]。进一步还原 ONPS 中的硝基，可制备八氨基苯基硅倍半氧烷[$(H_2NC_6H_4SiO_{1.5})_8$，octa(aminophenyl) silsesquioxane，OAPS][10]。

3.1.1 实验设计及合成方法

图 3-1 为本章中多面体苯基硅倍半氧烷硝化、氨化反应步骤示意图，先通过发烟硝酸对八苯基硅倍半氧烷(OPS)硝化制备得到八硝基苯基硅倍半氧烷(ONPS)，接着对 ONPS 进行还原制备得到八氨基苯基硅倍半氧烷(OAPS)。

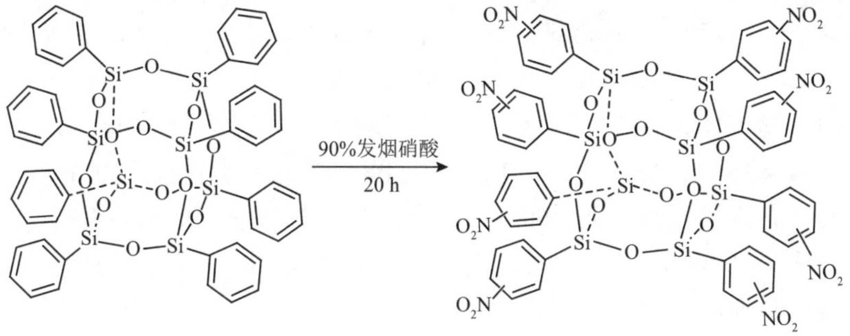

90%发烟硝酸

20 h

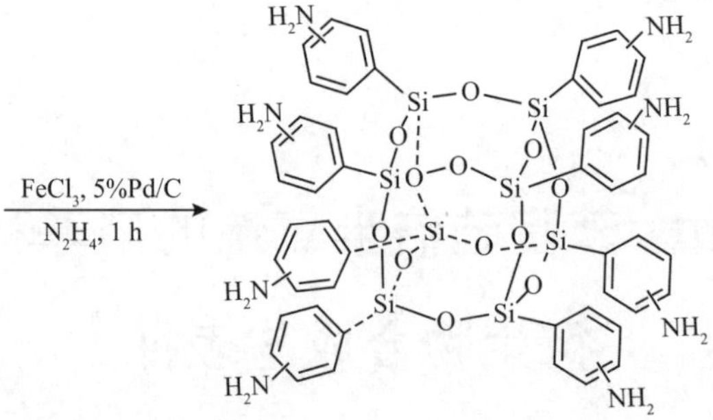

$\xrightarrow[N_2H_4,\ 1\ h]{FeCl_3,\ 5\%Pd/C}$

图 3-1　ONPS 和 OAPS 的合成路线示意图

1. 八硝基苯基硅倍半氧烷的合成

文献中合成 ONPS 一般均采用 Laine 等给出的条件[10]，作者团队对其进行了改进。合成过程为：在烧杯中加入 8 mL 蒸馏水，边搅拌边缓慢加入 82 mL 发烟硝酸，配制成约 90 mL 质量分数为 90.06 wt%的硝酸，待用。在冰水浴下，向装有电动搅拌器和温度计的 500 mL 三口烧瓶中加入 90 mL 已配制好质量分数为 90.06 wt%的硝酸。搅拌一段时间使体系温度达到 0℃。其间称量 15 g 八苯基硅倍半氧烷（OPS，14.5 mmol），在 30 min 内分批加入烧瓶并待溶解均匀。加料结束后，在冰水浴低温下持续搅拌约 30 min，接着在室温下搅拌 20 h。反应结束后，将反应混合物倾入约 150 g 去离子水冰中，立刻出现淡黄色沉淀。抽滤，用质量分数为 5 wt%的 Na_2CO_3 水溶液洗涤沉淀至中性，再用乙醇洗涤三次。50℃真空干燥，得淡黄色样品，记为 ONPS，产率 90%以上。

2. 八氨基苯基硅倍半氧烷的合成

OAPS 合成过程如图 3-1 所示。称取 15 g 八硝基苯基硅倍半氧烷，加入带回流冷凝管、恒压滴液漏斗和氩气保护的 500 mL 三口烧瓶中，用 120 mL 四氢呋喃溶解，然后加入 1.83 g 5 wt% Pd/C 催化剂、0.6 g 六水合三氯化铁，加热升温至 60℃，开始缓慢滴加 48 mL 80%的水合肼溶液，约 30 min 滴完，滴加过程中会发现体系逐渐放出大量气体，滴加完毕后，回流反应 1 h。反应毕，反应液倒入烧杯中，加入 120 mL 乙酸乙酯，静置待黑色催化剂 Pd/C 层与有机层分开，有机层过滤，用 360 mL 饱和食盐水洗涤三次，洗涤后用无水硫酸钠干燥，倾入 1000 mL 正己烷中，析出灰白色沉淀物，抽滤，置真空烘箱 50℃干燥，得产物 9.8 g，产率 80.6%。

3.1.2　八硝基苯基硅倍半氧烷的表征

1. 硝酸浓度对硝基苯基硅倍半氧烷硝化度的影响

1) 元素分析

在前人的研究中，合成 ONPS 均采用 Laine 文献[10]中的条件，如文献[11-16]使用此条件合成了 ONPS，但并未说明使用发烟硝酸的浓度。作者团队在实验过程中，保证投料比[OPS (g)∶HNO_3 (mL) = 5∶30]和硝化时间(20 h)与文献一致，多次使用市售质量分数为 96 wt%的发烟硝酸制得最终产物硝化度均大于 8。为此，控制硝化时间为 20 h，尝试了将 96 wt%发烟硝酸稀释为不同浓度的硝酸对 OPS 进行硝化，制备了不同官能度的硝基苯基硅倍半氧烷(NPS)。根据其分子式通式：$Si_8O_{12}C_{48}H_{40-n}(NO_2)_n$，由元素分析结果可以计算出分子量 $M = 1033.2 + 45n$ 和硝基的数目。表 3-1 给出了元素分析结果以及计算所得的硝基个数和 M 值。可见，硝酸浓度越大，硝化能力越强，硝化度越高，分子量 M 也越大。初始硝酸浓度为 96 wt%时，部分苯环发生二硝化导致最终产物的硝化度大于 8；初始硝酸浓度为 90.06 wt%时，合成了八硝基苯基硅倍半氧烷(ONPS)；硝酸浓度降为 80.55 wt%时，对 OPS 没有硝化能力。由于—$SiO_{1.5}$ 和—NO_2 均为吸电子基团，当苯环上接有一个—NO_2 时，苯环上的电子云密度会明显降低，使苯环的二硝化变得更加困难。可以认为，在 OPS 硝化的过程中，控制初始硝酸浓度在 90 wt%以下时，不会出现二硝化现象。

表 3-1　不同硝酸浓度制备得 NPS 的硝基个数

(HNO_3/H_2O)/(mL/mL)	HNO_3 质量分数/wt%	实验值或理论值	含量/%			硝基个数(n)	分子量(M)
			C	H	N		
90/0	96.00	实验值	39.11	2.10	8.65	8.84	1431.0
		理论值	40.25	2.18	8.65		
82/8	90.06	实验值	41.30	2.51	8.04	8.00	1393.2
		理论值	41.34	2.30	8.04		
77/13	86.17	实验值	44.78	2.91	5.30	4.71	1245.2
		理论值	46.30	2.83	5.30		
75/15	84.57	实验值	48.96	3.40	2.55	2.01	1123.7
		理论值	51.26	3.38	2.50		
70/20	80.55	实验值	55.48	3.93	0	0	1033.2
		理论值	55.75	3.87	0		

2）红外光谱分析

图 3-2 为 OPS 和 ONPS 的红外光谱。其中，1524 cm^{-1} 和 1346 cm^{-1} 处吸收谱带分别为硝基的不对称伸缩振动和对称伸缩振动吸收峰；3072 cm^{-1} 和 2865 cm^{-1} 处吸收谱带为苯环的 C—H 的伸缩振动吸收峰；1609 cm^{-1}、1566 cm^{-1} 处为苯环骨架振动吸收峰；1081 cm^{-1} 处为 S—O—Si 的不对称伸缩振动吸收峰，上述结果与文献[11]报道结果一致。显然，ONPS 保留了 OPS 原有的 Si—O 笼状结构，并在苯环上连接有硝基基团。

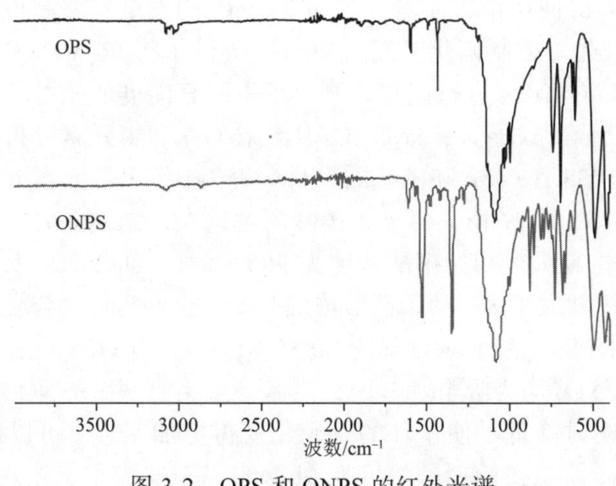

图 3-2 OPS 和 ONPS 的红外光谱

图 3-3 为不同硝酸浓度制备的硝基苯基硅倍半氧烷（NPS）及原 OPS 的红外

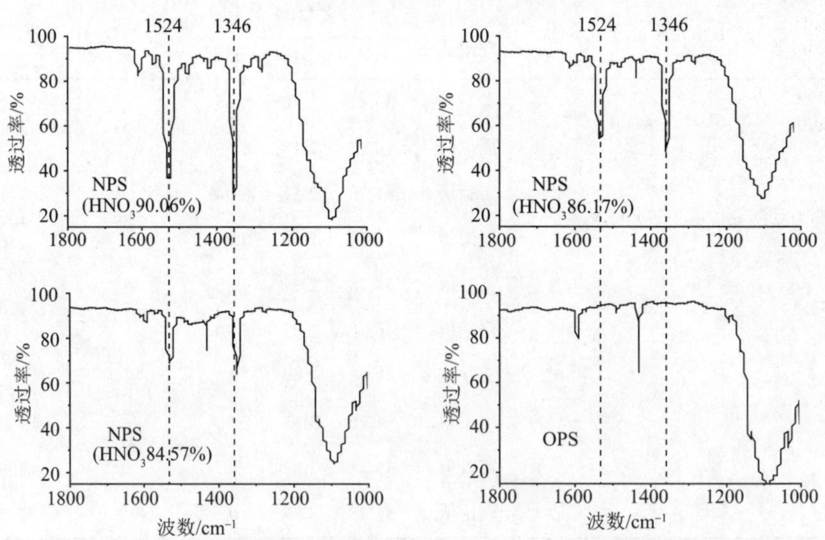

图 3-3 不同硝酸浓度制备的 NPS 及原 OPS 的红外光谱

光谱。在 1081 cm^{-1} 处 Si—O—Si 的不对称伸缩振动吸收峰的峰强几乎一致的前提下，很明显，1524 cm^{-1} 和 1346 cm^{-1} 处硝基的不对称伸缩振动和对称伸缩振动吸收随硝酸浓度的下降逐渐变弱。红外结果表明，随硝酸浓度的下降，其对 OPS 的硝化能力也在逐渐下降。

3）核磁共振分析

图 3-4 为 OPS 和 NPS 的 ^1H NMR 谱。由于—$SiO_{1.5}$ 和—NO_2 基团的强吸电子诱导效应对苯环氢产生的去屏蔽作用，其化学位移向低场移动。并且随着硝化度的增加，NPS 的核磁共振峰向低场移动更加明显，其中八硝基苯基硅倍半氧烷苯环氢的化学位移分布在 8.7～7.5 ppm。根据文献[14]～[16]，OPS 的硝化主要发生在间位和对位。8.5～8.7 ppm 处的振动峰是硝基处于间位且与—$SiO_{1.5}$ 和—NO_2 基团都相邻的芳香氢的共振吸收峰，若苯环氢的总面积为 1，则化学位移在 8.5～8.7 ppm 的面积为 0.083，因此，间位硝化和对位硝化比例分别约为 33.2%和 66.8%。图 3-5 为八硝基苯基硅倍半氧烷的固体 ^{29}Si NMR 谱，−82.41 ppm 和−78.89 ppm 分别为其间位硝化和对位硝化产物的峰[14,16]，同样证明硝化过程只发生在间位和对位。根据峰高比可计算出间位硝化和对位硝化比例约为 30.2%和 69.8%，其计算结果与 ^1H NMR 谱的计算结果相吻合。

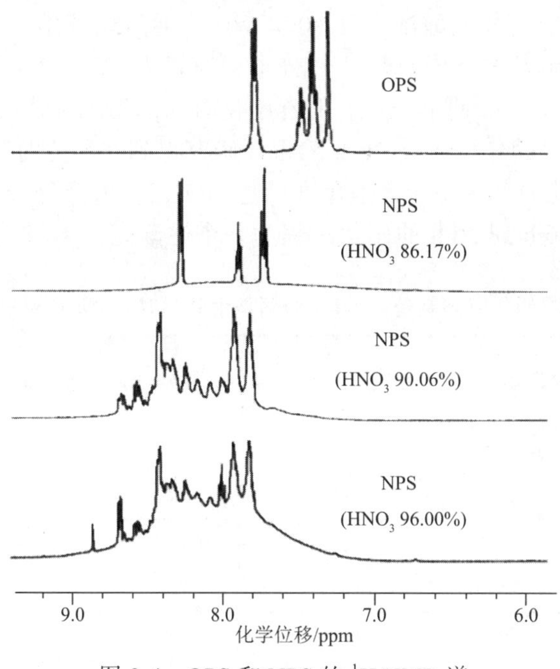

图 3-4　OPS 和 NPS 的 ^1H NMR 谱

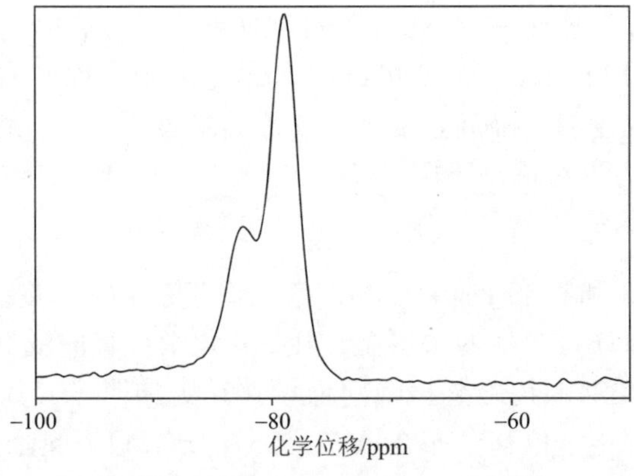

图 3-5　ONPS 的固体 ^{29}Si NMR 谱

2. 反应时间对硝基苯基硅倍半氧烷硝化度的影响

1)元素分析

不同文献所报道制备 ONPS 的硝化时间有一定的差别。文献[13]未给出硝酸浓度，硝化时间为 6 h；文献[11]也未给出硝酸浓度，硝化时间为 20 h。作者团队研究了不同反应时间对 NPS 硝化度的影响。如表 3-2 所示，控制反应温度为 12～15℃，初始硝酸浓度为 90.06 wt%，通过调节硝化时间，制备了不同官能度的硝基苯基硅倍半氧烷，其分子式通式为 $Si_8O_{12}C_{48}H_{40-n}(NO_2)_n$，分子量 $M = 1033.2 + 45n$。研究表明，随着硝化时间的增加，硝化度在逐渐增加，分子量也越大。对硝化反应前 20 h 的跟踪研究得到，硝化时间为 20 h，硝化度约为 8；当硝化时间为 6 h，硝化度已达到 7.73，大部分分子已经为 ONPS 分子。因此，从 6 h 到 20 h 的硝化过程为一个逐渐完善苯环一硝化的过程。

表 3-2　不同硝化时间制备得 NPS 的硝基个数(初始硝酸浓度 90.06 wt%)

硝化时间/h	实验值或理论值	含量/%			硝基个数(n)	分子量(M)
		C	H	N		
2	实验值	43.04	2.90	6.52	6.21	1312.7
	理论值	43.88	2.57	6.62		
6	实验值	41.42	2.54	7.78	7.73	1381.1
	理论值	41.71	2.34	7.84		
20	实验值	41.30	2.51	8.04	8.00	1393.2
	理论值	41.34	2.30	8.04		

2) 凝胶渗透色谱分析

在文献[13]中，硝化时间为 6 h，作者认为硝化时间从 6 h 增加到 20 h 的过程中，发生了部分二硝化的反应。但作者团队采用硝酸浓度为 90.06 wt%的硝酸硝化之后发现，在此过程中，NPS 的分子量分布并没有明显变大，而保留时间也略有减小，分子量稍有增大(图 3-6)。结合元素分析的结果，进一步说明，当硝酸浓度为 90.06 wt%时，只能达到一硝化，而不具备对八苯基硅倍半氧烷的二硝化能力。且反应 6 h 之后，反应生成的水会使硝酸的浓度逐渐下降，因而硝化能力明显下降，更加不具备二硝化的能力，所以我们认为从 6 h 到 20 h 的过程是一个逐步完善苯环一硝基硝化的过程。此外，文献[11]制备所得 NPS 的多分散性系数(PDI)为 1.08，文献[13]为 1.17，我们所制备 ONPS 的 PDI 为 1.01，与文献相比要小很多，分子量分布更窄，足以说明当硝酸浓度为 90.06 wt%、硝化时间为 20 h 时，可以合成出纯度较高的 ONPS，并且在反应过程中不会出现硅氧笼状结构的破坏。

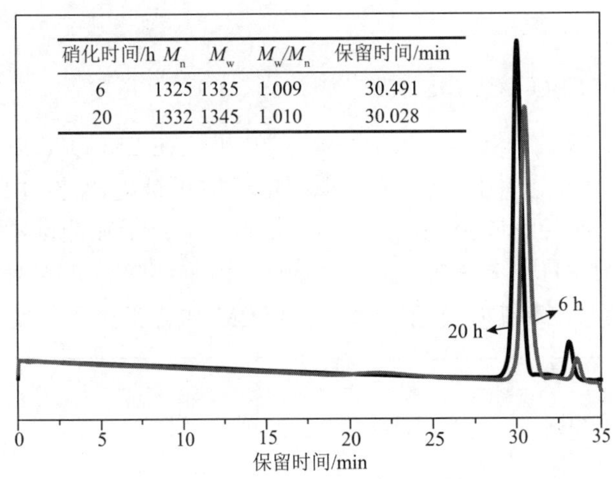

硝化时间/h	M_n	M_w	M_w/M_n	保留时间/min
6	1325	1335	1.009	30.491
20	1332	1345	1.010	30.028

图 3-6　硝化 6 h 和 20 h 的 NPS 产物 GPC 谱

3. 小结

元素分析、核磁共振谱、红外光谱、凝胶渗透色谱结果证实，控制初始硝酸浓度为 90.06 wt%，硝化时间为 20 h，反应温度为 12～15℃，可以由 OPS 硝化合成出八硝基苯基硅倍半氧烷(ONPS)，间位硝化和对位硝化的比例约为 33.2%和 66.8%，且其分子量分布很窄。控制硝化时间为 20 h，随着硝酸浓度的降低，对 OPS 的硝化能力逐渐减弱，硝化度逐渐降低。控制初始硝酸浓度为 90.06 wt%，随着硝化时间的延长，硝基苯基硅倍半氧烷的硝化度会逐渐增加，最终完成苯环的一硝化过程，制备得到 ONPS。

3.1.3 八硝基苯基硅倍半氧烷的纯度分析

理论上每个 ONPS 分子含有八个硝基基团，文献中主要通过元素分析和 ^{1}H NMR 证明每个 ONPS 分子中含有八个硝基,但这两种测试方法都有一定的误差，如元素分析误差约为 0.3 wt%，并不能证明所得产物每个 ONPS 分子中含有八个硝基。飞行时间质谱(TOF MS)可对化合物分子量进行准确定量，通过测定 ONPS 的准确分子量可以有效地测定每个 ONPS 分子中硝基的个数, 在本实验室所查到的文献中, 未有文献对 ONPS 确切的分子量进行测定，可能是硝基在离子化的过程中容易碎裂，如基质辅助激光解吸电离飞行时间质谱(MALDI-TOF MS)不适合于带硝基物质的测定。电喷雾电离四极杆飞行时间质谱(ESI-Q-TOF MS)对样品要求低, 与其他离子化法相比, 电喷雾离子化具有分子量测定范围广、灵敏度高、离子化过程中不易造成化学结构碎裂、操作简单等优点[17]，且它能直接分析具有极性的液体样品，非常适合与低流速的液相色谱联用，因此，可以通过高效液相色谱-质谱(HPLC-MS)联用技术对 ONPS 的纯度和硝基取代个数进行准确测定。

1. ONPS 的 ESI-Q-TOF MS 表征

图 3-7 是 OPS 的 ESI-Q-TOF MS 测试结果。在 ESI-Q-TOF MS 正离子扫描测试条件下, 当分子中的原子拥有孤对电子时可被电离化, 由于分子在电离化的过程中可以加合不同类型的正离子,故同一个分子在测试中会出现不同质荷比的峰，如 $M+H^+$、$M+NH_4^+$、$M+Na^+$、$M+K^+$等，且有时两个分子不能被完全电离, 会共同带上一个正离子, 出现 2M 加合正离子的峰。在图 3-7 中，

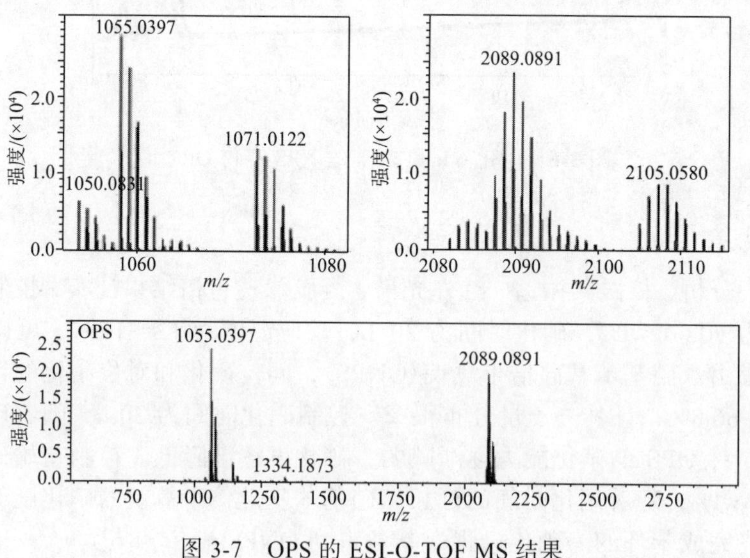

图 3-7　OPS 的 ESI-Q-TOF MS 结果

1050.0831 是 OPS 分子离子化后加合 NH_4^+后出现的峰（$M_{OPS} + NH_4^+$），1055.0397 是 $M_{OPS} + Na^+$的峰，1071.0122 是 $M_{OPS} + K^+$的峰，2089.0891 是两个 OPS 分子离子化后加合 Na^+出现的峰（$2M_{OPS} + Na^+$），2105.0580 是 $2M_{OPS} + K^+$的峰。

图 3-8 是 ONPS 的 ESI-Q-TOF MS 测试结果，在图 3-8 中，上述 OPS 的电离峰完全消失，取而代之的是 1409.9822（$M_{ONPS} + NH_4^+$）、1414.9398（$M_{ONPS} + Na^+$）、1430.9243（$M_{ONPS} + K^+$）、2809.9051（$2M_{ONPS} + Na^+$）这些分子量的峰，这些峰都是由于 ONPS 分子被电离化之后出现的峰。此外，在图 3-8 中，发现在质荷比 1414.9398 峰的右边有一个质荷比为 1459.9233 的峰，计算可得，此峰为连有九个硝基的八苯基硅倍半氧烷（9-NPS）的电离峰（$M_{9\text{-}NPS} + Na^+$）。在 ONPS 合成过程中，刚开始由于硝酸浓度过大，可能具有一定的二硝化能力，出现副产物 9-NPS。在图 3-8 中，没有发现 7-NPS 和 10-NPS 的电离峰，因此认为在合成过程中，只出现 ONPS 和 9-NPS 两种硝化产物。由于 ONPS 和 9-NPS 分子结构相似，因此其电离程度大致相当，根据 1414.9398（$M_{ONPS} + Na^+$）峰高 5.4×10^4 和 1459.9233（$M_{9\text{-}NPS} + Na^+$）峰高 0.3×10^4 可推算出 ONPS 约占硝化产物总量的 94.74%，9-NPS 约占 5.26%。因此，苯环二硝化的比例约为 $5.26\% \times 1/8 = 0.66\%$，一硝化的比例约为 99.34%，表明在该合成条件下，OPS 中绝大部分苯环发生一硝化反应。

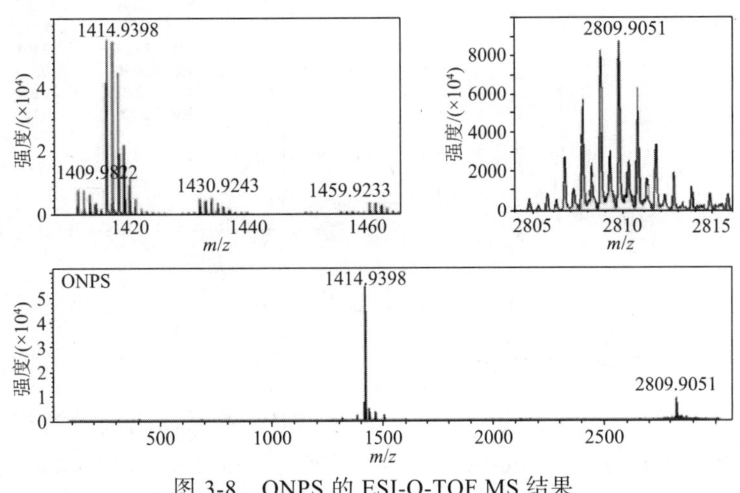

图 3-8　ONPS 的 ESI-Q-TOF MS 结果

大部分元素在自然界中都存在同位素，元素及其同位素拥有相同的质子数，但却含有不同的中子数，因此不同同位素的同种分子在离子化后会出现不同的质荷比。每种元素的同位素在自然界中丰度一定，因此根据各种元素的丰度比，可以推算出每种化合物的同位素分布模式。图 3-9（b）为使用 Bruker 公司 IsotopePattern 软件模拟得到 ONPS 理论同位素峰形，图 3-9（a）为实验所得

ONPS 的同位素峰形(图 3-8 放大)。从图 3-9 可以看出，ONPS 同位素峰形的实验值和理论值结果一致，证明质谱测试所得 1414.94 处的一组峰确为 ONPS 的同位素峰。另外，实验所得 M_{ONPS} + Na^{+}峰值为 1414.9398，理论值为 1414.9372，误差为 1.8 ppm，远低于系统误差 5 ppm。

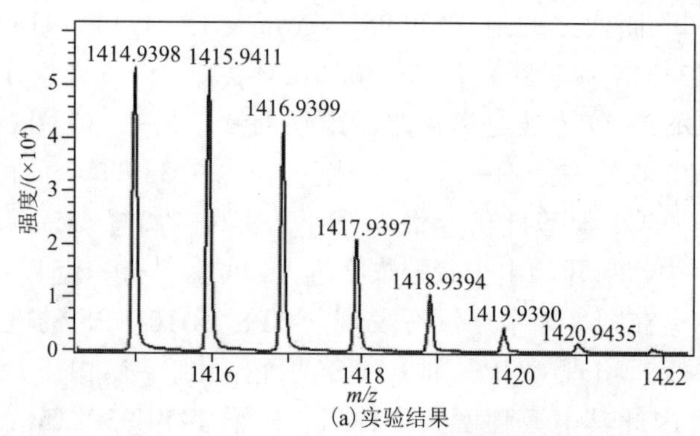

(a) 实验结果

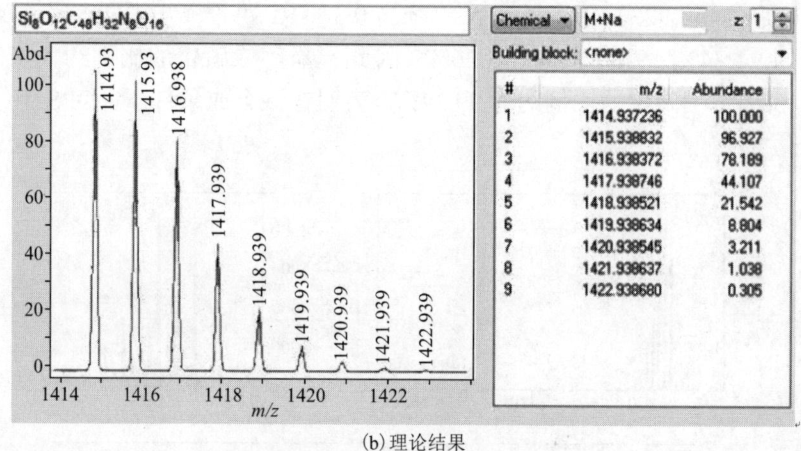

(b) 理论结果

图 3-9　ONPS 的同位素分布模式

2. HPLC-MS 联用分析 ONPS 纯度

图 3-10 为使用 HPLC-MS 联用技术对 ONPS 测试所得高效液相色谱图，流动相梯度洗脱程序为 Condition 1#：0～120 s，90% A；120～240 s，90% A 线性减至 10% A；240～960 s，10% A；960～1020 s，10% A 线性增至 90% A；1020～1200 s，90% A，其中 A 为水相。在图 3-10 中，30 s 附近出现的峰为进样峰，对此峰所在时间段提取质谱发现没有出现任何离子峰。对于其他峰，根据出峰时间段可分为 396～438 s、510～546 s、570～588 s、600～612 s、618～636 s、642～708 s、918～960 s 这 7 个峰，通过与 HPLC 相连的 ESI-Q-TOF MS，可提取每一时间段的离子峰，对上述 7 个峰所在时间段分别提取离子后，发现

510～546 s 和 918～960 s 这两个时间段没有 ONPS 在质荷比 1414.9 附近的峰，而其余五个时间段出现质荷比为 1414.9 的峰，且均为最主要的峰。ONPS 在此测试条件下，液相色谱图出现如此多的峰的原因是硝基在苯环上的取代位置不确定。ONPS 的固体 ^{29}Si NMR 结果（图 3-5）表明硝酸对 OPS 的硝化主要发生在间位和对位[1,14-16]，由于每个 ONPS 分子中有八个取代苯基，故其同分异构体种类很多，且不同同分异构体极性不同，因此高效液相色谱测试结果出现多个位置的峰。将 396～438 s、510～546 s、570～708 s、918～960 s 这四个

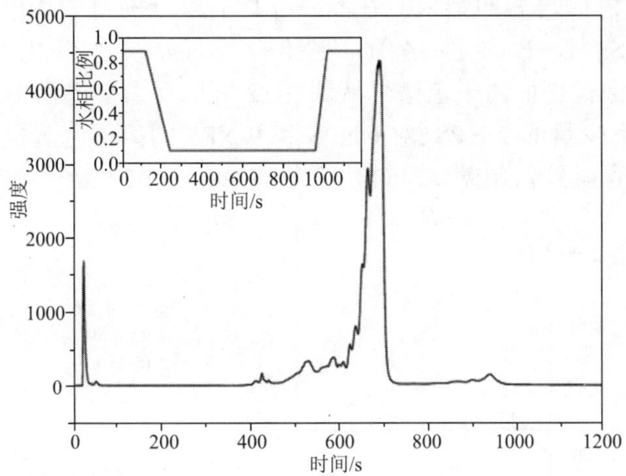

图 3-10　HPLC 洗脱程序 Condition 1#的 ONPS 分析结果

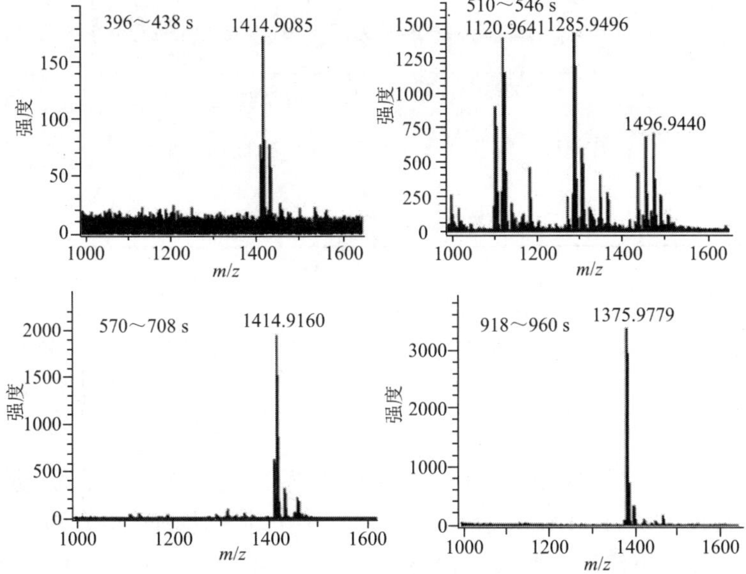

图 3-11　洗脱程序 Condition 1#下不同时间段的质谱结果

时间段提取离子流后，结果如图 3-11 所示，故在此条件下，由图 3-10 中各峰面积(S)之比可计算得到，产物中硝基苯基硅倍半氧烷所占比例约为$(S_{396\sim438s}+S_{570\sim708s})/S\times100\%=92.1\%$。

在 HPLC-MS 联用技术中，使用 ESI-Q-TOF MS 数据处理软件可对一定质荷比的离子进行提取离子色谱图(extracted ion chromatogram，EIC)分析(提取离子质荷比宽度为 ± 0.5)，根据离子强度可以得到一定离子随时间变化的色谱图。图 3-12 为在 Condition 1#的洗脱梯度程序下，对图 3-10 所得高效液相色谱图提取离子色谱之后的结果。在图 3-12 中，分别对 7-NPS ($M+Na^+=1369.9$)、ONPS ($M+Na^+=1414.9$)、9-NPS ($M+Na^+=1459.9$)和 10-NPS ($M+Na^+=1504.9$)进行提取离子色谱。从图 3-12 可以看出，产物中没有 7-NPS 和 10-NPS，但含有少量的 9-NPS。对 ONPS 和 9-NPS 的离子色谱积分后(表 3-3)，可得 ONPS 的含量约占硝基苯基硅倍半氧烷总量的 92.8%，剩余为 9-NPS。

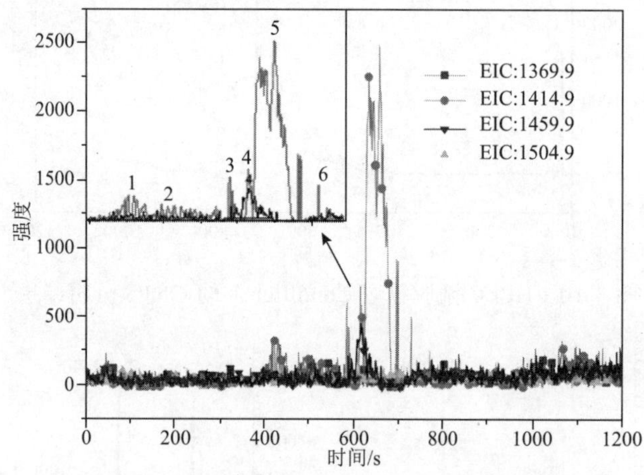

图 3-12　洗脱程序 Condition 1#下的 EIC 结果

表 3-3　ONPS 和 9-NPS 的 EIC 峰面积

编号	1	2	3	4	5	6
积分面积	7714	3991	4340	9230	97460	5011

3. HPLC 分析条件的优化

从图 3-10 中可发现 ONPS 所有的离子峰都出现在 10% A 的流动相阶段，因此设想通过增加 HPLC 的分离时间和改变流动相比例来更好地分析 ONPS 的纯度。将流动相梯度洗脱程序设定为 Condition 2#：0～120 s，90% A；120～210 s，90% A 线性减至 40% A；210～810 s，40% A；810～840 s，40% A 线性减至 10% A；840～1440 s，10% A；1440～1560 s，10% A 线性增至 90% A；1560～1800 s，90% A。洗脱程序设定为 Condition 3#：0～120 s，90% A；120～210 s，90% A 线性减至 40% A；210～810 s，40% A；810～840 s，40% A 线性减至 30% A；840～1440 s，30% A；1440～1470 s，30% A 线性减至 20% A；1470～2070 s，20% A；2070～2100 s，20% A 线性减至 10% A；2100～2700 s，10% A；2700～2760 s，10% A 线性增至 90% A；2760～3000 s，90% A。图 3-13 和图 3-14 为分别按照 Condition 2#和 Condition 3#测试所得高效液相色谱图及其提取离子色谱图。

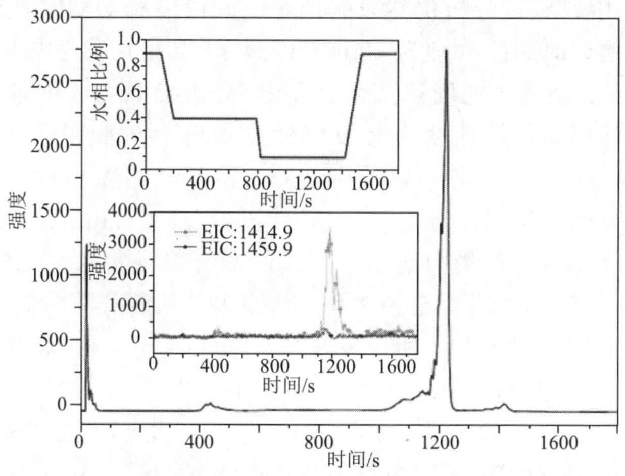

图 3-13　HPLC 洗脱程序 Condition 2#下 ONPS 的分析结果

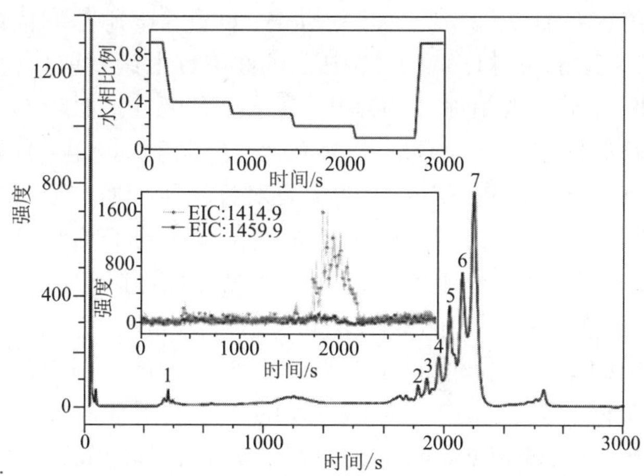

图 3-14　HPLC 洗脱程序 Condition 3#下 ONPS 的分析结果

在图 3-13 中，对液相色谱图每个有峰的时间段提取质谱结果后发现，仍然只有两个时间段没有 ONPS 在质荷比 1414.9 附近的峰，这两个时间段为1098～1158 s 和 1404～1440 s。值得注意的是，根据提取 410～490 s 时间段的质谱图及 EIC 的 1414.9 的谱图可以发现，此段时间峰的主要物质为 ONPS。其出峰位置靠前，说明极性比较大，原因可能是部分 ONPS 的同分异构体分子在多个中心对称位置上硝基取代位置不同，造成分子极性较大，因此其出峰位置靠前。此外，根据图 3-13 中各峰的面积可计算出在洗脱程序 Condition $2^{\#}$ 下硝基苯基硅倍半氧烷纯度为 93.3%，根据提取离子色谱的峰面积可计算出 ONPS 在硝基苯基硅倍半氧烷中的比例为 96.1%。

在图 3-14 中，经过分析仍然只有两个时间段没有 ONPS 在质荷比 1414.9 附近的峰，这两个时间段分别为 1008～1254 s(杂质 1)和 2490～2580 s(杂质 2)。在此条件下，杂质 1 的峰被完全分离出来，根据图 3-9 中各峰的面积可计算出硝基苯基硅倍半氧烷纯度约为 97.55%，由于在洗脱程序 Condition $1^{\#}$和 Condition $2^{\#}$的条件下，液相色谱图中杂质 1 的峰与相邻的 ONPS 峰没有完全分开，故在积分面积上误差较大，所以在洗脱程序 Condition $3^{\#}$测试条件下所得结果更为可靠，认为产物中硝基苯基硅倍半氧烷纯度为 97.55%。另外，在图 3-14 中基本没有 EIC 的 1459.9 的峰，其原因是随着分析时间的延长，ONPS 和 9-NPS 的出峰时间都变长，所以 9-NPS 的峰高变低。根据图 3-8 得，ONPS 约占硝化产物总量的 94.74%，因此 ONPS 的纯度约为 97.55% × 94.74% = 92.42%，产物中含有 9-NPS 约 5.13%，其他杂质含量约为 2.45%。

图 3-14 中测得 ONPS 不同极性的峰已基本被分开，从图中可观察到 7 个关于 ONPS 主要的代表不同极性的峰，即 ONPS 的同分异构体虽然很多，但极性不同的种类大约有 7 种。之前已分析得，ONPS 中硝基取代位置为对位和间位，由于 POSS 笼子的对称结构，当中心对称位置上硝基取代位置均一致时，认为此时 ONPS 分子偶极矩为 0，ONPS 分子没有极性。而当 ONPS 分子中心对称位置上硝基取代位置不一致时，ONPS 分子具有偶极矩，偶极矩越大，其极性也越大。同时，由于 POSS 笼子的中心对称结构，如 5 个对位取代 3 个间位取代的 ONPS 分子和 3 个对位取代 5 个间位取代的 ONPS 分子具有相同的极性，所以对于所有 ONPS 分子的极性分布情况，只需分析对位取代个数为 0～4 个(剩余取代位置均为间位)的 ONPS 分子即可。

将 ONPS 中的苯环定位为 a～h 号(图 3-15)，分析其所有的同分异构体，并且计算出每个同分异构体中心对称位置的苯环上硝基取代位置不同的组数(numbers of different substitutions at central symmetry positions，NDSCSP)，列于表 3-4。在表 3-4 中，序号指对位取代个数一定时，不同同分异构体的序号；对位取代位置指在该序号时，硝基对位取代苯环在图 3-15 中的编号。如表 3-4 中序号为 3-Ⅱ的同分异构体，有 3 个对位取代硝基，5 个间位取代硝基，硝基对位取代于苯环 a、b、g 号，其 NDSCSP 为 1(因为 a 和 g 处于中心对称位置上，故中心对称位置上只有苯环 b 和 h 硝基取代位置不同)。

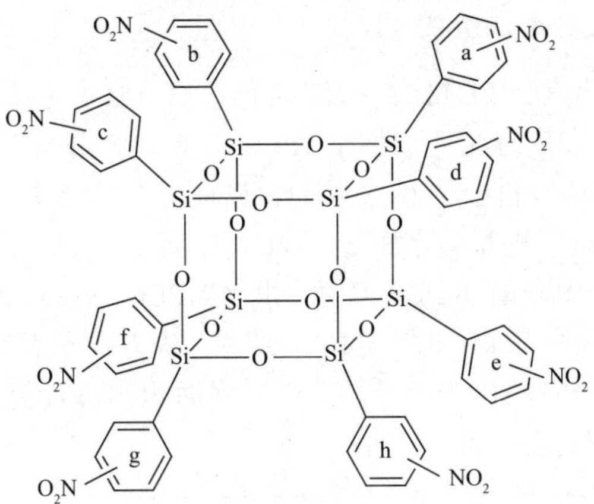

图 3-15　ONPS 结构及苯环定位

表 3-4　ONPS 不同异构体的极性分析

对位取代个数	0	1	2			3			4					
序号	0-Ⅰ	1-Ⅰ	2-Ⅰ	2-Ⅱ	2-Ⅲ	3-Ⅰ	3-Ⅰ	3-Ⅲ	4-Ⅰ	4-Ⅰ	4-Ⅲ	4-Ⅳ	4-Ⅴ	4-Ⅵ
对位取代位置	—	a	a,b	a,c	a,g	a,b,c	a,b,g	a,c,h	a,b,c,d	a,b,c,f	a,b,c,g	a,b,c,h	a,b,g,h	a,c,f,h
NDSCSP	0	1	2	2	0	3	1	3	4	4	2	2	0	4

注：a～h 为 ONPS 分子中苯环编号，见图 3-15；NDSCSP 为中心对称位置苯环上硝基取代位置不同的组数。

当 NDSCSP 为 0 时，ONPS 分子无极性；当 NDSCSP 为 1 时，这些同分异构体的极性相似，如同分异构体 1-Ⅰ和 3-Ⅱ极性相似；当 NDSCSP 为 2 时，极性分为两种，同分异构体 2-Ⅰ和 4-Ⅲ具有相同的极性，而 2-Ⅱ和 4-Ⅳ具有相同的极性；当 NDSCSP 为 3 时，极性也分为两种，同分异构体 3-Ⅰ和 3-Ⅲ具有不同的极性；当 NDSCSP 为 4 时，对于同分异构体 4-Ⅵ，虽然 NDSCSP 为 4，但分子受力方向相反，偶极矩为 0，所以分子没有极性，而同分异构体 4-Ⅰ和 4-Ⅱ具有不同的极性，并且由于同分异构体 4-Ⅰ和 4-Ⅱ分子对称性最差，所以它们的极性在所有同分异构体中最大，相应的在 HPLC 谱图中出峰时间最早，故在图 3-14 中，1 号峰为同分异构体 4-Ⅰ和 4-Ⅱ的峰。2～6 号峰对应于 NDSCSP 为 1、2、3 时的五种不同极性的同分异构体，7 号峰对应于没有极性的不同种类同分异构体。综上所述，ONPS 高效液相色谱图峰形进一步证明 ONPS 分子中硝基取代发生于对位和间位。

综上所述，使用 HPLC-MS(ESI-Q-TOF MS)联用方法，测定出合成产物 ONPS 的纯度为 92.42%，产物中含有 9-NPS 5.13%，其他杂质含量为 2.45%，基于原料 OPS 纯度为 97%，合成的 ONPS 纯度很高。同时，该方法可作为检测 ONPS 纯度的分析方法：HPLC 洗脱程序梯度为 Condition 3#。

4. UPLC 与 HPLC 测试结果对比

超高效液相色谱(UPLC)比高效液相色谱(HPLC)具有更高的分离效率，为了更好地分析 ONPS 的纯度，使用 UPLC 对 ONPS 进行了纯度分析。图 3-16 是使用 UPLC 对 ONPS 进行测试之后的色谱图，与图 3-10 对比，两图峰形相似，但 UPLC 出峰时间更早。在图 3-16 中，当流动相中水组分稳定在 10%后，2.615 min 之后色谱图峰值达到最大值，相比 HPLC，7.55 min 之后色谱图峰值才达到最大值。对比图 3-16 和图 3-10 的结果，认为在图 3-16 中，4.2～4.3 min 和 7.5～7.8 min 两个时间段为杂质峰，根据峰面积比可计算得硝基苯基硅倍半氧烷纯度约为 96.2%。

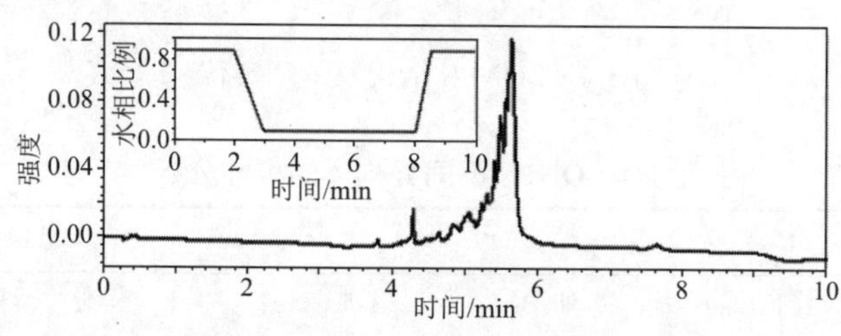

图 3-16　ONPS 的 UPLC 分析结果

5. 小结

质谱测试结果表明，硝化反应结束后，OPS 完全转化为 ONPS 或 9-NPS，且 ONPS 比例约为 94.74%，剩余为 9-NPS，苯环一硝化的比例高达 99.34%。使用高效液相色谱-质谱(HPLC-MS)联用技术对 ONPS 的纯度进行了分析，通过改变 HPLC 的洗脱梯度和测试时间，将硝化产物中的杂质峰完全分开，测定得产物中 POSS 化合物的纯度约为 97.55%，因此 ONPS 纯度约为 92.42%，产物中含有 9-NPS 约 5.13%，其他杂质含量约为 2.45%。该分析方法可作为测试 ONPS 纯度的分析方法。分别对 7-NPS、ONPS、9-NPS 和 10-NPS 提取离子色谱后，进一步证明产物中没有 7-NPS 和 10-NPS。通过对 ONPS 高效液相色谱图峰形和 ONPS 同分异构体极性分布情况的分析，进一步判断 ONPS 分子中硝基取代发生于对位和间位。使用超高效液相色谱(UPLC)对 ONPS 进行测试，UPLC 具有更高的分离效率，其色谱图峰形与高效液相色谱图峰形一致。

3.1.4　八氨基苯基硅倍半氧烷的合成

表 3-5 为本研究中所尝试的所有合成八氨基苯基硅倍半氧烷(OAPS)方法的

对比，共使用了6种不同的方法来尝试合成OAPS，记为方法1～方法6。方法6为本章改进后的合成方法。与方法6相比，方法1～方法5将合成过程中的催化剂、还原剂或溶剂按照表3-5进行了替换。方法1、方法3和方法4是文献中报道过的合成方法，方法2、方法5和方法6为作者所尝试的三种方法，但方法2和方法5都未得到目标产物OAPS，只有方法6得到了目标产物OAPS。

表3-5　六种OAPS合成方法对比（反应温度均为60℃）

方法	催化剂	还原剂	溶剂	氨基转化率	后处理	产率/%	反应时间/h	参考文献
1	5% Pd/C	HCOOH, $N(CH_2CH_3)_3$	THF	好	困难	62.8	5～24	[11,18-22]
2	5% Pd/C	HCOOH, $N(CH_2CH_3)_3$	DMF	差	困难	—	10	—
3	C，$FeCl_3$	$N_2H_4{\cdot}H_2O$	THF	好	困难	30～40	10	[3,13]
4	5% Pd/C	$HCOONH_4$	THF	一般	容易	82.1	15～20	[3]
5	5% Pd/C	$N_2H_4{\cdot}H_2O$	THF	差	容易	—	10	—
6	5% Pd/C, $FeCl_3$	$N_2H_4{\cdot}H_2O$	THF	好	容易	80.6	1	—

1. 三种合成OAPS方法比较

在作者团队对比实验中，使用了文献中仅有的合成OAPS的三种方法。

最初合成OAPS的方法是2001年Richard Laine[10]的方法（表3-5中方法1），以后很多研究者都参考该方法合成了OAPS，实验方法也都进行了小幅改进[18-22]。此方法中，三乙胺的去除是最主要的问题，实验中发现三乙胺可以与OAPS中的—NH_2通过氢键结合生成不溶于THF的胶状物，给后处理带来很大的影响。按照文献[10]的处理过程，最终得到的产物有大量不溶于THF的物质存在。在文献[22]中三乙胺通过旋蒸的方法除去，但我们在实验过程中，通过旋蒸的方法并不能完全除去三乙胺。文献中反应时间不一，为5～24 h。图3-17为使用方法1、方法5和方法6得到的产物红外光谱对比，从图中可看到，依文献[10]所得OAPS产物（方法1产物）红外光谱中—NH_2在3380 cm^{-1}处的峰被三乙胺影响，峰形发生了变化。

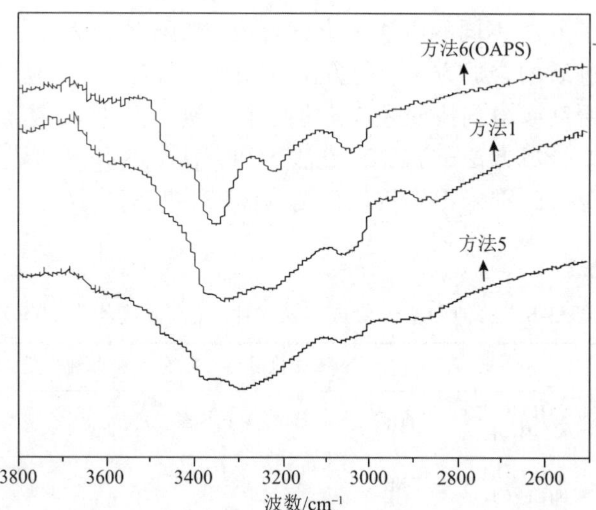

图 3-17　表 3-5 中方法 6 产物 OAPS 和方法 1、方法 5 产物红外光谱对比

2006 年，作者团队的杜建科在其博士论文中使用方法 4 合成了 OAPS[3]，但甲酸铵的还原能力较弱，在本研究中，反应 20 h 仍不一定能使 ONPS 中硝基完全转化，产物红外光谱中经常会出现未反应硝基的峰。在实验过程中，硝基完全转化的概率只有 30%左右。

杜建科博士论文中也提出使用方法 3 合成 OAPS，2007 年 Zhang 等[13]也通过方法 3 合成了 OAPS。但两人在催化剂和还原剂用量上有很大的区别，按照文献[13]，活性炭的用量为 4 g(5 g ONPS，40 mL THF)，其反应结束后整个反应体系呈胶状固体，且已经无法按照文献后处理方法进行处理；而按照杜建科的合成过程，最后得到产物中有大量未反应完全的硝基存在。故改进实验，按照杜建科的催化剂用量，提高还原剂用量，还原剂照文献[13]中的用量合成出了纯度很高的 OAPS，但其产率很低，只有 30%～40%。原因可能是活性炭具有极强的吸附能力，吸附了大部分 OAPS，且实验中将活性炭置于 THF 中也无法进行脱附。另外，由于活性炭颗粒很细，给后处理过滤带来很大的不便。

2. 溶剂和回流温度对反应体系的影响

因为三乙胺盐在 DMF 中溶解性较大，针对表 3-5 方法 1 中三乙胺的问题，尝试使用 DMF 为溶剂进行 OAPS 的合成(方法 2)，但最终产物中存在大量的硝基，几乎不存在氨基。原因是反应温度为 60℃，未达到 DMF 的沸点，反应体系并未充分沸腾，没有回流作用。一般对于脱氢反应而言，如果取消回流，将反应体系在低于沸点的温度下机械搅拌，转化 10%～20%后，反应将停止，这说明沸腾的机械作用有利于从催化剂表面脱除氢，使后续反应加快。类似的解释还包括生成的胺具有极强的化学吸附作用，沸腾有利于反应物向催化剂表面扩散和产物的脱附[3]。此外，如果氢给予体的挥发性大于硝基化合物，在沸腾条件下能提高吸附效率，在 OAPS 的合成过程中，显然氢给予体的挥发性大于硝基化合物。因此，回流对反应具有非常重要的影响。

3. 新反应体系的建立

叶翠层和付桂云等的研究[23, 24]中，硝基化合物均通过 5 wt% Pd/C 催化剂和水合肼被还原为相应的氨基化合物。所以我们尝试了使用 5 wt% Pd/C 催化剂和水合肼对 ONPS 进行还原(方法 5)。在反应产物的红外光谱中(图 3-17)，硝基在 1530 cm^{-1} 和 1350 cm^{-1} 处的峰完全消失，但可以观察到 3290 cm^{-1} 处一个很大的—OH 峰。分析合成产物可能为 ONPS 向 OAPS 还原过程中的中间体——含有羟胺苯基和二羟胺苯基的硅倍半氧烷。这由方法 5 产物 ^{1}H NMR 谱中—OH 的出现给予了证实，在图 3-18 中，8.0～8.5 ppm 处为羟胺中氢质子的峰，4.5～5.4 ppm 处为和氮原子相连氢质子的振动峰，6.3～7.3 ppm 处为产物苯环上质子的振动峰，其他的峰可能是产物中残存溶剂的峰，因为羟胺中的—OH 可以与溶剂中的氢原子形成氢键，使溶剂不易除去。在图 3-18 中，8.0～8.5 ppm、6.3～7.3 ppm 及 4.5～5.4 ppm 三处振动峰峰面积比约为 5∶16∶3，根据峰面积比例可推算出羟胺基团和二羟胺基团的比例约为 6∶2。根据羟胺基团和二羟胺基团的比例可以计算出方法 5 产物 C、H、N 元素的理论质量分数分别为 43.8%、3.65%、8.52%，实际测试结果分别为 w(C)=43.3%、w(H)=4.28%、w(N)=8.17%。由 N 质量分数也可推测出硝基并没有完全转化为氨基，因为 OAPS 中 N 质量分数理论值为 9.7 wt%，而方法 5 产物测试结果远低于此值，所以合成过程中出现了基团分子量大于氨基的羟胺和二羟胺。对比方法 4、方法 5 及方法 6，反应中间体的生成与水合肼和三氯化铁有密切的关系。

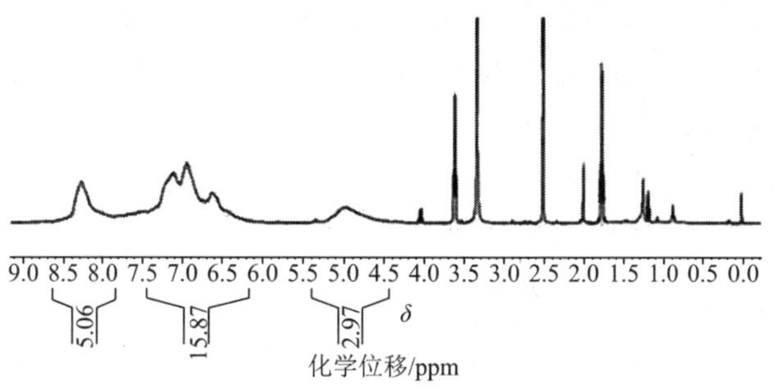

图 3-18　表 3-5 中方法 5 产物 ^{1}H NMR 谱

在方法 5 的基础上，本研究在反应体系中加入了适量的三氯化铁，实现了 1 h 快速催化合成 OAPS，最终，建立了合成 OAPS 新的反应体系，且产率和转化率都很稳定，后处理过程也较简单。

4. OAPS 的表征

通过新方法(表 3-5 中方法 6)OAPS 的合成体系，已成功地合成了纯度很高的 OAPS。图 3-19 为新体系 OAPS 产物红外光谱与 ONPS 对比图。从图 3-19 中可以观察到，OAPS 红外光谱图中，1530 cm^{-1} 和 1350 cm^{-1} 处硝基峰完全消失，伴随着—NH_2 的出现，3216 cm^{-1}、3350 cm^{-1} 和 3454 cm^{-1} 出现三个伯胺基特有的吸收峰(图 3-17)，1595 cm^{-1}、1484 cm^{-1} 和 1434 cm^{-1} 为苯环骨架振动吸收峰，1078 cm^{-1} 为 Si—O—Si 键的吸收峰。主要吸收峰与文献[10]中的数据吻合。

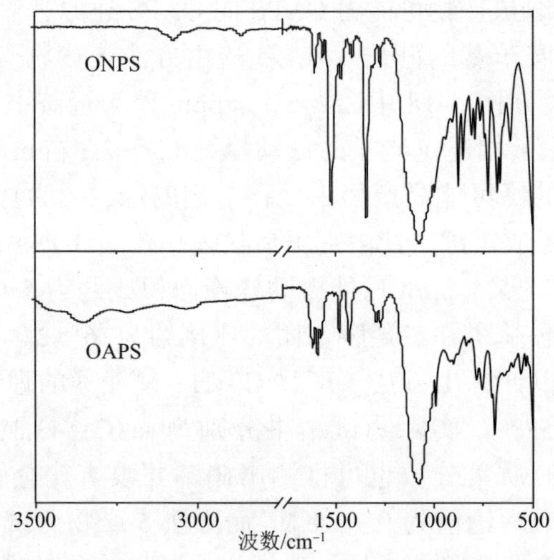

图 3-19 ONPS 与新反应体系合成 OAPS 红外光谱对比

图 3-20 为新体系 OAPS 产物 ^1H NMR 谱。由于—NH_2 基团的电子诱导效应，苯环氢的化学位移向高场移动，在图 3-20 中，6.2～7.7 ppm 处振动峰为苯环上氢质子的振动峰，4.5～5.4 ppm 处为—NH_2 中氢质子的振动峰，两

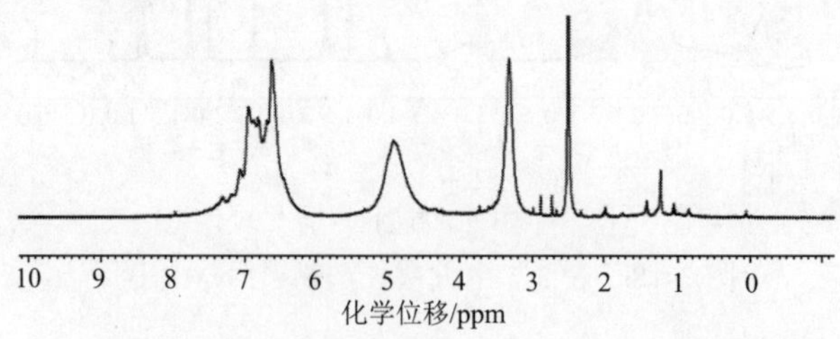

图 3-20 新反应体系合成 OAPS 产物 ^1H NMR 谱

者峰面积比为 2∶1，证明了实验所得产物每个分子上含有 8 个氨基。与表 3-5 中方法 3 和方法 4 得到的产物核磁共振谱一致。

图 3-21 为 ONPS 和 OAPS 的固体 ^{29}Si NMR 谱，ONPS 中位于−82.4 ppm 和−78.9 ppm 处的两个峰分别对应于 ONPS 中间位硝化和对位硝化的峰。当 ONPS 被还原为 OAPS 后，仍然只出现了两个峰分别对应于 OAPS 中氨基间位取代和对位取代的峰，位置分别位于−68.2 ppm 和−77.3 ppm。在 OAPS 的固体 ^{29}Si NMR 谱中其他位置没有出现多余的峰表明，在 ONPS 还原为 OAPS 后，OAPS 中 Si—O—Si 立方体笼状结构没有被破坏掉。—NO_2 完全转化为—NH_2 且笼状结构没有被破坏表明产物为目标产物 OAPS。

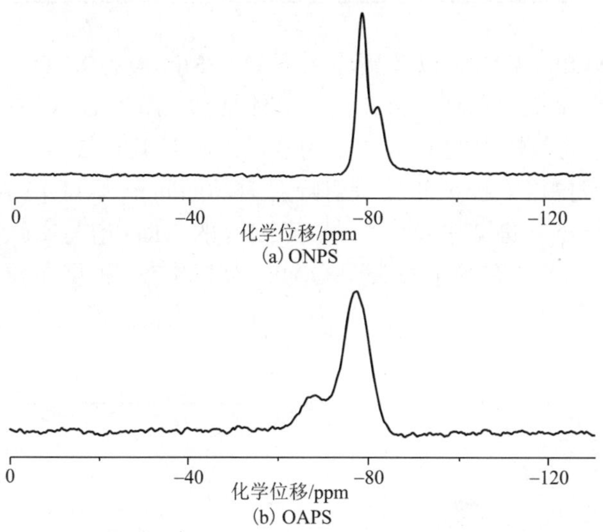

图 3-21　新反应体系合成 ONPS 和 OAPS 产物固体 ^{29}Si NMR 谱

图 3-22 为新反应体系 OAPS 产物 GPC 谱图，表 3-6 为不同方法合成 OAPS

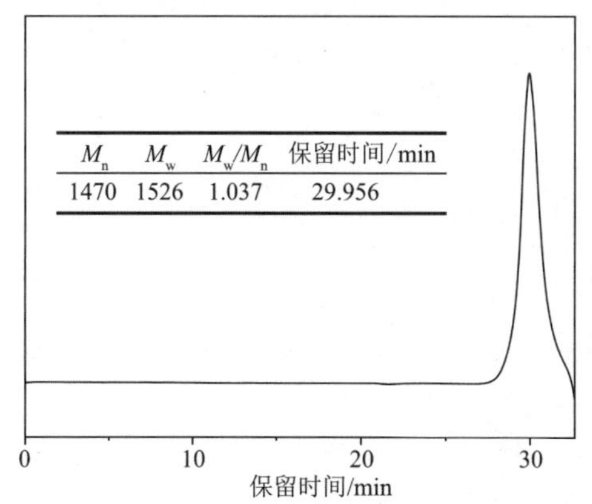

图 3-22　新反应体系合成 OAPS 产物 GPC 谱

产物 GPC 结果，从表 3-6 可以看出，三种不同方法合成所得 OAPS 的纯度相当。其数均分子量与理论值的偏差主要原因是 OAPS 的笼状结构与标准样聚苯乙烯的结构有较大差别，分子量分布为 1.037，表明其为单分子分散体系。

表 3-6　不同方法合成 OAPS 产物 GPC 结果

表 3-5 中方法	保留时间/min	M_n	M_w	M_w/M_n
方法 6	29.956	1470	1526	1.037
方法 4	29.933	1394	1423	1.021
方法 3	29.933	1416	1451	1.025

图 3-23 为 OPS、ONPS 以及新体系下 OAPS 产物的 XRD 谱，从图中可知，正如文献[3]中所报道的那样，OPS 具有晶体结构。而当 OPS 被硝化后，在 2θ = 15°～30°范围内的包峰表明 ONPS 变为非晶态，且其在 2θ = 7.92°处出现一个衍射峰，根据布拉格方程，此处衍射峰对应晶面间距为 11.15 Å，该衍射峰对应于 POSS 单个分子的尺寸大小[25,26]。OAPS 的 XRD 谱与文献[12]、[18]中的一致。其中 2θ = 20°左右的包峰表明 OAPS 为非晶态，根据布拉格方程，OAPS 在 2θ = 7.75°处衍射峰对应晶面间距为 11.4 Å，该衍射峰也对应于 OAPS 单个分子的尺寸大小。

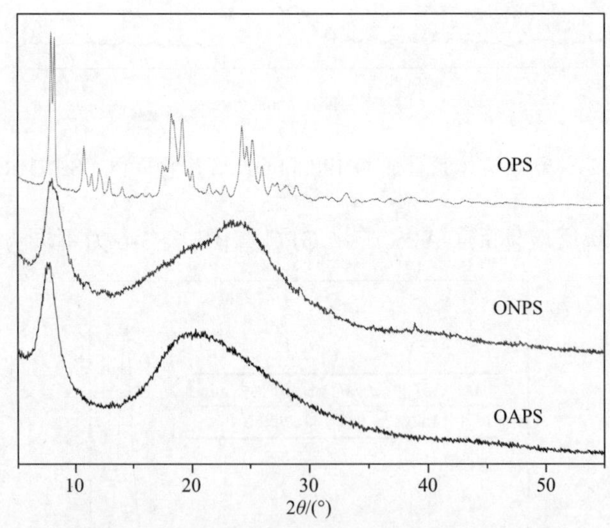

图 3-23　OPS、ONPS 和新反应体系合成 OAPS 产物的 XRD 谱

5. OAPS 反应机理分析

表 3-5 中方法 4 和方法 5 仅由于还原剂不同，两种方法制备产物不同，表

明催化剂一致的情况下，还原剂对产物有很大的影响。还原剂为甲酸铵时，反应过程是一个氢化转移过程；而当还原剂是水合肼时，反应过程是脱氢-氢化过程。Wiener 等[27]研究表明，甲酸铵为还原剂时，反应过程中除硝基化合物和相应的氨基化合物外，没有亚硝基化合物或相应的羟胺衍生物等中间产物出现，是一个氢化转移过程[式(3-1)]。而 Larsen 等[28]通过对碳催化水合肼还原硝基苯反应机理的研究，发现不存在亚硝基苯的中间体，证明硝基还原首先经过 $4e^-$电子转移生成羟胺，再经过 $2e^-$电子转移得到苯胺，是一个脱氢-氢化过程[式(3-2)]。但 Larsen 等只是通过核磁验证了羟胺中间产物的出现，并没有分离得到其中间体。而在方法 5 的反应条件下，本实验室分离得到了含羟胺和二羟胺的中间体。没有得到最终产物 OAPS 的原因可能是 Pd/C 催化剂中金属 Pd 的含量很少，导致催化活性没有 $FeCl_3$ 的高。Larsen 认为硝基经过 $4e^-$电子直接转移生成羟胺，而没有经过 $2e^-$电子转移生成亚硝基的过程。根据得到的中间体结构推论，在 ONPS 向 OAPS 转化的过程中，存在经过 $2e^-$电子转移生成二羟胺的过程，在产物 5 的氢核磁谱图(图 3-18)中，羟基和仲胺氢质子量是苯环上氢质子量的一半，证明没有亚硝基的出现。之后大部分二羟胺经过脱水、加氢的过程直接生成羟胺。如果体系中有 $FeCl_3$ 存在，羟胺会继续经过脱水加氢的过程生成胺基。故推测，ONPS 向 OAPS 转移的历程如式(3-3)所示：

$$R—NO_2 \xrightarrow[5\%Pd/C,溶剂]{HCOONH_4} R—NH_2 \tag{3-1}$$

$$ArNO_2 \xrightarrow[4H^+]{4e^-} ArNHOH \xrightarrow[2H^+]{2e^-} ArNH_2 \tag{3-2}$$

$$\sim ArNO_2 \xrightarrow[2H^+]{2e^-} \sim ArN\begin{matrix}OH\\OH\end{matrix} \xrightarrow[2e^-,\,2H^+]{-H_2O} \sim ArNHOH \xrightarrow[2e^-,\,2H^+]{-H_2O} \sim ArNH_2 \tag{3-3}$$

在水合肼催化芳香硝基化合物过程中，除了硝基化合物的反应历程外，水合肼的反应历程也是研究的重点。文献中普遍认为水合肼最终被催化生成氮气和水。例如，文献[3]中杜建科认为催化过程中水合肼反应过程如式(3-4)所示：

$$\begin{aligned}N_2H_4 + 2Fe^{3+} &\longrightarrow 2Fe^{2+} + 2H^+ + N_2H_2\\ N_2H_2 + 2Fe^{3+} &\longrightarrow 2Fe^{2+} + 2H^+ + N_2\end{aligned} \tag{3-4}$$

然后，活性炭或者 Pd/C 催化剂吸附 H^+，对 ONPS 进行还原，生成 OAPS 和水，整个反应过程如式(3-5)所示：

$$2ArNO_2 + 3N_2H_4 \longrightarrow 2ArNH_2 + 4H_2O + 3N_2 \tag{3-5}$$

水合肼受热分解时，会产生 N_2、H_2 和 NH_3，如式(3-6)所示，金属如铜、铁、钯及其化合物，可催化水合肼的分解过程。

$$
\begin{aligned}
&H_2NNH_2 \longrightarrow N_2 + 2H_2 \\
&3H_2NNH_2 \longrightarrow N_2 + 4NH_3 \\
&H_2NNH_2 + H_2 \longrightarrow 2NH_3
\end{aligned}
\tag{3-6}
$$

将制备 OAPS 的反应体系(表 3-5 中方法 6)同比减小为 1/12 以节约成本，反应过程中将反应气体通过乳胶管置于 10 mL 水中。照方法 3 反应 1 h 后，水溶液的 pH 为 8～9。照方法 6 反应 1 h 后，水溶液的 pH 变为 10～11。用玻璃棒蘸取少量浓盐酸置于气体出口处，均会发现有白色烟雾的生成，证明反应过程中放出氨气，水溶液的 pH 不同则证明方法 6 具有更高的反应速率和催化活性。对比两种方法 1 h 后的产物红外光谱也可发现，方法 6 产物硝基峰已经完全消失，而方法 3 产物硝基峰还很明显。二者催化效率的差别原因之一是 Pd/C 催化剂和活性炭催化剂的区别，活性炭具有发达的空隙结构、大的比表面积和优良的吸附性能[29]；Pd/C 催化剂是微晶催化剂，金属 Pd 以微晶方式分布在活性炭微孔表面，溶解于反应液中的 H_2 或 H^+ 吸附在 Pd 微晶表面并形成 Pd—H 键，H—H 被活化[30]，再加上体系中的 $FeCl_3$，使得催化效率成倍增加。

经过以上分析推断，在 ONPS 到 OAPS 的反应中，水合肼主要生成氮气和氢气，Pd/C 催化剂吸收反应液中的 H_2 吸附在 Pd 微晶表面并形成 Pd—H 键，H—H 被活化，ONPS 被催化生成含有羟胺苯基和二羟胺苯基硅倍半氧烷中间产物；当体系中存在金属催化剂 $FeCl_3$ 时，中间产物被还原为 OAPS；待 ONPS 完全转化为 OAPS 后，剩余水合肼不需要向体系继续提供氢质子，主要被反应为氮气和氨气。

通过调整催化剂、还原剂和溶剂，合成了目标产物 OAPS，分析了实验过程中所使用各种方法所存在的缺点，或反应时间长，或产率低，或后处理困难，或重复性不好等，最后确定反应体系为：以 ONPS 为原料，使用复合催化剂 5 wt% Pd/C 和 $FeCl_3$，水合肼为还原剂，在四氢呋喃溶液中反应 1 h 合成了 OAPS。相比文献中已有的合成方法，此反应体系原料易得，合成过程简单且稳定，催化效率高，产率高，反应周期短。通过 FTIR、^{1}H NMR、固体 ^{29}Si NMR、GPC 对 OAPS 结构和分子量进行了表征。分析 OAPS 的合成机理，认为 ONPS 中的硝基先经过 $2e^-$ 电子转移转化为二羟胺化合物，然后经过脱水加氢生成羟胺化合物，最后再经过脱水加氢生成 OAPS；在 ONPS 到 OAPS 还原过程中，水合肼主要生成氮气和氢气，向反应体系提供氢质子，待 ONPS 完全转化为 OAPS 后，剩余水合肼不需要向体系继续提供氢质子，水合肼被反应为氮气和氨气。

3.1.5 OPS、ONPS、OAPS 的热分解机理

1. OPS、ONPS 和 OAPS 的热稳定性分析

图 3-24 是 OPS 在 N_2 气氛下 400℃和 500℃处理后残炭形貌图，从图中可知，OPS 在 400℃处理后可保持其粉末状形貌，而 500℃处理后，变成块状样品，表明在 400～500℃之间，OPS 及其热分解后的产物会发生熔化。图 3-25 是 OPS 及在 N_2 气氛下 400℃和 500℃处理后残炭的 XRD 谱，结果同样证明，OPS 在 500℃处理后，原结晶形态已发生变化，变成非晶态。与 OPS 相比，OAPS 在 N_2 气氛下 500℃处理后，产物均为粉末状，表明其在 500℃时，产物并未熔化(图 3-26)。

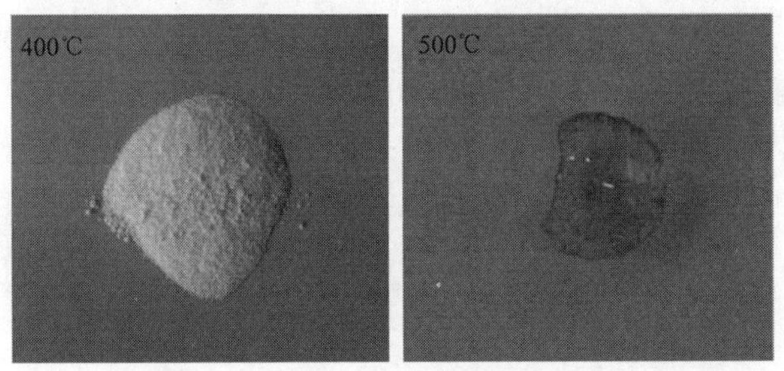

图 3-24 OPS 在 N_2 气氛下 400℃和 500℃处理后残炭形貌

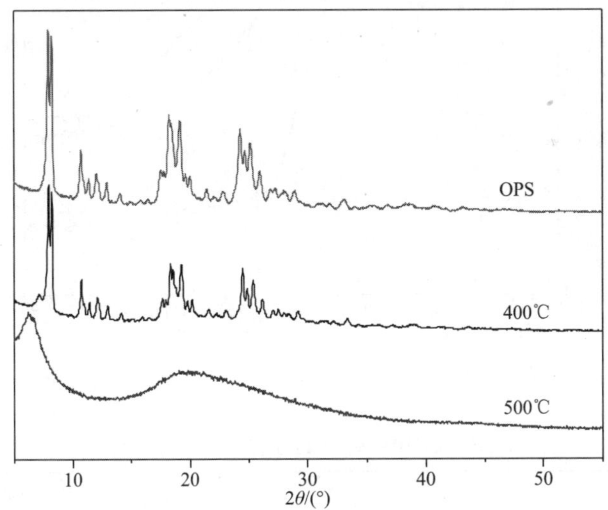

图 3-25 OPS 及在 N_2 气氛下 400℃和 500℃处理后残炭 XRD 谱

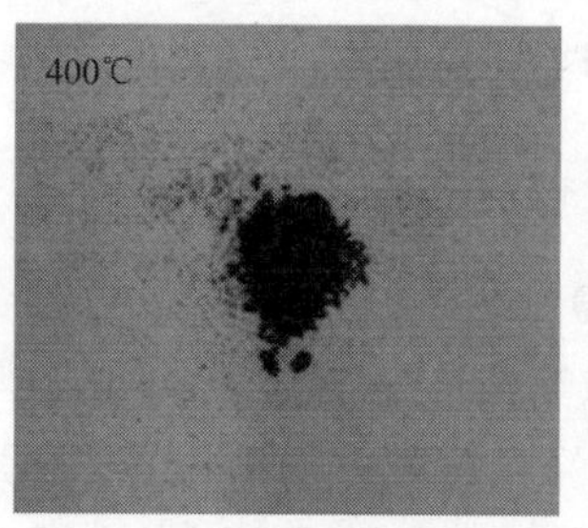

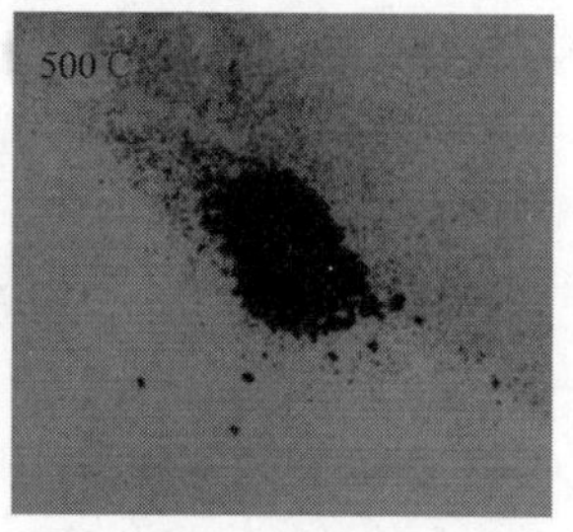

图 3-26　OAPS 在 N_2 气氛下 400℃和 500℃处理后残炭形貌

图 3-27 是 OPS、ONPS 和 OAPS 在 N_2 气氛下的 TG 曲线。同时，相关的热分解数据列在表 3-7 中，包括初始分解温度 T_{onset}：分解 5 wt%时的温度、最快分解温度 T_{max} 和 800℃时的残炭率。从图 3-27 可以看出，OPS 的热稳定性最好，初始分解温度为 465℃，在 800℃时的残炭率为 73.6%。而与 OPS 相比，ONPS 的热稳定性较差，原因是—NO_2 的分解温度较低，容易从 ONPS 分子上被分解掉。同时研究发现，OAPS 的热稳定性好于 ONPS，但比 OPS 差一些。

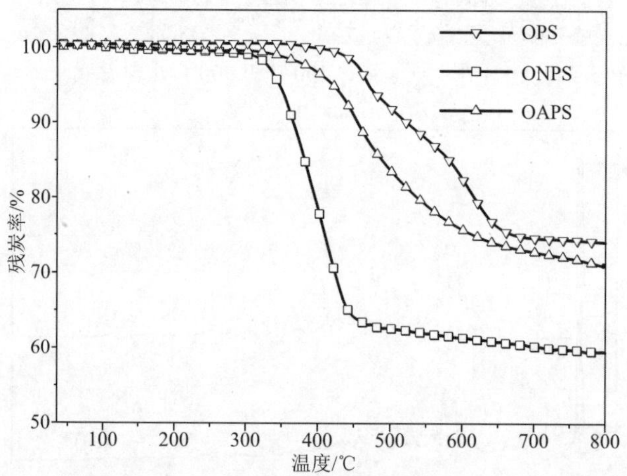

图 3-27　OPS、ONPS 和 OAPS 在 N_2 气氛下的 TG 曲线

表 3-7　OPS、ONPS 和 OAPS 在 N_2 气氛下的 TG 数据

样品	T_{onset}/℃	T_{max1}/℃	T_{max2}/℃	800℃残炭率/%
OPS	465	463	609	73.6
ONPS	342	495	—	59.0
OAPS	414	448	—	70.7

2. OPS、ONPS 和 OAPS 热分解固相产物的红外光谱分析

图 3-28 是 OPS、ONPS 和 OAPS 在 N_2 气氛下 TG 测试过程中，升至不同温度热处理后，获得的凝聚相产物的红外光谱。图 3-28 中的各红外吸收振动峰所归属的基团列于表 3-8 中。

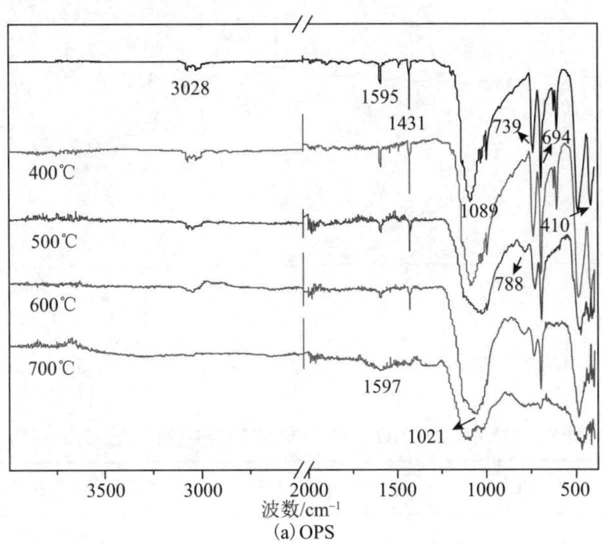

(a) OPS

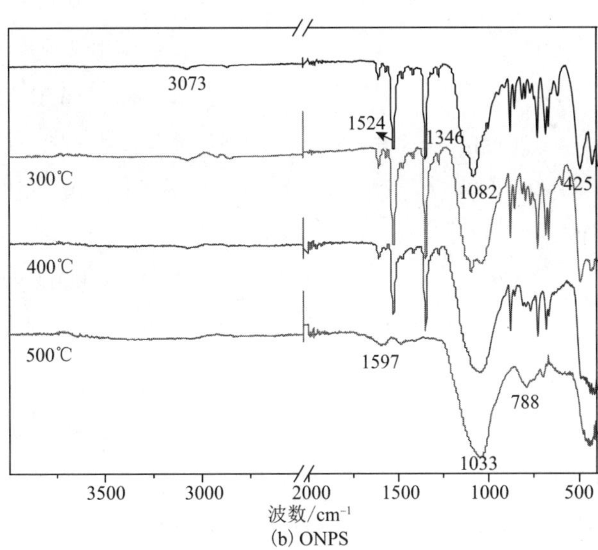

(b) ONPS

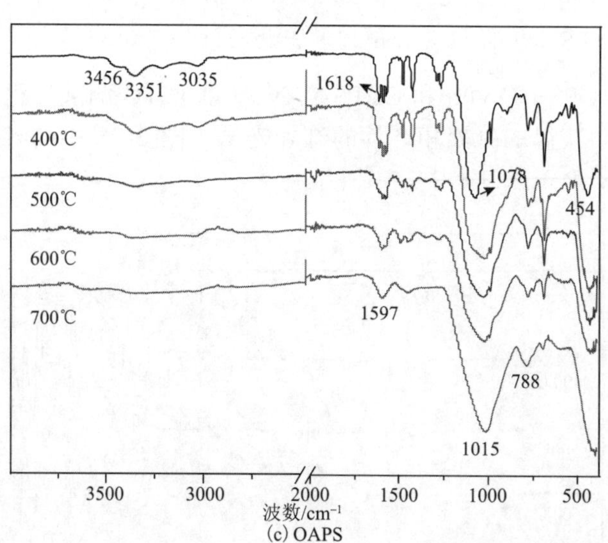

(c) OAPS

图 3-28　OPS、ONPS 和 OAPS 在 N_2 气氛下不同温度热分解固相产物的红外光谱

表 3-8　OPS、ONPS 和 OAPS 热分解固相产物红外吸收峰对应的基团

波数/cm^{-1}	分子结构
3456，3351	—NH_2 伸缩振动峰
3028 (OPS)；3073 (ONPS)；3035 (OAPS)	C_{Ar}—H 伸缩振动峰
1618	C—NH_2 伸缩振动峰
1597	聚芳环上 C═C 伸缩振动峰
1595，1431 (OPS)； 1609，1474 (ONPS)； 1593，1485，1430 (OAPS)	苯环上 C═C 伸缩振动峰
1524，1346	N═O 伸缩振动峰
1089 (OPS)；1082 (ONPS)；1078 (OAPS)	分解前 Si—O—Si 伸缩振动峰
1021 (OPS)；1033 (ONPS)；1015 (OAPS)	分解后不同笼状结构间 Si—O—Si 伸缩振动峰
788	Si—O 伸缩振动峰
739，694 (OPS)； 879，728，671 (ONPS)； 785，693 (OAPS)	苯环 C—H 面外变形振动峰

图 3-28(a)结果表明，OPS 在 N_2 气氛下 400℃时，结构依然稳定没被破坏，

当温度升高，OPS 的热分解主要包括 Si—O 笼状结构的断裂破坏和苯环的断裂损失。与文献[31]的结果相同，OPS 在 500℃处理后，由于 Si—O 笼状结构的破坏，不同笼子之间的 Si—O 键相连，Si—O—Si 结构在 1089 cm^{-1} 的伸缩振动峰变宽，并且向短波长方向移动，且在 788 cm^{-1} 出现一个属于不同笼子之间 Si—O 键的伸缩振动峰。同时，在 500℃时，苯环在 3028 cm^{-1}、739 cm^{-1} 和 694 cm^{-1} 处的吸收振动峰强度明显降低，而在 700℃处理后产物中，则完全消失；苯环上 C═C 键在 1595 cm^{-1} 和 1431 cm^{-1} 处的伸缩振动峰则逐渐变宽，在 1597 cm^{-1} 处出现一个新峰，原因可能是随着温度的升高，苯环之间交联反应生成聚芳环类结构[32,33]，这表明在 OPS 的热分解过程中，随着温度的升高，一些交联结构逐渐形成。

同时，从图 3-28(b)中可发现，由于—NO_2 热稳定性差，分解温度较低，ONPS 的分解开始于 340℃，在 500℃左右结束。ONPS 经 500℃处理后，在固相产物的红外光谱图中未发现 N═O 键的伸缩振动峰。而对于 OAPS，从图 3-28(c)中可观察到—NH_2 基团在 3456 cm^{-1} 和 3351 cm^{-1} 处的伸缩振动峰从 400℃开始逐渐降低，表明—NH_2 从 400℃开始逐渐分解，随着温度的升高，—NH_2 基团的振动峰逐渐降低，在 600℃时基本分解完全。

3. OPS、ONPS 和 OAPS 热分解气相产物分析

TG-FTIR 联用测试方法可对样品在加热过程释放出的气体产物进行 FTIR 分析，使用此方法分析—NO_2 或—NH_2 取代基团对 OPS 热分解气相产物的影响，测试气氛为 N_2。图 3-29 是 OPS、ONPS 和 OAPS 的 TG-FTIR 联用 3D 谱，图 3-30 是 OPS、ONPS 和 OAPS 在热分解过程中最快热失重温度时(OPS：610℃，ONPS：450℃，OAPS：500℃)的气相产物红外光谱。

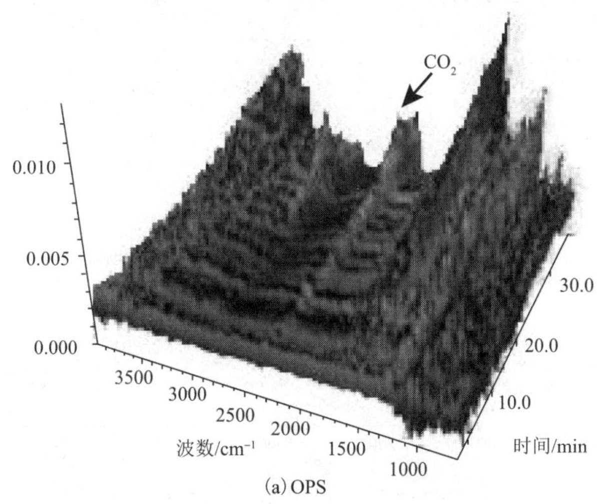

(a) OPS

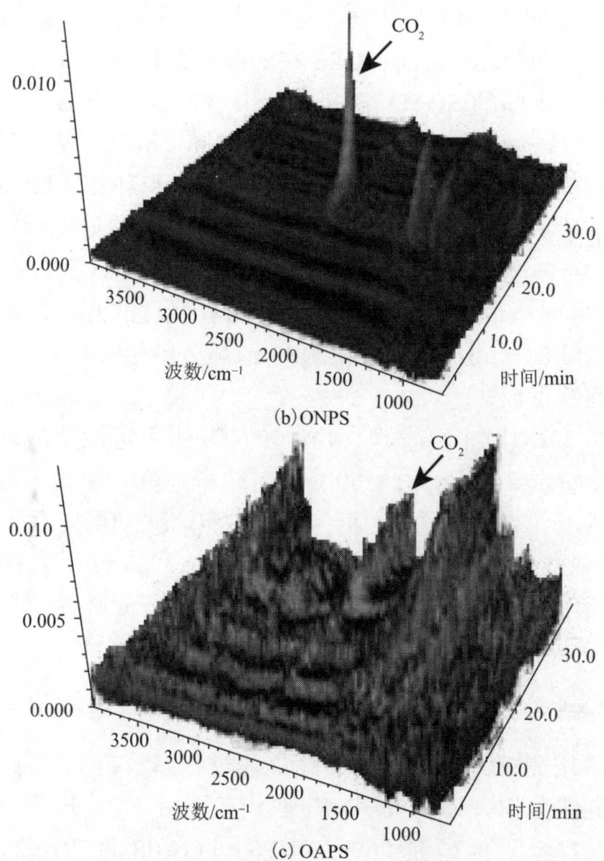

(b) ONPS

(c) OAPS

图 3-29　OPS、ONPS 和 OAPS 在 N_2 气氛下的 TG-FTIR 联用 3D 谱

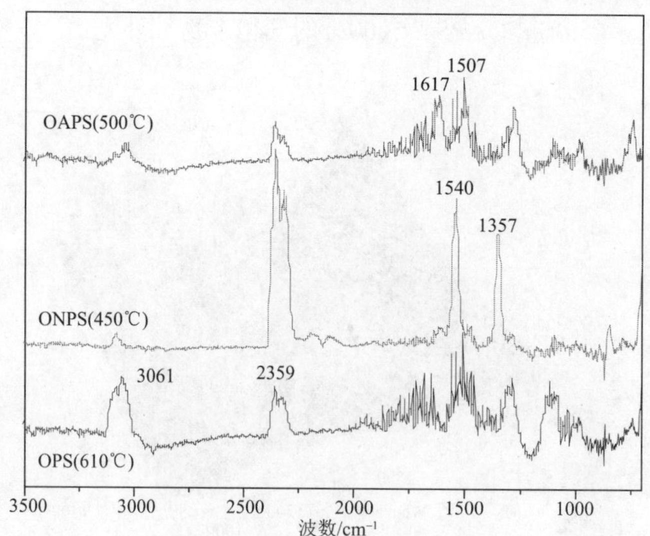

图 3-30　OPS、ONPS 和 OAPS 在最快热失重温度时的气相产物红外光谱

从图 3-29 和图 3-30 可以看出，OPS 和 OAPS 在热分解过程中所产生的气相产物的红外振动峰很相似，它们主要包括芳香化合物(3061 cm^{-1}、1617 cm^{-1}、1507 cm^{-1})和 CO_2(2359 cm^{-1})。然而，ONPS 在热分解过程产生的气相产物中，出现了三个很尖锐的振动峰，它们分别是 1540 cm^{-1} 和 1357 cm^{-1} 处 N═O 的伸缩振动峰和 2359 cm^{-1} 处的 CO_2 振动峰。图 3-31 是在 ONPS 的热分解过程中，1540 cm^{-1} 处 N═O 和 2359 cm^{-1} 处 CO_2 的释放速率曲线。释放出 N═O 的温度稍提前于释放出 CO_2，这意味着在—NO_2 的分解过程中，可能产生了一些氧自由基，并且氧自由基加速了 ONPS 中芳环的热分解速率，致使 ONPS 在短时间内释放出大量 CO_2。

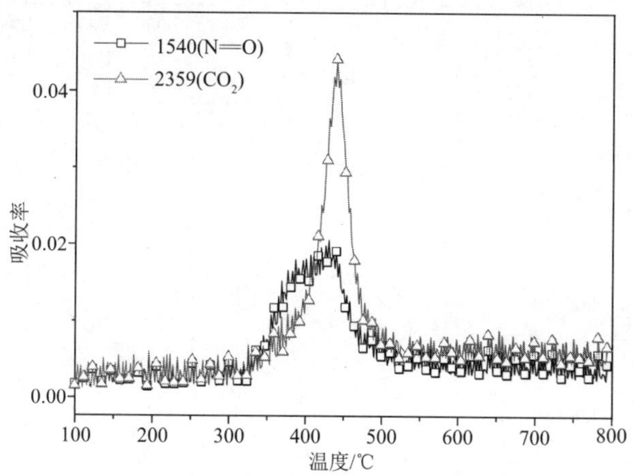

图 3-31　N═O 和 CO_2 在 ONPS 热分解过程中的释放速率曲线

4. OPS、ONPS 和 OAPS 热分解过程的 TG-MS 联用分析

TG-MS 联用技术可对样品在加热过程中释放出的气体产物进行质谱分析，图 3-32 是使用 TG-MS 测试检测 OPS、ONPS 和 OAPS 在热分解过程中，

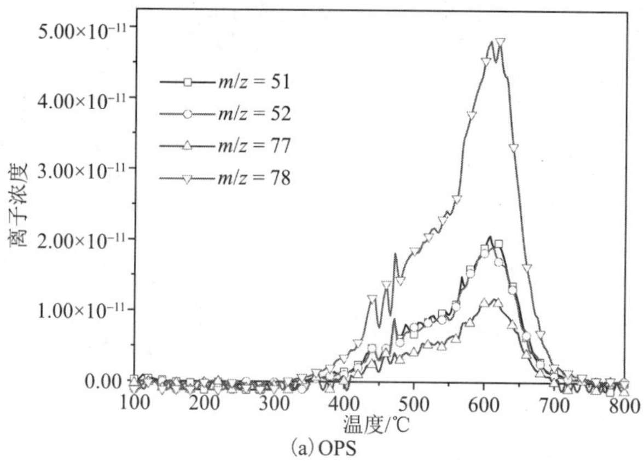

(a) OPS

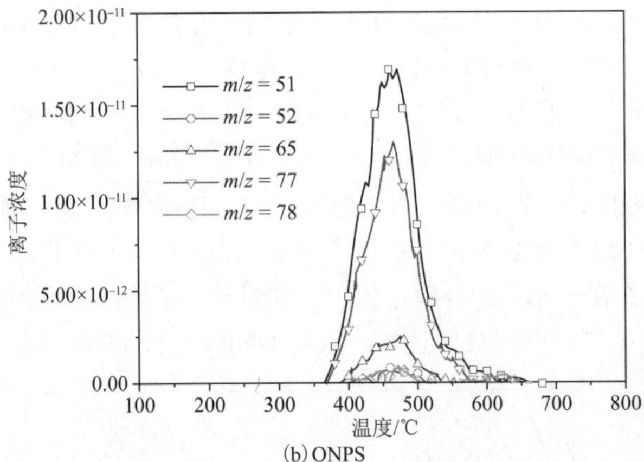

(b) ONPS

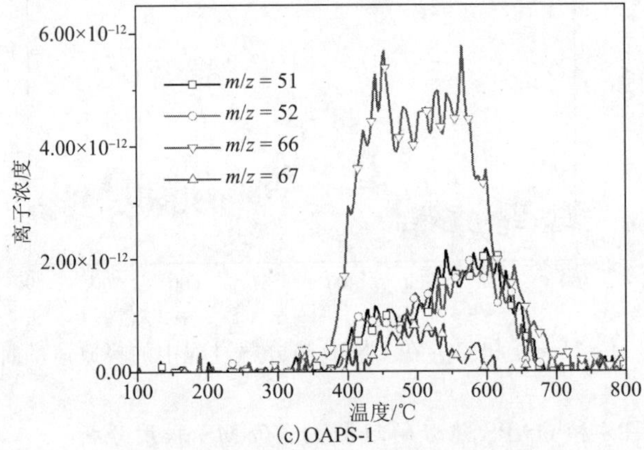

(c) OAPS-1

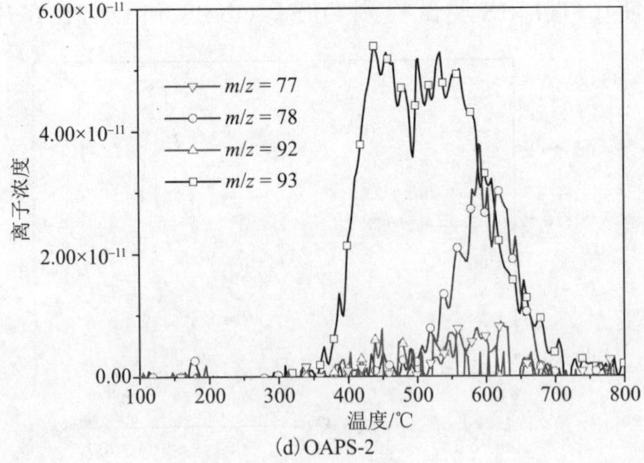

(d) OAPS-2

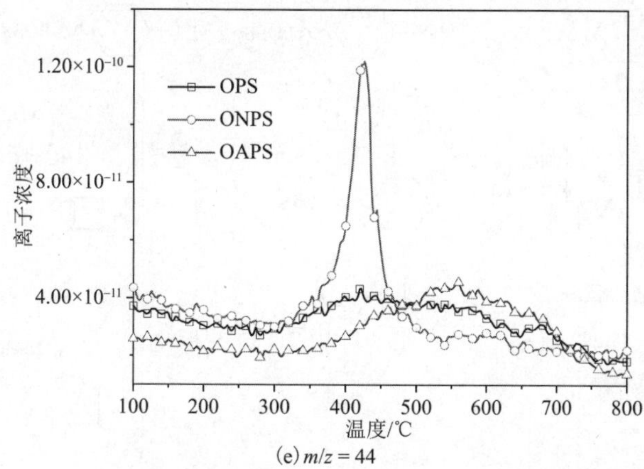

(e) $m/z = 44$

图 3-32　OPS、ONPS 和 OAPS 在氩气气氛下热分解过程中离子流变化图

所产生气相产物的离子流随温度变化的曲线图，测试气氛为氩气，同时，这些离子流所代表的可能化学结构列于表 3-9 中。

表 3-9　OPS、ONPS 和 OAPS 热分解过程中可能产生的结构

m/z	结构	m/z	结构
51		66	NH_2
52		67	NH_2
77		92	NH_2
78		93	NH_2
65		44	CO_2

如图 3-32(a)所示，OPS 在热分解过程中出现了 $m/z = 51$、52、77 和 78 的离子流，它们都是苯环的衍生物[34, 35]，离子 $m/z = 77$ 和 78 属于六元芳香结构，离子 $m/z = 51$ 和 52 属于四元芳香结构。然而，在 OPS 的 TG-MS 测试中，并未发现五元芳香结构，因此 OPS 在热分解过程中，主要是 POSS—ph 键先断裂，苯环可能直接分解出乙烯基转化为四元芳香环，而不经过五元环的芳香结构(图 3-33)。

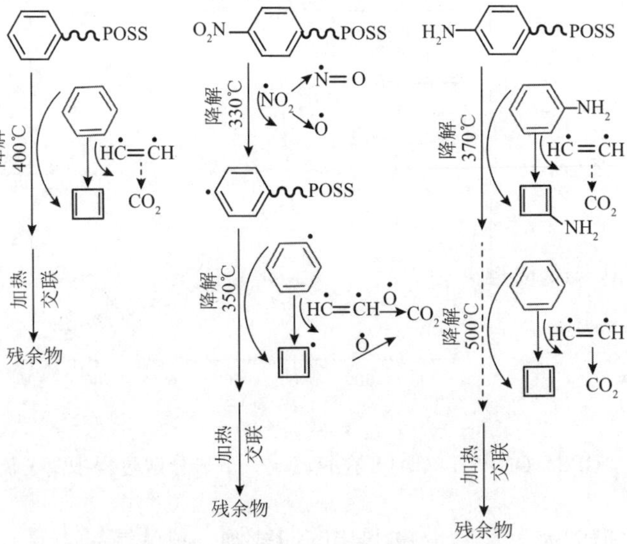

图 3-33　OPS、ONPS 和 OAPS 在惰性气体下可能的热分解过程

图 3-32(d)是 OAPS 在热分解过程中，离子 m/z = 77、78、92 和 93 随温度变化的强度曲线。离子 m/z = 77 和 78 属于苯环，离子 m/z = 92 和 93 属于氨基苯基基团。结果表明氨基苯基基团在 370℃开始分解，而苯基的离子流在 500℃才出现。与 OPS 的分解过程相比，当在苯环上连接有—NH_2后，OAPS 分解过程中，单独的苯基基团的出现得到延缓。并且，OAPS 分解过程中，分解出的氨基苯基量远多于分解出的单独苯基的数量，表明 OAPS 分解过程中主要是 POSS—$phNH_2$键先断裂，释放出氨基苯基。同时，一些苯基和氨基苯基基团分解产物的离子也可在 OAPS 的热分解过程中看到，如图 3-32(c)所示，同样说明在 OAPS 分解过程中主要释放出氨基苯基。据此，OAPS 可能的热分解过程如图 3-33 所示，当温度升高至 370℃后，氨基苯基逐渐从 OAPS 中分解出来，当温度进一步升高，苯环与氨基发生断裂，至 500℃时，释放出少量的苯基，直至最后交联成炭。可以推断，由于—NH_2的反应性，当 OAPS 与高分子反应而连接到聚合物中后，氨基苯基基团的热分解将变得困难，也就是说，由于 OAPS 的反应性，当 OAPS 反应添加到聚合物中后，可以使得聚合物/OAPS 复合材料中 OPS 结构单元的热稳定性高于聚合物/OPS 复合材料。

与 OPS 相比，ONPS 在热分解过程中出现的是大量的苯环和四元芳香环[图 3-32(b)]。表明在 ONPS 的热分解过程中，与 OPS 相同，苯环失去乙烯基团，形成四元芳香基团。然而，与 OAPS 相比，ONPS 在热分解过程中，没有找到硝基苯基的离子。原因是相比—NH_2、—NO_2基团更不稳定，在温度较低时已分解失去。同时还发现，在 OPS 的热分解过程中，离子 m/z = 78 数量最多。在 ONPS 的热分解过程中，由于在—NO_2 分解掉之后，没有多余的 H 离子产生，所以离子 m/z = 77 和 51 的数量远多于离子 m/z= 78 和 52。同时，从图 3-32(e)中也可看到，与 TG-FTIR 的结果相一致，在 ONPS 在热分解过程中，在 350～450℃中，产生了更多的 CO_2 气体。因此，推断出 ONPS 可能的热分解过程如图 3-33 所示，温度升高至 330℃时，—NO_2 分解，并释放出氧自由基，促进苯环的分解，短时间内生成大量 CO_2，当温度进一步升高后，发生交联成炭直至分解结束。

5. OPS、ONPS 和 OAPS 的热氧稳定性

图 3-34 是 OPS、ONPS 和 OAPS 在空气气氛下的 TG 曲线。同时，相关的热分解数据在表 3-10 中。从图 3-34 可以看出，三种 POSS 的热氧分解与其氮气气氛中的热分解过程差别很大，在空气气氛下，其分解更快，残炭率也更低。OPS 的热氧分解过程可分为两个阶段：有机基团苯环的分解阶段和笼状结构的破坏阶段。当 OPS 被硝化为 ONPS 后，—NO_2 使得有机基团的分解阶段提前约 100℃，笼状结构的破坏温度范围基本不变。而当 ONPS 被还原为 OAPS 后，OAPS 的热氧分解只有一个阶段，表明—NH_2 的存在使得苯环在热氧分解过程中更易形成交联结构，使其分解温度后移，并产生更多的残炭。

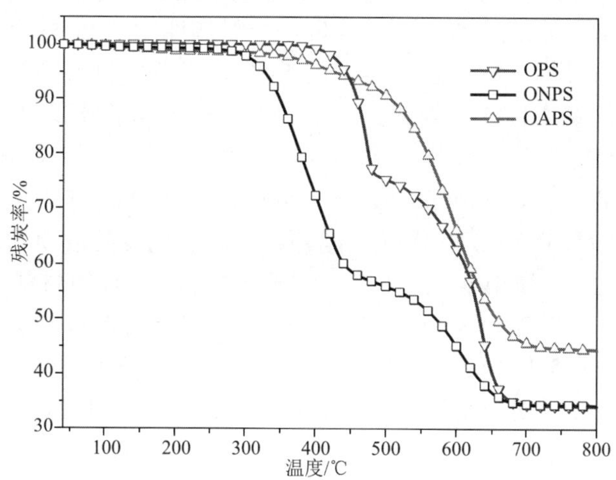

图 3-34　OPS、ONPS 和 OAPS 在空气气氛下的 TG 曲线

表 3-10　OPS、ONPS 和 OAPS 在空气气氛下的 TG 数据

样品	T_{onset}/℃	T_{max1}/℃	T_{max2}/℃	800℃残炭率/%
OPS	443	472	633	34.2
ONPS	327	376	610	34.2
OAPS	427	—	598	44.4

6. 小结

当 OPS 转化为 ONPS 和 OAPS 后，取代基团会影响 POSS 的热分解过程，ONPS 和 OAPS 的初始热分解温度均低于 OPS。FTIR 分析结果表明，OPS 及其衍生物的热分解主要包括 POSS 上苯基的脱落、苯基的分解和 POSS 笼状结构的破坏。由于—NO_2 基团高温不稳定，ONPS 在 500℃即分解完全，而对于 OAPS，—NH_2 基团在 400℃左右才开始分解。使用 TG-FTIR 和 TG-MS 联用分析 POSS 的热分解气相产物，在 OPS 的分解过程中，苯基直接分解出乙烯基转化为四元芳香环；ONPS 在分解过程中，由于—NO_2 基团的分解产生的氧自由基，促进苯基分解，释放出大量的 CO_2；对于 OAPS，氨基苯基在 370℃开始被大量分解出来，直至 500℃，才释放出少量的苯基。

3.2　环梯形氨基苯基硅倍半氧烷的合成

聚有机硅倍半氧烷(polysilsesquioxane，PSQ)指分子式为$(RSiO_{1.5})_n$的聚硅氧烷，其中侧基 R 是与硅原子直接相连的各种基团。PSQ 分子结构上既含有无机硅氧烷的“骨架”结构，又可以通过侧基引进有机基团。密度较大的无机含硅内核能抑制它的链运动而赋予其良好的耐热性能，相应的有机侧基则赋予其良好的韧性和可加工性，这种典型的无机-有机杂化材料同时具备有机聚合物和无机陶瓷的基本特征。因此，与一般的含硅树脂相比，PSQ 具有更优异的耐热性、电绝缘性、耐候性、耐辐照性、耐化学药品性及阻燃性等[36,37]。

聚苯基硅倍半氧烷(polyphenylsilsesquioxane，PPSQ)作为近年来发展迅速的一种 PSQ，除具有 PSQ 的优异性能外，还具有优良的成膜性及在有机溶剂中良好的溶解性，已被用于阻燃材料、超疏水材料、耐烧蚀材料、低介电材料、光敏材料等[38,39]。制备 PPSQ 的衍生物是进一步提高 PPSQ 与有机聚合物相容性的方法。PPSQ 最重要的一个衍生化学反应是对苯环进行硝化反应，Kim 等通过缩聚制备得到了分子量高达 2.5×10^4 的 PPSQ，并使用浓度为 90 wt%的发烟硝酸对其进行了硝化实验，发现产物分子量急剧下降到 1800，多分散性系数(PDI)从 2.49 降到 1.34[40]。

作者研究团队在 PPSQ 的合成研究基础上，深入系统地对 PPSQ 的合成方法和结构进行了研究，制备出环梯形结构的聚苯基硅倍半氧烷(cyclic ladder polyphenylsilsesquioxane，Cy-PPSQ)[41,42]，结构式如图 3-35 所示，可以看出所合成的 PPSQ 是两种规整的化学结构的混合物。在本研究中，使用不同种类的硝化试剂，对 Cy-PPSQ 的硝化反应进行了研究，制备了含硝基基团的 NO_2-PPSQ，并对硝化机理进行了分析。

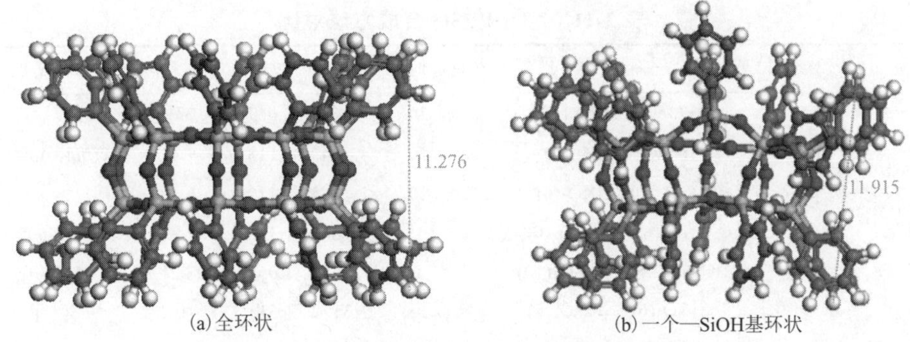

(a) 全环状　　(b) 一个—SiOH基环状

图 3-35　Cy-PPSQ 的化学结构式

3.2.1　环梯形硝基苯基硅倍半氧烷合成方法

NO_2-PPSQ 的合成过程如图 3-36 所示，参考八硝基苯基硅倍半氧烷(ONPS)的制备方法[42-44]。向装有磁力搅拌和温度计的 250 mL 三口烧瓶中加入 10 mL CH_2Cl_2。称量 4 g PPSQ，溶于 CH_2Cl_2 中，冰水浴条件下滴入硝化试剂。加料结束后，升温至 25℃，持续搅拌一定时间。反应结束后，将反应混合物倾入 100 mL 离子水冰中，40℃旋蒸除去 CH_2Cl_2，立刻出现淡黄色沉淀。抽滤，用质量分数为 5%的 Na_2CO_3 水溶液洗涤沉淀至中性，再用乙醇洗涤三次。50℃真空干燥，得淡黄色样品，记为 NO_2-PPSQ，产率 93%以上。

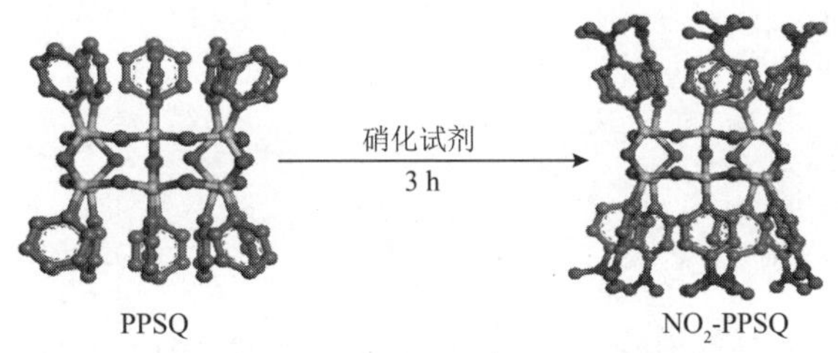

图 3-36　NO_2-PPSQ 的合成过程

3.2.2　硝化方法的比较

参考本研究团队范海波博士八硝基苯基硅倍半氧烷(ONPS)的制备方法[42-44]，设计了一系列 PPSQ 的硝化方法。如表 3-11 所示，共采用了 12 种硝基化方法尝试合成环梯形硝基苯基硅倍半氧烷。从元素分析结果来看，方法 1～方法 5 都得到了苯基一硝化较完全的硝化产物，但从数均分子量的大幅下降上可以看出发生了环梯形结构的破坏。方法 6、方法 7 则没有完成硝化。方法 8、方法 9 和方法 10 都得到了部分硝化的目标产物，且数均分子量没有太大变化，并未发生断链。

表 3-11 NO_2-PPSQ 合成方法对比

方法	反应温度/℃	硝化剂/mL[a] 或 g[b]	反应时间/h	M_n[i]	PDI[j]	N 含量/wt%	参考文献
1	20	90 wt% HNO_3(6)	20	1634	1.067	7.96	
2	20	86 wt% HNO_3(6)	20	1849	1.115	7.42	[10,40,43-46]
3	20	84.5 wt% HNO_3(6)	20	1864	1.119	6.83	
4	0	HNO_3(6)[c] + H_2SO_4(6)[f]	1	1866	1.116	7.93	[45-50]
5	0	KNO_3(2.5) + H_2SO_4(10)[f]	1	1649	1.057	7.21	[45,46]
6	75	HNO_3(6)[c] + KNO_3(6)	15	3172	1.511	<0.3	[51]
7	75	CH_3COOH(10)[g] + KNO_3(2.5)	20	3022	1.436	<0.3	[45,46]
8	25	[α]HNO_3(3)[c] + $(CH_3CO)_2O$(10)[h]	1.5	3088	1.364	3.30	
9	25	[β]HNO_3(3)[c] + $(CH_3CO)_2O$(10)[h]	1.5	3102	1.375	4.21	
10	25	[β]HNO_3(3)[c] + $(CH_3CO)_2O$(10)[h]	3	3278	1.655	4.81	[45,46,49,50]
11	25	[β]HNO_3(3)[d] + $(CH_3CO)_2O$(10)[h]	3			6.01	
12	25	[β]HNO_3(3)[e] + $(CH_3CO)_2O$(10)[h]	3		1.462	7.89	

a. 数值位于括号中，HNO_3，H_2SO_4，CH_3COOH，$(CH_3CO)_2O$；

b. 数值位于括号中，KNO_3；

c. 65 wt% HNO_3；

d. 70 wt% HNO_3；

e. 75 wt% HNO_3；

f. 98 wt% H_2SO_4；

g. 99 wt% CH_3COOH；

h. 99 wt% $(CH_3CO)_2O$；

i. M_n(Cy-PPSQ) = 3053；

j. PDI(Cy-PPSQ)=1.362；

α. 先混合 HNO_3 与$(CH_3CO)_2O$；

β. 先混合 HNO_3 与 PPSQ。

在对比实验中，所采用的前三种方法参考的是 2012 年范海波[43,44]合成笼状硝基苯基硅倍半氧烷的方法并做了一些改进。此方法中，PPSQ 的断链是最主要的问题。三种方法尝试了不同浓度发烟硝酸的实验方法，并未解决断链问题。在硝化实验中也采用硝硫混酸体系对 PPSQ 进行了硝化尝试，如方法 4、方法 5 所示，仍然未能解决断链问题。进一步尝试采用了较为温和的 HNO_3-KNO_3 和 CH_3COOH-KNO_3 硝化体系，如方法 6、方法 7 所示，得到的硝化产物中均没有出现—NO_2，且未发生分子链断裂的问题。用另一种较为温和的$(CH_3CO)_2O$-HNO_3 硝化体系进行硝化试验，如方法 8、方法 9 和方法 10 所示，都实现了 PPSQ 的部分硝化，且并未破坏其环梯形结构，但三种方法的硝化产物氮含量存在一定差异。

1. 发烟硝酸对 Cy-PPSQ 的硝化

鉴于发烟硝酸是最常用的硝化试剂[10,40,43-46]，本章首先使用浓度为 90 wt%的发烟硝酸对 Cy-PPSQ 进行硝化实验，制得硝化产物 NO_2-PPSQ-1。NO_2-PPSQ-1 的红外光谱图，如图 3-37 所示，与 Cy-PPSQ 相比，NO_2-PPSQ-1 在 1524 cm^{-1} 和 1346 cm^{-1} 处吸收谱带分别为—NO_2 的不对称伸缩振动和对称伸缩振动吸收峰，同时在 600～800 cm^{-1} 范围内，苯环因取代基团位置不同也出现相应吸收振动峰的变化，这表明在所得产物中，确实在苯环上连上了一定数量的—NO_2。随后对产物做了元素分析的测试，结果如表 3-11 所示，硝化后产物氮元素的质量分数为 7.96 wt%，而每个苯环上连接有一个硝基的产物的理论含氮量为 8.04 wt%，二者相差甚小。然而这还不足以说明已经制备得到每个苯环上含有一个硝基的环梯形硝基苯基聚硅倍半氧烷。

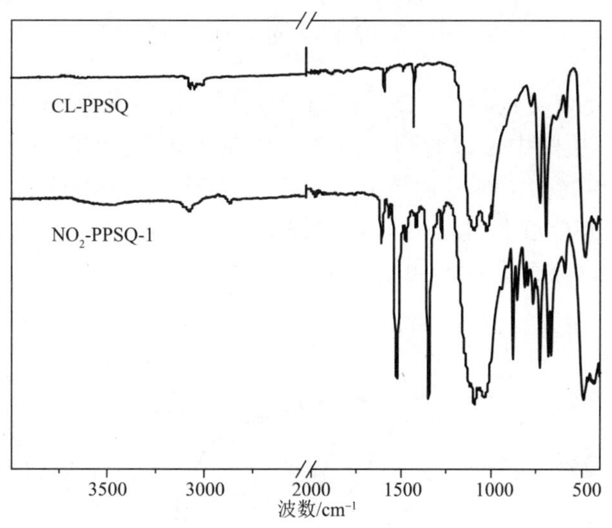

图 3-37　NO_2-PPSQ-1 和 Cy-PPSQ 的红外光谱

从 NO_2-PPSQ-1 与 Cy-PPSQ 的 GPC 对比图（图 3-38）中可以看到，使用 90 wt%发烟硝酸对 Cy-PPSQ 硝化后产物的 M_n 有很明显的降低，多分散性系数（PDI）也有很明显的下降（表 3-11），表明所得产物发生了分子链的断链，即高分子量的 Cy-PPSQ 在 90 wt%发烟硝酸的作用下，分子链发生断裂，可能生成硅羟基。同时，由于硅羟基更容易与发烟硝酸反应生成硝酸酯基，因此，所得产物中可能存在一定量的硝酸酯基。

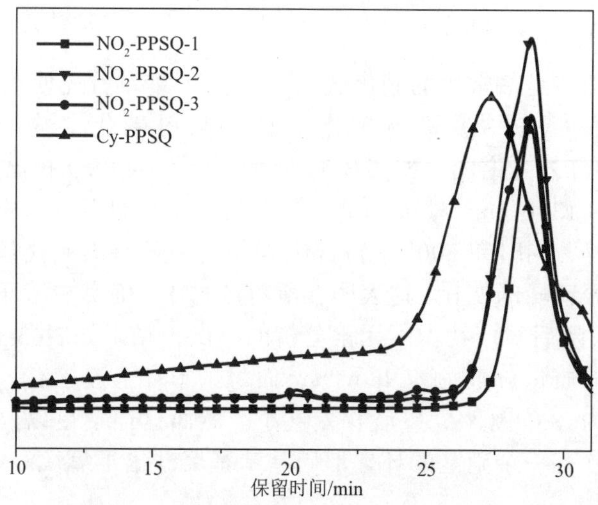

图 3-38 NO_2-PPSQ-1,2,3 和 Cy-PPSQ 的 GPC 谱

图 3-39 是 NO_2-PPSQ-1、Cy-PPSQ 和笼状八硝基苯基硅倍半氧烷(ONPS)的 TG 对比图。从图中可以看到，Cy-PPSQ 在 400℃之前没有发生分解，而没有硝酸酯基存在的 ONPS 的初始分解温度远高于 NO_2-PPSQ-1。因此，最合理的解释是 Cy-PPSQ 在条件 1 的硝化过程中可能生成了部分硝酸酯基。众所周知，硝酸酯基的分解温度较低，故造成 NO_2-PPSQ-1 的初始分解温度低于 ONPS。

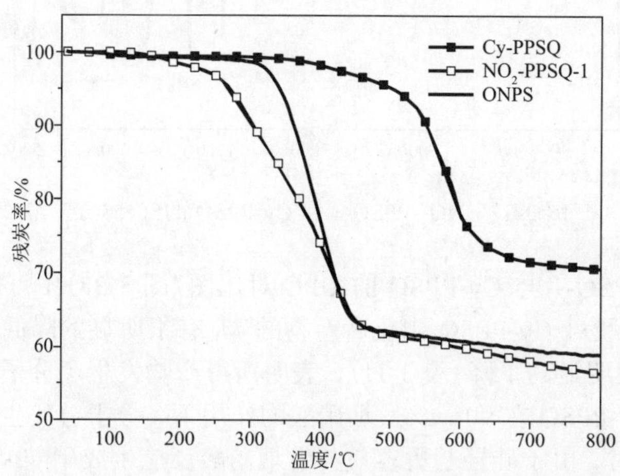

图 3-39 NO_2-PPSQ-1、ONPS 和 Cy-PPSQ 的 TG 曲线

使用 TG-FTIR 联用测试对 NO_2-PPSQ-1 和 ONPS 做了进一步测试分析。图 3-40 为气相 N═O 和 CO_2 吸收峰在热分解过程中随温度变化曲线。

NO_2-PPSQ-1 和 ONPS 的 CO_2 吸收峰几乎在相同的时间出现。对于 NO_2-PPSQ-1，N═O 的吸收峰的出现提前于 CO_2；而对于 ONPS，二者的吸收峰却同时出现，表明 NO_2-PPSQ-1 在 350℃前的分解产物为含有 N═O 的物质，而此时的 N═O 最有可能是硝酸酯基团所提供。此结果更加证明了上述推断：Cy-PPSQ 在硝化过程中出现分子链的水解断裂，并生成一定量的硝酸酯基团。

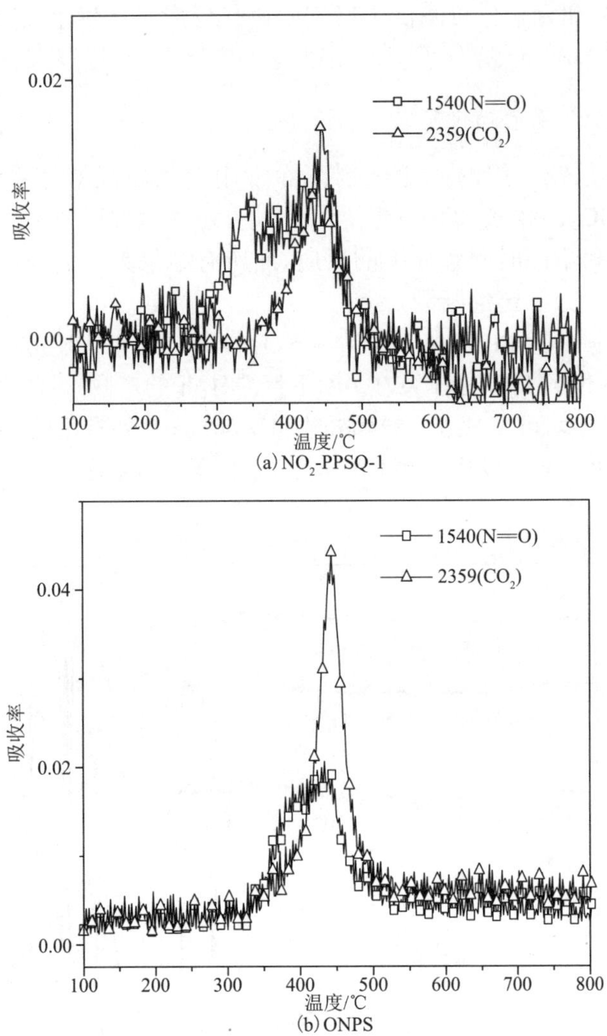

(a) NO_2-PPSQ-1

(b) ONPS

图 3-40　NO_2-PPSQ-1 和 ONPS 在 2359 cm^{-1} 和 1540 cm^{-1} 处的二维 TG-FTIR 谱

为了获得分子链不断裂的 PPSQ 硝化产物，首先对发烟硝酸做进一步稀释，使用了更低浓度的发烟硝酸(86 wt%和 84.5 wt%)对 Cy-PPSQ 进行硝化。

结果如图 3-38 和表 3-11 所示，硝化产物仍然发生分子链的断裂。而当使用浓 HNO_3(65 wt%)对 Cy-PPSQ 进行硝化后，在硝化产物中并没有出现—NO_2，即浓 HNO_3 对 Cy-PPSQ 没有硝化能力。

除使用发烟硝酸硝化外，还有多种硝化方法，常用的硝化方法还有：HNO_3-H_2SO_4 体系[45-50]、KNO_3-H_2SO_4 体系[45,46]、HNO_3-KNO_3 体系[51]、CH_3COOH-KNO_3 [45,46]、乙酸酐$(CH_3CO)_2O$-HNO_3 体系[45,46,49,50]。同时，在实验中使用 FTIR 和元素分析测试手段判断硝化反应是否发生及其硝化程度，使用 GPC 观察 Cy-PPSQ 的分子量，用以判断其分子链是否发生断裂。

2. 硝硫混酸体系的硝化研究

硝硫混酸是较常用的硝化试剂，除常用的硝硫混酸体系外，也常使用 KNO_3 代替 HNO_3，和 H_2SO_4 一起使用[45-50]。在实验过程中，尝试了此两种体系在不同温度和不同时间条件下的反应。而所有结果无一例外地均发生了硝化反应，且均引起分子链的断裂。

图 3-41 是 NO_2-PPSQ-4(HNO_3-H_2SO_4 体系在 0℃下反应 1 h 的产物)和 NO_2-PPSQ-5(KNO_3-H_2SO_4 体系在 0℃下反应 1 h 的产物)的 FTIR 谱。在两产物的 FTIR 谱中，均可发现在 1524 cm^{-1} 和 1346 cm^{-1} 处有很强的硝基的吸收峰出现，表明在 0℃下仍发生了硝化反应。元素分析结果表明，产物中—NO_2 数目也较多。

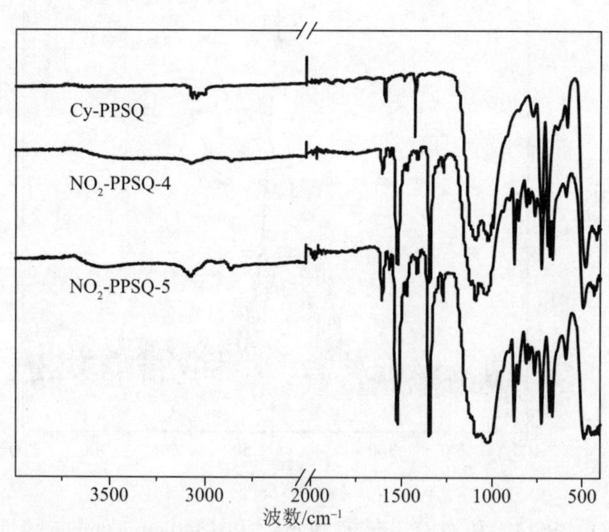

图 3-41 NO_2-PPSQ-4,5 和 Cy-PPSQ 的红外光谱

同时，对此两种产物进行了 GPC 分析，结果如图 3-42 所示。NO_2-PPSQ-4,5 与 NO_2-PPSQ-1 相似，二者的 M_n 和 PDI 与 PPSQ 相比，均出现很大程度的降

低，表明两者都发生了分子链的断裂。

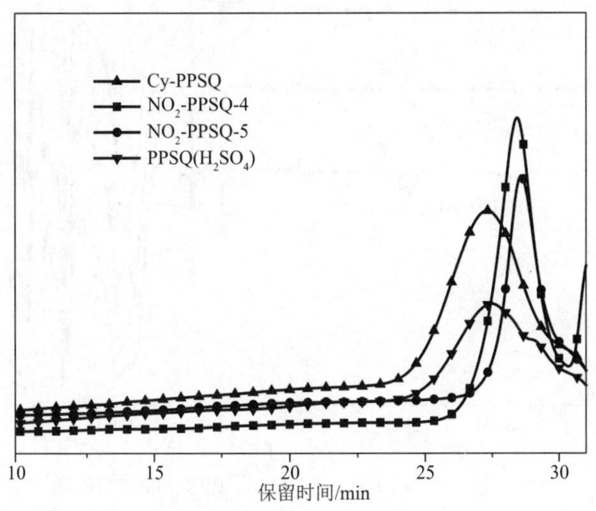

图 3-42　NO_2-PPSQ-4,5、Cy-PPSQ 和 PPSQ(H_2SO_4)的 GPC 谱

由于浓 H_2SO_4 也具有很强的酸性，为了证明在 HNO_3-H_2SO_4 和 KNO_3-H_2SO_4 体系下，硝化产物分子链的断裂不是仅由于浓 H_2SO_4 的作用所导致，把体系中的 HNO_3 或 KNO_3 去掉，仅在浓 H_2SO_4 的存在下对 PPSQ 进行了相同反应条件下的测试，产物记为 PPSQ(H_2SO_4)。GPC 结果如图 3-42 所示，PPSQ(H_2SO_4)分子链并没有发生断裂。因此，在 HNO_3-H_2SO_4 和 KNO_3-H_2SO_4 的硝化体系下，Cy-PPSQ 分子链的断裂是由 HNO_3 或 KNO_3 和 H_2SO_4 二者共同作用的结果。

3. HNO_3-KNO_3 和 CH_3COOH-KNO_3 硝化体系

与发烟硝酸和加有 H_2SO_4 的硝化体系相比，使用 HNO_3-KNO_3 和 CH_3COOH-KNO_3 两种方法进行硝化反应后，硝化产物中均没有出现—NO_2，并且也不存在分子链断裂的问题。如图 3-43 所示，NO_2-PPSQ-6（HNO_3-KNO_3 体系下 75℃下反应 15 h 的产物）和 NO_2-PPSQ-7（CH_3COOH-KNO_3 体系在 75℃下反应 20 h 的产物）的 FTIR 谱，与 Cy-PPSQ 的红外光谱相比，此两体系下的产物没有变化，尽管在这两种体系下的反应条件与体系 4 和体系 5 相比更加苛刻，反应温度为 75℃，反应时间为 15～20 h。

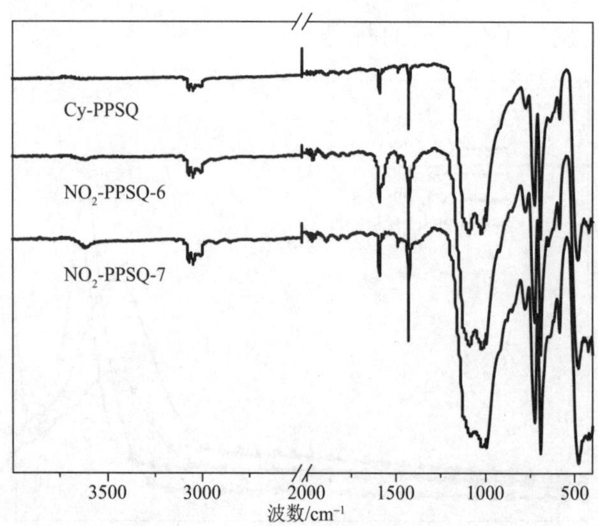

图 3-43 NO_2-PPSQ-6,7 和 Cy-PPSQ 的 FTIR 谱

GPC 结果表明(图 3-44)，在此两种体系下，产物均没有发生分子链的断裂。由此也可以推断硝化剂强度是引发断链的原因而非温度。另外，尝试 CH_3COOH-HNO_3 体系下的硝化实验，结果和 CH_3COOH-KNO_3 体系一样，没有发生硝化反应。

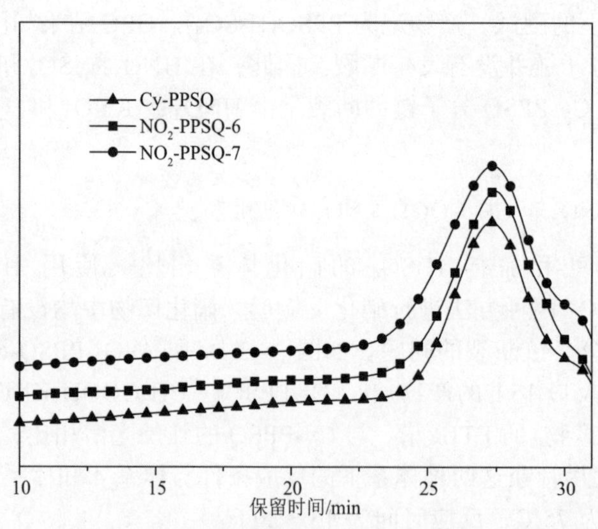

图 3-44 NO_2-PPSQ-6,7 和 Cy-PPSQ 的 GPC 谱

4. $(CH_3CO)_2O$-HNO_3 硝化体系

与发烟硝酸和加有浓 H_2SO_4 的硝化体系相比，$(CH_3CO)_2O$-HNO_3 硝化

体系更加温和，也常用于硝化实验。表 3-11 中方法 8 参考之前采用的实验方法，先将浓硝酸与乙酸酐混合，再加入 PPSQ 中，控温 25℃，反应 1.5 h。在浓硝酸和乙酸酐混合的过程中，发现有红棕色 NO_2 气体生成，考虑到 NO_2 有可能作为活性中心参与反应，故在方法 9、方法 10 中采用了先混合硝酸和 PPSQ，充分混匀后，再将乙酸酐缓慢滴入反应体系中的加料方式，分别反应 1.5 h、3 h。

图 3-45 是三种方法的硝化产物的 FTIR 谱，从图中可看出，相比较 Cy-PPSQ 的红外光谱，可发现在 1524 cm^{-1} 和 1346 cm^{-1} 处有中等强度的—NO_2 的吸收峰出现，表明在此反应条件下 Cy-PPSQ 可被硝化，但硝化程度中等。

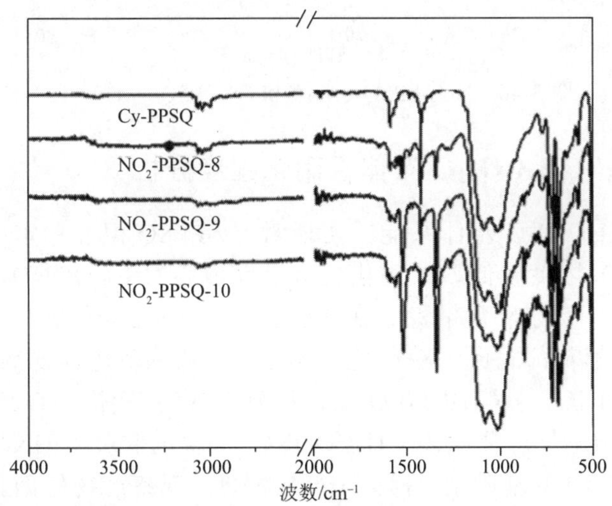

图 3-45　NO_2-PPSQ-8,9,10 和 Cy-PPSQ 的红外光谱

同时，图 3-46 和表 3-11 中的 GPC 结果表明，NO_2-PPSQ-8,9,10 的 M_n 与 Cy-PPSQ 相比，均稍有增高，PDI 变化不大；而与方法 1～方法 5 的硝化产物相比，NO_2-PPSQ-8,9,10 的 M_n 和 PDI 都要高出很多，表明使用 $(CH_3CO)_2O$-HNO_3 体系对 Cy-PPSQ 进行硝化反应可以得到分子链不发生断裂的硝化产物。

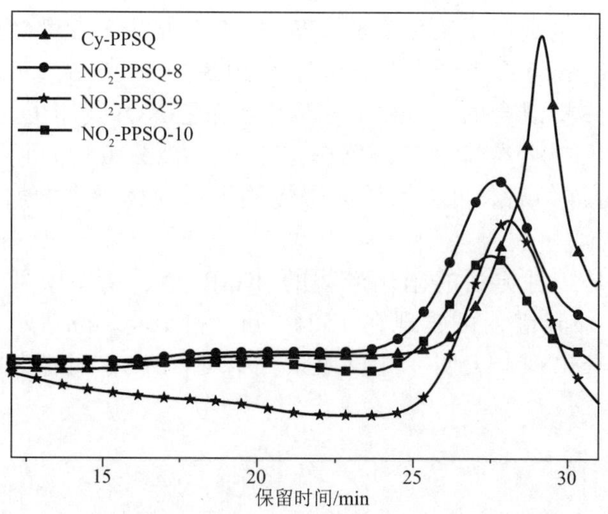

图 3-46 NO_2-PPSQ-8,9,10 和 Cy-PPSQ 的 GPC 谱

3.2.3 $HNO_3/(CH_3CO)_2O$ 新体系硝化程度分析

$HNO_3/(CH_3CO)_2O$ 新体系能够实现对 Cy-PPSQ 温和稳定的硝化，但由于硝化剂 HNO_3 浓度较低，故硝化反应活性中心 CH_3COONO_2 浓度也偏低，在反应 3 h 后，产物 N 含量稳定在 4.8%左右。由元素分析结果可知，所得产物并非全部苯基都完成了一硝化的结果，苯基一硝化程度约为 59.8%。在反应过程中，HNO_3 与$(CH_3CO)_2O$ 混合释放出 NO_2 气体，NO_2 气体的量也取决于 HNO_3 浓度，反应体系内 CH_3COONO_2 浓度也取决于 HNO_3 浓度，故在表 3-11 中方法 10 的基础上，提高 HNO_3 浓度，观察产物的硝化程度能否得到提高。

图 3-47 是三种不同浓度下的 HNO_3 反应体系得到的 NO_2-PPSQ-10、NO_2-PPSQ-11 以及 NO_2-PPSQ-12 硝化产物的红外吸收光谱。

由红外光谱可发现在 1524 cm^{-1} 和 1346 cm^{-1} 处的—NO_2 的吸收峰强度随着 HNO_3 浓度增加而增强，方法 12 的产物硝基振动吸收峰与 Si—O—Si 键峰强度相近，可见方法 12 实现了较完全的一硝化。

原料 Cy-PPSQ 的 GPC 结果显示其数均分子量 M_n=3053，环梯形结构中的平均重复单元数为 3053/258≈11.83。产物 NO_2-PPSQ-12 的 GPC 结果显示，其数均分子量为 4110，对应相同数量的平均重复单元数，重复单元相对质量为 4110/11.83≈347.32，接近苯基完全一硝化的结果（348）。

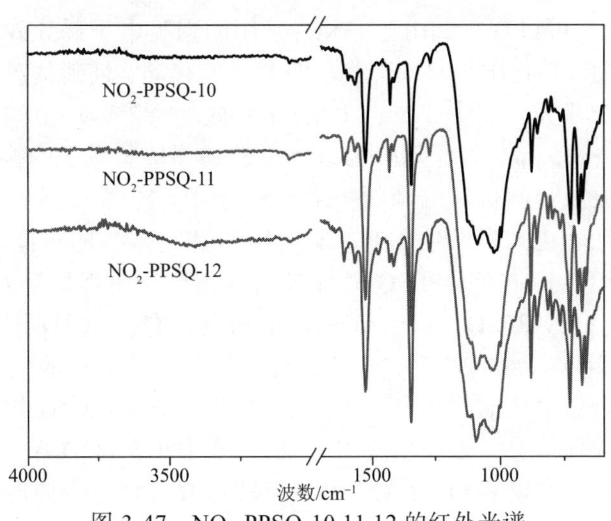

图 3-47　NO_2-PPSQ-10,11,12 的红外光谱

3.2.4　NO_2-PPSQ 硝化结果分析

1. NO_2-PPSQ 的表征

通过新方法(表 3-11 中方法 10～方法 12)NO_2-PPSQ 合成体系的确立，成功地多次合成了 PPSQ 硝基化的产物，由元素分析结果可知，所得部分产物并非全部苯基都完成了一硝化的结果，其中，NO_2-PPSQ-10 的一硝化程度约为 59.8%；NO_2-PPSQ-11 的一硝化程度约为 74.8%，NO_2-PPSQ-12 的一硝化程度约为 98.1%，NO_2-PPSQ-12 基本上实现了苯基的完全一硝化。

图 3-48 为新方法合成的 NO_2-PPSQ-12 产物与原料 Cy-PPSQ 的 ^{1}H NMR

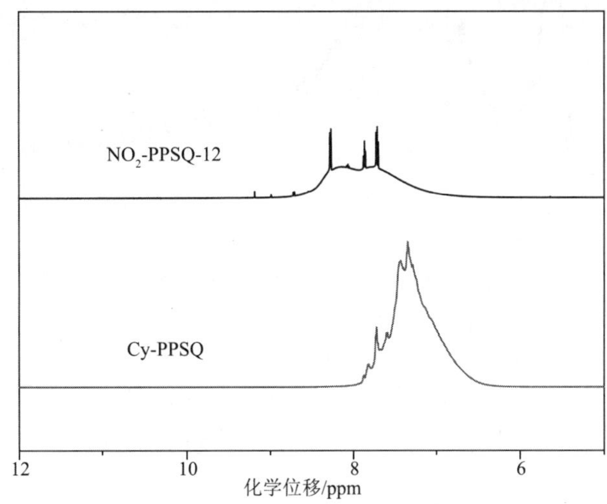

图 3-48　NO_2-PPSQ-12 和 Cy-PPSQ 的 ^{1}H NMR 谱对比

谱图对比，从图中可以观察到由于—NO_2基团的强吸电子诱导效应对苯环氢产生的去屏蔽作用，其化学位移向低场，即高位处移动，且硝基对邻位氢位移的影响比间位氢位移大，图中 7.5～8.0 ppm 处振动峰为苯环上硝基间位氢质子的振动峰，8.0～8.5 ppm 处振动峰为苯环上硝基邻位氢质子的振动峰，可以观察到，硝基邻位氢与间位氢的峰面积之比约为 1∶1，可见苯基实现了较为彻底的一硝化，且硝化大多发生在 POSS 上与 Si 相连苯基的对位。

对 NO_2-PPSQ-12 与 Cy-PPSQ 进行 X 射线衍射分析观察其内部分子结构，XRD 结果显示，Cy-PPSQ 属于半结晶性的物质，它的 XRD 谱图中存在两个明显的衍射峰 2θ=7.3°和 2θ=19.3°。7.3°处的衍射峰是明显的尖峰，19.3°处的衍射峰是弥散峰；对应的间距分别为 12.2 Å 和 4.6 Å。XRD 数据可以给出聚合物分子链的排列信息，根据研究[44]，图 3-49 中小角区的尖峰对应梯形聚合物的 2 条主链间的宽度(d=12.2 Å)，另一个较弥散的峰对应梯形聚合物的厚度(d=4.6 Å)，这也说明了原料 Cy-PPSQ 中梯形结构的存在。该分析结果与 Materials Studio 模拟得到的分子结构相对应。同样采用方法 12 合成的硝化产物的 XRD 谱图与原料非常接近，梯形结构未发生变化。小角区衍射峰发生左移，即硝化产物所对应的梯形聚合物 2 条主链间宽度变大。

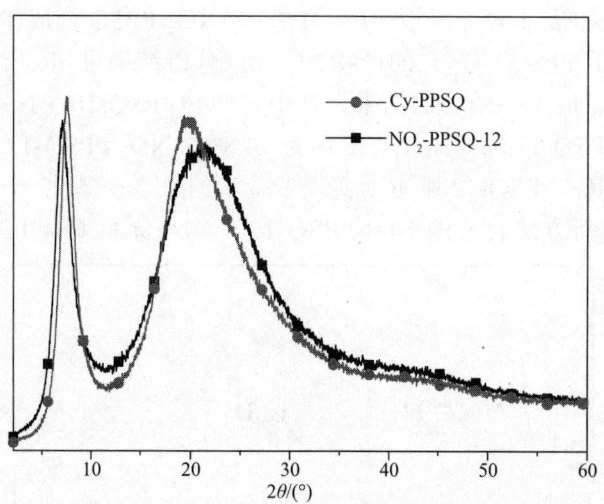

图 3-49　NO_2-PPSQ-12 和 Cy-PPSQ 的 XRD 谱对比

图 3-50 为新方法合成的 NO_2-PPSQ-12 产物与原料 Cy-PPSQ 的 ^{29}Si NMR 谱对比，从图中可以看出，原料及产物中的 Si 均为单一化学环境 Si，同时，由于相连接的苯环被硝化，所以 Si 化学位移向高场移动。

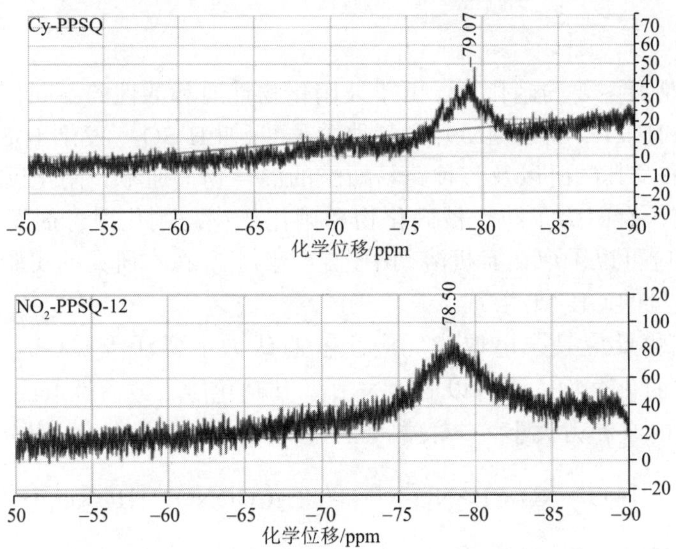

图 3-50　NO_2-PPSQ-12 和 Cy-PPSQ 的 ^{29}Si NMR 谱对比

图 3-51 是所得产物 NO_2-PPSQ-12 的 MALDI-TOF MS 谱图，图中 $M+Na^+$=1593.7 对应分子为$[(NO_2)_2Ph_2Si_2O_3]_4O$-NO_2PhSi-OH；$M+Na^+$=1759.3 对应分子为$[(NO_2)_2Ph_2Si_2O_3]_5$；$M+Na^+$=1942.7 对应分子为$[(NO_2)_2Ph_2Si_2O_3]_5O$-NO_2PhSi-OH；$M+Na^+$=2108.3 对应分子为$[(NO_2)_2Ph_2Si_2O_3]_6$；$M+Na^+$=2291.5 对应分子为$[(NO_2)_2Ph_2Si_2O_3]_6O$-NO_2PhSi-OH。由于硝基化合物在 MALDI 离子源的作用下结构稳定性较差，高分子量产物解离困难，图中分子量大于 2300 部分未出峰。

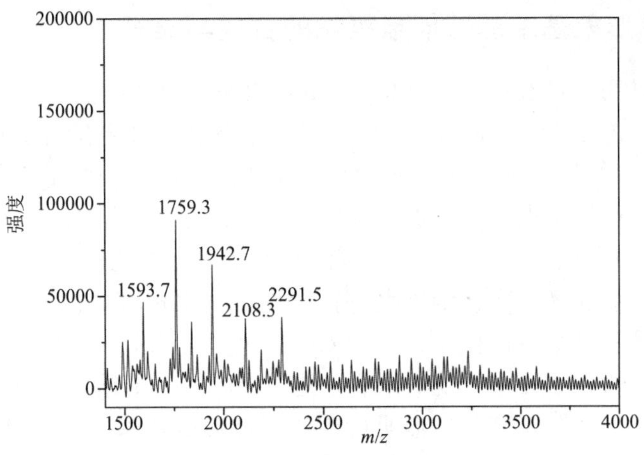

图 3-51　NO_2-PPSQ-12 的 MALDI-TOF MS 谱

2. 硝化机理分析

HNO_3是最主要的硝化剂，由于被硝化物性质和活性的不同，硝化剂常常不是单独的 HNO_3，而是 HNO_3 和各种质子酸(如 H_2SO_4、发烟 H_2SO_4、氢氟酸等)、有机酸及其酸酐以及各种路易斯酸的混合物。通常，硝化反应过程中是不加溶剂的，有时为了防止被硝化物和硝化产物与硝化混合剂发生反应或水解，硝化反应可以采取在有机溶剂中进行。因此，在本研究的实验过程中，全部加入了适量的 CH_2Cl_2 溶剂。

苯的硝化反应是亲电取代反应，普遍认为主要活泼质点是 NO_2^+。具有 NO_2-X 通式的化合物，都可以产生 NO_2^+。其硝化能力或活性取决于 NO_2-X 中 X 基对电子的亲和力大小，一般常见的硝化剂的硝化能力大小排列为[45]：

$$NO_2^+ > NO_2 \cdot H_2O > NO_2Cl > NO_2NO_3 > CH_3COONO_2 > HONO_2 > C_2H_5ONO_2$$

对于不同的硝化试剂，其硝化作用的过程也不同。在发烟 HNO_3 中，起作用的是 NO_2^+，且 NO_2^+浓度与 HNO_3 浓度密切相关，发烟 HNO_3 的硝化能力随 HNO_3 浓度的降低而减弱。当使用 HNO_3 和其他酸共同作为硝化试剂时，硝酸体现出其两性特性，它既是酸，又是碱。HNO_3 对强质子酸如硫酸起碱的作用，而 HNO_3 对水、CH_3COOH 等则起到酸的作用。当 HNO_3 起碱的作用时，硝化能力就增大，反之，如果起酸的作用时，硝化能力就降低。HNO_3 和$(CH_3CO)_2O$ 混合硝化剂的特点是反应较缓和，适用于易被氧化和易为硝硫混酸所分解的被硝化物的硝化反应。对于 HNO_3 和$(CH_3CO)_2O$ 混合硝化剂的硝化活化剂，如果 HNO_3 加入量低于 42 wt%，系统中主要形成乙酰硝酸酯(CH_3COONO_2)。

3.2.5 环梯形氨基苯基硅倍半氧烷的合成与表征

在制备得到了具有环梯形结构的 NO_2-PPSQ 的基础上，应用合成 OAPS 的活泼氢转化还原方法，对 NO_2-PPSQ 进行了氨化，向装有磁力搅拌和温度计的 250 mL 三口烧瓶中加入 100 mL THF。称量 10 g NO_2-PPSQ，溶于 THF 中，加入催化剂。加料结束后，升温至 60℃，持续搅拌一定时间，开始滴加还原剂水合肼 20 mL。反应结束后，将反应混合物倒入乙酸乙酯中，将有机相过滤，滤液用饱和盐水洗涤三次，倒入大量正己烷中，出现灰白色沉淀，取出沉淀，50℃真空干燥，得灰白色样品，记为 Cy-PAPSQ，产率 60%以上。

所得产物的分子量未出现衰减，可见环梯形的分子结构未发生破坏，通过红外光谱、核磁共振氢谱分析证明得到了环梯形氨基苯基硅倍半氧烷。

从图 3-52 中可以观察到，Cy-PAPSQ 红外光谱中，1530 cm^{-1} 和 1350 cm^{-1} 处硝基峰完全消失，伴随着—NH_2 的出现，3216 cm^{-1}、3350 cm^{-1} 和 3454 cm^{-1}

出现三个伯胺基特有的吸收峰(图 3-52)，1595 cm^{-1}、1484 cm^{-1} 和 1434 cm^{-1} 为苯环骨架振动吸收峰，1078 cm^{-1} 为 Si—O—Si 键的吸收峰。主要吸收峰与文献[44]中的数据吻合。

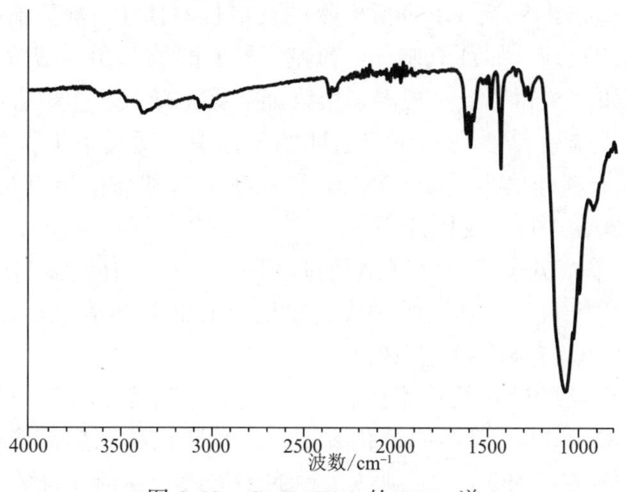

图 3-52　Cy-PAPSQ 的 FTIR 谱

图 3-53 为产物 Cy-PAPSQ 的 ^{1}H NMR 谱。由于—NH_2 基团的电子诱导效应，苯环氢的化学位移向高场移动。在图 3-53 中，6.2～7.7 ppm 处振动峰为苯环上氢质子的振动峰，4.5～5.4 ppm 处为—NH_2 中氢质子的振动峰，两者峰面积比为 2∶1，证明了实验所得产物每个苯环结构上都含有 1 个氨基。与 NO_2-PPSQ 的相应结果一致。

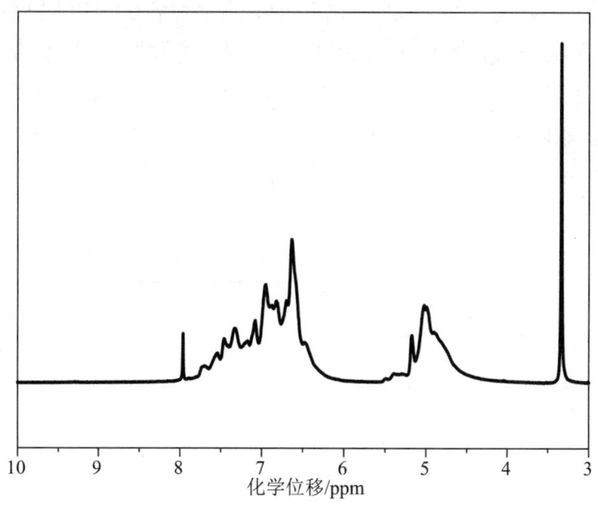

图 3-53　Cy-PAPSQ 的 ^{1}H NMR 谱

3.3 低官能度硝基苯基硅倍半氧烷的合成

在八苯基硅倍半氧烷(OPS)衍生物的反应性基团中，氨基苯基衍生物可以与各种化学基团反应，如环氧基团、氰基、异氰酸酯基团和酸酐，并且可以应用于聚合物，如环氧树脂、氰酸酯、聚氨酯和聚酰亚胺，为聚合物提供更好的热性能和介电性能[52-54]。在本研究前期的工作中，通过硝化和氨化 OPS，已合成了八硝基苯基硅倍半氧烷(ONPS)和八氨基苯基硅倍半氧烷(OAPS)。值得提出的是，OAPS 的合成周期很长[55-58]，且成本高[44]。此外，具有八个反应性 NH_2 基团的单个分子导致交联结构过度拥挤，也会有许多 NH_2 基团剩余下来，未发挥作用。目前，在文献中没有报道具有低 NO_2 官能度的 NO_2-OPS 或低 NH_2 官能度的 NH_2-OPS 的合成。

本研究采用新的硝化策略来硝化 OPS，通过精确控制反应条件，得到不同硝化度的 NO_2-OPS。对不同硝化程度的产物的结构和热性能进行了表征。通过还原反应将各种 NO_2-OPS 制备各种 NH_2-OPS，然后表征氨化产物的化学结构。

3.3.1 *n*NO_2-OPS 的合成方法

为了合成 NO_2-OPS，使用可调节的合成策略，改进了合成八硝基苯基硅倍半氧烷(ONPS)和环梯形聚(硝基苯基)硅倍半氧烷的方法。引入二氯甲烷作为溶剂，并将硝化剂调节至 75%硝酸和乙酸酐。这种硝化方法相对温和，具有许多可调因素和良好的重复性。这种改进的合成方法可以控制 NO_2-OPS 分子具有 2～8 个硝基。每个 NO_2-OPS 分子的硝基数取决于表 3-12 中列出的反应条件的控制。产物 NO_2-OPS 可以在室温下溶于大多数有机溶剂中，如丙酮、四氢呋喃、二甲基甲酰胺和二甲基亚砜。其优异的溶解性将有利于其应用。在所有条件下硝化反应产率超过 85%，并且高的官能度通常有更高的产物收率。

表 3-12 OPS 硝化过程的条件控制和产物表征

序列号	反应条件		硝酸/mL	溶剂/mL	N 含量/%	平均官能度	产率/%
	温度/℃	时间/h					
[a]T0-2h	0	2	100	400	2.53	2.03	85.4
[a]T0-3h	0	3	100	400	4.51	3.89	86.9
[a]T0-4h	0	4	100	400	5.36	4.77	88.2

续表

序列号	反应条件		硝酸/mL	溶剂/mL	N 含量/%	平均官能度	产率/%
	温度/℃	时间/h					
[a]T0-6h	0	6	100	400	5.67	5.11	89.0
[a]T25-0.5h	25	0.5	100	400	6.40	5.94	90.1
[a]T25-1h	25	1	100	400	7.14	6.83	90.7
[a]T25-1.5h	25	1.5	100	400	7.70	7.54	93.2
[a]T25-2h	25	2	100	400	8.03	7.98	95.8
[b]50N-400S	25	12	50	400	5.05	4.44	94.2
[b]25N-400S	25	12	25	400	3.46	2.87	93.3
[b]15N-400S	25	12	15	400	2.61	2.10	91.5
[b]25N-200S	25	12	25	200	5.24	4.64	95.1
[b]15N-200S	25	12	15	200	3.10	2.54	92.4
[b]25N-100S	25	12	25	100	6.54	6.10	95.9
[b]15N-100S	25	12	15	100	3.61	3.01	93.0

a. 在 NO_2-OPS（时间-温度，T/T）系列中，Tx 代表反应温度，yh 代表反应时间；

b. 在 NO_2-OPS（硝化剂-溶剂，N/S）系列中，xN 代表使用的硝化试剂体积，其中乙酸酐的用量为硝酸的两倍，yS 代表溶剂二氯甲烷的体积。

在 NH_2-NH_2 和 $FeCl_3$/Pd/C 催化剂存在下，通过氢转移还原可以将 NO_2-OPS 定量转化为 NH_2-OPS。具有不同官能度的 NH_2-OPS 作为聚合用交联剂可以改善聚合物的耐热性、机械性能和阻燃性。

3.3.2　反应温度-时间法硝基官能度控制

对于控制反应时间和温度以改变 OPS 硝化反应的程度，以下称为 T/T 法，产物称为 NO_2-OPS(T/T)。根据参考文献中的反应条件设计了 8 种温度-时间方法。通过控制时间和温度合成的 NO_2-OPS 的 FTIR 谱如图 3-54 所示。1530 cm^{-1} 和 1350 cm^{-1} 处的吸收带分别是硝基的不对称和对称伸缩振动吸收峰。在 3072 cm^{-1} 和 2865 cm^{-1} 处的吸收带是苯基的 CH 的伸缩振动吸收峰。1081 cm^{-1} 处的吸收带是 Si—O—Si 的不对称伸缩振动吸收峰。对应于硝基的红外吸收峰的强度反映了硝基的含量，即单个分子中硝基的量。

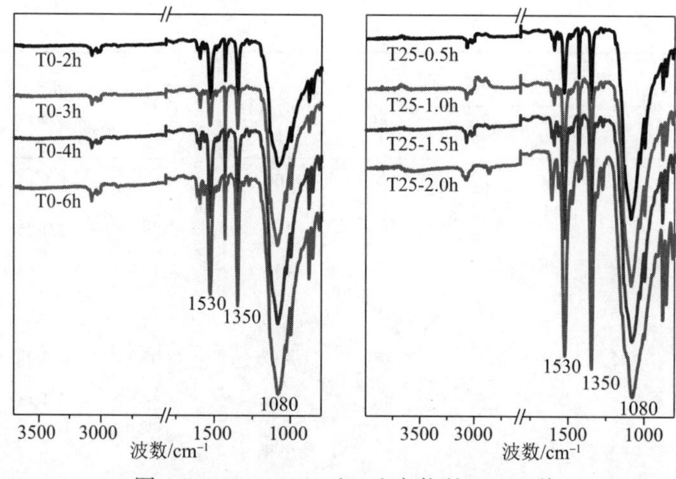

图 3-54　NO_2-OPS(T/T)产物的 FTIR 谱

延长反应时间可以增加相同温度系列中的硝化程度。比较 T0 和 T25 系列的硝基峰强度表明，较高的反应温度导致较高的硝化程度。

通过 ^{1}H NMR 谱(DMSO-d6)确认 NO_2-OPS 结构以及温度和时间对硝化程度的影响，从图 3-55 可以看出，芳族质子出现在 7.5～8.6 ppm 处，并分成四个峰。ChemDraw 的 ^{1}H NMR 拟合结果表明，7.4 ppm 处的峰主要属于未硝基化的苯基，8.6 ppm 处的峰属于硝基和 Si 之间的氢质子，如图 3-56(c)所示。图 3-56 显示了其他峰位的对应关系。

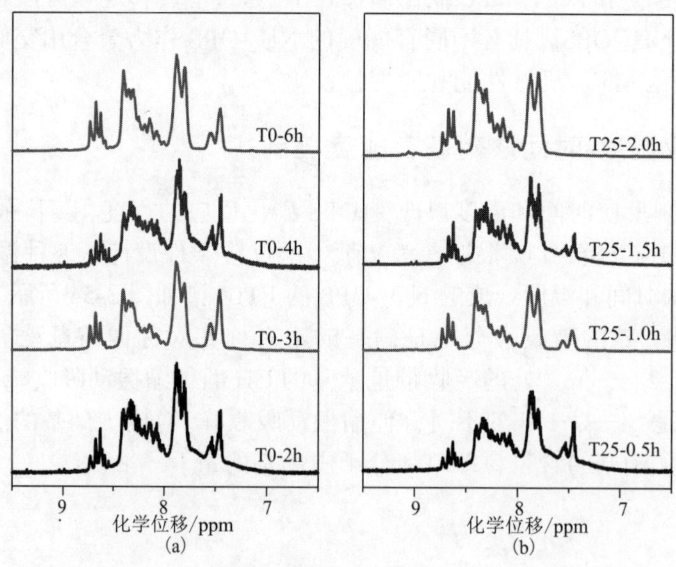

图 3-55　NO_2-OPS(T/T)产物的 ^{1}H NMR 谱

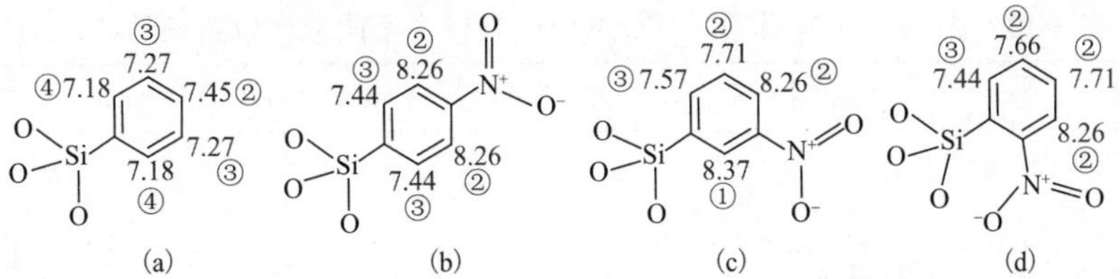

图 3-56　OPS 以及 NO_2-OPS(T/T)产物的 ^1H NMR 谱拟合结果

假定在总的 ^1H NMR 波谱区域中对应于①、②、③和④的峰面积的比例分别是 P_1、P_2、P_3 和 P_4，那么所有产品中非硝化(non)、对位(para)硝化、间位(meta)硝化和邻位(ortho)硝化的比例分别为 A、B、C 和 D，根据方程组式(3-7)～式(3-14)，可以计算非硝化、对位、间位和邻位硝化产物的比例。又因为硝化度低的产品在 DMSO 中溶解性差，因此非硝化产物的比例可能略低于真实值。

$$P_1 = \frac{C}{4+A} \tag{3-7}$$

$$P_2 = \frac{A+2B+2C+3D}{4+A} \tag{3-8}$$

$$P_3 = \frac{2A+2B+C+D}{4+A} \tag{3-9}$$

$$P_4 = \frac{2A}{4+A} \tag{3-10}$$

$$A = \frac{4P_4}{2-P_4} \tag{3-11}$$

$$B = \frac{2-4P_1-4P_2+4P_3-7P_4}{2-P_4} \tag{3-12}$$

$$C = \frac{8P_1}{2-P_4} \tag{3-13}$$

$$D = \frac{-4P_1+4P_2-4P_3+2P_4}{2-P_4} \tag{3-14}$$

表 3-13 显示非硝化产物比例的趋势对应于表 3-12 中元素分析。硝化产物中几乎不存在邻位硝化。在硝化反应的初始阶段，硝化主要发生在间位。随着反应温度的升高和反应时间的延长，对位硝化的比例逐渐增加。随着硝化程度的增加，随后的硝化反应在对位发生得更多。

表 3-13　由 ^{1}H NMR 计算的 NO_2-OPS(T/T)中不同取代位置硝基的比例

编号	A(非硝化)	B(对位硝化)	C(间位硝化)	D(邻位硝化)
T0-2h	0.47	0.05	0.44	0.05
T0-3h	0.44	0.08	0.44	0.03
T0-4h	0.40	0.15	0.44	0.02
T0-6h	0.36	0.19	0.46	0
T25-0.5h	0.35	0.23	0.42	0
T25-1h	0.21	0.33	0.48	0
T25-1.5h	0.16	0.37	0.47	0
T25-2h	0.00	0.53	0.48	0

图 3-55 中属于苯基的 7.4 ppm 的峰强度的大小可以在一定程度上反映硝化程度，反应时间或温度的增加提高了硝化程度。在这些产物中，在 2 h 和 25℃下的反应(T25-2 产物)使得在 7.4 ppm 处的峰消失，这意味着每个苯基具有一个 NO_2 基团，即八硝基苯基硅倍半氧烷(ONPS)。该结果得到表 3-12 中元素分析的支持。与文献[13]、[59]中的 ONPS 合成方法相比，溶剂引入降低了硝化剂的浓度(从 90%降至 75%)，缩短了反应时间(从 24 h 缩至 2 h)，也改善了反应过程的安全性。

图 3-57 和表 3-14 显示了多种条件下 NO_2-OPS(时间-温度)产物的 GPC 结果。GPC 显示 NO_2-OPS 的多分散性系数约为 1.10，这证实了硝化反应的稳定性，保持产物的笼状结构。分子量略有差异的主要原因是硝化程度的不同。GPC 结果支持控制反应时间或温度可以增加硝化反应的程度这一结论。

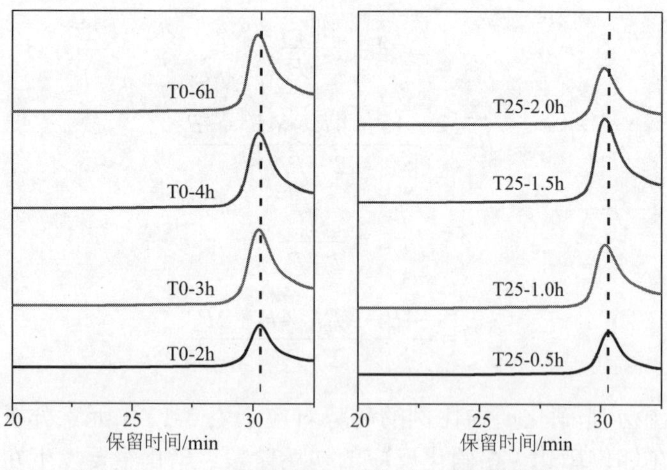

图 3-57　NO_2-OPS(T/T)产物的 GPC 分析结果

表 3-14 NO_2-OPS(T/T)产物的 GPC 测试结果

物理量	T0-2h	T0-3h	T0-4h	T0-6h	T25-0.5h	T25-1h	T25-1.5h	T25-2h
M_n	1302	1315	1318	1323	1328	1329	1335	1372
多分散性系数	1.072	1.074	1.076	1.077	1.080	1.073	1.074	1.068

3.3.3 硝化剂-溶剂法低官能度控制

对于控制硝化剂和溶剂以改变 OPS 硝化反应，以下称为 N/S 法，对应产物称为 NO_2-OPS(N/S)。

图 3-58 显示 NO_2-OPS(N/S)的 ^{1}H NMR 谱。如前所述，7.5 ppm 的峰强度反映了硝化程度。随着硝化剂的量减少，硝化程度降低。溶剂量对硝化度的影响表明，溶剂量的减少导致硝化程度的增加，这与表 3-12 中元素分析一致。

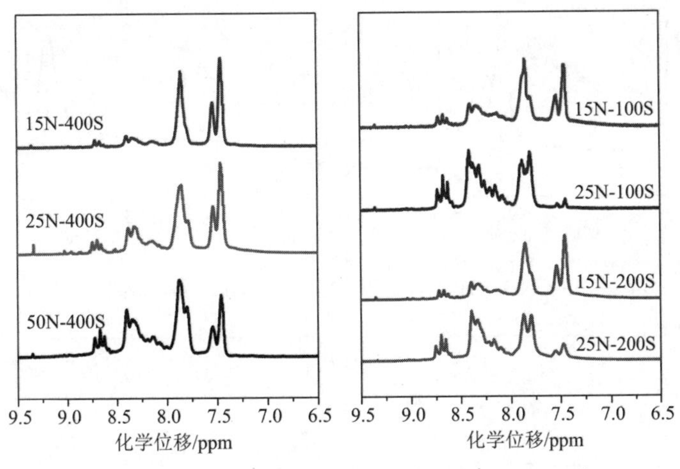

图 3-58 NO_2-OPS(N/S)系列产物的 ^{1}H NMR 谱

表 3-15 显示硝化产物的非硝化程度的趋势对应于元素分析。硝化产物几乎没有邻位硝化产物，这与反应时间和温度系列的结果一致。对于低硝化剂用量和大量溶剂，未硝化苯基占主导地位。硝化剂的减少和溶剂的增加导致硝化程度的降低。这些结果表明，在硝化过程的早期阶段，硝化通常发生在间位，而在硝化过程的后期，硝化作用在对位发生得更多。这些结果与反应时间和温度控制硝化程度系列的结论一致。

表 3-15　通过 ^{1}H NMR 计算的 NO_2-OPS (N/S)产物中不同取代位置硝基的比例

编号	*A* (非硝化)	*B* (对位硝化)	*C* (间位硝化)	*D* (邻位硝化)
50N-400S	0.39	0.01	0.54	0.07
25N-400S	0.68	0	0.31	0
15N-400S	0.70	0	0.30	0
25N-200S	0.20	0.22	0.50	0.09
15N-200S	0.69	0	0.31	0
25N-100S	0.12	0.25	0.57	0.06
15N-100S	0.49	0.02	0.44	0.05

图 3-59 和图 3-60 显示 NO_2-OPS(N/S)产物的 GPC 结果。GPC 结果表明，

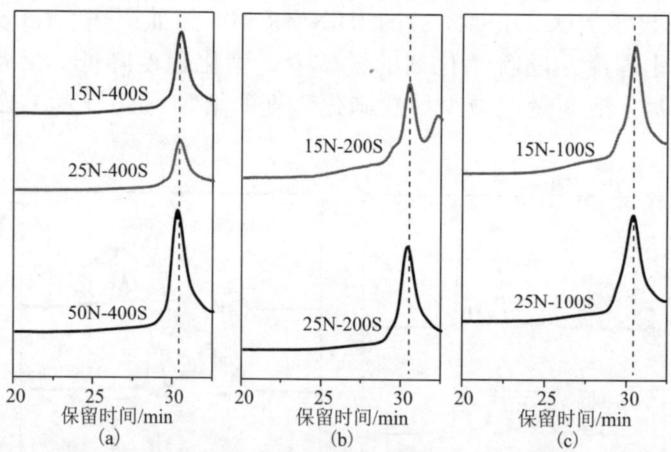

图 3-59　NO_2-OPS (N/S)产物系列的 GPC 测试结果(一)

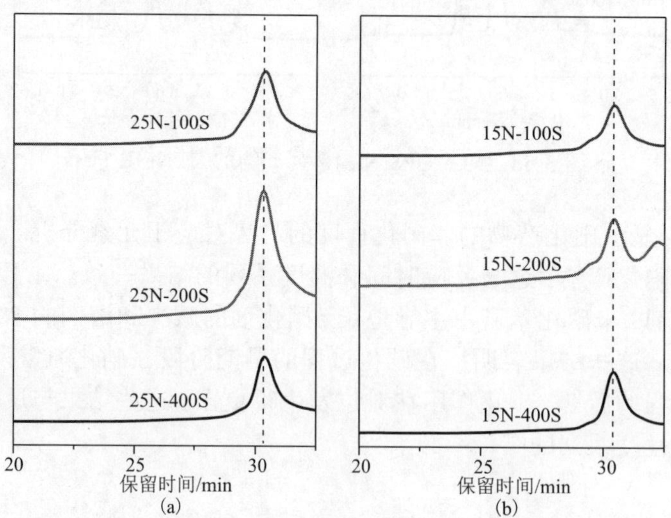

图 3-60　NO_2-OPS(N/S)产物系列的 GPC 测试结果(二)

NO_2-OPS(N/S)产物的多分散性系数约为 1.05，略低于 NO_2-OPS(T/T)产物的。这证明了稳定的硝化反应能够保持笼状结构。比较图 3-59 中的结果，表明硝化剂的减少降低了硝化程度，在图中反映为分子量的降低和保留时间的增加。

如图 3-60 所示，溶剂量对硝化程度的影响与硝化剂的影响相反。这种效果的主要原因是溶剂量的增加稀释了硝化剂并降低了活性中心的浓度。

表 3-16 中的数据表明，硝化产物的分子量在 1070～1156 范围，这与计算结果高度符合。表中多分散性系数的结果主要反映了产物的分子量分布，较低的多分散性系数表明较窄的分子量分布。

表 3-16　NO_2-OPS (N/S)产物系列的 GPC 分析结果

物理量	50N-400S	25N-400S	15N-400S	25N-200S	15N-200S	25N-100S	15N-100S
M_n	1156	1089	1070	1124	1079	1164	1135
多分散性系数	1.064	1.049	1.044	1.060	1.058	1.060	1.051

3.4　低官能度氨基苯基硅倍半氧烷的合成

3.4.1　*n*NH_2-OPS 的合成和表征

对低官能度的硝基苯基硅倍半氧烷 NO_2-OPS，通过活性氢转化可以制备低官能度的氨基苯基硅倍半氧烷 NH_2-OPS。NH_2-OPS 的氨基具有高反应性并且通常用作聚合的交联剂。NH_2-OPS 在有机溶剂中的溶解性非常好，比 NO_2-OPS 更容易表征。为了简化表达，对于控制反应时间和温度及控制硝化剂与溶剂得到的 NO_2-OPS 进一步氨化为 NH_2-OPS，也用 NH_2-OPS(T/T)或 NH_2-OPS(N/S)的表达方式。

图 3-61 显示 NH_2-OPS(T/T)的 ^{1}H NMR 谱。在图中，芳族质子出现在 6.5～8.0 ppm，—NH_2 质子出现在 4.5～5.2 ppm。—NH_2 质子与芳香族 C—H 质子的比例反映了分子中平均官能度的大小。随着反应时间和反应温度的增加，—NH_2 质子的峰面积比增加，这意味着平均官能度的增加。其中，T25-2h 产物的—NH_2 质子与苯环质子的比例为 1∶2，这意味着每个苯环上都具有氨基，即 T25-2h 的产物是完全硝化的(ONPS)和氨化的(OAPS)，该结果与表 3-12 中元素分析相对应。NH_2-OPS 的平均官能度可以从—NH_2 质子的峰面积与苯环质子的比例计算。计算的平均官能度如表 3-17 所示，结果与表 3-12 中元素分析一致。

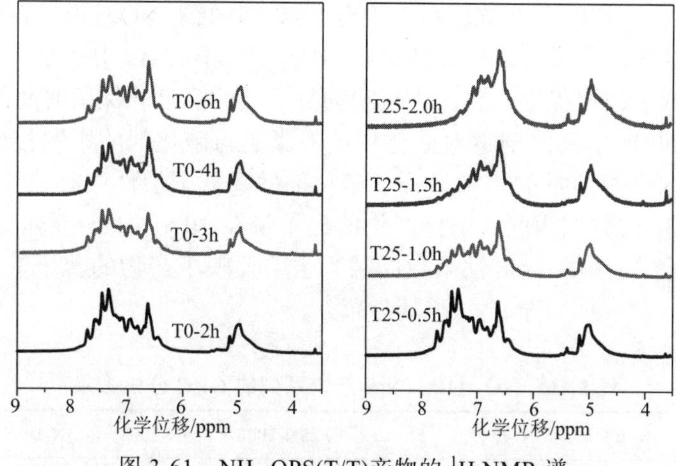

图 3-61　NH_2-OPS(T/T)产物的 ^1H NMR 谱

表 3-17　由 ^1H NMR 峰面积之比计算的 NH_2-OPS (T/T)产物平均官能度

物理量	T0-2h	T0-3h	T0-4h	T0-6h	T25-0.5h	T25-1.0h	T25-1.5h	T25-2.0h
—NH_2 质子与苯环上质子之比	0.105	0.209	0.268	0.292	0.345	0.436	0.459	0.496
平均官能度	1.995	3.785	4.727	5.096	5.885	6.750	7.466	7.949

通过 ^1H NMR 谱确认 NH_2-OPS(N/S)产物结构，如图 3-62 所示。可以从峰面积比计算—NH_2 的平均官能团度，结果如表 3-18 所示。硝化剂的量与在相同量溶剂下的硝化程度成比例，它也与氨化程度成比例。

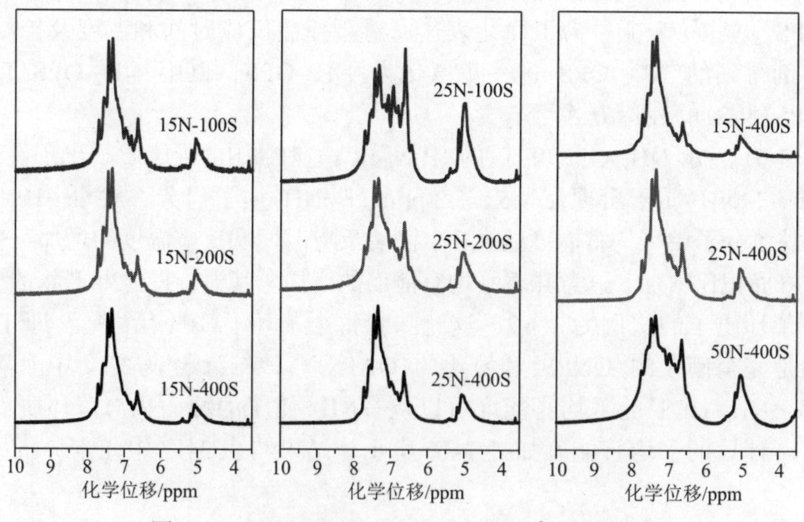

图 3-62　NH_2-OPS (N/S)系列产物的 ^1H NMR 谱

表 3-18　由 ^{1}H NMR 峰面积之比计算的 NH_2-OPS (N/S)产物平均官能度

物理量	50N-400S	25N-400S	15N-400S	25N-200S	15N-200S	25N-100S	15N-100S
—NH_2 质子与苯环上质子之比	0.260	0.176	0.139	0.278	0.130	0.346	0.178
平均官能度	4.602	3.235	2.599	4.881	2.441	5.899	3.269

通过 XRD 表征 NH_2-OPS 结构(图 3-63)。图中的 NH_2-OPS 的 XRD 图显示了宽的无定形衍射峰。在 7.60°～7.80°的 NH_2-OPS 的衍射峰意味着 *d*-间距为 11.3～11.6 Å(通过布拉格方程计算得到)。XRD 衍射峰与 POSS 笼状结构的大小有关，NH_2-OPS 的 *d*-间距越大，表明笼尺寸越大。衍射峰的移动表明，

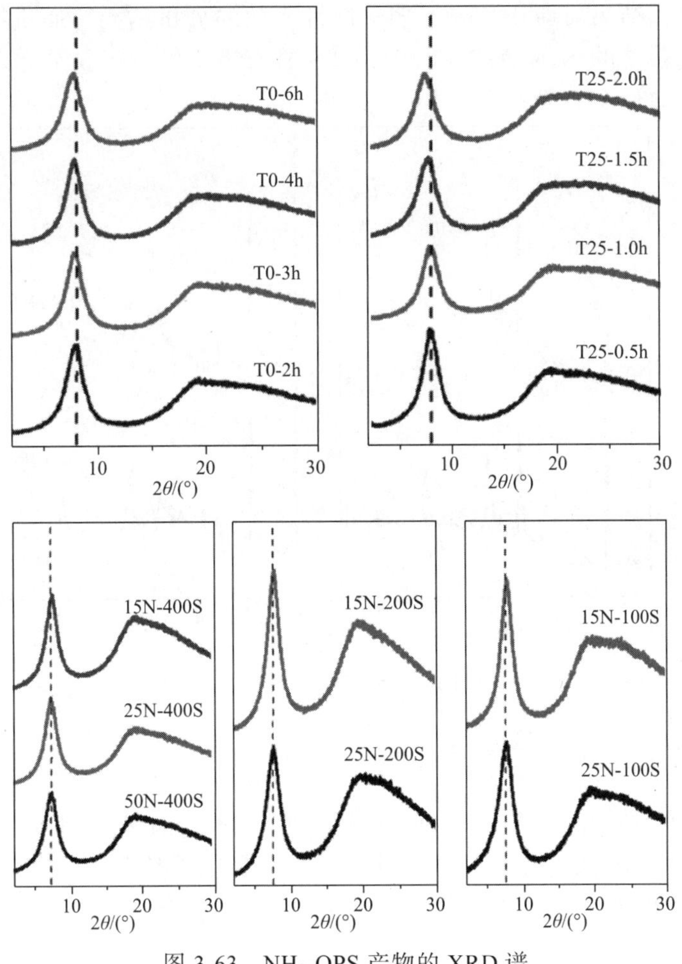

图 3-63　NH_2-OPS 产物的 XRD 谱

随着反应时间和温度的升高，衍射峰向小角区移动，相应的 *d*-间距和笼状尺寸更大，这反映出分子具有了更多的官能团。该结果证实了硝化和氨化产物的结构，也证实了不同条件对产物结构的影响。

通过 UPLC 分析获得的 NH_2-OPS 的分布，结果显示在图 3-64 中。在时间-温度控制下 T0-3h 和 T0-6h 以及在硝化剂-溶剂控制下的 25N-100S 和 15N-100S 被选择用来验证其在 UPLC 测试中的产物分布。根据元素分析、^{1}H NMR 和 GPC，它们的 N 含量和官能团数相似，属于其中有部分氨基苯基的 NH_2-OPS。随着官能度的增加，分子的极性增加，并且 UPLC 中的相应峰更早出现。在早期阶段，T0-6h 样品显示出比 T0-3h 样品明显更多的峰。同样，25N-100S 样品的主峰位置早于 15N-100S 样品的峰。这一结果表明，NH_2-OPS 产物在时间-温度控制下的分布更加分散，而硝化剂-溶剂控制的 NH_2-OPS 产物的分布更加集中。该结果对应于 GPC 多分散性系数的分析结果。通过控制硝化剂和溶剂的量获得的 NO_2-OPS 和 NH_2-OPS 具有较窄的分子量分布和具有更集中的官能度的分布。

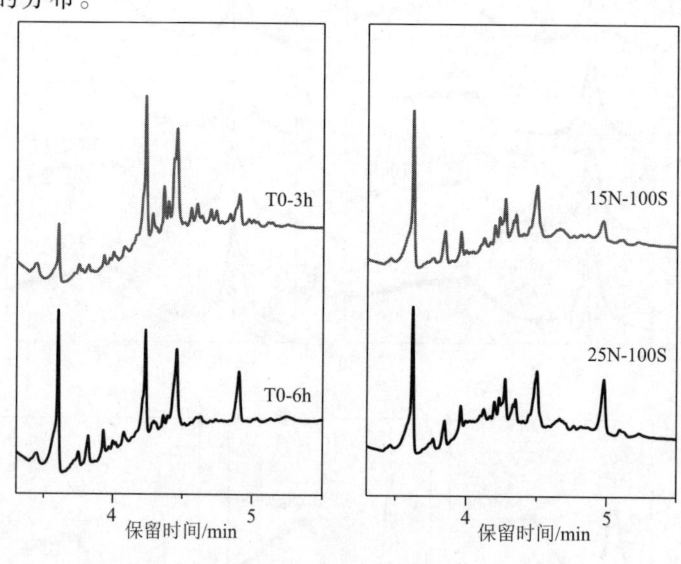

图 3-64　NH_2-OPS 产物的 UPLC 分析结果

3.4.2　*n*NH_2-OPS 的热性质

不同方法合成的 NH_2-OPS 在 N_2 中的 TG 曲线显示在图 3-65 中，硝化过程由反应时间和温度控制，所得氨化产物的热稳定性类似，800℃下的残炭率约为 68%，T0 和 T25 系列产物质量损失 5%时的温度（初始分解温度）分别在 340℃和 360℃。而硝化方法由硝化剂和溶剂的量控制，氨化产物的热稳定性明显提高，800℃下的残炭率在 70%～74%，初始热分解温度在 350～380℃。

而对比官能团数量不同的氨化产物的热稳定性时发现，具有官能度约为 5 的 25N-200S 样品具有最佳的热稳定性，残炭率高达 74.3%。由于氨基的过早分解，具有较高官能度的产物热稳定性降低，具有较低官能度的产物由于氨基的减少而显示形成炭的能力降低，800℃残炭率减小。

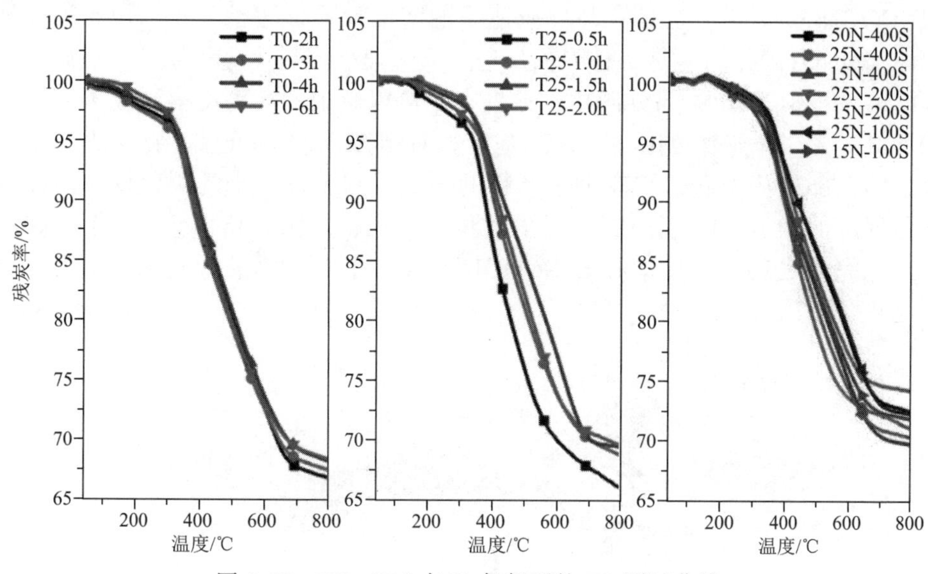

图 3-65　NH_2-OPS 在 N_2 气氛下的 TG 测试曲线

3.4.3　OPS 硝化官能度影响因素分析

在 OPS 的硝化过程中，控制四个反应条件：反应时间、温度、硝化剂的量和溶剂的量，可以调节产物的硝化程度和结构。NO_2-OPS 的硝化程度和结构也将直接影响其后续氨化反应的产物的官能度和结构。这四种条件控制方法对产品的影响主要体现在硝化过程中，我们主要研究这四个因素对硝化机理的影响。在三种可能的情况下会导致硝化反应的停止。第一种情况是人工的终止反应，例如在后处理过程中将反应溶液倒入大量去离子水中以使硝化剂失活，进而终止反应，这种情况主要对应控制反应时间的反应体系。第二种情况是 OPS 的每个苯基已被硝化，实验中所使用的活性中心 CH_3COONO_2 不能再继续硝化产物，反应自然终止，这种情况对应的是 T25-2h 这一反应体系，产物为具有八官能度的 ONPS。第三种情况，随着反应进行，活性中心和硝化剂被不断消耗，HNO_3 浓度逐渐降低，直到达到了能够产生活性中心的下限浓度，活性中心 CH_3COONO_2 不再形成，反应自然终止，这种情况发生在控制硝化剂和溶剂的配方中。因此，结合这三种反应终止的情况，分析四种反应条件对硝化产物官能度和结构产生影响的机理。

硝化反应过程如图 3-66 所示。HNO_3-$(CH_3CO)_2O$ 体系硝化的主要作用是通过 HNO_3 和$(CH_3CO)_2O$ 的反应形成的活性中心 CH_3COONO_2 发生的。OPS 微溶于二氯甲烷,因此系统中存在少量溶解的 OPS 和大量未溶解的 OPS 颗粒。根据反应发生的位置，硝化反应可分为两种类型。溶解的 OPS 分子与 CH_3COONO_2 反应，是具有高反应速率的溶液反应。未溶解的 OPS 可以被 CH_3COONO_2 硝化，这是一种界面反应，反应速率慢，反应程度低。在硝化反应的第一步中，OPS 部分硝化，并且在二氯甲烷中的溶解度得到改善。根据 ^1H NMR 谱，大多数硝化发生在苯基上相对于 Si 原子的间位。在出现一个苯基上的—NO_2 基团后，它有助于产物的溶解，利于进一步的硝化反应。随着硝化程度的增加，相对于 Si 原子的对位硝化的情况随之增多。在每个苯基的单硝化完成之后，活性中心 CH_3COONO_2 失去了对产物进行硝化的能力，反应终止[60]。

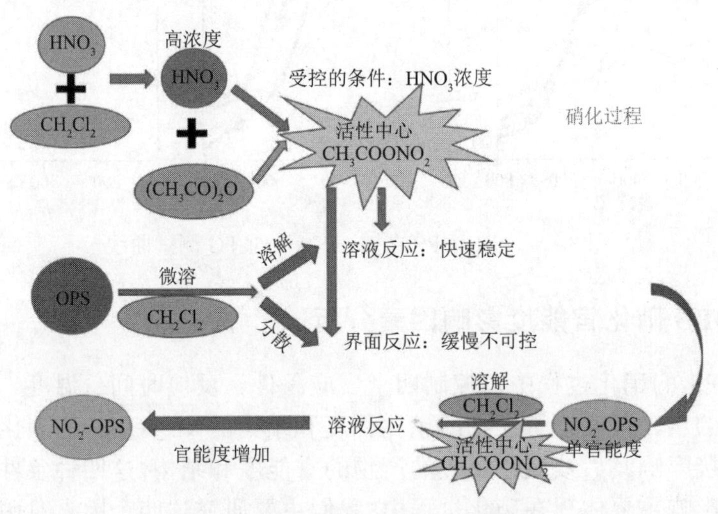

图 3-66　OPS 硝化反应过程示意图

硝化反应的程度因不同的反应条件而不同。反应温度的升高可以提高 OPS 溶解度，加快硝化反应速率，提高硝化反应程度。反应时间的延长增加了硝化程度，但上限与系统中硝化剂的总量相关。

硝化剂的增加意味着产生更多活性中心，反应速率增加，硝化程度也增加(图 3-67)。反应终止的标志是 HNO_3 浓度低于可以产生活性中心的极限。由于 HNO_3 的初始浓度较高，反应结束前形成的活性中心的数量增加，并且在最终硝化步骤中实现了更高的硝化官能度。

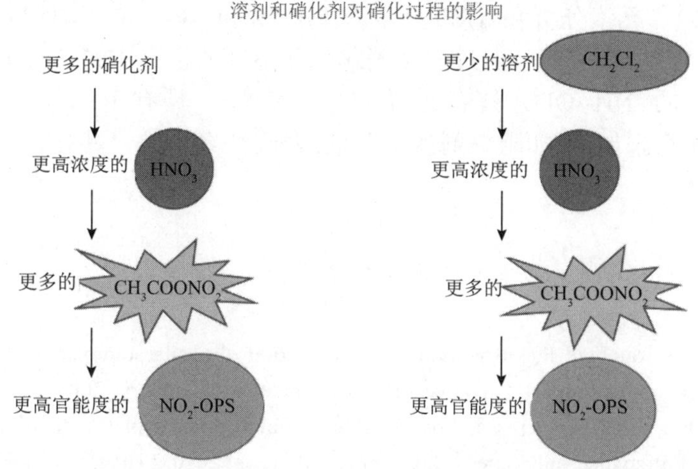

图 3-67　硝化过程中硝化剂的增加或溶剂的减少对硝化程度的影响关系

当考虑溶剂量对硝化度的影响时，由于溶剂的增加，硝化剂的浓度降低，硝化反应的活性中心浓度降低。因为 OPS 在溶剂中微溶，所以溶剂的量对 OPS 溶液浓度没有影响。作为硝化反应的另一组分，低的硝化剂浓度会导致反应速率降低，使硝化剂的浓度更早达到无法硝化的极限。随着反应的进行，硝化剂的浓度降低，在达到下限浓度后，不再产生活性中心，这导致反应的自然终止。产物 NO_2-OPS 的分析结果表明，较少量的溶剂产生更大的硝基平均官能团数。

3.4.4　小结

以 OPS 为原料，使用由硝酸和乙酸酐组成的新硝化体系，通过控制反应温度和时间以及硝化剂和溶剂的量四种反应条件参数，可以来合成具有 2～8 个—NO_2 基团的 NO_2-OPS。再以 NO_2-OPS 为原料，通过水合肼在 Pd/C-$FeCl_3$ 催化剂的作用下还原，可以合成具有 2～8 个—NH_2 基团的 NH_2-OPS。该研究提供了一种合成 OPS 中苯基上具有低硝基或氨基官能度 POSS 的方法。也可以通过调节反应温度和时间及硝化剂的量和溶剂的量，控制得到不同低官能度的 NO_2-OPS 和 NH_2-OPS。

通过 FTIR、元素分析、GPC 和 ^{1}H NMR 分析表征了 NO_2-OPS 结构，不同表征手段给出的官能团数量相互对应，为分析反应条件对硝化产物官能团数量的影响提供了依据。反应温度的升高可以提高硝化反应速率，反应时间的延长可以提高硝基官能度，单个 OPS 分子的硝化程度上限为 8 硝基官能度。硝化剂的增加和溶剂量的减少都会导致体系中 HNO_3 浓度的增加，进而使达到产生活性中心 CH_3COONO_2 下限的时间更晚，使总的硝化活性中心和硝化产物的官能度增加。

^{1}H NMR、元素分析和 XRD 显示 NH_2-OPS 和 NO_2-OPS 均保持了 OPS 的笼状结构。TG 分析表明，通过控制硝化剂和溶剂的量合成的具有中等氨基官能度(4～6)的 NH_2-OPS 具有优异的热稳定性。具有不同氨基官能度的 NH_2-OPS 作为添加剂(如阻燃剂或交联剂)来改性聚合物，具有非常好的应用前景。

参 考 文 献

[1] Lickiss P D, Rataboul F. Fully condensed polyhedral oligosilsesquioxanes (POSS): from synthesis to application[J]. Advances in Organometallic Chemistry, 2008, 57: 30-33.

[2] Cordes D B, Lickiss P D, Rataboul F. Recent developments in the chemistry of cubic polyhedral oligosilsesquioxanes [J]. Chemical Reviews, 2010, 110(4): 2081-2173.

[3] 杜建科. 笼形低聚硅倍半氧烷的合成及应用研究[D]. 北京: 北京理工大学, 2006.

[4] Cai H L, Zhang X J, Xu K. Preparation and properties of polycarbonate/polyhedral oligomeric silsesquioxanes (POSS) hybrid composites [J]. Polymers for Advanced Technologies, 2012, 23(4): 765-775.

[5] Zhang W C, Li X M, Li L M. Study of the synergistic effect of silicon and phosphorus on the blowing-out effect of epoxy resin composites [J]. Polymer Degradation and Stability, 2012, 97(6): 1041-1048.

[6] Li L M, Li X M, Yang R J. Mechanical, thermal properties, and flame retardancy of PC/ultrafine octaphenyl-POSS composites [J]. Journal of Applied Polymer Science, 2012, 124(5): 3807-3814.

[7] Brick C M, Tamaki R, Kim S G. Spherical, polyfunctional molecules using poly (bromophenylsilsesquioxane)s as nanoconstruction sites [J]. Macromolecules, 2005, 38(11): 4655-4660.

[8] He C B, Xiao Y, Huang J C. Highly efficient luminescent organic clusters with quantum dot-like properties [J]. Journal of the American Chemical Society, 2004, 126(25): 7792-7793.

[9] Brick C M, Ouchi Y, Chujo Y. Robust polyaromatic octasilsesquioxanes from polybromophenylsilsesquioxanes, Br_xOPS, via Suzuki coupling [J]. Macromolecules, 2005, 38(11): 4661-4665.

[10] Tamaki R, Tanaka Y, Asuncion M Z, et al. Octa(aminophenyl) silsesquioxane as a nanoconstruction site [J]. Journal of the American Chemical Society, 2001, 123(49): 12416-12417.

[11] Ak M, Gacal B, Kiskan B. Enhancing electrochromic properties of polypyrrole by silsesquioxane nanocages [J]. Polymer, 2008, 49(9): 2202-2210.

[12] Zhang J, Xu R W, Yu D S. A novel poly-benzoxazinyl functionalized polyhedral oligomeric silsesquioxane and its nanocaoposite with polybenzoxazine [J]. European Polymer Journal, 2007, 43(3): 743-752.

[13] Zhang J, Xu R W, Yu D S. A novel and facile method for the synthesis of

octa(aminophenyl) silsesquioxane and its nanocomposites with bismaleimide-diamine resin [J]. Journal of Applied Polymer Science, 2007, 103(2): 1004-1010.

[14] Huang J C, He C B, Xiao Y. Polyimide/POSS nanocomposites: interfacial interaction, thermalproperties and mechanical properties [J]. Polymer, 2003, 44(16): 4491-4499.

[15] Huang F W, Rong Z X, Shen X N. Organic/inorganic hybrid bismaleimide resin with octa(aminophenyl) silsesquioxane [J]. Polymer Engineering and Science, 2008, 48(5): 1022-1028.

[16] Nagendiran S, Alagar M, Hamerton I. Octasilsesquioxane-reinforced DGEBA and TGDDM epoxy nanocomposites: characterization of thermal, dielectric and morphological properties [J]. Acta Materialia, 2010, 58(9): 3345-3356.

[17] 周虎. 液相色谱-质谱联用方法的研究及其在蛋白质组分析中的应用[D]. 上海：中国科学院上海生命科学研究院, 2007.

[18] Iyer P, Coleman M R. Thermal and mechanical properties of blended polyimide and amine-functionalized poly(orthosiloxane) composites [J]. Journal of Applied Polymer Science, 2008, 108(4): 2691-2699.

[19] Choi J, Kim S G, Laine R M. Organic/inorganic hybrid epoxy nanocomposites from aminophenylsilsesquioxanes [J]. Macromolecules, 2004, 37(1): 99-109.

[20] Asuncion M Z, Laine R M. Silsesquioxane barrier materials [J]. Macromolecules, 2007, 40(3): 555-562.

[21] Liu H Z, Zheng S X. Polyurethane networks nanoreinforced by polyhedral oligomeric silsesquioxane [J]. Macromolecular Rapid Communications, 2005, 26(3): 196-200.

[22] Ervithayasuporn V, Wang X, Gacal B. Formation of trimethylsilylated open-cage oligomeric azidophenylsilsesquioxanes [J]. Journal of Organometallic Chemistry, 2011, 696(10): 2193-2198.

[23] 叶翠层, 殷作虎, 高海丽. Pd/C 催化合成对氨基苯甲醚[J]. 中南林业科技大学学报, 2008, 28(3): 160-162.

[24] 付桂云, 张国辉, 何旭, 等. 钯碳催化水合肼还原制备 3, 3′, 4, 4′-四氨基二苯砜的研究[J]. 化工新型材料, 2009, 37(3): 88-90.

[25] Carniato F, Bisio C, Boccaleri E. Titanosilsesquioxane anchored on mesoporous silicas: a novel approach for the preparation of heterogeneous catalysts for selective oxidations [J]. Chemistry: A European Journal, 2008, 14(27): 8098-8101.

[26] Itoh M, Inoue K, Iwata K. New highly heat-resistant polymers containing silicon: poly(silyleneethynylenephenyleneethynylene)s [J]. Macromolecules, 1997, 30(4): 694-701.

[27] Wiener H, Sasson Y, Blum J. Palladium-catalyzed decomposition of aqueous alkali metal formate solutions [J]. Journal of Molecular Catalysis, 1986, 35(3): 277-284.

[28] Larsen J W, Freund M, Kim K Y. Mechanism of the carbon catalyzed reduction of nitrobenzene by hydrazine [J]. Carbon, 2000, 38(5): 655-661.

[29] 赵波, 韩文峰, 霍超, 等. 活性炭对钌基氨合成催化剂活性的影响[J]. 浙江工业大学学报, 2004, 32 (2): 131-134.

[30] 陈筱金. Pd/C 催化剂失活原因分析与改进措施[J]. 化学反应工程与工艺, 2002, 18(3): 275-278.

[31] Chomel A D, Jayasooriya U A, Babonneau F. Solid state effects in the IR spectrum of octahydridosilasesquioxane [J]. Spectrochimica Acta Part A: Molecular and Biomolecular Spectroscopy, 2004, 60(7): 1609-1616.

[32] Eklund P C, Golden J M, Jishi R A. Vibrational-modes of carbon nanotubes-spectroscopy and theory [J]. Carbon, 1995, 33(7): 959-972.

[33] Galvez A, Herlin B N, Reynaud C. Carbon nanoparticles from laser pyrolysis [J]. Carbon, 2002, 40(15): 2775-2789.

[34] Jang B N, Wilkie C A. A TG/FTIR and mass spectral study on the thermal degradation of bisphenol A polycarbonate [J]. Polymer Degradation and Stability, 2004, 86(3): 419-430.

[35] Wang X, Hu Y, Song L. Flame retardancy and thermal degradation mechanism of epoxy resin composites based on a DOPO substituted organophosphorus oligomer [J]. Polymer, 2010, 51(11): 2435-2445.

[36] Chang S, Matsumoto T, Matsumoto H, et al. Synthesis and characterization of heptacyclic laddersiloxanes and ladder polysilsesquioxane[J]. Applied Organometallic Chemistry, 2010, 24(3): 241-246.

[37] Handke M, Handke B, Kowalewska A, et al. New polysilsesquioxane materials of ladder-like structure [J]. Journal of Molecular Structure, 2009, 924: 254-263.

[38] Zhang Z X, Hao J K, Xie P. A well-defined ladder polyphenylsilsesquioxane (Ph-LPSQ) synthesized via a new three-step approach: monomer self-organization-lyophilization-surface-confined polycondensation [J]. Chemistry of Materials, 2008, 20(4): 1322-1330.

[39] Zhang L L, Tian G F, Wang X D, et al. Polyimide/ladder-like polysilsesquioxane hybrid films: mechanical performance, microstructure and phase separation behaviors [J]. Composites Part B: Engineering, 2014, 56: 808-814.

[40] Kim S G, Choi J, Tamaki R, et al. Synthesis of amino-containing oligophenylsilsesquioxanes[J]. Polymer, 2005, 46(12): 4514-4524.

[41] 蒋云芸. 梯形聚苯基硅倍半氧烷的合成及应用研究[D]. 北京: 北京理工大学, 2012.

[42] 梁嘉香. 环梯形聚苯基硅倍半氧烷的合成及表征[D]. 北京: 北京理工大学, 2014.

[43] Fan H B, Yang R J, Li X M. Purity analysis of polyhedral oligomeric octa(nitrophenyl) silsesquioxane [J]. Acta Chimica Sinica, 2012, 70(16): 1737-1742.

[44] Fan H B, Yang R J, Li D H. Synthesis improvement and characterization of polyhedral oligomeric octa(aminophenyl) silsesquioxane [J]. Acta Chimica Sinica, 2012, 70(4): 429-435.

[45] 周发岐. 炸药合成化学[M]. 北京: 国防工业出版社, 1984: 230-317.

[46] 樊能廷. 有机合成事典[M]. 北京: 北京理工大学出版社, 1992: 129-181.

[47] 陈树森, 束庆海, 金韶华, 等. 四乙酰基二甲酰基六氮杂异伍兹烷的硝解杂质与硝解机理[J]. 兵工学报, 2007, 28(1): 20-22.

[48] Li Y, Qi C, Sun C, et al. Synthesis and quantum chemical study on 2,6,8,12-tetranitro-2,4,6,8,10,12-hexaazaisowurtzitane [J]. Energetic Materials, 2010, 18(2): 121-127.

[49] 魏运洋, 金铁柱. 十二烷基苯的硝化选择性 [J]. 应用化学, 1995, 12(1): 43-46.

[50] Sun C, Fang T, Yang Z. Reaction mechanism of preparation CL-20 from tetraacetylhexaazaisowurtzitane nitrated by mixture of nitric acid and sulfuric acid [J]. Energetic

Materials, 2009, 17(2): 161-165.

[51] Qiu W G, Chen S S, Yu Y Z. Oxidation of *N*-benzyl groups[J]. Acta Armamentarii, 2000, 21(2): 116-118.

[52] Guo H, Meador M A B, Mccorkle L, et al. Polyimide aerogels cross-linked through amine functionalized polyoligomeric silsesquioxane[J]. ACS Applied Materials & Interfaces, 2011, 3(2): 546-552.

[53] Ge Z, Liu H, Zhang Y, et al. Supramolecular thermoresponsive hyperbranched polymers constructed from poly(*N*-isopropylacrylamide) containing one adamantyl and two β-cyclodextrin terminal moieties[J]. Macromolecular Rapid Communications, 2011, 32(1): 68-73.

[54] Franchini E, Galy J, Gérard J F, et al. Influence of POSS structure on the fire retardant properties of epoxy hybrid networks[J]. Polymer Degradation & Stability, 2009, 94(10): 1728-1736.

[55] Fan H B, Yang R J. Flame-retardant polyimide cross-linked with polyhedral oligomeric octa(aminophenyl) silsesquioxane[J]. Industrial & Engineering Chemistry Research, 2013, 52(7): 2493-2500.

[56] Wu Y, Ye M, Zhang W, et al. Polyimide aerogels cross-linking through cyclic ladder-like and cage polyamine functionalized polysilsesquioxanes[J]. Journal of Applied Polymer Science, 2017, 134(37): 45296-45305.

[57] Wu Y, Zhang W, Yang R. Ultralight and low thermal conductivity polyimide-polyhedral oligomeric silsesquioxanes aerogels[J]. Macromolecular Materials & Engineering, 2017, 303(2): 1700403-1700412.

[58] Qiao C, Xu R, Zhang J, et al. Polyhedral oligomeric silsesquioxane (POSS) nanoscale reinforcement of thermosetting resin from benzoxazine and bisoxazoline[J]. Macromolecular Rapid Communications, 2010, 26(23): 1878-1882.

[59] Fan H, Yang R. Preparation and characterization of polyhedral oligomeric octanitrophenylsilsesquioxane [J]. Polymer Materials Science and Engineering, 2012, 28(7): 144-147.

[60] 吴义维，范海波，杨荣杰. 环梯形聚苯基硅倍半氧烷的硝化研究[J]. 有机化学，2017(7): 1870-1876.

第 4 章　八炔丙基胺苯基硅倍半氧烷的合成与固化

八氨基苯基硅倍半氧烷（OAPS）是一种非常有用的基本纳米结构单元[1-3]，鉴于氨基是化学反应中活性最高的基团之一，通过 OAPS 的—NH_2基转化可用于制备更多基于 OPS 的衍生物。自 2001 年 OAPS 被成功合成以后，人们就一直在对 OAPS 的衍生化进行研究，已成功制备得到了含叠氮基、卤素、酰胺基、苯并噁嗪等基团的衍生物[4-9]。

由于端炔基上具有活泼氢原子以及活性很高的 C≡C，因此在化学反应中被广泛应用，包括近年来研究广泛的“点击化学”反应，叠氮基团和炔基基团之间的 1,3-偶极环加成反应是目前研究最多的“点击化学”反应之一，更是使人们对端炔基化合物的关注度日益提高。“点击化学”反应是一种应用非常广泛的有机合成路径，尤其是在高分子化学合成领域[10]。这一偶合过程可在水系或有机溶剂体系内完成近乎无副产物生成的定量转化，具有高效率、高产率、无副产物、产物分离提纯容易等特点[11-13]。但是，到目前为止，关于含有端炔基团的 POSS 衍生物报道很少，尤其是含有八个端炔基团的 POSS 衍生物[14,15]。

在本章中，使用作者团队合成的笼状八氨基苯基硅倍半氧烷（OAPS），通过与炔丙基溴之间的反应，使用三乙胺作为缚酸剂，成功制备得到了含有八个端炔基基团的八炔丙基胺苯基硅倍半氧烷（OPAPS），并使用多种分析手段对其结构进行了表征。在一定温度下，端炔基可发生热固化反应，OPAPS 也不例外，因此，本章研究了 OPAPS 自身的热固化机理，以及 OPAPS 及其热固化产物的热分解机理；同时，也对 OPAPS 的固化动力学参数进行了研究。

4.1　八炔丙基胺苯基硅倍半氧烷合成与表征

4.1.1　八炔丙基胺苯基硅倍半氧烷的合成

八炔丙基胺苯基硅倍半氧烷（OPAPS）合成路线如图 4-1 所示。称取 10 g OAPS（8.66 mmol，—NH_2 69.2 mmol）和 8.924 g 三乙胺（83.04 mmol）于带有磁子和回流冷凝管的 500 mL 三口烧瓶中，加入 160 mL 的 *N*,*N*-二甲基甲酰胺（DMF），混合液在氮气保护下加热至 80℃。然后称取 31.2 g 80 wt%炔丙基溴的甲苯溶液(207.6 mmol)于恒压滴液漏斗中搅拌下，在 15 min 内将其逐滴加入混合液中，随着炔丙基溴的加入，溶液颜色开始变深，滴加完毕后，体系反应 24 h。反应完毕待溶液冷却后，将反应产物抽滤，滤液通过旋蒸除去溶剂，然后加入 80 mL 四氢呋喃和 40 mL 乙酸乙酯溶解，用适量饱和 NaCl 溶液洗涤数次，无水 Na_2SO_4 干燥有机相，然后倾入 1000 mL 正己烷中沉淀，待沉淀完全，抽滤得产物，并置于 50℃真空烘箱中干燥。产物记为 OPAPS，产率约为 82.4%。

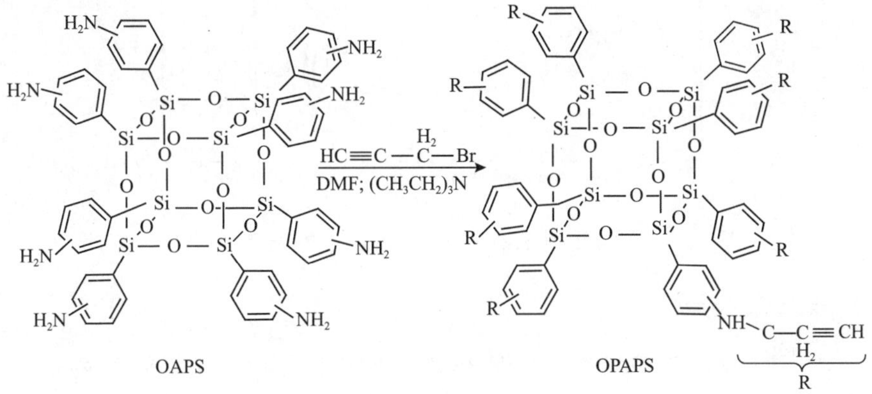

图 4-1　OPAPS 的合成路线示意图

4.1.2　八炔丙基胺苯基硅倍半氧烷的表征

产物 OPAPS 在室温下能溶于大部分有机溶剂中，如丙酮、四氢呋喃(THF)、二甲基甲酰胺(DMF)、二甲基亚砜(DMSO)等，OPAPS 优异的溶解性对其表征和应用均有利。

1. 红外光谱分析

图 4-2 为 OPAPS 与原料 OAPS 的红外光谱，3358 cm^{-1} 和 3456 cm^{-1} 处的宽峰为—NH_2 上 N—H 的对称和非对称伸缩振动峰。当 OAPS 转化为 OPAPS 后，在 OPAPS 的红外光谱图中，此两处峰完全消失，3375 cm^{-1} 处出现一个新的吸收峰，为 OPAPS 分子中仲胺基团—NH—的吸收峰；在 3288 cm^{-1}、1697 cm^{-1} 和 642 cm^{-1} 处出现端炔基上—CH 基团的特征吸收峰；由于 OPAPS 结构对称，2113 cm^{-1} 处的—C≡C—吸收峰强度很弱。同时可观察到，OAPS 与 OPAPS 在 1115 cm^{-1} 处的 Si—O—Si 峰的吸收强度都很强，且 1595 cm^{-1}、1484 cm^{-1} 和 1434 cm^{-1} 处的苯环骨架振动吸收峰也均存在，表明产物 OPAPS 的笼状结构没有被破坏。

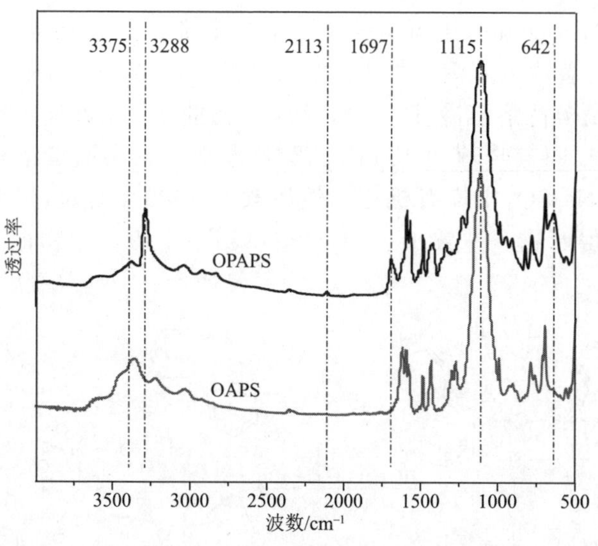

图 4-2 OAPS 与 OPAPS 的红外光谱

2. 核磁共振分析

使用 ¹H NMR 对 OAPS 与 OPAPS 的结构进行分析，结果如图 4-3 所示。在图 4-3(a)中，5.4～4.5 ppm 处为—NH_2上的质子共振峰，7.4～6.2 ppm 处为苯环上质子共振峰，二者峰面积比为 1∶2，与 OAPS 结构相符。OAPS 转化为 OPAPS 后，在图 4-3(b)OPAPS 的 ¹H NMR 谱图中，—NH_2的质子共振峰全部消失，并且，在 4.1 ppm 处出现—NH—结构上的质子共振峰，3.9 ppm 处出现—CH_2—上的质子共振峰，3.0 ppm 处出现—C≡CH 结构上的质子共振峰，由此可证明 OAPS 已完全反应生成 OPAPS，此结果与红外光谱结果一致。

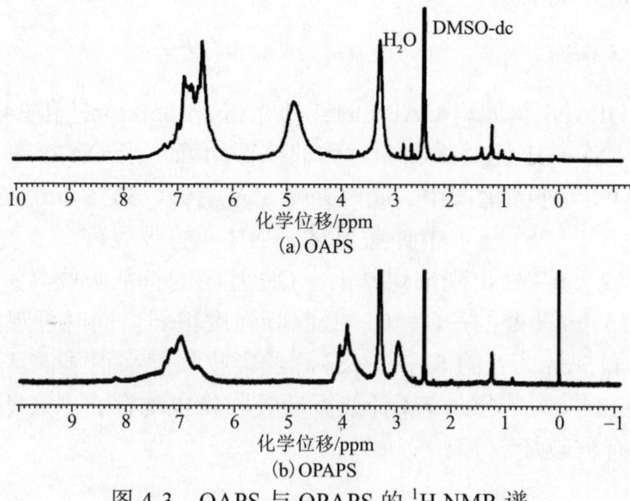

图 4-3 OAPS 与 OPAPS 的 ¹H NMR 谱

图 4-4 为 OAPS 和 OPAPS 的固体 ^{29}Si NMR 谱对比图。在 OAPS 的结构中，由于—NH_2 存在对位和间位两种不同取代位置[16]，导致与苯环相连的 Si 原子处于两种不同的化学环境下，因此在 OAPS 的固体 ^{29}Si NMR 图[图 4-4(a)]中，−77.5 ppm 和−68.3 ppm 处出现两个不同位置的共振峰。当—NH_2 转化为—$NHCH_2C{\equiv}CH$ 后，在图 4-4(b)中，只检测到在−77.8 ppm 处有一个很强的核磁共振峰，原因可能是端炔基的存在削弱了苯环上取代基团的电子效应，导致苯环上取代基的不同取代位置对 Si 原子的电子云密度影响较小。

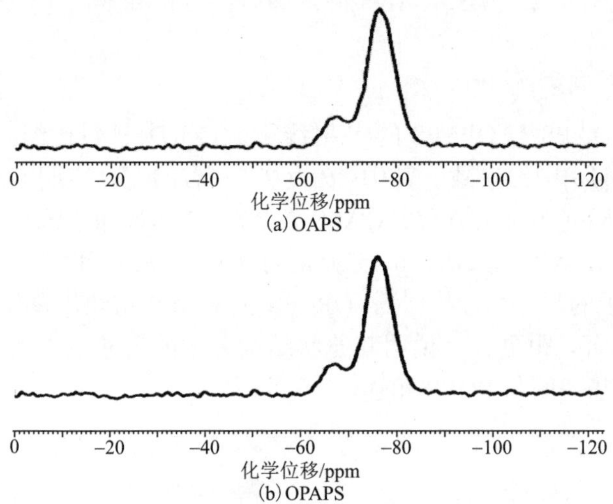

图 4-4　OAPS 和 OPAPS 的固体 ^{29}Si NMR 谱

图 4-5 为 OAPS 和 OPAPS 的 ^{13}C NMR 谱图。在 110～165 ppm 范围内的共振峰均为苯环上 C 原子的共振峰，在图 4-5(b)中，79.5 ppm 和 75.1 ppm 出现两个很强的属于—C≡CH 上 C 原子的共振峰，表明产物中—C≡CH 的存在。

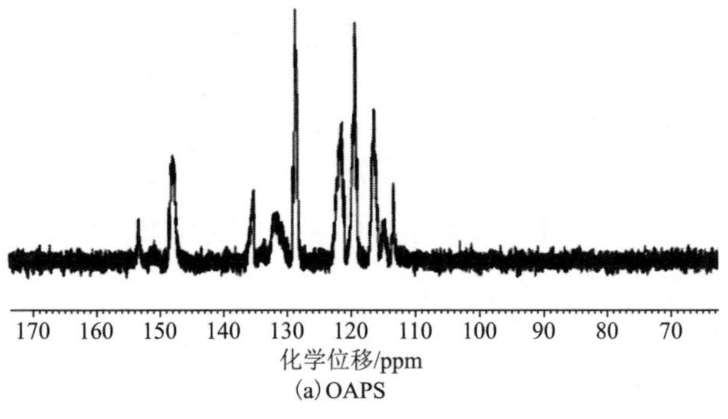

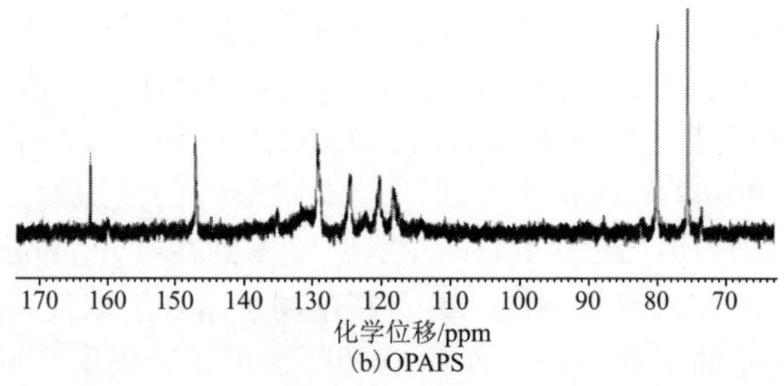

(b) OPAPS

图 4-5 OAPS 和 OPAPS 的 ^{13}C NMR 谱

3. X 射线衍射分析

图 4-6 为 OAPS 与 OPAPS 的 X 射线衍射(XRD)谱对比图。OAPS 的 XRD 图与文献[9]、[16]中的一致。其中 2θ 为 20°左右的宽峰表明 OAPS 和 OPAPS 均为非晶态。根据布拉格方程，OAPS 在 2θ = 7.75°处衍射峰对应的晶面间距为 11.4 Å，而 OPAPS 在 2θ = 6.45°处衍射峰对应晶面间距为 13.7 Å，对应于 POSS 单个分子的尺寸大小[17, 18]，OPAPS 由 OAPS 与炔丙基溴反应而得，相比 OAPS 其晶面间距更大，说明其笼状结构分子的尺寸也更大，XRD 的结果进一步佐证炔基基团与 POSS 相连。

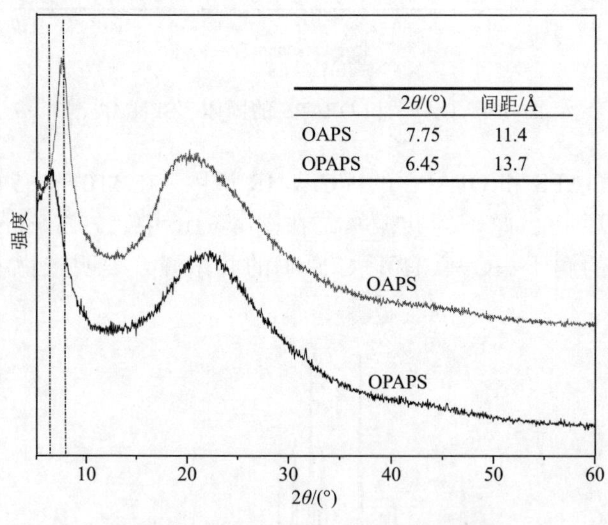

图 4-6 OAPS 与 OPAPS 的 XRD 谱

4. 热性能分析

图 4-7 为 OPAPS 在氮气气氛下以 10℃/min 的速率升温测得的 DSC 曲线。在 200～320℃范围内发现有明显的放热过程，鉴于 OPAPS 为非晶，这表明

OPAPS 在加热过程中，炔基之间发生交联反应，该放热峰值温度为 267.0℃，放热量为 902.6 J/g。与普通端炔基的聚合反应放热范围相比[19, 20]，OPAPS 的放热发生在较高的温度区域，原因是 POSS 笼状结构刚性较强，且每个 OPAPS 分子中含有八个端炔基，当部分炔基发生固化反应后，剩余炔基发生反应时的空间位阻更大，只有当温度进一步升高后，基团间才可进一步发生反应。

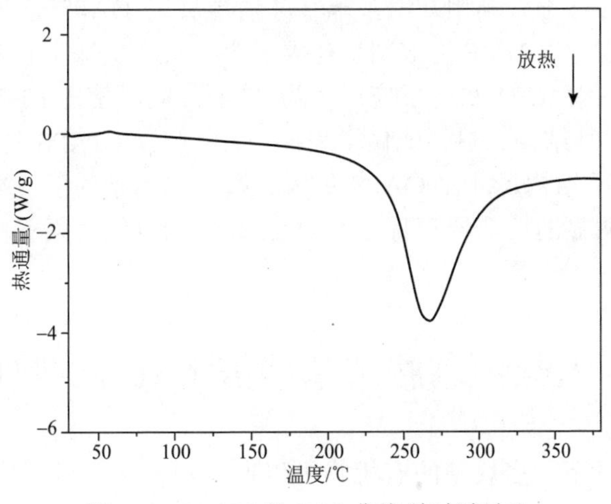

图 4-7　OPAPS 的 DSC 曲线(氮气气氛)

图 4-8 为 OPAPS 分别在氮气和空气气氛下测得的 TG 曲线，由图 4-8 可以得到初始分解温度 T_{onset}(分解 5 wt%时的温度)和 800℃时的残炭率。结果表明 OPAPS 的热稳定性良好，在氮气气氛中，T_{onset} 为 374℃，残炭率高达 75.8%；在空气气氛中，T_{onset} 为 447℃，残炭率达 33.8%。OPAPS 在氮气气氛下的 T_{onset}

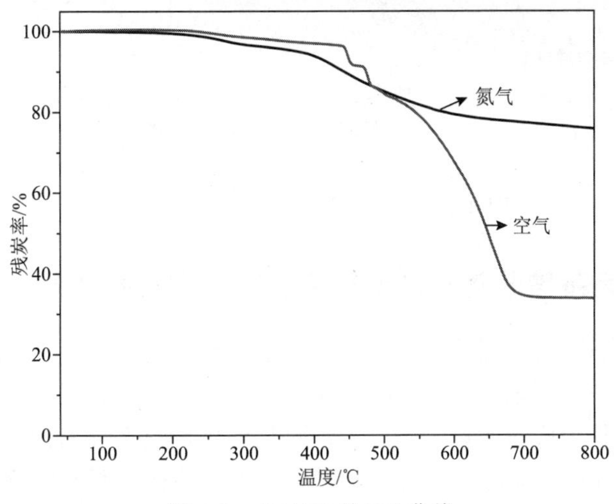

图 4-8　OPAPS 的 TG 曲线

比在空气气氛下低 73℃，原因可能是氧气的存在有利于端炔基的聚合。此外，800℃时 OPAPS 在氮气气氛下的残炭率比在空气气氛下高很多,因为在有氧气的存在下，OPAPS 发生热氧化分解作用，因此其在空气中热失重更多。

4.1.3　小结

在三乙胺存在下，利用八氨基苯基硅倍半氧烷 OAPS 上氨基与炔丙基溴上溴原子的反应，以 DMF 为溶剂，合成了含有八个炔基团的多面体八炔丙基胺苯基硅倍半氧烷(OPAPS)，反应产率为 82.4%，同时使用 FTIR、NMR、XRD、DSC 及 TGA 对其结构和热性能做了表征，证明产物 OPAPS 具有较高的纯度；OPAPS 笼状分子结构尺寸比 OAPS 更大；在加热的条件下，端炔基可进行聚合反应，出现明显的放热峰；且 OPAPS 在氮气和空气气氛下均具有较好的热稳定性。

4.2　八炔丙基胺苯基硅倍半氧烷的热固化

在一定温度下，多炔基的有机物可以通过炔基之间的反应而形成交联网络[21-23]，以制备耐高温材料。如图 4-9 所示，端炔基基团在受热的情况下，可通过相互间的交联反应，生成共轭二烯和苯环结构，具有较高的热稳定性。由多面体八炔丙基胺苯基硅倍半氧烷(OPAPS)的 DSC 曲线(图 4-7)可知，OPAPS 的热固化反应发生在 150～350℃，且放热峰值温度为 267℃附近。

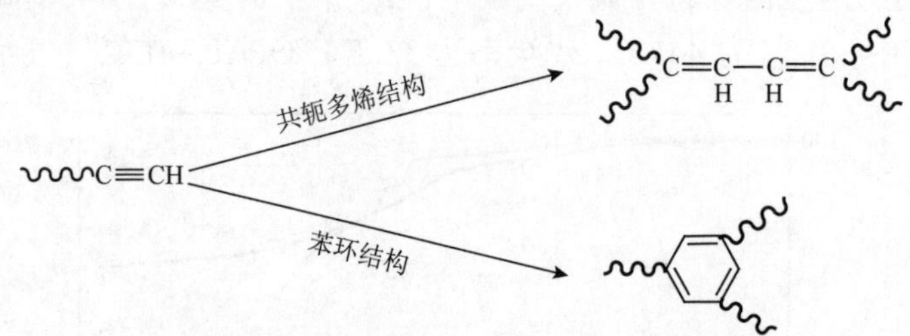

图 4-9　端炔基基团可能的热固化反应

4.2.1　八炔丙基胺苯基硅倍半氧烷热固化产物的红外分析

图 4-10 是 OPAPS 固化至不同温度后，固化产物的红外光谱图，各振动吸收峰代表的基团列于表 4-1 中。由图 4-10 可证明 OPAPS 固化过程主要是炔基发生反应的过程。从图中可看到，随着固化温度的升高，固化产物红外光谱中在 3288 cm^{-1} 和 642 cm^{-1} 处属于端炔基上—CH 的振动吸收峰逐渐消失，证明端炔基发生了交联反应；在 250℃后的固化产物红外光谱中，这两个峰基本消

失，表明 OPAPS 在上述温度程序固化后，端炔基团的固化反应基本完全。同时，在 2969 cm^{-1} 处出现—CH═CH—上 C—H 键的吸收峰，1622 cm^{-1} 处也出现 C═C 双键的吸收峰，并随固化温度的升高而逐渐增大，证明部分炔基反应生成共轭双键。从图中还可看到，—CH═CH—上 C—H 键的吸收峰在 150℃后的固化产物中非常弱，而在 170℃后的固化产物中变得明显，表明 OPAPS 的初始固化发生在 170℃左右。此外，在图 4-10 中，1938 cm^{-1} 附近出现苯环的泛频峰，随着固化温度的升高，此峰逐渐变大，证明部分炔基发生三聚反应生成苯环结构。反应过程如图 4-9 所示，OPAPS 中的端炔基在逐步升温固化过程中主要发生两个反应，一个是两个炔基生成共轭双烯结构，另一个是三个端炔基三聚生成苯环。同时可发现，在整个固化过程中 3375 cm^{-1} 处仲胺的—NH—峰，2922 cm^{-1} 和 2827 cm^{-1} 附近的—CH_2—峰，1595 cm^{-1} 和 1572 cm^{-1} 处苯环上 C═C 的振动峰与 1115 cm^{-1} 处的 Si—O 吸收峰一直存在[24]，说明在所设定的温度程序范围内，固化过程中 POSS 结构一直保持。

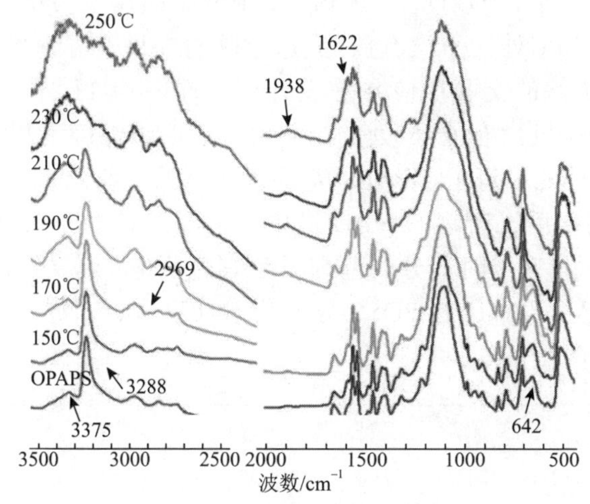

图 4-10　OPAPS 在不同固化温度后固化产物红外光谱

表 4-1　OPAPS 固化产物红外吸收峰对应的化学结构

波数/cm^{-1}	化学结构
3375	—NH—伸缩振动
3288	—C≡CH 上的 C—H 伸缩振动
3050	C_{Ar}—H 伸缩振动
2969	—CH═CH—上的 C—H 伸缩振动
2922, 2827	R—CH_2—R 伸缩振动

续表

波数/cm^{-1}	化学结构
1938	苯环骨架振动
1622	C═C 乙烯基伸缩振动
1595, 1572	苯环 C═C 伸缩振动
1115	Si—O—Si 振动
642	—C≡CH 上的 C—H 弯曲振动

4.2.2 八炔丙基胺苯基硅倍半氧烷热固化物的 XRD 分析

图 4-11 为 OPAPS 及其固化物的 XRD 衍射图，每条曲线在 2θ = 22°附近都有一个大的包峰，表明样品为非晶态结构。OPAPS 在 2θ = 6.45°处衍射峰对应晶面间距为 13.7 Å，即对应于 POSS 单个分子的尺寸大小。OPAPS 的 DSC 曲线(图 4-7)在 170℃处几乎没有放热，这意味着在该升温速率条件(10℃/min)下，170℃左右炔基的交联反应几乎没开始。而图 4-11 中，170℃条件下的 OPAPS 固化物中，已没有 6.45°处的衍射峰，表明该温度下尽管部分炔基发生了聚合反应，但是几乎每个 OPAPS 笼都有炔基的参与。在 170℃及更高温度 210℃和 250℃固化后，产物的 XRD 谱中，已经没有 OPAPS 单个笼子尺寸大小的衍射峰，证明 170℃时部分炔基即发生聚合反应。2θ = 6.45°处的衍射峰完全消失，说明固化过程中所有 POSS 分子均参加反应，产物中没有了单个 POSS 结构尺寸的分子存在。

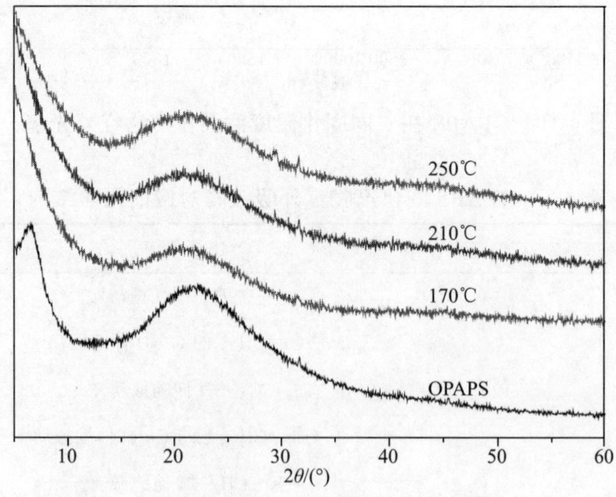

图 4-11 OPAPS 及其不同温度下固化物的 XRD 图

4.2.3　八炔丙基胺苯基硅倍半氧烷热固化物的形貌分析

使用扫描电子显微镜(SEM)对 OPAPS 及其固化物截面的形貌进行测试，结果如图 4-12 所示。从图 4-12 中可看到 OPAPS 由红外压片制样机压片制样后，出现粉末的模压堆积结构；然后，从不同温度固化后产物的 SEM 图中可看到，三个温度下固化物颗粒堆积结构消失，截面光滑，表明 OPAPS 分子之间已经发生聚合反应。

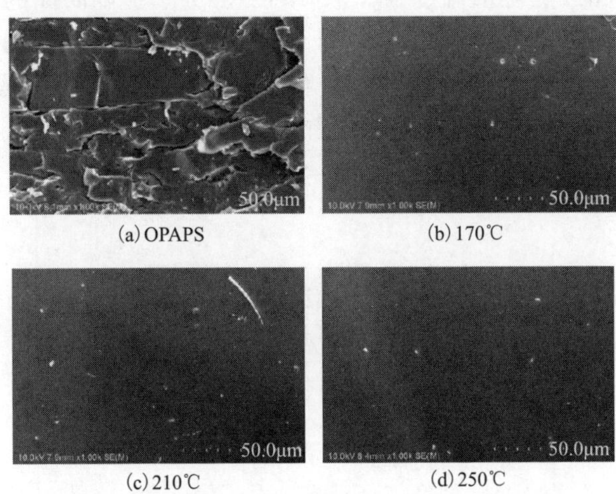

(a) OPAPS　(b) 170℃　(c) 210℃　(d) 250℃

图 4-12　OPAPS 及其不同温度固化物的 SEM 图像

表 4-2 是 OPAPS 热固化物的 X 射线能谱(EDXS)测试结果。在 OPAPS 中，原子 N 和 Si 的原子个数百分数理论值为 8%，在不同温度固化物的分析结果中，原子 N 和 Si 的原子个数均在理论误差范围之内，从侧面佐证了在 OPAPS 的热固化过程中，—NH—基团和 Si—O—Si 笼状结构没有遭到破坏。

表 4-2　OPAPS 不同温度固化物的 EDXS 分析结果

元素	原子百分数/%				
	OPAPS	170℃	210℃	250℃	理论值
N	6.70	11.17	9.90	10.56	8
Si	6.87	12.06	9.34	9.30	8
O	22.73	18.73	18.72	18.47	12
C	63.71	58.05	62.04	61.67	72

4.3　八炔丙基胺苯基硅倍半氧烷的热固化动力学研究

4.3.1　升温速率对八炔丙基胺苯基硅倍半氧烷固化过程的影响

DSC 曲线法可用于研究材料的固化动力学[25-29]。图 4-13 为在 30～380℃温度范围内，分别以升温速率ϕ = 5℃/min、10℃/min、15℃/min 和 20℃/min 为条件，得到 OPAPS 的动态 DSC 曲线，表 4-3 为其相关分析数据，包括固化反应放热量ΔH 和放热峰值温度 T_p。图 4-13(a)为热流随时间的变化曲线，通过积分可得ΔH，平均值为 881 J/g。图 4-13(b)为热流随温度的变化曲线，随着升温速率的增大，放热峰的初始温度和结束温度均向高温区域移动，并且放热峰的峰值温度 T_p 及对应的热流也随着升温速率的增大而提高。

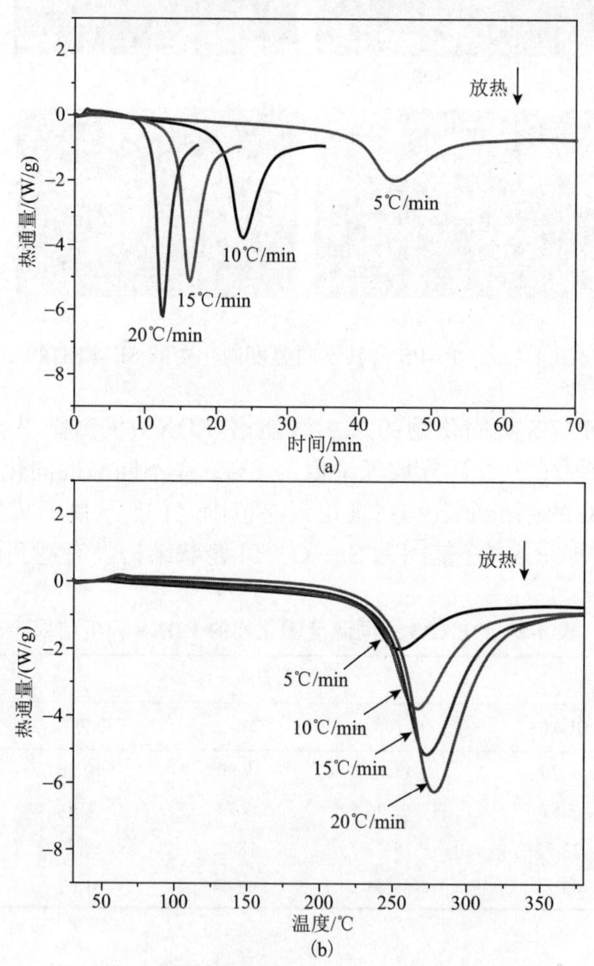

图 4-13　不同升温速率下 OPAPS 的 DSC 曲线

表 4-3　不同升温速率下 OPAPS 的 DSC 分析数据

升温速率ϕ/(℃/min)	5	10	15	20
ΔH/(J/g)	883.1	902.6	899.3	838.3
T_p/℃	254.4	267	273.3	278.2

4.3.2　八炔丙基胺苯基硅倍半氧烷的热固化动力学参数

热固化反应动力学参数一般可由 Kissinger 与 Ozawa 提出的不同升温速率法计算得到[21,27]，其中 Kissinger 方法基于方程式(4-1)，Ozawa 法基于方程式(4-2)，由 Kissinger 方法可以计算频率因子 A，见式(4-3)。

$$\frac{\mathrm{d}\left[\ln\left(\phi / T_{\mathrm{p}}^{2}\right)\right]}{\mathrm{d}\left[1 / T_{\mathrm{p}}\right]}=-\frac{E_{\mathrm{a}}}{R} \tag{4-1}$$

$$\frac{\mathrm{d}[\lg \phi]}{\mathrm{d}\left[1 / T_{\mathrm{p}}\right]}=-\frac{0.457 E_{\mathrm{a}}}{R} \tag{4-2}$$

$$A \approx \phi E_{\mathrm{a}} \exp\left(E_{\mathrm{a}} / R T_{\mathrm{p}}\right) / R T_{\mathrm{p}}^{2} \tag{4-3}$$

式中，T_p 为峰值温度(K)；ϕ为升温速率(K/min)；E_a 为表观活化能(kJ/mol)；R 为摩尔气体常量[8.314 J/(mol·K)]。

图 4-14 为 OPAPS 升温速率ϕ的对数函数与放热峰峰值温度 T_p 的倒数的关系曲线。由图可知，二者呈现出良好的线性关系，线性相关系数 r 达到 0.999。根据图中的拟合曲线可计算出曲线的截距及斜率，再通过 Kissinger 和 Ozawa 两种方法计算得到 E_a 分别为 122.7 kJ/mol 和 133.8 kJ/mol。由 Kissinger 方法

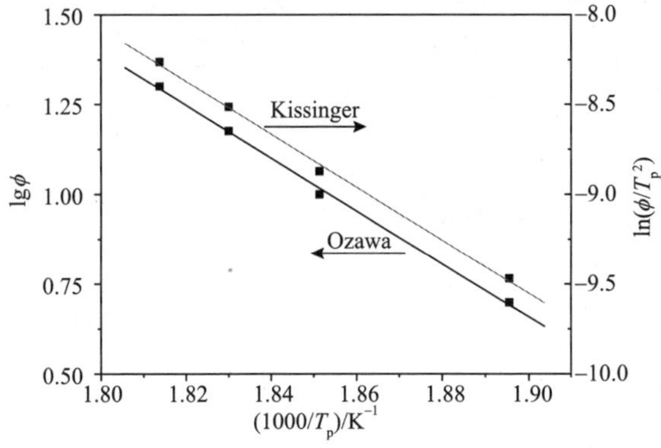

图 4-14　OPAPS 升温速率ϕ的对数函数与 T_p 的倒数关系曲线

的式(4-3)可计算出频率因子 A 为 $3.881 \times 10^{11}\ min^{-1}$，频率因子越大，在同一温度下的反应速率就越快。同时，由 Crane 方法可计算得固化反应级数 n = 0.92[27, 28]。OPAPS 的热固化反应动力学参数列于表 4-4。

表 4-4 OPAPS 的热固化动力学参数

方法	E_a/(kJ/mol)	相关系数 r	A/($10^{11}min^{-1}$)
Ozawa 法	133.8	0.9990	
Kissinger 法	122.7	0.9987	3.881

4.4 八炔丙基胺苯基硅倍半氧烷热固化物的热分解产物分析

4.4.1 氮气气氛中 OPAPS 及其固化物的热分解

图 4-15 是 OPAPS 及其 250℃固化物在 N_2 气氛下的 TG 和 DTG 曲线，相关的热分解数据列在表 4-5 中。从图 4-15 可以看出，OPAPS 及其 250℃固化物在 N_2 气氛下热分解的 T_{onset} 分别为 356℃和 384℃，二者在 400℃左右都存在一个快速分解阶段。不同的是，与 250℃固化物相比，未固化的 OPAPS 在 271℃还存在一个快速分解温度，即在 350℃之前，OPAPS 存在约 5 wt%的失重。

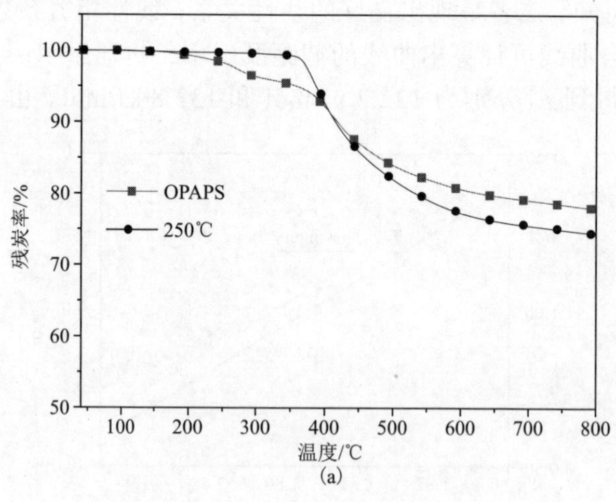

(a)

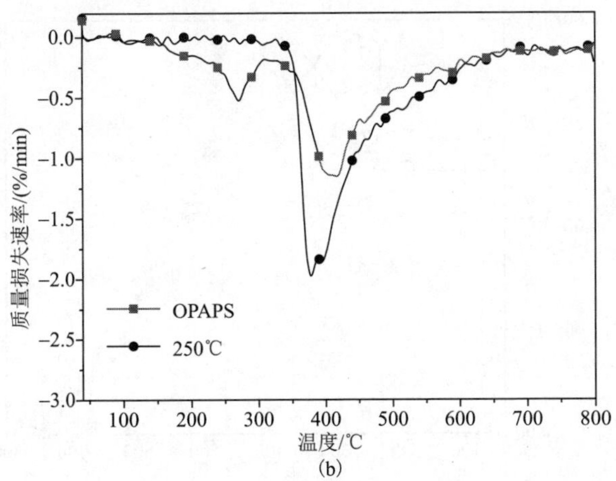

(b)

图 4-15　OPAPS 及其 250℃固化物在 N_2 气氛下的 TG 和 DTG 曲线

表 4-5　OPAPS 及其 250℃固化物在 N_2 气氛下的 TG 和 DTG 数据

样品	T_{onset}/℃	T_{max1}/℃	T_{max2}/℃	800℃残炭率/%
OPAPS	356	271	400	77.9
250℃固化产物	384	—	378	74.4

使用 TG-MS 联用技术对 OPAPS 及其 250℃固化物进行气相产物的质谱分析，图 4-16 是 OPAPS 及其 250℃固化物在惰性气氛下热分解气相产物中，六种离子流随温度升高的变化图。从图 4-16(a)～(c)可看出，在 250℃ OPAPS 的固化物的热分解过程中，发现离子流 $m/z = 65$、66 和 93 的存在，而这些离子流在 OPAPS 的热分解过程中并没有出现。因此，离子流 $m/z = 65$、66 和 93

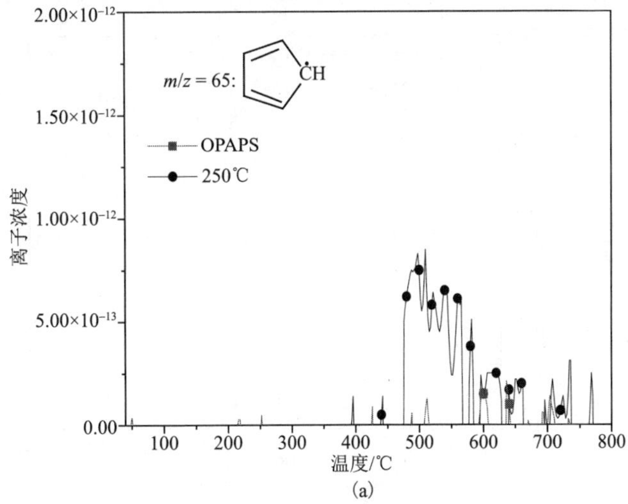

(a)

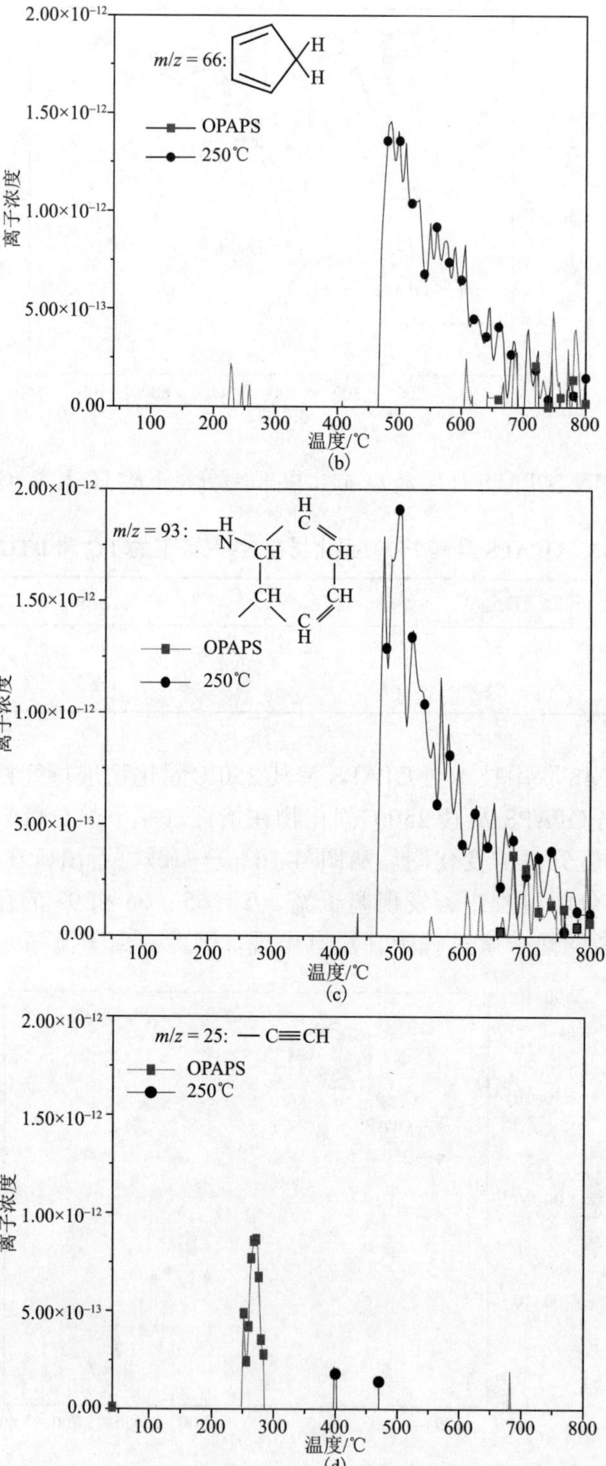

$m/z = 66$:
H
H
OPAPS
250℃
2.00×10⁻¹²
1.50×10⁻¹²
1.00×10⁻¹²
5.00×10⁻¹³
0.00
离子浓度
100 200 300 400 500 600 700 800
温度/℃
(b)
$m/z = 93$: —H N CH CH CH CH C H C H
OPAPS
250℃
离子浓度
温度/℃
(c)
$m/z = 25$: — C≡CH
OPAPS
250℃
离子浓度
温度/℃
(d)

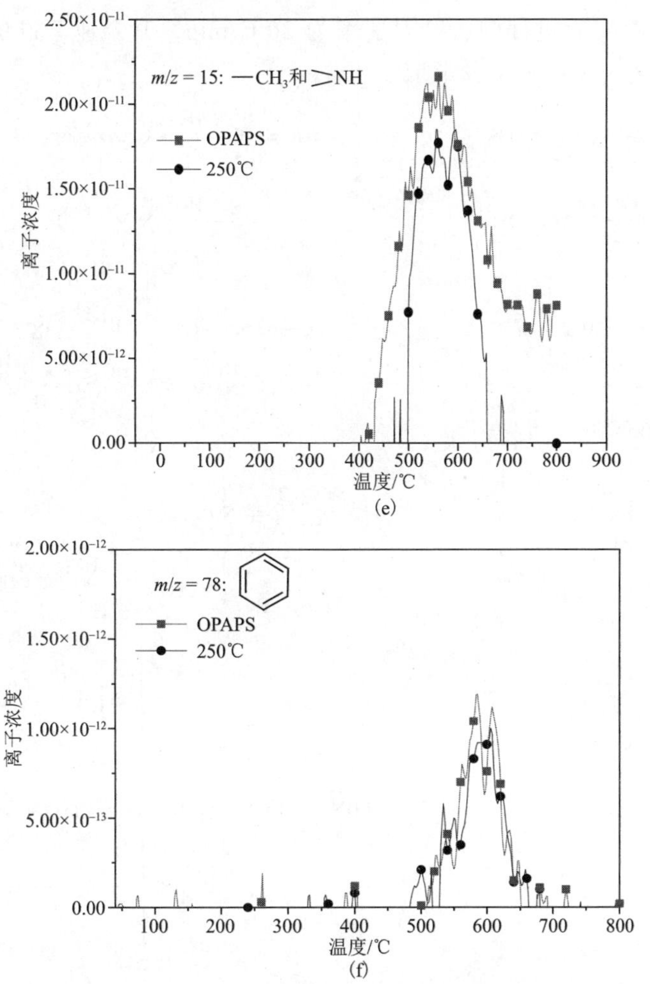

图 4-16　OPAPS 及其 250℃固化物热分解气相产物的离子流变化图

相对应的化学结构必定是在 OPAPS 的热固化过程中形成的。经过分析，离子流 $m/z = 65$、66 可能的结构是含有共轭双键的五元环，而离子流 $m/z = 93$ 的结构可能是由含有共轭双键的六元环并连接上一个仲胺基团所组成。

根据上述结果，提出了分析 OPAPS 中端炔基的热固化和热分解模型，如图 4-17 所示。在热的作用下，两个端炔基基团可以相互反应形成共轭双烯键，但是烯基上的碳自由基并不稳定，它可能转移到与烯基相连的二级碳原子上。然后，可形成结构更加稳定的包含共轭双烯结构的五元环或六元环。同时，从固化产物的热分解曲线可看出，当温度升高时，所形成的五元环或六元环会出现分解，分解温度范围为 370～500℃。而对于 OPAPS，从图 4-16(a)～(c)可知，其热分解过程中并未分解出上述的五元环或六元环，原因是 OPAPS 在

TG-MS 热分解实验过程中，升温速率为 20℃/min，升温速率过快导致结构稳定的五元环或六元环来不及形成。

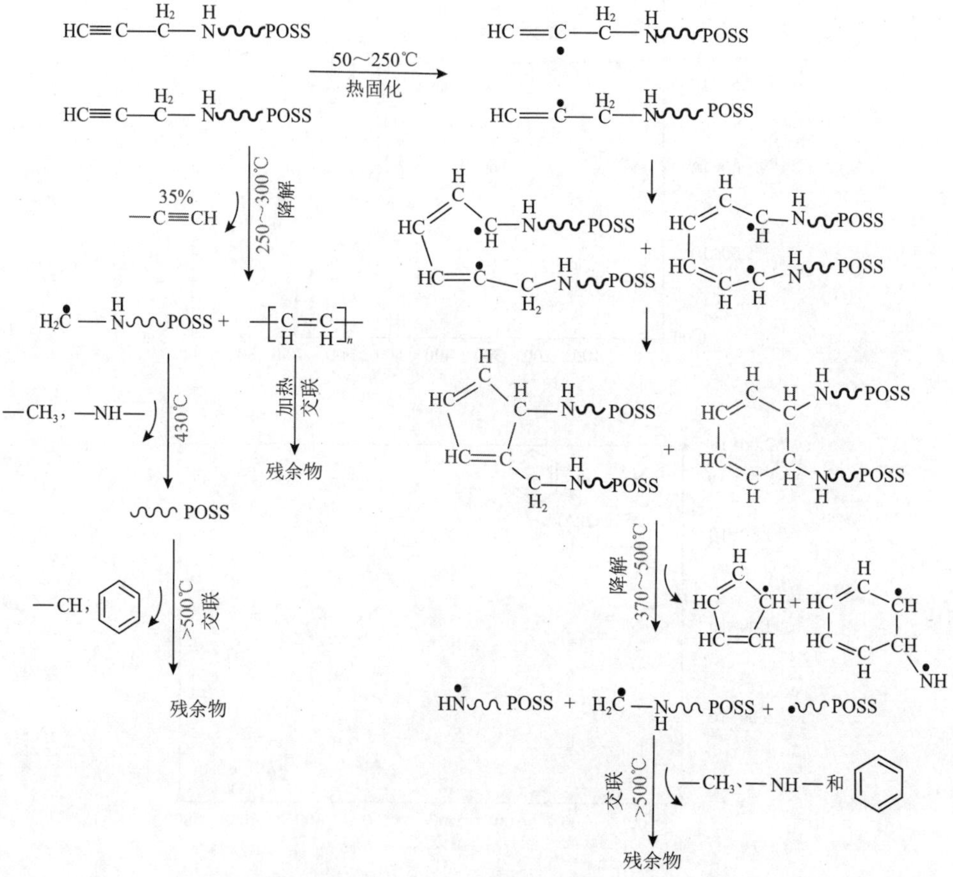

图 4-17　OPAPS 的固化过程及热分解过程模型

从图 4-16(d)中可发现，在 OPAPS 的热分解过程中，离子流 $m/z = 25$ 在温度范围 250～300℃被分解释放出来，而在 250℃固化后产物的热分解过程中，则没有发现有此离子流的出现。分析认为，离子 $m/z = 25$ 对应的结构为—C≡CH。而在 OPAPS 的 TG 曲线中(图 4-15)，发现 OPAPS 在热分解时，在 250～350℃范围内有约 4.8 wt%的质量损失，经过以上分析可知，此质量损失产生于 OPAPS 的热分解升温过程。在 OPAPS 的热分解过程中，由于位阻等原因，部分端炔基未来得及参与交联固化过程，因而在此温度范围内断键引起失重。计算得到，在 OPAPS 分子中，结构—C≡CH 的质量分数约为 13.7 wt%，因此约 35%的端炔基基团在 OPAPS 的热分解过程中被分解掉。而这些端炔基的损失，同时也使其他端炔基基团的反应位阻降低，因此，剩下的端炔基可以相互反应生成共轭多烯或者芳环结构，有利于在凝聚相中生成交联结构，最终导致 OPAPS 在热分解后，产生更多的残炭量，这也许就是在图 4-15 中，OPAPS 的残炭量多于 250℃固化后产物的原因。同时，当 35%的—C≡CH 在 250～350℃范围内被分解掉以后，剩余的—NH—CH_2—结构就变得不太稳定。因此，在图 4-16(e)中，相比固化后产物，OPAPS 在热分解过程中，离子流 $m/z = 15$(—NH—，—CH_3)的出现提前了将近 70℃。此外，由图 4-16(e)得到，当温度超过 500℃后，与 Si 相连的苯环在高温下被分解，因此 OPAPS 及其固化产物均分解释放出大量的苯基产物。

4.4.2　空气气氛中 OPAPS 及其固化物的热分解

图 4-18 是 OPAPS 及其 250℃固化物在空气气氛下的 TG 和 DTG 曲线，相关的热分解数据列于表 4-6 中。为了便于分析，将整个分解过程分为三个温度范围，温度范围 1 为 250～350℃，温度范围 2 为 350～500℃，温度范围 3 为 500～700℃。

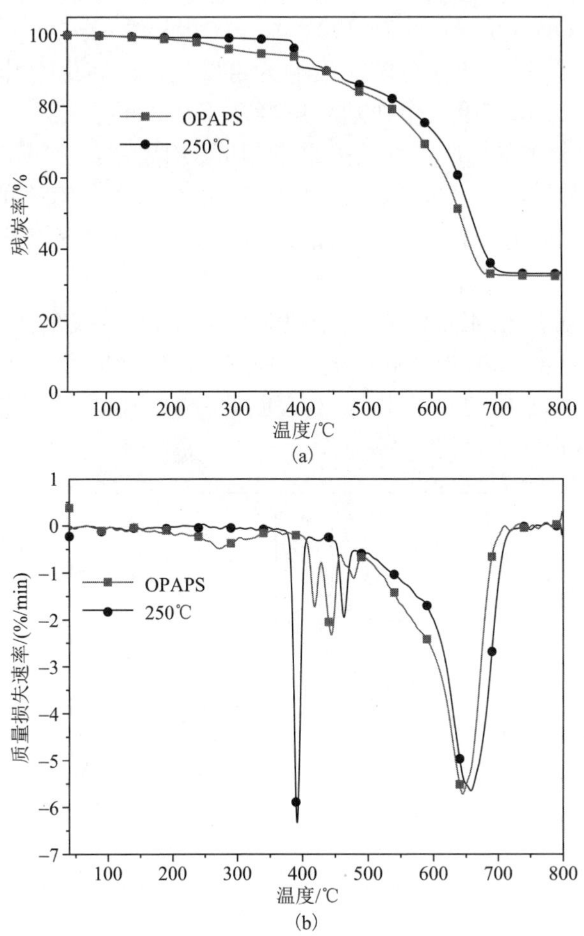

图 4-18　OPAPS 及其 250℃固化物在空气气氛下的 TG 和 DTG 曲线

表 4-6　OPAPS 及其 250℃固化物在空气气氛下的 TG 和 DTG 数据

样品	T_{onset}/℃	温度范围 1（250～350℃）	温度范围 2（350～500℃）		温度范围 3（500～700℃）	800℃残炭率/%
		T_{max1}/℃	T_{max2}/℃	T_{max3}/℃	T_{max4}/℃	
OPAPS	328	273	419	444	645	32.5
250℃固化物	392	—	392	464	658	33.1

在分解温度范围 1(250～350℃)中，OPAPS 的 250℃固化物没有热失重，而 OPAPS 在 273℃有一个快速分解温度；且存在 5.2%的质量损失，与其在 N_2 气氛下的失重量相似(图 4-15)。通过之前的分析，不难得出，此失重是由未反应的端炔基—C≡CH 的损失引起的。

从图 4-18 中可看到，在温度范围 2 中，OPAPS 及其固化产物均存在两个快速分解温度。OPAPS 固化物在 392℃有一个很快速的失重，而原 OPAPS 在温度范围 2 中的第一个快速分解温度峰为 419℃，比固化物升高了约 30℃。OPAPS 及其固化产物在第一个快速分解峰后不久，都存在第二个快速分解峰，经过第二个快速分解后，二者总的失重量相近，均失重约 13 wt%。根据图 4-17 的热固化机理，固化物在温度范围 2 的失重是由包含共轭双键的五元环或六元环的分解所造成的。为了证明上述结论，将固化物在空气气氛下分解至 370℃、420℃和 500℃的残余物进行红外光谱分析，如图 4-19 所示。与分解至 370℃的残余物相比，分解至 420℃(第一个快速分解峰后)的残余物在 1622 cm^{-1} 处属于乙烯基的 C═C 伸缩振动峰减弱，而分解至 500℃(第二个快速分解后)的残余物在此处的伸缩振动峰基本消失，表明此分解阶段主要是包含共轭双键的五元环或六元环的分解。

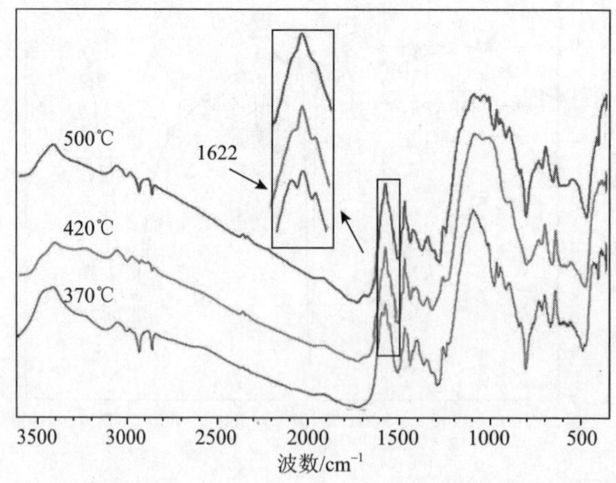

图 4-19　OPAPS 固化物分解至 370℃、420℃和 500℃的残余物红外光谱

在温度范围为 500～700℃的第三阶段中，OPAPS 及其固化产物有相似的热分解过程，均只有一个很相近的快速失重温度，原因是此过程主要是体系中芳香结构的热氧化分解。分解完毕后，得到白色的 SiO_2 残余物[26]，OPAPS 及其固化产物在 800℃的残炭率分别为 32.5%和 33.1%，与理论值 32.9%非常相近，表明二者的化学结构很相似。

4.4.3　小结

OPAPS 的自固化反应初始温度约为 170℃，在 250℃后基本结束，在此过程中，Si—O—Si 笼状结构保持不变。在热的作用下，端炔基基团可以相互反应形成共轭双烯键，但是烯基上的碳自由基并不稳定，它可能转移到与烯基相连的二级碳原子上。然后，可形成结构更加稳定的包含共轭双烯结构的五元环或六元环。

OPAPS 的热分解过程包含三个阶段：在 250～300℃约 35%的—C≡CH 会被分解掉；炔基损失后，与炔基相连的—CH_2 和—NH—以及少量固化后的共轭二烯结构在 400～500℃温度范围内被分解；随着温度进一步升高，在 500～800℃温度范围内，大量的苯环结构被分解掉。对于 OPAPS 的 250℃热固化物，初始分解温度与原 OPAPS 相比提高约 60℃，分解过程为两个阶段：不存在—C≡CH 的分解损失阶段，在 370～500℃范围内，固化过程中端炔基反应形成的包含共轭二烯结构与仲胺基团相连的五元环和六元环结构会丢失掉；在 500～800℃温度范围内，与原 OPAPS 相同，大量的苯环结构会被分解掉。

OPAPS 及其 250℃热固化物在空气气氛下的热氧分解过程与在氮气气氛下不同，主要是在空气气氛下，纯的 OPAPS 分解提前，OPAPS 及其热固化物的 800℃残余物比在氮气气氛下的显著减少了。

参 考 文 献

[1] Tamaki R, Tanaka Y, Asuncion M Z, et al. Octa (aminophenyl) silsesquioxane as a nanoconstruction site[J]. Journal of the American Chemical Society, 2001, 123 (49): 12416-12417.

[2] Choi J, Kim S G, Laine R M. Organic/inorganic hybrid epoxy nanocomposites from aminophenylsilsesquioxanes[J]. Macromolecules, 2004, 37 (1): 99-109.

[3] Choi J, Tamaki R, Kim S G, et al. Organic/inorganic imide nanocomposites from aminophenylsilsesquioxanes[J]. Chemistry of Materials, 2003, 15 (17): 3365-3375.

[4] Ervithayasuporn V, Wang X, Gacal B, et al. Formation of trimethylsilylated open-cage oligomeric azidophenylsilsesquioxanes[J]. Journal of Organometallic Chemistry, 2011, 696 (9): 2193-2198.

[5] Ak M, Gacal B, Kiskan B, et al. Enhancing electrochromic properties of polypyrrole by silsesquioxane nanocages[J]. Polymer, 2008, 49(9): 2202-2210.

[6] Hussain H, Tan B H, Gudipati C S, et al. Synthesis and characterization of organic/inorganic hybrid star polymers of 2,2,3,4,4,4-hexafluorobutyl methacrylate and octa (aminophenyl) silsesquioxane nano-cage made via atom transfer radical polymerization[J]. Journal of Polymer Science Part A: Polymer Chemistry, 2008, 46(22): 7287-7298.

[7] Krishnan P S G, He C. Octa (maleimido phenyl) silsesquioxane copolymers[J]. Journal of Polymer Science Part A: Polymer Chemistry, 2005, 43(12): 2483-2494.

[8] Jothibasu S, Premkumar S, Alagar M. Synthesis and characterization of a POSS-maleimide precursor for hybrid nanocomposites[J]. High Performance Polymers, 2008, 20(1): 67-85.

[9] Zhang J, Xu R, Yu D. A novel poly-benzoxazinyl functionalized polyhedral oligomeric silsesquioxane and its nanocomposite with polybenzoxazine[J]. European Polymer Journal, 2007, 43 (3): 743-752.

[10] Lu L, Yang L, Cai H, et al. Determination of flumioxazin residue in food samples through a sensitive fluorescent sensor based on click chemistry[J]. Food Chemistry, 2014, 162(1): 242-246.

[11] Zhang Z, Li W Q, Zhao Q L, et al. Highly sensitive visual detection of copper (II) using water-soluble azide-functionalized gold nanoparticles and silver enhancement[J]. Biosensors & Bioelectronics, 2014, 59: 40-44.

[12] D'Este M, Eglin D, Alini M A. A systematic analysis of DMTMM *vs*. EDC/NHS for ligation of amines to Hyaluronan in water[J]. Carbohydrate Polymers, 2014, 108: 239-246.

[13] Huang D, Zhao P, Astruc D. Catalysis by 1,2,3-triazole- and related transition-metal complexes[J]. Coordination Chemistry Reviews, 2014, 272 (8): 145-165.

[14] Lickiss P D, Rataboul F. Fully condensed polyhedral oligosilsesquioxanes (POSS): from synthesis to application[J]. Advances in Organometallic Chemistry, 2008, 57: 30-33.

[15] Cordes D B, Lickiss P D, Rataboul F. Recent developments in the chemistry of cubic polyhedral oligosilsesquioxanes[J]. chemical Reviews, 2010, 110(4): 2081-2173.

[16] Nagendiran S, Alagar M, Hamerton I. Octasilsesquioxane-reinfor ced DGEBA and TGDDM epoxy nanocomposites: characterization of thermal, dielectric and morphological properties[J]. Acta Meterialia, 2010, 58(9): 3345-3356.

[17] Carniato F, Bisio C, Boccaleri E, et al. Titanosilsesquioxane anchored on mesoporous silicas: a novel approach for the preparation of heterogeneous catalysts for selective oxidations[J]. Chemistry, 2008, 14(27): 8098-8101.

[18] Itoh M, Inoue K, Iwata K, et al. New highly heat-resistant polymers containing silicon: poly (silyleneethynylenephenyleneethynylene) s[J]. Macromolecules, 1997, 30(4): 694-701.

[19] Li Q, Zhou Y, Hang X, et al. Synthesis and characterization of a novel arylacetylene oligomer containing POSS units in main chains[J]. European Polymer Journal, 2008, 44(8): 2538-2544.

[20] Gao F, Zhang L, Tang L, et al. Synthesis and properties of arylacetylene resins with siloxane units[J]. Bulletin Korean Chemical Society, 2010, 31 (4): 976-980.

[21] Simionescu C I, Percec V, Dumitrescu S. Polymerization of acetylenic derivatives. XXX.

Isomers of polyphenylacetylene[J]. Journal of Polymer Science: Polymer Chemistry Edition, 1977, 15(10): 2497-2509.

[22] Sefcik M D, Stejskal E O, Mckay R A, et al. Investigation of the structure of acetylene-terminated polyimide resins using magic-angle carbon-13 nuclear magnetic resonance[J]. Macromolecules, 1979, 12(3): 423-425.

[23] 丁学文, 齐会民, 庄元其, 等. 芳基乙炔聚合物固化反应动力学和结构表征[J]. 华东理工大学学报, 2001, 27(2): 161-164.

[24] Song L, He Q, Hu Y, et al. Study on thermal degradation and combustion behaviors of PC/POSS hybrids[J]. Polymer Degradation and Stability, 2008, 93(3): 627-639.

[25] Hayaty M, Beheshty M H, Esfandeh M. Cure kinetics of a glass/epoxy prepreg by dynamic differential scanning calorimetry[J]. Journal of Applied Polymer Science, 2011, 120(1): 62-69.

[26] 罗永红, 扈艳红, 万里强. *N*, *N*, *N'*, *N'*-四炔丙基-4, 4'-二氨基-二苯甲烷与 4, 4'-联苯二苄叠氮固化动力学研究[J]. 高等学校化学学报, 2006, 27(1): 170-173.

[27] Dupuy J, Leroy E, Maazouz A. Determination of activation energy and preexponential factor of thermoset reaction kinetics using differential scanning calorimetry in scanning mode: influence of baseline shape on different calculation methods[J]. Journal of Applied Polymer Science, 2000, 78(13): 2262-2271.

[28] Sastri S B, Keller T M, Jones K M, et al. Studies on cure chemistry of new acetylenic resins[J]. Macromolecules, 1993, 26(23): 6171-6174.

[29] Alonso M V, Oliet M, Perez J M, et al. Determination of curing kinetic parameters of lignin-phenol-formaldehyde resol resins by several dynamic differential scanning calorimetry methods[J]. Thermochimica Acta, 2004, 419(1): 161-167.

第 5 章　三硅醇硅倍半氧烷的合成及表征

三硅羟基笼状硅倍半氧烷是一类具有特殊价值的 POSS，是研究者关注的热点之一。它的分子式为 $R_7Si_7O_9(OH)_3$，R 通常为乙基、异丁基、苯基、环戊基和环己基等，简化式为 $R_7T_7(OH)_3$，简称为 T_7-POSS，其结构式如图 5-1 所示。

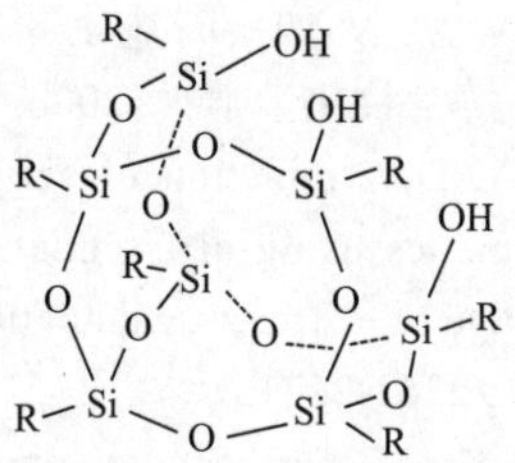

图 5-1　T_7-POSS 的结构图

T_7-POSS 分子中因具有三个硅羟基所以具有较高的反应活性，成为合成很多化合物的前驱体，其不仅能与三氯硅烷、三烷氧基硅烷水解产物反应封角生成仅含有一个活性官能团的各向异性 T_8-POSS；还能与许多金属化合物反应，从而将金属元素引入到 POSS 分子中。此外，T_7-POSS 还可以用作 TiO_2、SiO_2、Na-MMT 的分散剂，使它们能够在聚合物基质中分散得更均匀，从而提高材料的综合性能[1-3]；也可以作为反应型添加剂，直接添加到聚合物中提高其模量和热稳定性[4,5]。

5.1　不完全缩合硅倍半氧烷的合成方法

多面体硅倍半氧烷(POSS)根据结构的不同可以分成两大类：完全缩合 POSS 和不完全缩合 POSS。完全缩合 POSS 一般指笼状结构封闭的 T_6、T_8、T_{10}、T_{12} 等 POSS 单体，而不完全缩合 POSS 是指含有多个 Si—OX(X=H、Na 等)基团的 POSS。不完全缩合 POSS 的种类较多，比较普遍的几种包括 $R_8Si_8O_{11}(OH)_2$、$R_7Si_7O_9(OH)_3$、$R_8Si_8O_{10}(OH)_4$ 等(图 5-2)，R 通常为乙基、异丁基、苯基、环戊基、环己基和环庚基等，而应用最广泛以及研究者比较感兴趣的是 $R_7Si_7O_9(OH)_3$，称之为不完全缩合的七聚硅倍半氧烷或者三硅羟基七聚硅倍半氧烷。

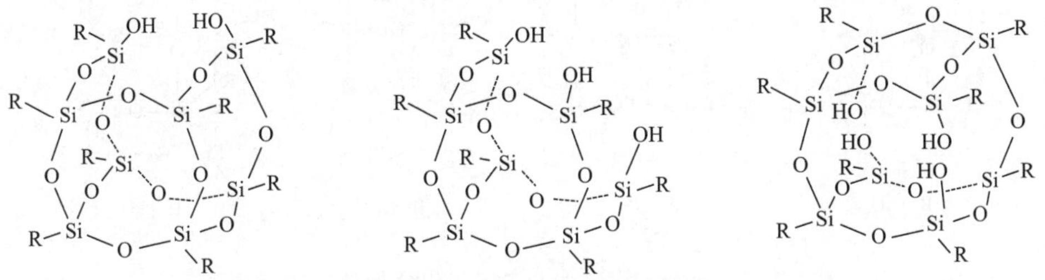

图 5-2　不完全缩聚硅倍半氧烷的结构

不完全缩合 POSS 在分子结构设计方面很有优势，其因自带两个或多个 OX 基团使其具有较高的活性和反应性，可通过顶角盖帽反应，将多种具有反应性官能团的化合物(如多氯金属化合物、氯硅烷和烷氧基硅烷等)盖帽到 POSS 的一角，使其形成具有完整笼状结构的 POSS 衍生物[6,7]，而接上反应性官能团的 POSS 衍生物无论在化合物合成方面还是聚合物改性方面都具有更特殊的用途[8]；不完全缩合 POSS 还可与金属离子(如 Fe、V、Co、Al、Mg 等)配合形成过渡态金属化合物，可以用作多种化学反应的催化剂和各种功能性助剂[9,10]。

不完全缩合 POSS 如 $T_8(OH)_2$、$T_7(OH)_3$、$T_8(OH)_4$，这几种 POSS 的化学性质都很相近，活性也都较强，所以不完全缩合 POSS 被列为有机硅化合物领域较难合成也较难分离的化合物。目前，这种不完全缩合硅倍半氧烷合成方法主要有两种：①水解缩合法：$RSiY_3$(Y 可以是 OMe、OEt、Cl 等基团)直接在某种溶剂体系中水解缩合；②顶点打开法：将完全缩合 POSS 在强酸或强碱催化剂的条件下开笼反应，选择性地打开一个顶角得到。

5.1.1　水解缩合法

水解缩合法一般是指三氯硅烷或三烷氧基硅烷在合适的溶剂体系中直接水解成带羟基的硅烷单体再在适当的催化剂作用下缩合反应，而通过精确控制反应过程中硅烷单体的浓度、酸碱催化剂或水的摩尔质量、溶剂的用量以及反应时间、反应温度等变量可直接得到 $R_7Si_7O_9(OH)_3$。该方法传统上一般需要 1～3 周的合成时间，且仅适用于 R 基团为环戊基、环己基、环庚基等环烷烃类的官能团。因需精确控制反应原料的摩尔比和浓度才能得到单一种类的不完全缩合 T_7-POSS，所以若反应过程中条件出现差错就可能得到多种 POSS 的混合物，如 $R_6Si_6O_7(OH)_4$、$R_6Si_6O_9$、$R_8Si_8O_{11}(OH)_2$ 等，给后期分离纯化带来困难。Feher 等[11, 12]利用环戊基/环己基/环庚基三氯硅烷在水/丙酮介质中的水解缩合法合成了一系列含硅羟基的不完全缩合 POSS 化合物，如图 5-3 所示。

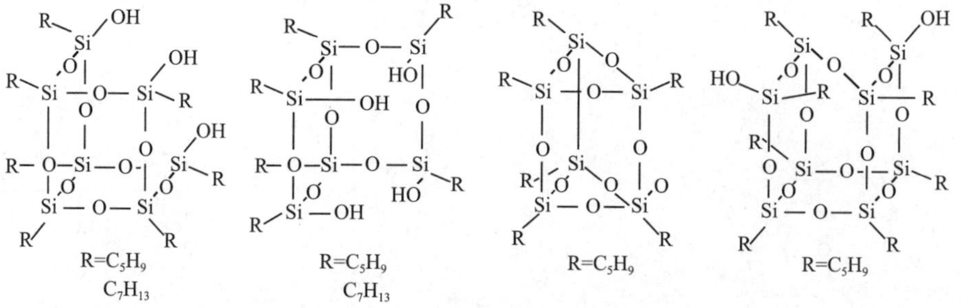

图 5-3　不同的不完全缩合 POSS 化合物的分子结构图

该方法无需外加催化剂，氯硅烷水解后直接在反应体系中缩合。回流状态下用 $C_5H_9SiCl_3$ 和 $C_7H_{13}SiCl_3$ 分别合成得到两种 T_7-POSS：$(C_5H_9)_7Si_7O_9(OH)_3$ 和 $(C_7H_{13})_7Si_7O_9(OH)_3$，且各自产率分别能达到 29%和 26%，其中以 $C_7H_{13}SiCl_3$ 为原料的缩合反应中还得到了一种含 4 个羟基的不完全缩合 POSS：$(C_7H_{13})_6Si_6O_7(OH)_4$，产率为 7%。这两种氯硅烷在室温下经过长达六周甚至半年的反应可达到最终产率 60%～70%。提高 $C_5H_9SiCl_3$ 和 $C_7H_{13}SiCl_3$ 的水解缩合反应的温度可以加快其反应速率，而 $C_6H_{11}SiCl_3$ 即使在回流条件下，反应依然非常缓慢。这表明，温度对 $C_6H_{11}SiCl_3$ 的影响不大。Pescarmona 等[13]利用环戊基三氯硅烷在乙腈溶剂中加热回流反应 18 h，大大提升了目标产物 $(c\text{-}C_5H_9)_7Si_7O_9(OH)_3$ 的产率，达到了 64%。2008 年，Janowski 和 PieliChowski[14]采用微波辅助的方法替代传统恒温水浴油浴的加热方式进行 $C_5H_9SiCl_3$ 的水解缩合反应，在一定程度上缩短了反应时间，但即使微波辅助反应时间增加到 30 h，产率也仅达到 16%。

5.1.2　顶点打开法

顶点打开法(corner-opening)是指完全缩合的笼状硅倍半氧烷(如 $R_6Si_6O_9$、$R_8Si_8O_{12}$ 等)在强酸或强碱的作用下，选择性地打开笼状 POSS 的一角，得到含有多个羟基的不完全缩合 POSS。目前常用的酸性催化剂包括 HCl、CF_3SO_3H 和 CH_3SO_3H 等；常用的碱性催化剂包括 NaOH、Me_4NOH 和 Et_4NOH 等。

Feher 团队最早开始研究酸碱打开法，并制得了一系列不完全缩合 POSS，对该类 POSS 的发展有重大意义。1998 年起，Feher 等[15-19]陆续发现完全缩合 POSS 的封闭笼状结构可利用 CF_3SO_3H、Et_4NOH 等有机酸或碱来破坏，要控制最终产物大部分或全部为 $R_7Si_7O_9(OH)_3$，可选择恰当的有机酸或碱的用量、反应温度及反应时间。这种方法的适用范围比较广，同时适用于带有位阻较大官能团(R 基团为环戊基、环己基等)的 POSS 和带有较小官能团(乙烯基、甲基)的 POSS；也适用于常见的 T_8 型 POSS 或 T_6 型 POSS[20,21]。

酸催化的一个经典例子是 Feher 利用三氟甲磺酸破坏$(C_6H_{11})_8Si_8O_{12}$的全封闭笼状结构，最终得到 4 种带有两个羟基的不完全缩合 POSS$[Cy_8Si_8O_{10}(OH)_2]$。而碱催化的例子有：完全缩合的 T_6 型 POSS：$(C_6H_{11})_6Si_6O_9$，在 THF 溶剂中以四乙基氢氧化铵(Et_4NOH)为催化剂，首先被碱作用破坏成为 $Cy_6Si_6O_7(OH)_4$，而溶剂中存在一定量水解形成的 $C_6H_{11}Si(OH)_3$ 碎片，两者继续反应最终得到目标产物 $Cy_7Si_7O_9(OH)_3$，笼状打开过程见图 5-4。张文红等[22]也曾利用四乙基氢氧化铵这种碱催化剂来打破完全缩合苯基 T_8POSS$[(C_6H_5)_8Si_8O_{12}]$的笼状一角，制得不完全缩合七苯基三羟基 POSS-$(C_6H_5)_7Si_7O_9(OH)_3$。但反应过程要精确控制 Et_4NOH 与$(C_6H_5)_8T_8$ 的摩尔比、反应温度和反应时间，摩尔比或大或小都会导致副产物的产生，从而使得分离纯化困难。

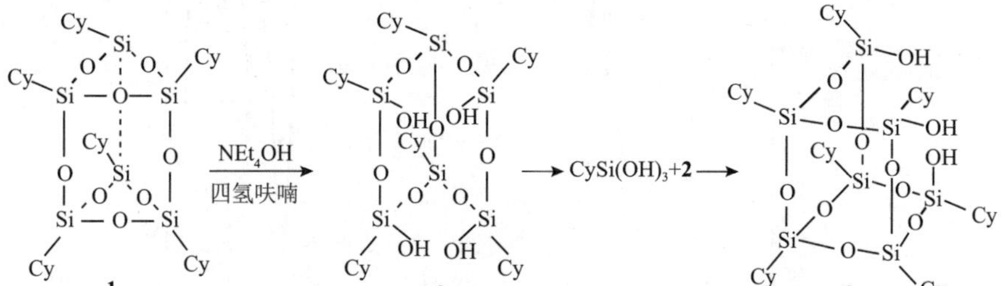

NEt$_4$OH　四氢呋喃　→ CySi(OH)$_3$+**2** →

图 5-4　不完全缩合环己烷 POSS$[Cy_7Si_7O_9(OH)_3]$的制备

5.2　环戊基三硅醇硅倍半氧烷的合成及表征

环戊基三硅醇硅倍半氧烷(pentyl-T_7)的合成路线如图 5-5 所示。

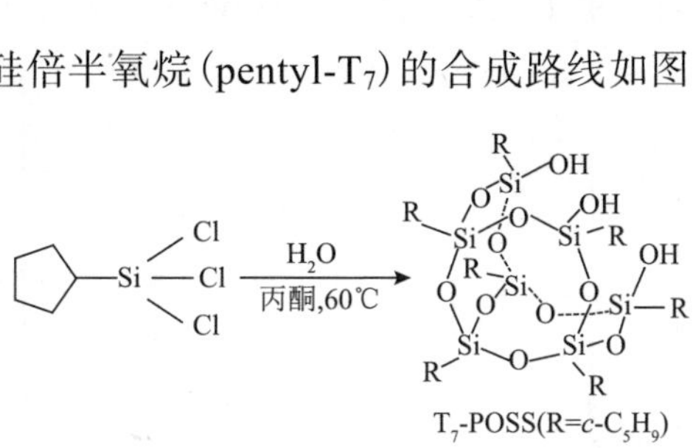

H$_2$O　丙酮,60℃　T_7-POSS(R=c-C_5H_9)

图 5-5　环戊基 T_7-POSS 的合成路径

环戊基三硅醇硅倍半氧烷的制备：将 85 mL 丙酮加入到装有回流冷凝管、恒压滴液漏斗、控温装置、氮气保护和磁力搅拌的 100 mL 三口烧瓶中，搅拌状态下加入 4 g 环戊基三氯硅烷$(C_5H_9SiCl_3)$，用滴液漏斗向其中滴加 22.5 mL 蒸馏水，控制反应温度在 5～7℃范围内，当蒸馏水滴加完毕，加热回流反应 65 h。整个过程中，反应体系由白色到橙黄色再到橙红色，且有固体产生，抽滤，洗涤，烘干得白色粉末状固体。利用索氏萃取法(乙醚为溶剂)得到纯 T_7 产物$(C_5H_9)_7Si_7O_9(OH)_3$，产物标记为 pentyl-T_7。

从产物的 FTIR 谱(图 5-6)中可以看出，在 1085 cm^{-1} 附近有一很强的窄吸收峰，是 Si—O—Si 结构反对称伸缩振动吸收峰，510 cm^{-1} 处为 Si—O—Si 结构的对称伸缩振动吸收峰；3200 cm^{-1} 和 876 cm^{-1} 处为 Si—OH 的振动峰；环戊基上亚甲基的 C—H 不对称伸缩振动出现在 2949 cm^{-1} 处，其对称伸缩振动在 2876 cm^{-1} 处；1495 cm^{-1} 和 1257 cm^{-1} 处为环戊基上的 C—H 面内弯曲振动吸收峰。

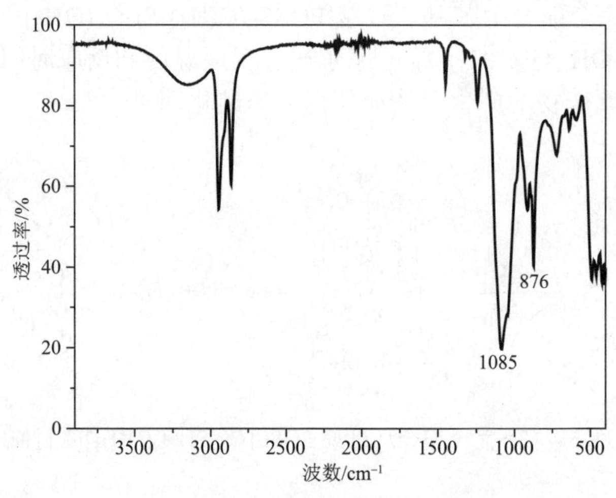

图 5-6　pentyl-T_7 的 FTIR 谱

图 5-7 为 pentyl-T_7 的 ^1H NMR 谱。0.98 ppm 处为环戊基 C—H 的氢质子

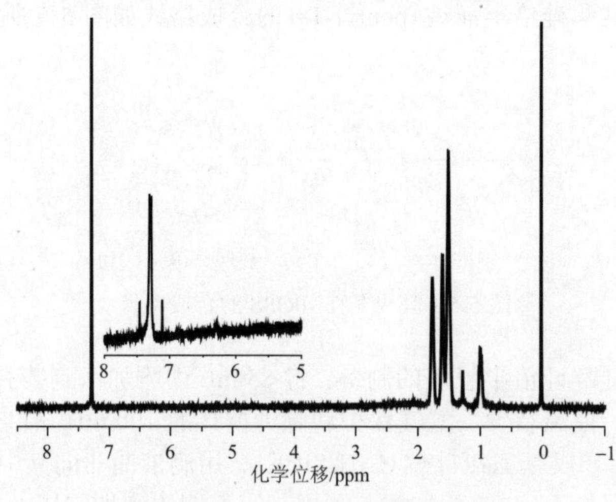

图 5-7　pentyl-T_7 的 ^1H NMR 谱

信号峰，1.30～1.80 ppm 处为环戊基上 CH_2 的氢峰，两者峰值积分比值为 1.00：7.83，接近于理论比值 1：8，符合环戊基结构特点；而 6.30 ppm 处的一个小信号峰，代表环戊基三硅醇的三个羟基中的氢质子信号峰。

图 5-8 是 $CDCl_3$ 中 pentyl-T_7 的 ^{13}C NMR 谱。从 $(C_5H_9)_7Si_7O_9(OH)_3$ 的分子结构上看，只有环戊基上的三种化学环境的碳。图中 27.28 ppm、27.18 ppm、27.10 ppm 的峰代表的是环戊基上 CH_2 的特征峰，26.82 ppm 处的峰是环戊基上 CH 的信号峰，而 22.79 ppm、22.47 ppm、22.12 ppm 处的峰则是连着 CH 的 CH_2 的特征峰。

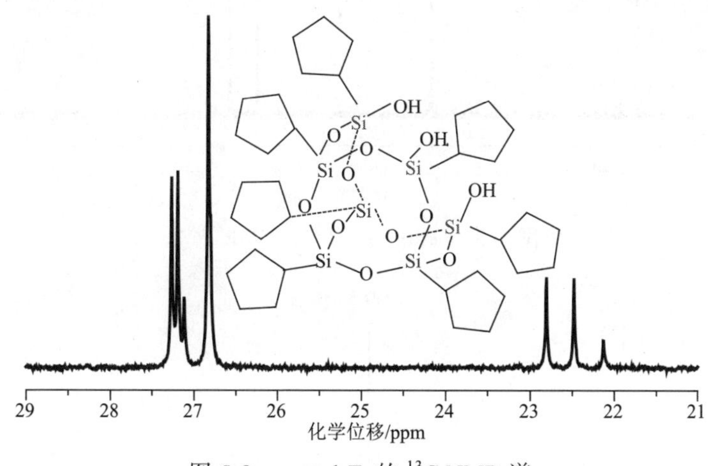

图 5-8　pentyl-T_7 的 ^{13}C NMR 谱

图 5-9 为 pentyl-T_7 的 ^{29}Si NMR 谱。谱图中出现了 3 个明显的共振峰：−57.54 ppm、−65.90 ppm、−67.25 ppm，比例为 3：1：3，分别代表着 3 个连着 OH 的 Si 原子，1 个底角的 Si 原子以及 3 个连接有 OH 的 Si 旁边的 Si 原子，结合 ^1H NMR 谱图分析可知其为 pentyl-T_7 中三种化学环境 Si 的共振吸收。

图 5-10 是 pentyl-T_7 的基质辅助激光解吸电离飞行时间质谱，采用 α-腈基-四羟基苯丙烯酸（CHCA）为基质，为了促进分子形成，基质中加入了钠盐和钾盐，所以会产生 $[M+H]^+$、$[M+Na]^+$ 和 $[M+K]^+$ 加合离子。图中形成的 2 个分子离子峰，分别是由分子量为 874 的合成产物加钠离子或钾离子的分子量所得，质谱图进一步证明了该法得到了目标产物 pentyl-T_7，而且产物单一，没有副产物的生成。

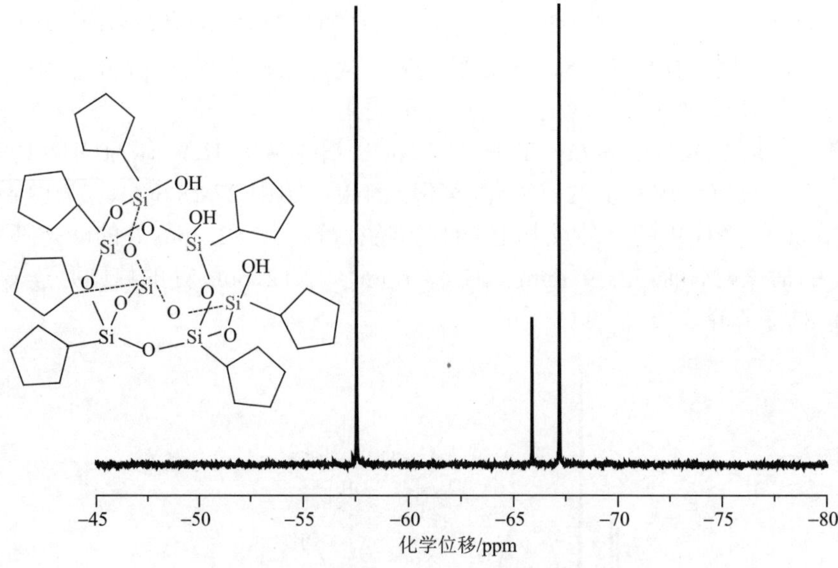

图 5-9　pentyl-T_7 的 ^{29}Si NMR 谱

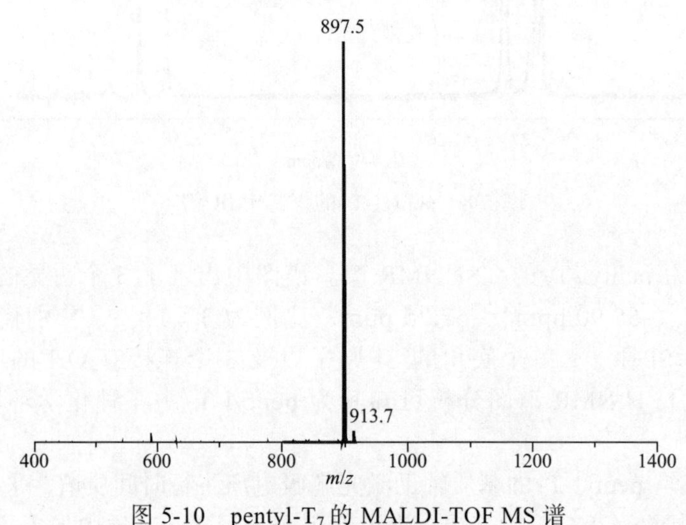

图 5-10　pentyl-T_7 的 MALDI-TOF MS 谱

5.3　异丁基三硅醇硅倍半氧烷的合成及表征

异丁基三硅醇硅倍半氧烷(ibutyl-T_7) T_7-POSS 的合成路线如图 5-11 所示。

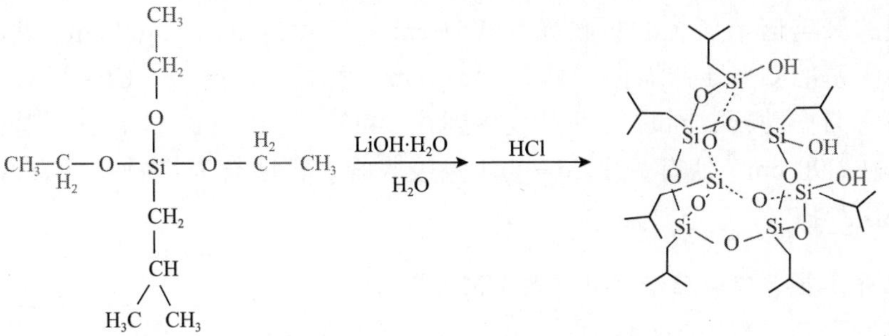

图 5-11　异丁基 T_7-POSS 的合成路径

异丁基三硅醇硅倍半氧烷（ibutyl-T_7）的制备：将 88 mL 丙酮、12 mL 甲醇加入到装有回流冷凝管、恒压滴液漏斗、控温装置、氮气保护和磁力搅拌的 250 mL 三口烧瓶中，搅拌状态下加入 2 g $LiOH \cdot H_2O$ 和 1.6 mL 去离子水，升温使体系内出现回流，滴加异丁基三乙氧基硅烷 23.06 g，约 30 min 滴完，滴加完毕后回流反应 18 h，停止反应，加入 1 mol/L HCl 溶液（100 mL）中和，搅拌 2 h。有固体产生，形成悬浮液，将悬浮液抽滤，大量蒸馏水和乙腈洗涤，50 ℃鼓风烘干，得到白色粉末状固体 $(i\text{-}C_4H_9)_7Si_7O_9(OH)_3$，产物标记为 ibutyl-$T_7$，产率为 97%。

5.3.1　异丁基三硅醇硅倍半氧烷的化学结构表征

1. 异丁基三硅醇硅倍半氧烷的 FTIR 分析

从图 5-12 中可以看出，1078 cm^{-1} 处出现了 Si—O—Si 伸缩振动的吸收峰，

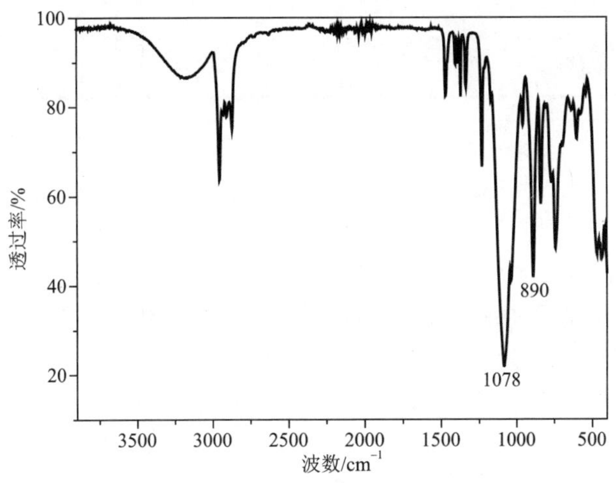

图 5-12　ibutyl-T_7 的 FTIR 谱

是典型的聚硅倍半氧烷的吸收峰。2951 cm^{-1}、2905 cm^{-1}、2868 cm^{-1} 处的吸收峰是异丁基的 C—H 伸缩振动峰，1461 cm^{-1} 和 1364 cm^{-1} 是 CH_3 和 CH_2 的饱和面内弯曲振动峰；同时还可以观察到在 3443～3049 cm^{-1} 处有一羟基的宽吸收峰，在 890 cm^{-1} 处有一个 Si—OH 强吸收峰。证明合成产物是含有 Si—OH 的 POSS 产物。

2. 异丁基三硅醇硅倍半氧烷的 NMR 分析

图 5-13 为 ibutyl-T_7 的 ^1H NMR 谱。从$(i\text{-}C_4H_9)_7Si_7O_9(OH)_3$ 的分子结构上看，有 4 种化学环境的氢原子：3 种异丁基链段上的氢和 1 种活泼羟基氢。而因羟基信号峰低，所以将 5～8 ppm 处的谱图放大。^1H NMR 数据为 a: 0.62 ppm (14H, $\mathbf{CH_2}$); b: 1.87 ppm (7H, **CH**); c: 0.97 ppm (42H, $\mathbf{CH_3}$); d: 6.51 ppm (3H, **OH**)，与结构式吻合。a 受 Si 原子屏蔽效应的影响，它的化学位移在最高场(0.62 ppm)，c 受邻位氢的影响，耦合裂分为双重峰，b 同时受两个甲基及一个亚甲基的影响，其化学位移在低场(1.87 ppm)，且为多重峰。

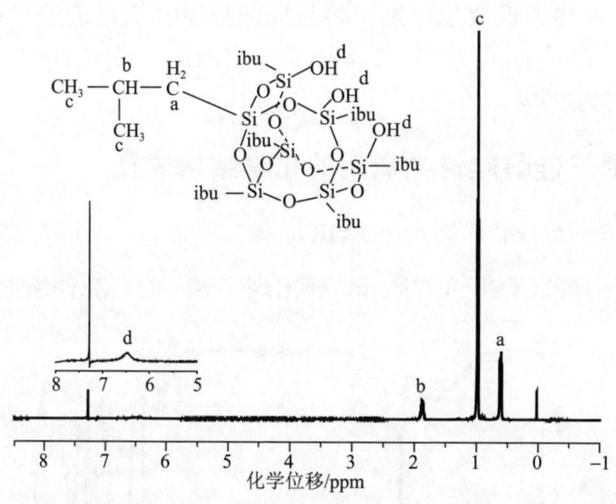

图 5-13 ibutyl-T_7 的 ^1H NMR 谱

图 5-14 是 $CDCl_3$ 中 ibutyl-T_7 的 ^{13}C NMR 谱。从$(i\text{-}C_4H_9)_7Si_7O_9(OH)_3$ 的分子结构上看，只有异丁基碳上的 3 种化学环境的碳。图中 25.79 ppm、25.73 ppm、25.64 ppm 的峰代表的是异丁基上 CH_3 的特征共振峰，23.94 ppm、23.91 ppm、23.84 ppm 处的峰是异丁基上 CH_2 的信号峰，而 23.27 ppm、22.86 ppm、22.49 ppm 处的峰则是 CH 的共振峰，而这三个 C 原子会裂分成 3 个峰是因为其与 3 种化学环境的 Si 相连，导致其化学位移有微小的差异。

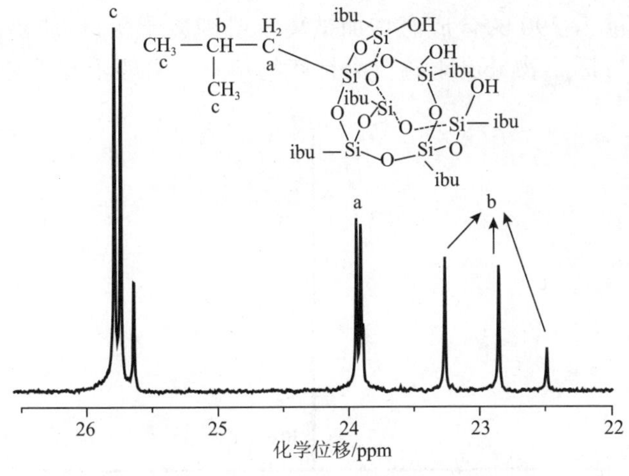

图 5-14　ibutyl-T_7 的 ^{13}C NMR 谱

图 5-15 为 ibutyl-T_7 的 ^{29}Si NMR 谱。谱图中出现了 3 个明显的共振峰：−69.58 ppm、−77.41 ppm、−77.73 ppm，比例为 3∶1∶3，分别代表着连着 OH 的 3 个 Si 原子，底角的 1 个 Si 原子以及连接有 OH 的 Si 旁边的 3 个 Si 原子，结合 ^{1}H NMR 谱分析可知其为 ibutyl-T_7 中三种化学环境 Si 的共振峰。

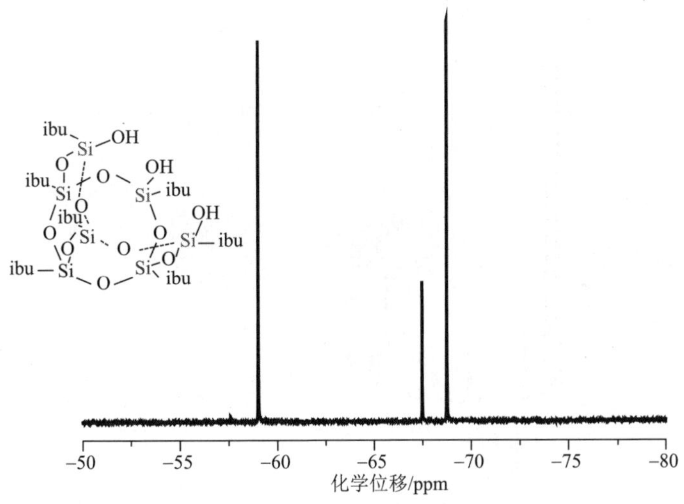

图 5-15　ibutyl-T_7 的 ^{29}Si NMR 谱

3. 异丁基三硅醇硅倍半氧烷的 MALDI-TOF MS 分析

图 5-16 是 ibutyl-T_7 的基质辅助激光解吸电离飞行时间质谱，采用 α-腈基-四羟基苯丙烯酸为基质，为了促进分子形成，基质中加入了钠盐和钾盐，所以会产生$[M+H]^+$、$[M+Na]^+$和$[M+K]^+$加合离子。图中形成的 2 个分子离子峰，

分别是由分子量为 790 的合成产物加钠离子或钾离子所得,质谱图进一步证明了该法得到了目标产物 ibutyl-T_7，而且产物单一，并没有副产物的生成。

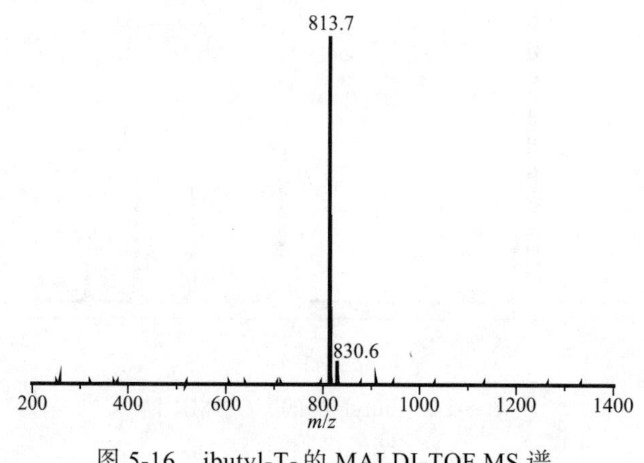

图 5-16 ibutyl-T_7 的 MALDI-TOF MS 谱

4. 异丁基三硅醇硅倍半氧烷的 XRD 分析

图 5-17 是 ibutyl-T_7 的 XRD 谱。谱图中由几个尖锐的衍射峰和其他强度较小的峰组成，根据其出现的尖锐衍射峰可知异丁基 T_7-POSS 存在部分结晶。

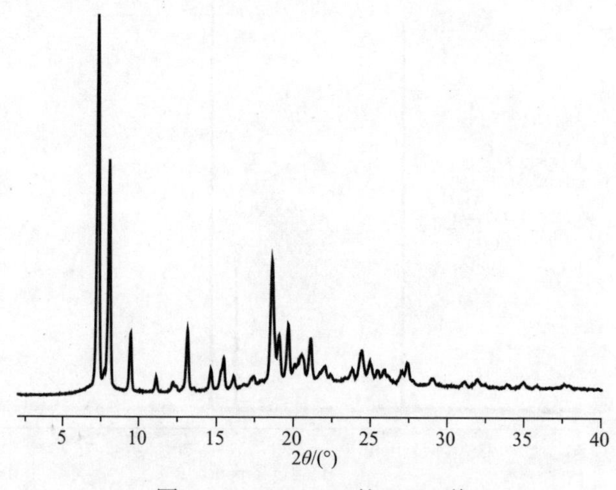

图 5-17 ibutyl-T_7 的 XRD 谱

5.3.2 异丁基三硅醇硅倍半氧烷的热失重分析

ibutyl-T_7 在氮气气氛和空气气氛下的 TG 和 DTG 曲线如图 5-18 所示，表 5-1 给出了与 TG 相关的数据(T_{onset} 表示失重 5%时的温度，T_{max} 表示最大热分解速率时的温度)。由图可知，ibutyl-T_7 在氮气和空气下的热分解行为基本为两个阶段分解：第一阶段在 130～170℃，主要是羟基脱水缩合，第二阶段在 250～500℃，主要是 POSS 的裂解。从表 5-1 比较得知 ibutyl-T_7 在氮气下的初始分解温度为 243.9℃，在空气下的初始分解温度为 226.0℃，说明异丁基 T_7-POSS 在空气中分解得更早，但是空气气氛下的残炭量却达到了 52.7 wt%，而氮气气氛下的残炭仅为 10.0 wt%。这是由于氮气气氛下 Si、O 元素因没有足够的氧元素使其形成 SiO_2 物质，且异丁基碳不能像高热稳定性的芳香基团一样在氮气气氛下跟 Si、O 元素形成络合物，所以大部分物质裂解后无法存留在残炭中；而在空气气氛下有足够的氧元素使得 ibutyl-T_7 产生 SiO_2 物质，留存于残炭中。

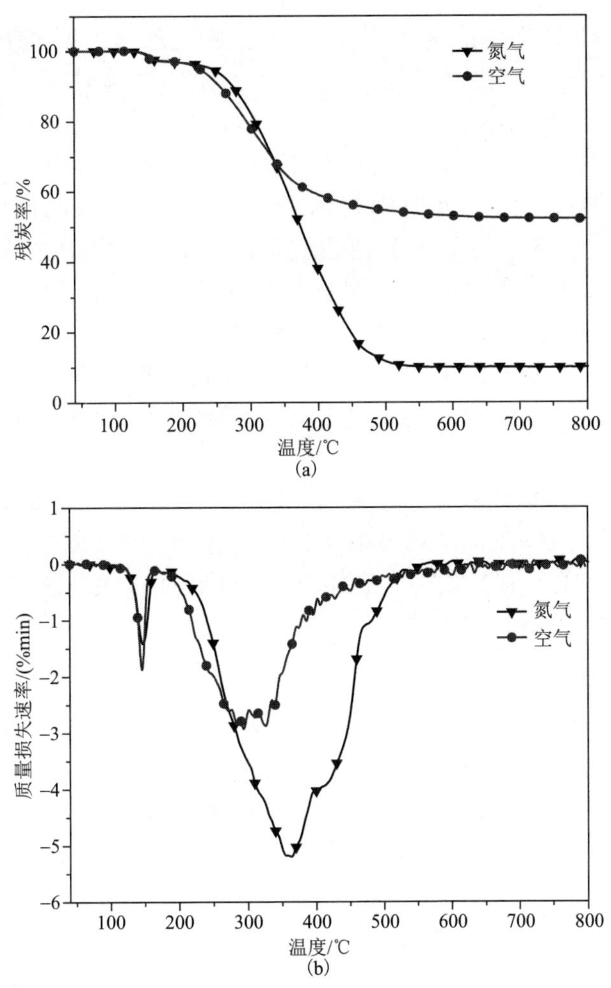

图 5-18　ibutyl-T_7 在氮气和空气气氛下的 TG 和 DTG 曲线

表 5-1 ibutyl-T_7 的 TG 数据

气氛	T_{onset}/℃	T_{max1}/℃	T_{max2}/℃	800℃的残炭率/%
氮气	243.9	155.4	362.8	10.0
空气	226.0	149.7	290.0	52.7

5.3.3 异丁基三硅醇硅倍半氧烷合成条件的优化

1. 助溶剂对 ibutyl-T_7 合成的影响

ibutyl-T_7 是在混合溶剂体系中从异丁基三乙氧基硅烷出发的三步合成法(水解、缩合、中和)得到的。在以 $LiOH·H_2O$ 为碱催化剂的体系中，若只使用一种溶剂无法得到目标产物 T_7-POSS 时，改用由主溶剂和助溶剂组成的混合溶剂体系，由于溶剂具有不同的极性和介电常数，通过两种溶剂的配合可以调控反应的水解缩合速率，从而避免过快的反应速率使得产物选择性下降，最终产物包含多种杂质难以分离。研究中主溶剂采用丙酮，因为丙酮极性适中，在溶解度方面具有独特的差异，丙酮溶剂可以很好地溶解有机 T_7 锂盐与 HCl 中和后产生的 LiCl，但不能溶解最终产物 T_7-POSS，利于 T_7-POSS 从体系中析出，利用两者溶解性的差异降低了分离难度；助溶剂采用两种醇类试剂(甲醇或异丙醇)，主要用途是控制水解缩合反应速率。

为研究助溶剂的类型对目标产物的影响，以异丁基三乙氧硅烷、单水氢氧化锂、去离子水的摩尔比 1.00∶0.46∶1.30 为标准，保证同样的反应温度和反应时间，利用 FTIR、^{1}H NMR、^{29}Si NMR 和 MALDI-TOF MS 对两种体系下形成的产物进行了表征和分析。

1) 红外光谱分析

从图 5-19 中可以看出，利用甲醇和异丙醇法得到的 T_7-POSS 产物在红外光谱上并没有明显区别，同样具有 1078 cm^{-1} 处 Si—O—Si 的特征峰，以及 3443～3049 cm^{-1} 处的羟基峰和 890 cm^{-1} 处的 Si—OH 强吸收峰。

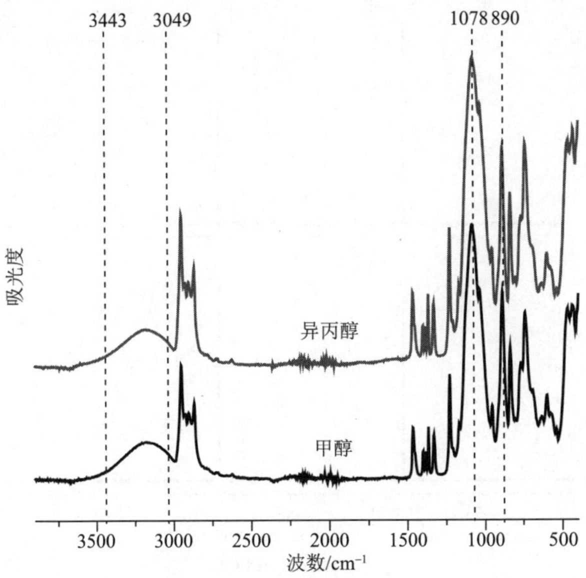

图 5-19　不同助溶剂甲醇和异丙醇条件下得到的 ibutyl-T_7 的 FTIR 谱

2）核磁共振谱分析

图 5-20 为两种溶剂体系下得到的 ibutyl-T_7 的 ^{1}H NMR 谱（4～8 ppm）和 ^{29}Si NMR 谱。因 0～2 ppm 部分是异丁基碳链的共振峰，两者并没有区别，此处为了方便观察羟基信号峰的变化，只给出 4～8 ppm 的 ^{1}H NMR 谱。对比图 5-20 中甲醇和异丙醇为助溶剂的 ^{1}H NMR 谱，可以发现异丙醇法得到的产物除在

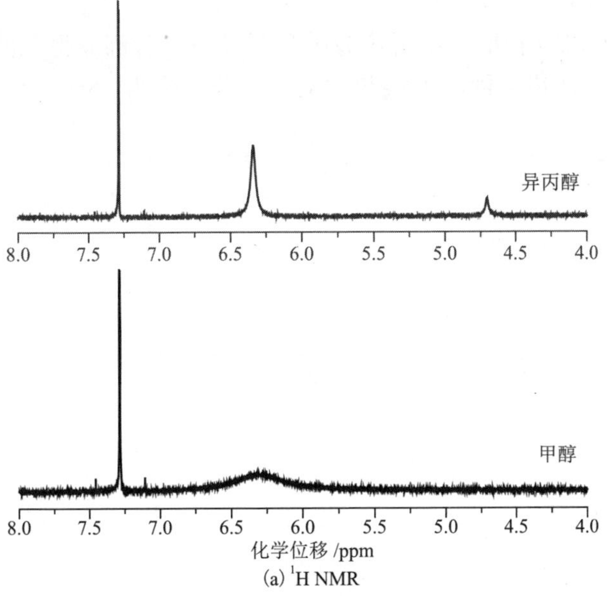

(a) ^{1}H NMR

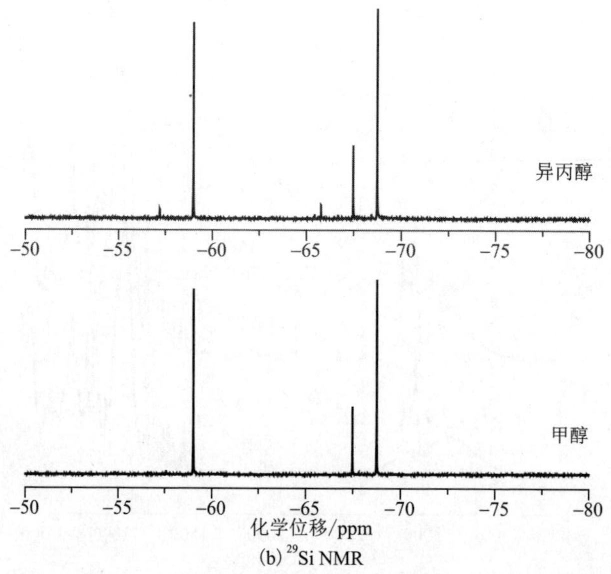

(b) ^{29}Si NMR

图 5-20 不同助溶剂甲醇和异丙醇条件下得到的 ibutyl-T_7 的 ^{1}H NMR 谱和 ^{29}Si NMR 谱

6.34 ppm 处出峰，在 4.70 ppm 处也有羟基的信号峰，产物中不止有 ibutyl-T_7 一种物质。而两个硅图谱中均出现了 3 个明显的共振吸收峰：−69.58 ppm、−77.41 ppm、−77.73 ppm。同时观察到异丙醇法制备的产物 Si 谱图中在 −57.23 ppm 和−65.82 ppm 存在 2 个杂峰。结合氢谱，说明该方法制备的产物中除了 ibutyl-T_7，还有其他杂质。

3）质谱图分析

从图 5-21 可以看出，助溶剂为甲醇和异丙醇时都能得到的分子量为 790 的 T_7-POSS，但使用异丙醇助溶剂时会产生分子量为 465 的小分子杂质。

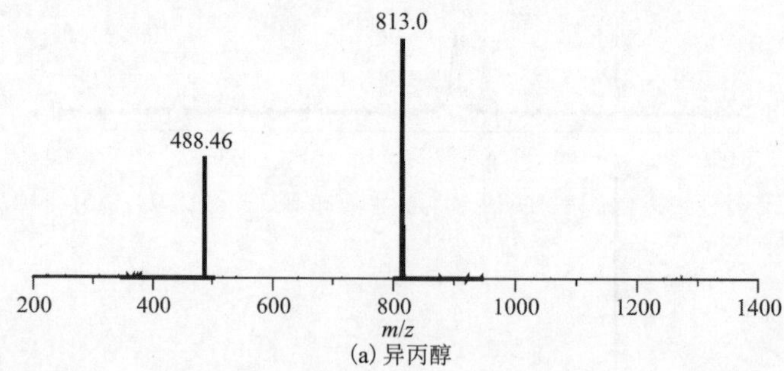

(a) 异丙醇

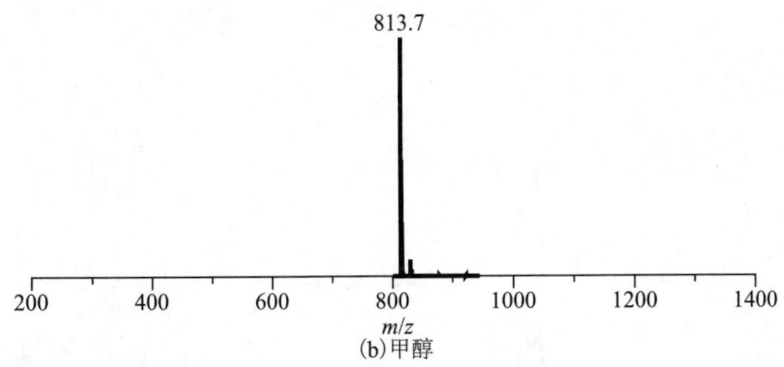

(b)甲醇

图 5-21　不同助溶剂异丙醇和甲醇条件下得到的 ibutyl-T_7 的 MALDI-TOF MS 谱

综合以上的分析结果，总结于表 5-2，丙酮/甲醇的混合溶剂体系更适合于异丁基 T_7-POSS 的制备，产率更高且产物更纯净。

表 5-2　不同助溶剂对 ibutyl-T_7 产率的影响

产物	单一性	助溶剂	产率/%
ibutyl-T_7	是	甲醇	88
	否	异丙醇	37

2. 碱用量对 ibutyl-T_7 合成的影响

本书选用的碱催化剂是单水氢氧化锂，常温状态下不溶于丙酮和甲醇，但随着反应的进行，能逐渐溶解于反应体系，从而有效地控制碱催化的进程，维持了反应的平稳进行。所以，为研究碱的用量对目标产物的影响，固定异丁基三乙氧硅烷与去离子水的摩尔比为 1.00∶1.30，控制同样的反应温度和反应时间，改变异丁基硅氧烷与碱的摩尔比为 0.36、0.46、0.56，利用 FTIR、^{1}H NMR、^{29}Si NMR 和 MALDI-TOF MS 对不同碱用量催化下得到的产物进行了表征和分析。

1）红外光谱分析

从图 5-22 中可以看出，在硅氧烷与碱量的摩尔比为 0.36、0.46、0.56 三个条件下得到的 T_7-POSS 产物在红外光谱图上并没有明显区别，同样具有 1078 cm^{-1} 处 Si—O—Si 的特征峰，以及 3443～3049 cm^{-1} 处的羟基峰和 890 cm^{-1} 处的 Si—OH 强吸收峰。

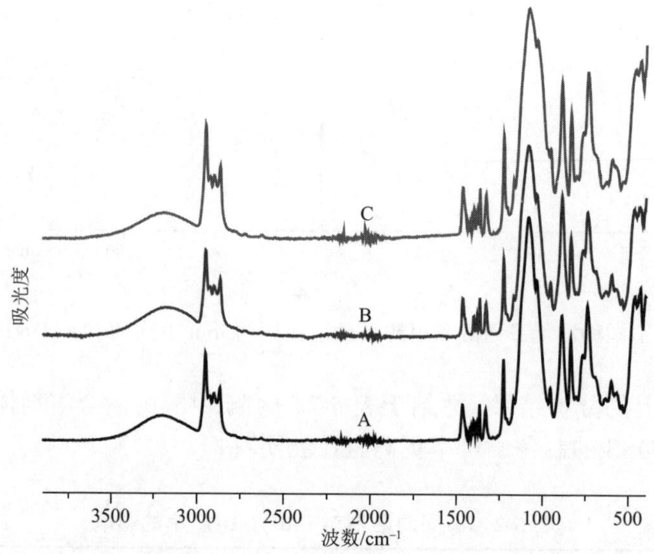

图 5-22　不同碱用量法得到的 ibutyl-T_7 的 FTIR 谱(硅氧烷与碱量的摩尔比为 A: 0.36, B: 0.46, C: 0.56)

2)核磁共振谱分析

图 5-23 为三种碱用量条件下得到的 ibutyl-T_7 的 ^{1}H NMR 谱(4～8 ppm)和 ^{29}Si NMR 谱。异丁基碳的共振峰出现在 0～2 ppm 部分，三者没有区别。对比图 5-23 中 B、C 两氢谱图，可以发现硅氧烷与碱用量的摩尔比为 0.56 实验条件下得到的产物除在 6.11 ppm 处出峰，在 4.72 ppm 处也有羟基的信号峰，存在其他杂质，而观察 A、B 的 ^{1}H NMR 谱，除 6.50 ppm 附近的峰，没有发现其他的羟基质子峰。而三个 ^{29}Si NMR 谱中均出现了 3 个明显的共振吸收峰：−58.97 ppm、−67.46 ppm、−68.75 ppm。但是可以观察到碱用量为 0.56 实验条件下得到的产物 ^{29}Si NMR 谱在 57.24 ppm、58.06 ppm、65.50 ppm、66.75 ppm、66.39 ppm 处存在多个杂峰。结合 ^{1}H NMR 谱，说明硅氧烷与碱用量的摩尔比为 0.56 实验条件下制备的产物中除了 ibutyl-T_7，还有大量其他杂质。

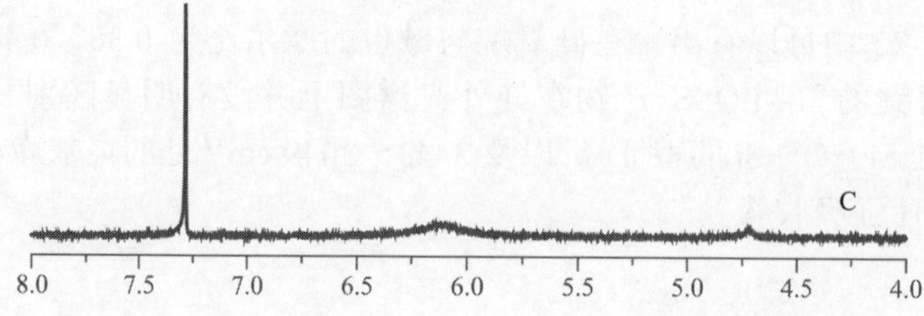

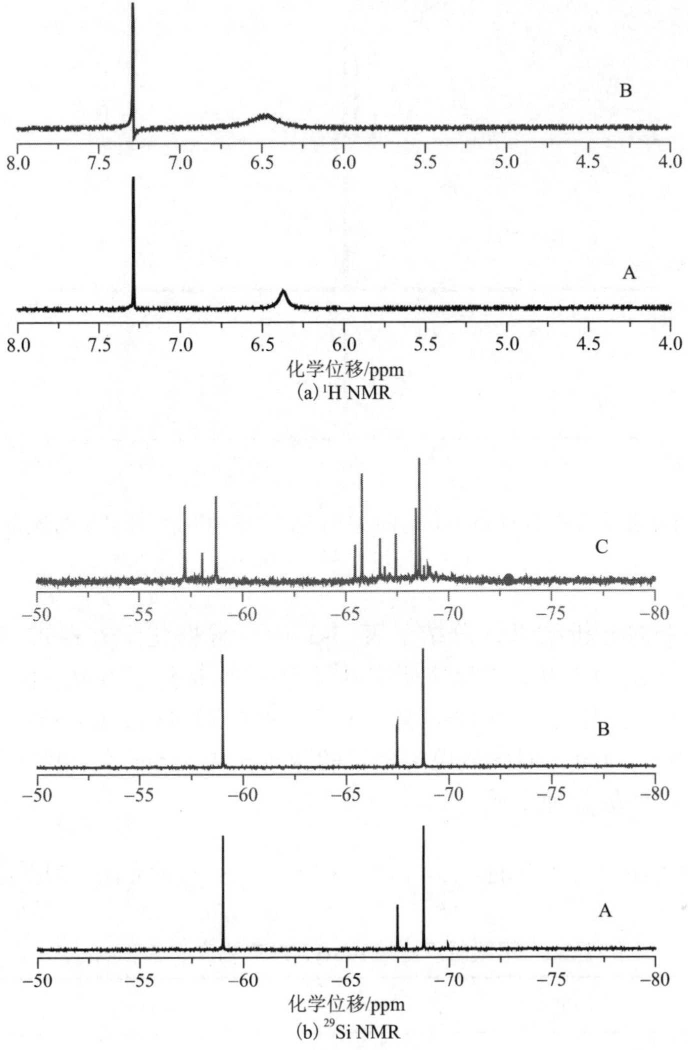

图 5-23　不同碱用量法得到的 ibutyl-T_7 的 ^{1}H NMR 谱和 ^{29}Si NMR 谱（硅氧烷与碱量的摩尔比为 A: 0.36, B: 0.46, C: 0.56）

3）MALDI-TOF MS 分析

从图 5-24 可以看出，硅氧烷与碱量的摩尔比在 0.36 和 0.46 时得到的产物均为单一的 T_7-POSS，而综合硅氧烷与碱量的摩尔比为 0.56 条件下得到产物的红外光谱、核磁共振谱以及飞行时间质谱，产物不纯，有其他杂质。

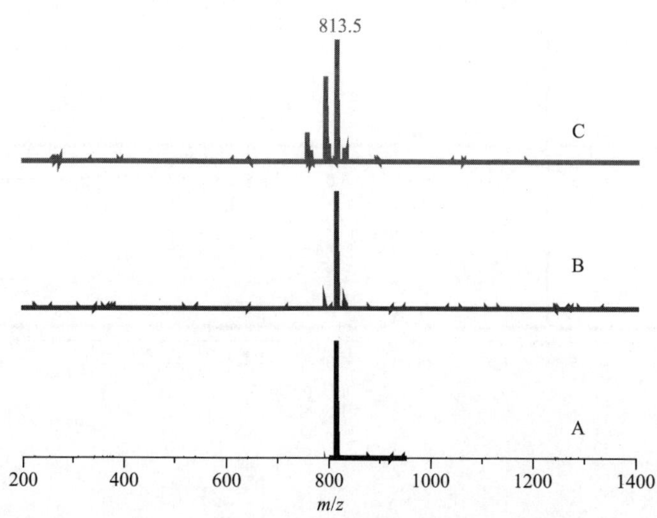

图 5-24 不同碱用量法得到的 ibutyl-T_7 的 MALDI-TOF MS 谱(硅氧烷与碱量的摩尔比为 A: 0.36, B: 0.46, C: 0.56)

综合以上的分析结果，总结于表 5-3 中。根据化学方程式(5-1)，假设 $RSi(OEt)_3$ 的用量为 1.00，则反应所需碱量为 3/7，接近于 0.46。由表 5-3 得知随硅氧烷与碱量的摩尔比由 0.36 增加至实际所需碱量时，T_7-POSS 产率增加，且产物保持单一纯净，但硅氧烷与碱量的摩尔比为 0.56 时，出现了除目标产物 T_7-POSS 以外的其他杂质。

$$7RSi(OC_2H_5)_3 + 3LiOH \cdot H_2O + 6H_2O = R_7Si_7O_9(OLi)_3 + 21C_2H_5OH \quad (5\text{-}1)$$

表 5-3 不同碱用量对 ibutyl-T_7 产物产率的影响

产物	单一性	$LiOH \cdot H_2O$	H_2O	产率/%
	是	0.36		81
ibutyl-T_7	是	0.46	1.30	88
	否	0.56		—

3. 用水量对 ibutyl-T_7 合成的影响

用水量的变化对 POSS 合成反应的影响较大；合成 T_8-POSS 的理论用水量为 1.5 倍的硅氧烷原料用量，当用水量接近 1.5 比值时，会产生较多的副产物。为研究用水量对目标产物的影响，固定异丁基三乙氧硅烷和碱的摩尔比为

1.00∶0.46，控制同样的反应温度和反应时间，改变异丁基硅氧烷与水的摩尔比为 1.20、1.30、1.40，利用 FTIR、^{1}H NMR、^{29}Si NMR 和 MALDI-TOF MS 对不同用水量条件下得到的产物进行了表征和分析。

1）红外光谱分析

实验过程中发现当用水量为 1.40 时，中间产物$(i\text{-}C_4H_9)_7Si_7O_9(OLi)_3$在中和步骤时，发生交联形成一团黏性物质，没有白色固体从溶剂体系析出。从图 5-25 中可以看出，在硅氧烷与用水量的比例为 1.20 和 1.30 两个条件下得到的 T_7-POSS 产物在红外光谱上并没有明显区别，同样具有 1078 cm^{-1} 处 Si—O—Si 的特征峰，以及 3443～3049 cm^{-1} 处的羟基峰和 890 cm^{-1} 处的 Si—OH 强吸收峰。

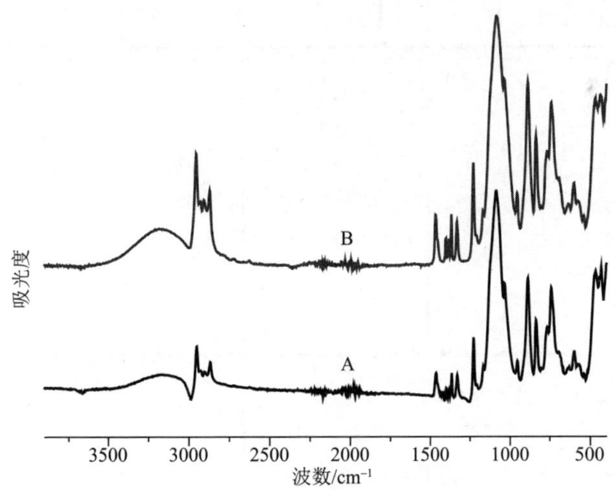

图 5-25　不同用水量得到的 ibutyl-T_7 的 FTIR 谱(硅氧烷与用水量的摩尔比为 A: 1.20, B: 1.30)

2）核磁共振谱分析

图 5-26 为两种用水量条件下得到的 ibutyl-T_7 的 ^{1}H NMR 谱(4～8 ppm)和 ^{29}Si NMR 谱。异丁基碳链的吸收峰出现在 0～2 ppm 部分，两者也没有区别。观察图中 A、B 的 ^{1}H NMR 谱，均在 6.5 ppm 处出峰，虽然两者峰的形状不一致(一宽峰，一尖锐峰)但都代表着同一种化学环境下的羟基质子。三个 ^{29}Si NMR 谱中均只出现了 3 个明显的共振峰：−69.58 ppm、−77.41 ppm、−77.73 ppm。结合 ^{1}H NMR 谱，说明这两种用水量实验条件下制备的产物中均只有 ibutyl-T_7。

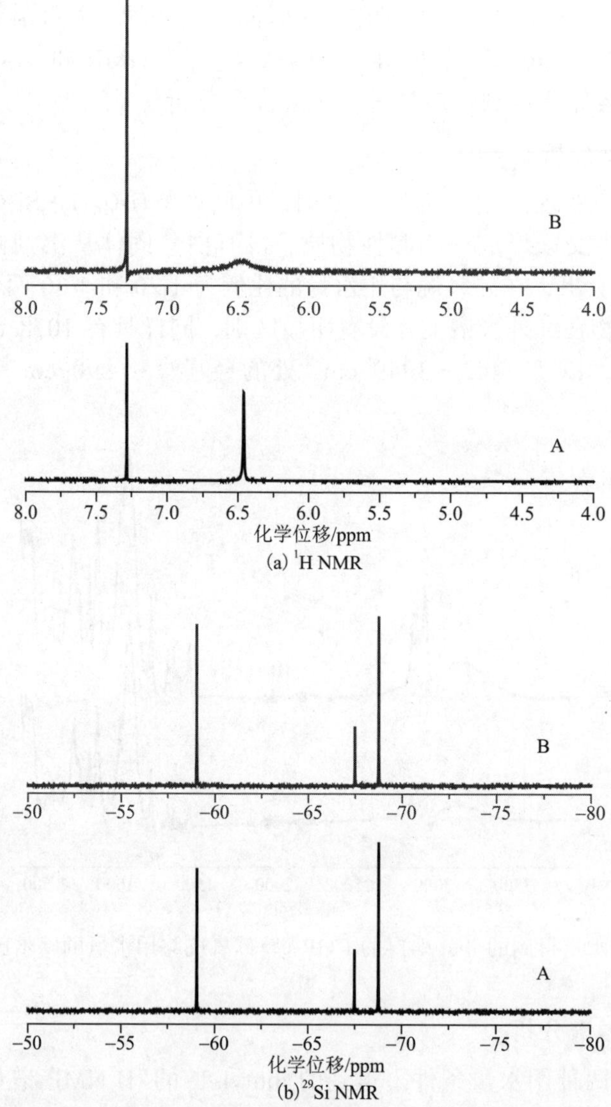

图 5-26　不同用水量得到的 ibutyl-T_7的 ^{1}H NMR 谱和 ^{29}Si NMR 谱(硅氧烷与用水量的摩尔比为 A: 1.20, B: 1.30)

3) MALDI-TOF MS 分析

从图 5-27 可以看出，不同用水量的条件 A 和条件 B 时得到的产物均为单一的 T_7-POSS，分子离子峰是分子量为 790 的 ibutyl-T_7 加上钠离子。

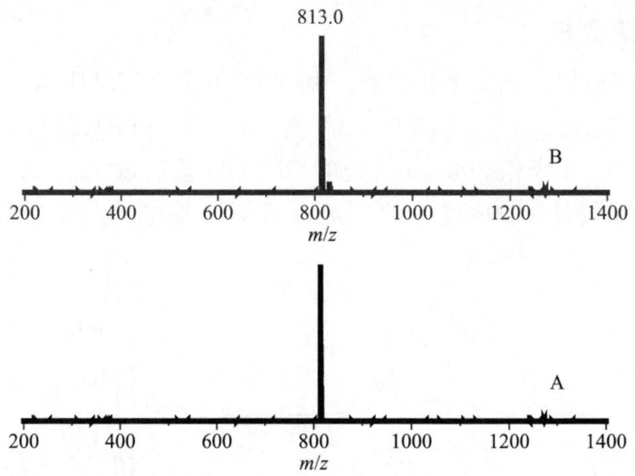

图 5-27　不同用水量得到的 ibutyl-T_7 的 MALDI-TOF MS 谱(硅氧烷与用水量的摩尔比为 A: 1.20, B: 1.30)

综合以上的分析结果，总结于表 5-4 中。根据化学方程式(5-1)，假设 $RSi(OEt)_3$ 的用量为 1.00，则反应所需水量为 9/7，接近于 1.30。由表得知，随用水量由 1.20 增加至实际所需水量时，T_7-POSS 产率增加，且产物保持单一纯净；但用水量为 1.40 时，反应过程发生交联反应无法得到最终的白色固体。产生该实验现象的原因是用水量达不到合成 T_7-POSS 的理论用水量时，使得反应不完全，产率显著下降；而当用水量超过理论用水量时，加快了整个反应体系水解和缩合反应的进程，使得体系的选择性下降，导致了副产物的产生。

表 5-4　不同用水量对 ibutyl-T_7 产物的影响

产物	单一性	H_2O	$LiOH·H_2O$	产率/%
	是	1.20		52
ibutyl-T_7	是	1.30	0.46	88
	—	1.40		—

4. 反应温度对 ibutyl-T_7 合成的影响

反应温度是硅氧烷水解缩聚过程中一个很重要的控制因素，温度过低或过高都造成副产物的产生。所以，为研究反应温度对目标产物的影响，固定异丁基三乙氧硅烷、碱、水的摩尔比为 1.00∶0.46∶1.30，控制同样的反应时间，反应温度有 55℃、60℃、65℃三个条件，利用 FTIR、^{1}H NMR、^{29}Si NMR 和 MALDI-TOF MS 对不同反应温度条件下得到的产物进行表征和分析。

1）红外光谱分析

图 5-28 是三种反应温度下得到产物的红外光谱。对比 A、B、C 三处温度下产物的红外光谱，均具有 1078 cm^{-1} 处 Si—O—Si 的特征峰，以及 3443～3049 cm^{-1} 处的羟基峰和 890 cm^{-1} 处的 Si—OH 强吸收峰，基本符合 T_7-POSS 的红外峰。可知仅从 FTIR 谱无法判断温度对产物结构的影响。

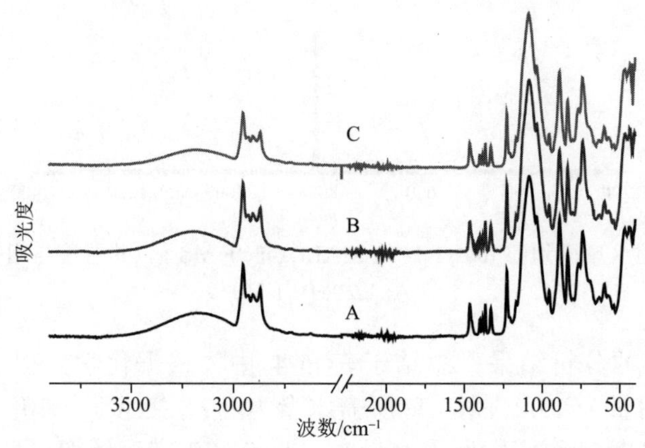

图 5-28　不同反应温度得到的 ibutyl-T_7 的 FTIR 谱（A: 55℃, B: 60℃, C: 65℃）

2）核磁共振谱分析

图 5-29 为三种反应温度条件下得到的 ibutyl-T_7 的 ^{1}H NMR 谱（4～8 ppm）和 ^{29}Si NMR 谱。异丁基碳链的吸收峰出现在 0～2 ppm 部分，三者没有差别，所以只给出 4～8 ppm 范围内的谱图。观察图 5-29 中 A、B、C 三个 ^{1}H NMR 谱在 4.5～7.0 ppm 范围内的出峰，只是 B 图的峰比 A、C 两图的峰要宽和平

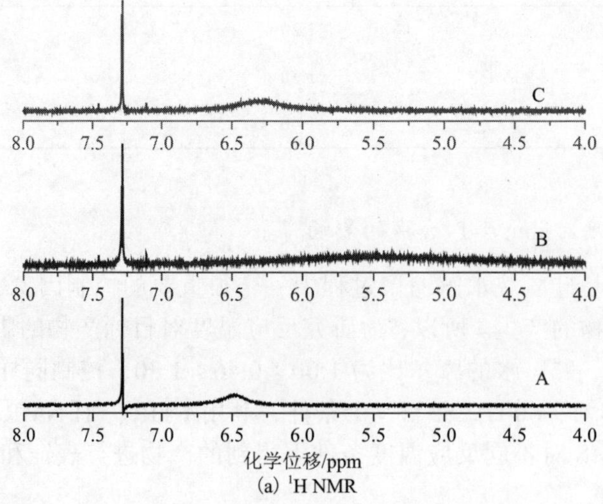

(a) ^{1}H NMR

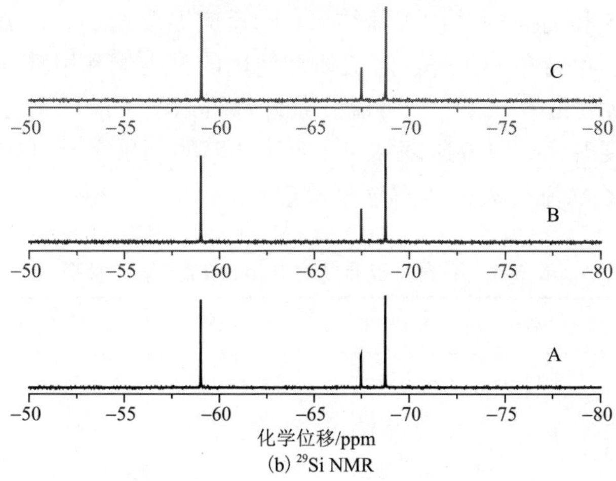

(b) ^{29}Si NMR

图 5-29　不同反应温度得到的 ibutyl-T_7 的 ^{1}H NMR 和 ^{29}Si NMR 谱（A: 55℃, B: 60℃, C: 65℃）

缓，与当时样品的测试状态有关，但都代表着同一种化学环境下的羟基质子，其与异丁基链段上氢的强度比均一致，符合 T_7-POSS 的结构特点。而三个 ^{29}Si NMR 谱中均只出现了 3 个明显的共振吸收峰：−58.97 ppm，−67.46 ppm，−68.75 ppm。结合 ^{1}H NMR 谱，说明反应温度为 55℃、60℃、65℃条件下制备的产物中均只有 ibutyl-T_7。

3）MALDI-TOF MS 分析

图 5-30 为三种反应温度条件下得到的 ibutyl-T_7 的 MALDI-TOF MS 谱。分子离子峰为 791.4、813.0、829.8，分别是由分子量为 790 的 ibutyl-T_7 加上氢离子、钠离子和钾离子所得。

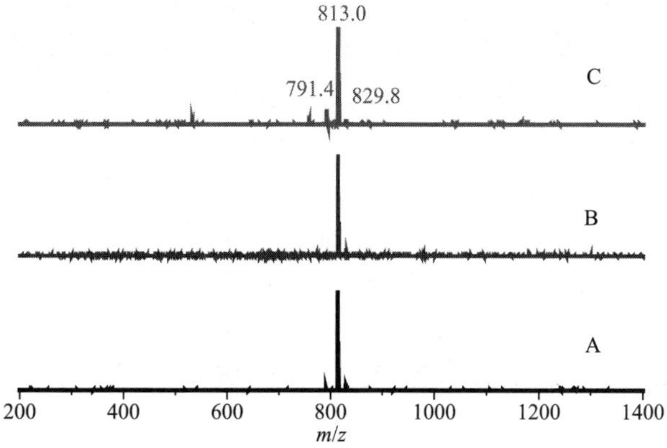

图 5-30　不同反应温度得到的 ibutyl-T_7 的 MALDI-TOF MS 谱（A: 55　℃, B: 60℃, C: 65℃）

根据表 5-5 和前面的结构表征结果，随反应温度增加，T_7-POSS 产率显著增加，且产物均保持单一纯净。溶剂体系使用的是丙酮和甲醇，丙酮的沸点是 54.6℃，甲醇沸点是 64.5℃，三种温度条件都可以使反应体系处于沸腾回流状态，只是随温度升高，回流速度加快，而从产率的结果来看可知温度的升高有利于异丁基三乙氧基硅烷的水解缩聚反应。

表 5-5　不同反应温度对 ibutyl-T_7 产率的影响

产物	单一性	温度/℃	H_2O	$LiOH·H_2O$	产率/%
	是	55			88
ibutyl-T_7	是	60	1.30	0.46	92
	是	65			97

5.4　异辛基三硅醇硅倍半氧烷的合成及表征

异辛基三硅醇硅倍半氧烷 T_7-POSS 的合成路线如图 5-31 所示。

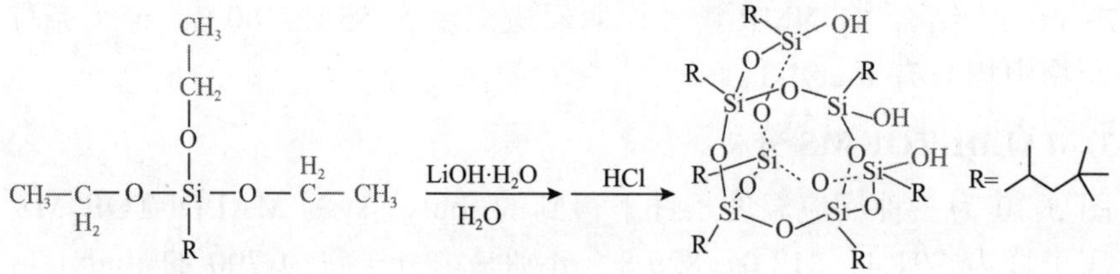

图 5-31　异辛基三硅醇硅倍半氧烷 T_7-POSS 的合成路径

异辛基三硅醇硅倍半氧烷(ioctyl-T_7)的制备：将 88 mL 丙酮、12 mL 异丙醇加入到装有回流冷凝管、恒压滴液漏斗、控温装置、氮气保护和磁力搅拌的 250 mL 三口烧瓶中，搅拌状态下加入 2 g $LiOH·H_2O$ 和 1.6 g 去离子水，升温使体系内出现回流，滴加异辛基三乙氧基硅烷 28.89 g，约 40 min 滴完，滴加完毕后回流反应 18 h，停止反应，加入 1 mol/L HCl 溶液(100 mL)中和，搅拌 2 h。将产物溶于正己烷，水洗 3 次，60℃鼓风烘干，最后得到黏性透明液体 $(i\text{-}C_8H_{17})_7Si_7O_9(OH)_3$，产物标记为 ioctyl-$T_7$，产率为 89%。

5.4.1　异辛基三硅醇硅倍半氧烷的化学结构表征

1. 异辛基三硅醇硅倍半氧烷的 FTIR 分析

从产物的红外光谱图 5-32 中可以看出，Si—O—Si 伸缩振动的吸收峰出现在 1080 cm^{-1} 附近，是典型的聚硅倍半氧烷的吸收峰。2952 cm^{-1}、2901 cm^{-1}、2867 cm^{-1} 处的吸收峰是异辛基的 C—H 伸缩振动峰，1474 cm^{-1} 和 1369 cm^{-1} 是 C—H 的面内弯曲振动峰；同时还可以观察到在 3576～3033 cm^{-1} 范围内有一羟基的宽吸收峰，在 887 cm^{-1} 处有一 Si—OH 强吸收峰。初步证明合成产物是具有 Si—OH 的 POSS 产物。

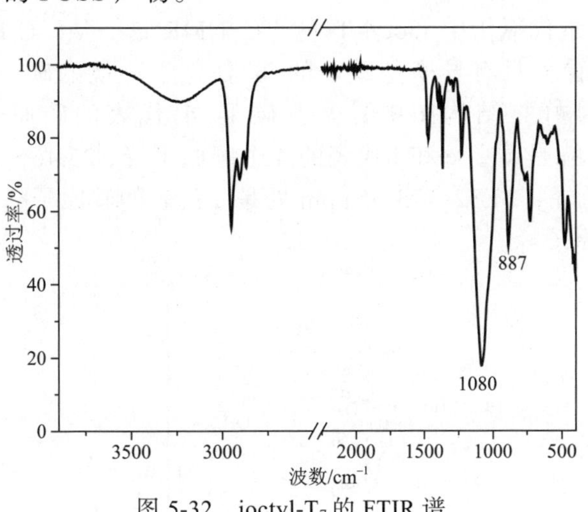

图 5-32　ioctyl-T_7 的 FTIR 谱

2. 异辛基三硅醇硅倍半氧烷的 NMR 分析

图 5-33 为 ioctyl-T_7 的 ^{1}H NMR 谱。从$(i\text{-}C_8H_{17})_7Si_7O_9(OH)_3$的分子结构上

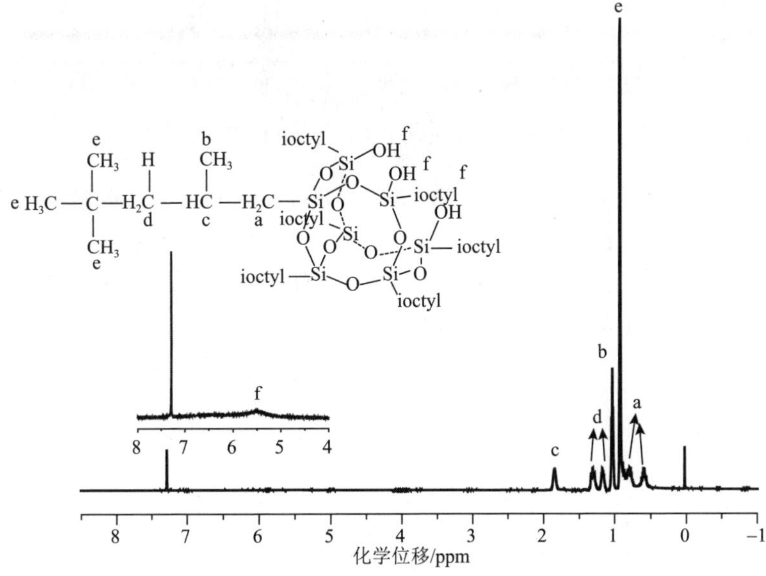

图 5-33　ioctyl-T_7 的 ^{1}H NMR 谱

看，有 6 种化学环境的氢，分别为 5 种异辛基上的氢和 1 种活泼羟基氢。因羟基信号峰低，所以将 4～8 ppm 处的谱图放大。^{1}H NMR 数据为 a：0.56+0.80 (14H, Si—**CH₂**); b: 1.03 (21H, CH—**CH₃**); c: 1.85 (7H, **CH**—CH₃); d: 1.17～1.31 [14H, (CH₃)₃C—**CH₂**—CH)]; e: 0.92 [63H, C—**(CH₃)₃**]; f: 5.53 (3H, **OH**)，与结构式吻合，且与红外光谱相一致。

图 5-34 是氘代氯仿中 ioctyl-T_7 的 ^{13}C NMR 谱。从$(i\text{-}C_8H_{17})_7Si_7O_9(OH)_3$的分子结构上看，只有异辛基碳上的 6 种化学环境的碳。核磁共振谱中 54.37 ppm 信号峰是结构图中异辛基碳上 d 代表的碳原子峰，30.18～31.17 ppm 信号峰是碳上 e 和 f 代表的 4 个碳原子峰，25.46～25.01 ppm 处是 b 代表的碳原子峰，24.32～23.62 ppm 处是 a 代表的碳原子峰，14.06 ppm 处是 c 代表的碳原子峰。

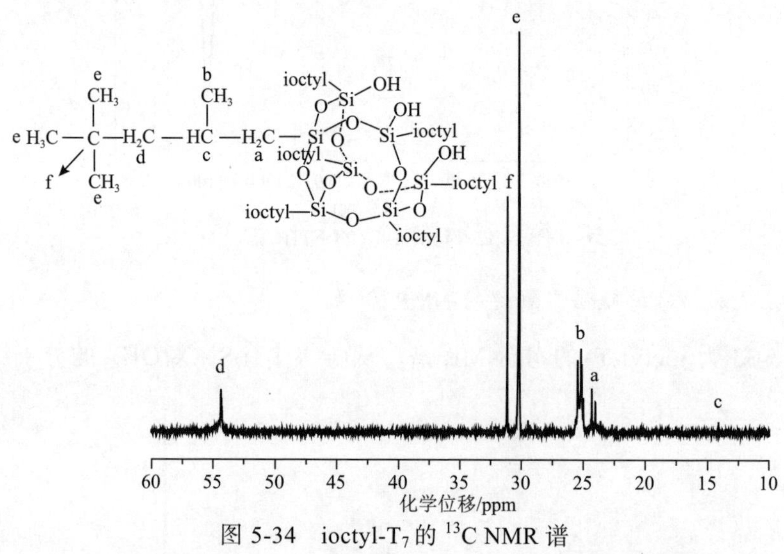

图 5-34　ioctyl-T_7 的 ^{13}C NMR 谱

图5-35为ioctyl-T_7的^{29}Si NMR谱，谱中出现了3个明显的共振峰：−58.79 ppm、−67.77 ppm、−68.85 ppm，比例为 3∶1∶3，分别代表着连接 OH 的 Si 原子，底角的 Si 原子以及连接有 OH 的 Si 旁边的 Si 原子，结合氢谱分析可知其为 T_7-POSS 中三种化学环境 Si 的共振吸收。

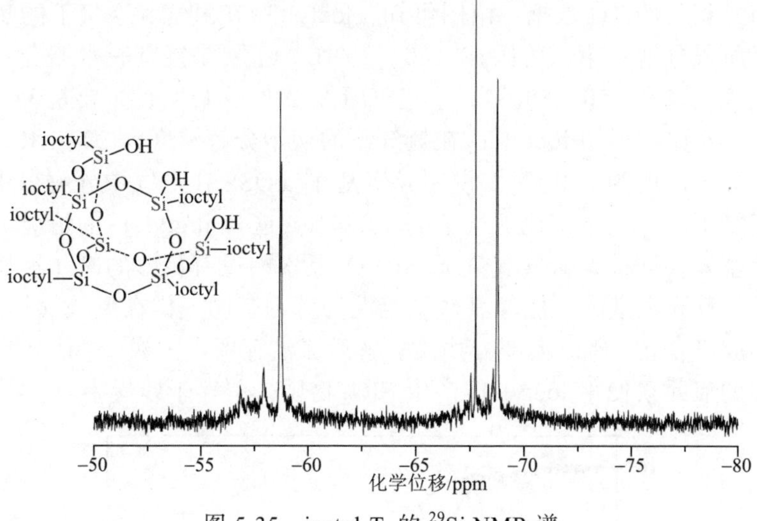

图 5-35　ioctyl-T_7 的 ^{29}Si NMR 谱

3. 异辛基三硅醇硅倍半氧烷的 MALDI-TOF MS 分析

图 5-36 是 ioctyl-T_7 的基质辅助激光解吸电离飞行时间质谱，采用 α-腈基-四羟基苯丙烯酸为基质，为了促进分子形成，基质中加入了钠盐和钾盐，所以会产生$[M+H]^+$、$[M+Na]^+$和$[M+K]^+$加合离子。图中形成的分子离子峰，是由分子量为 1182 的合成产物加钠离子所得，质谱图进一步证明了该法得到了单一的目标产物 ioctyl-T_7。

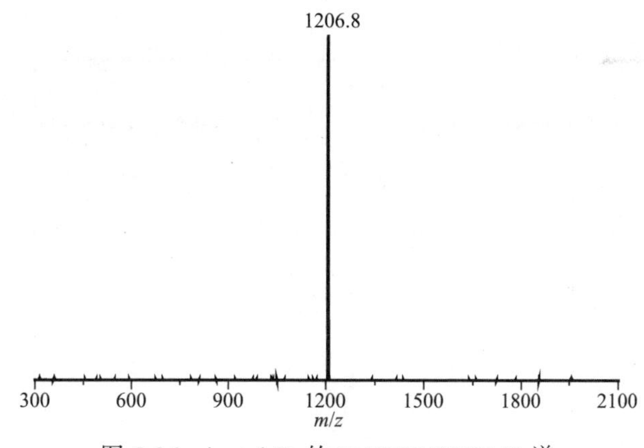

图 5-36　ioctyl-T_7 的 MALDI-TOF MS 谱

5.4.2　异辛基三硅醇硅倍半氧烷的热失重分析

ioctyl-T_7 在氮气气氛和空气气氛下的 TG 和 DTG 曲线如图 5-37 所示，表 5-6

给出了与其相关的 TG 数据。由图可知，ioctyl-T_7 在氮气和空气下的热分解基本为三个阶段分解：第一阶段在 140～203℃，主要是羟基脱水缩合，第二、三阶段氮气气氛在 250～500℃，空气气氛在 230～413℃，主要是 POSS 的裂解。从表 5-6 比较得知 ioctyl-T_7 在氮气下的初始分解温度为 297.1℃，在空气下的初始分解温度为 250.5℃，说明异辛基 T_7-POSS 在空气中分解得更早，但是空气气氛下的残炭量却比氮气下高 13.24%，这与 ibutyl-T_7 的情况一致，两者同为烷基碳，同样是氮气气氛下 Si、O 元素因没有足够的氧元素使其形成 SiO_2 物质，且异辛基碳不能像高热稳定性的芳香基团一样在氮气气氛下与 Si、O 元素形成络合物，所以大部分物质裂解后无法存留在残炭中；而在空气气氛下有足够的氧元素使得 ioctyl-T_7 产生 SiO_2 物质，留存于残炭中。

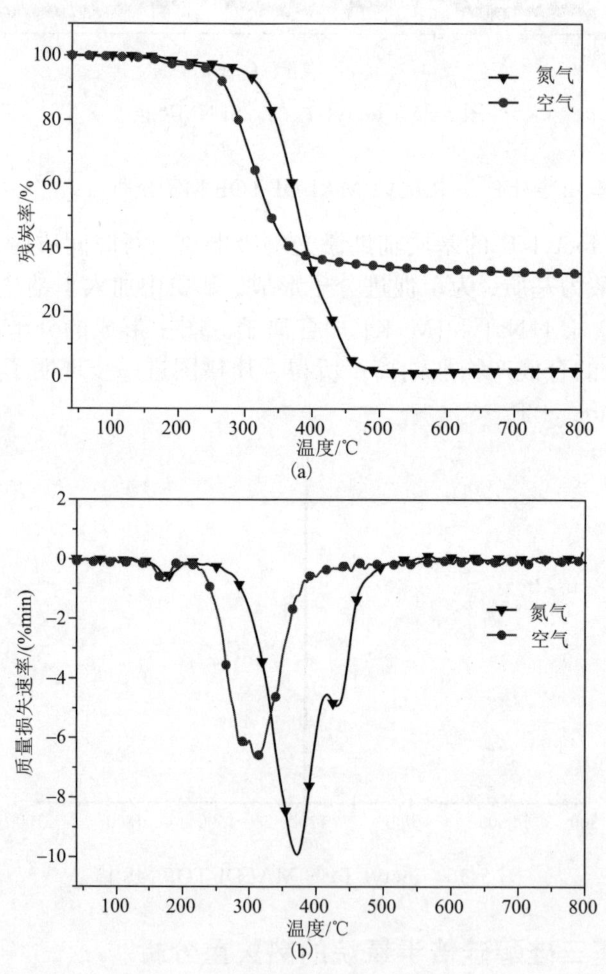

图 5-37 ioctyl-T_7 在氮气和空气气氛下的 TG 和 DTG 曲线

表 5-6　ioctyl-T_7 的 TG 数据

气氛	T_{onset}/℃	T_{max1}/℃	T_{max2}/℃	T_{max3}/℃	800℃残炭率/%
氮气	297.1	183.5	370.8	430.3	2.3
空气	250.5	175.1	289.7	312.4	32.3

5.4.3　异辛基三硅醇硅倍半氧烷合成条件的优化

1. 助溶剂对 ioctyl-T_7 合成的影响

ioctyl-T_7 与 ibutyl-T_7 的溶剂体系类似，也是由主溶剂(丙酮)和助溶剂(醇类物质)构成。同样地，为研究助溶剂的类型对目标产物的影响，以异辛基三乙氧硅烷、单水氢氧化锂、去离子水的摩尔比 1.00∶0.46∶1.30 为标准，控制同样的反应温度和反应时间，利用 FTIR、^{1}H NMR、^{29}Si NMR 和 MALDI-TOF MS 对两种体系下形成的产物进行了表征和分析。

1)红外光谱分析

对比图 5-38 中的 FTIR 谱，利用甲醇和异丙醇法得到的 T_7-POSS 产物在红外光谱图上并没有很大区别，同样具有 1080 cm^{-1} 处 Si—O—Si 的硅氧烷特征峰，以及 3576～3033 cm^{-1} 范围内的羟基峰和 890 cm^{-1} 处的 Si—OH 强吸收峰。

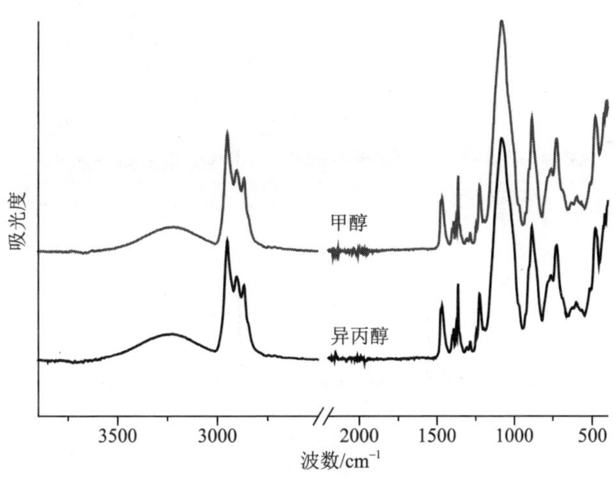

图 5-38　不同助溶剂异丙醇和甲醇条件下得到的 ioctyl-T_7 的 FTIR 谱

2)核磁共振谱分析

图 5-39 为两种溶剂体系下得到的 ioctyl-T_7的 ^{1}H NMR 谱(4～8 ppm)和 ^{29}Si NMR 谱。同样是因为 0～2 ppm 部分是异辛基碳的吸收峰，两者并没有明显

区别，此处为了方便观察羟基信号峰的变化，只放了 4～8 ppm 的氢谱图。对比图 5-39 中异丙醇和甲醇助溶剂的两氢谱图，可以发现异丙醇法和甲醇法所得产物除均在 5.50 ppm 附近出现一小宽峰，看不出明显区别。而两个硅谱中均出现了 3 个明显的共振吸收峰：−58.79 ppm、−67.77 ppm、−68.85 ppm。但是甲醇法制备的产物 ^{29}Si NMR 谱中在这三个主要的 Si 信号峰以外还存在 3 个强度比较大的杂峰。这些说明甲醇法制备的产物不如异丙醇法所得产物纯净单一。

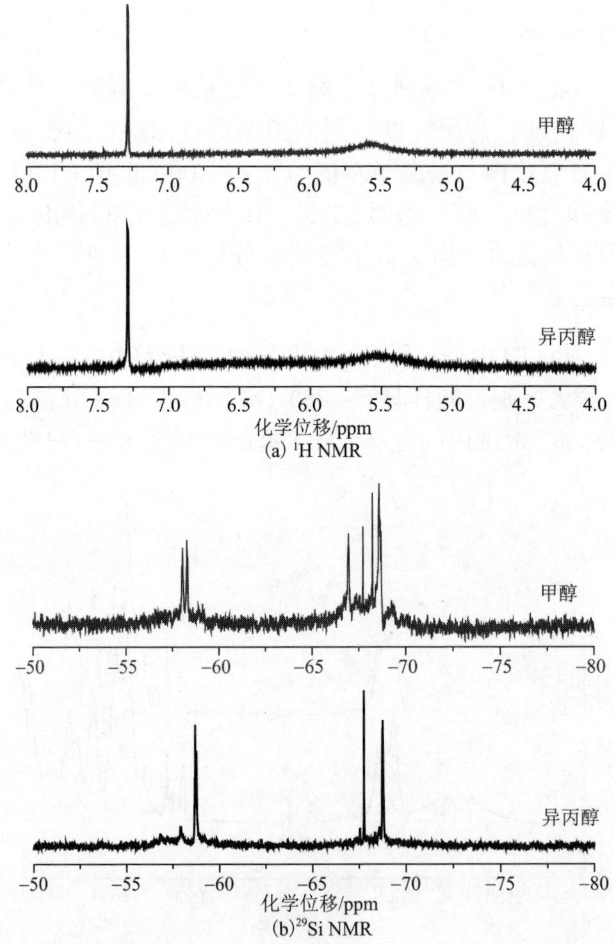

图 5-39　不同助溶剂异丙醇和甲醇条件下得到的 ioctyl-T_7 的 ^{1}H NMR 谱和 ^{29}Si NMR 谱

3) MALDI-TOF MS 分析

从图 5-40 可以看出，助溶剂为甲醇和异丙醇时都能得到分子量为 1182 的 T_7-POSS，但使用甲醇溶剂时会生成分子量为 1341 的大分子物质，也正好与前面的核磁硅谱测试结果相对应。

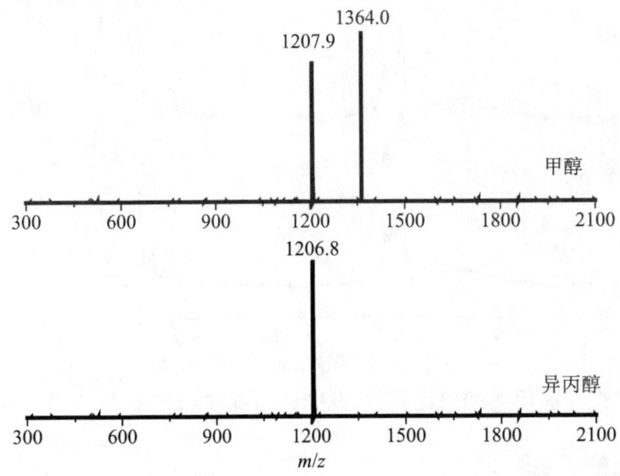

图 5-40　不同助溶剂异丙醇和甲醇条件下得到的 ioctyl-T_7 的 MALDI-TOF MS 谱

根据表 5-7 和前面的结构表征结果，丙酮/异丙醇的混合溶剂体系更适合于异辛基 T_7-POSS 的制备，产率更高且产物更纯净。

表 5-7　不同助溶剂对 ioctyl-T_7 产物的影响

产物	单一性	助溶剂	产率/%
ioctyl-T_7	是	丙酮/异丙醇	79.0
	否	甲醇	73.3

2. 碱用量对 ioctyl-T_7 合成的影响

异辛基 T_7-POSS 的合成所用碱催化剂也是 $LiOH·H_2O$，为研究碱的用量对异辛基 T_7-POSS 的影响，固定异辛基三乙氧硅烷与去离子水的摩尔比为 1.00∶1.30，控制同样的反应温度和反应时间，而 i-$C_8H_{17}Si(OEt)_3$ 与碱的摩尔比为 0.36、0.46、0.56 三个比例，利用 FTIR、^{1}H NMR、^{29}Si NMR 和 MALDI-TOF MS 对不同碱用量催化下得到的产物进行了表征和分析。

1）红外光谱分析

观察图 5-41，在硅氧烷与碱量的比例为 0.36、0.46、0.56 三个条件下得到的 ioctyl-T_7 产物在红外光谱上并无明显区别，都具有 1080 cm^{-1} 处 Si—O—Si 的特征峰，以及 3600～3060 cm^{-1} 范围的宽羟基峰和 887 cm^{-1} 处的 Si—OH 强吸收峰。

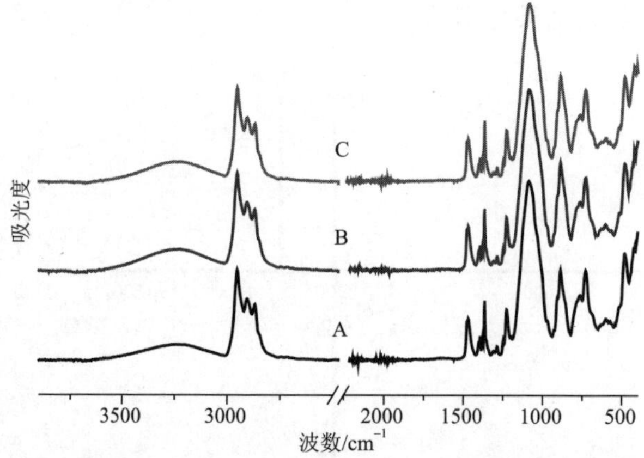

图 5-41 不同硅氧烷与碱用量摩尔比下得到的 ioctyl-T_7 的 FTIR 谱(A: 0.36, B: 0.46, C: 0.56)

2)核磁共振谱分析

图 5-42 为不同硅氧烷与碱用量摩尔比下得到的 ioctyl-T_7 的 ^{1}H NMR 谱(4～8 ppm)和 ^{29}Si NMR 谱。对比图 5-42 氢谱中三曲线，可以发现羟基信号峰均在 4～5 ppm 范围内，虽然出峰位置有所偏移，但是与辛基链上氢的强度比是一致的，符合 T_7-POSS 的结构特点。而硅谱中 A、B、C 三曲线基本保持一致，均只有−58.79 ppm、−67.77 ppm、−68.85 ppm 的 3 个共振吸收峰。结合氢谱和红外光谱，初步证明碱量在 0.36～0.56 范围内变化时，得到的 ioctyl-T_7 的结构基本不变。

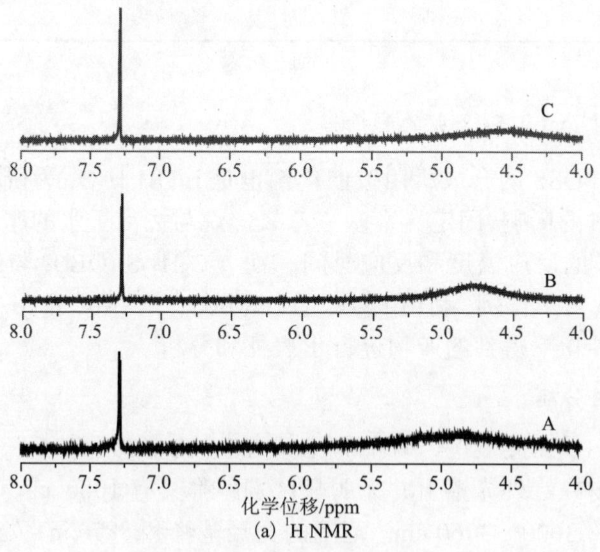

(a) ^{1}H NMR

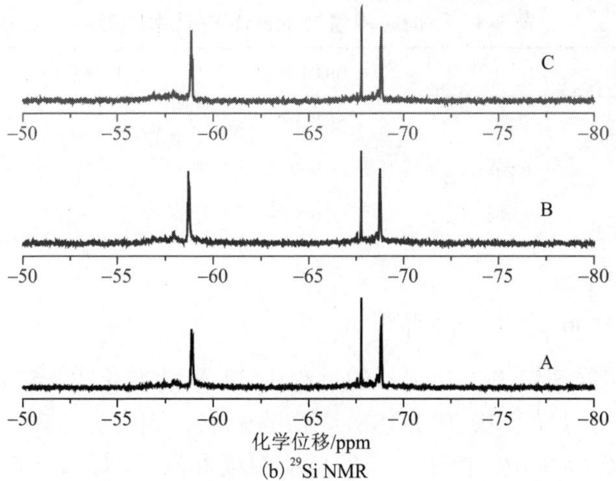

(b) ^{29}Si NMR

图 5-42　不同硅氧烷与碱用量摩尔比下的 ioctyl-T_7 的 ^{1}H NMR 谱(4～8 ppm)和 ^{29}Si NMR 谱(A: 0.36, B: 0.46, C: 0.56)

3) MALDI-TOF MS 分析

从图 5-43 可以看出，不同硅氧烷与碱用量摩尔比下得到的产物均为单一的 T_7-POSS，分子离子峰为分子量为 1182 的 ioctyl-T_7 加上钠离子，测试数值的稍许偏差是每次的测试条件、样品状态不同导致的。

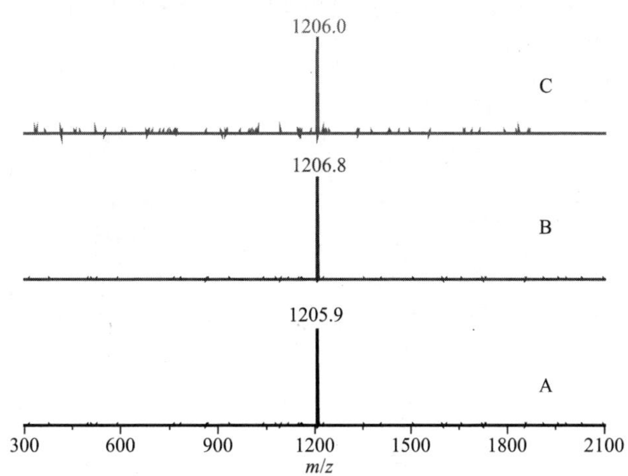

图 5-43　不同硅氧烷与碱用量摩尔比下得到的 ioctyl-T_7 的 MALDI-TOF MS 谱图(A: 0.36, B: 0.46, C: 0.56)

根据表 5-8 和前面的结构表征结果，碱量的变化(0.36～0.56)基本对 ioctyl-T_7 合成产物的结构不产生影响，并且产率随碱量增加有所提升，尤其是碱量由 0.36 升至 0.46 时，产率上升了 34%。

表 5-8　不同碱用量对 ioctyl-T_7 产率的影响

产物	单一性	$LiOH·H_2O$	H_2O	产率/%
	是	0.36		61
ioctyl-T_7	是	0.46	1.30	82
	是	0.56		85

3. 用水量对 ioctyl-T_7 合成的影响

同样地,在异辛基 POSS 制备的过程中,水量的变化也导致副产物的产生。为研究水的用量对异辛基 T_7-POSS 产物的影响，固定异辛基三乙氧硅烷和碱的摩尔比为 1.00：0.46，控制同样的反应温度和反应时间，i-$C_8H_{17}Si(OEt)_3$ 与水的摩尔比为 1.20、1.30、1.40，利用 FTIR、^{1}H NMR、^{29}Si NMR 和 MALDI-TOF MS 对不同用水量条件下得到的产物进行了表征和分析。

1) 红外光谱分析

观察图 5-44，在硅氧烷与水量的比例为 1.20、1.30、1.40 三个条件下得到的 ioctyl-T_7 产物的红外光谱基本一致，均具有 1080 cm^{-1} 处 Si—O—Si 的特征峰，以及 3600～3060 cm^{-1} 范围的宽羟基峰和 887 cm^{-1} 处的 Si—OH 吸收峰，但是水量为 1.40 时得到产物的宽羟基峰和 Si—OH 吸收峰，相对另外两个条件来说，峰的强度要弱得多。

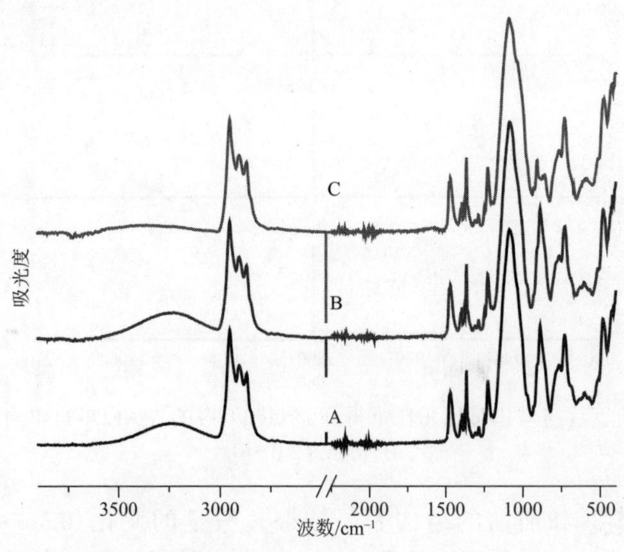

图 5-44　不同用水量得到的 ioctyl-T_7 的 FTIR 谱(A: 1.20, B: 1.30, C: 1.40)

2）核磁共振谱分析

图 5-45 为 3 种用水量条件下得到的 ioctyl-T_7 的 ^{1}H NMR 谱(4～8 ppm)和 ^{29}Si NMR 谱。异辛基碳的吸收峰都出现在 0～2 ppm 部分，三曲线并没有区别。

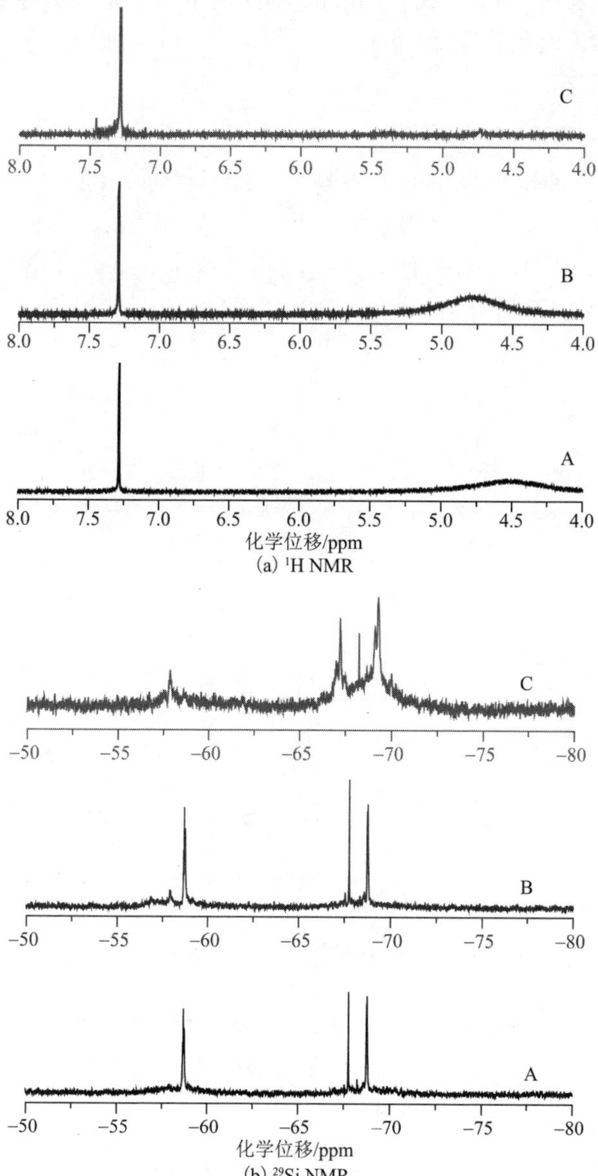

图 5-45　不同用水量得到的 ioctyl-T_7 的 ^{1}H NMR 谱(4～8 ppm)和 ^{29}Si NMR 谱(A: 1.20, B: 1.30, C: 1.40)

仔细观察图 5-45(a)中 A、B、C 三氢谱图，均在 4～5 ppm 范围内出小鼓包峰，代表着羟基的活泼氢，只是水量为 1.40 时产物的羟基信号峰比较弱。而硅谱中可以很明显地观察到 1.20 和 1.30 水量条件所得产物均具有 T_7-POSS 特有的 3 个共振峰：−58.79 ppm、−67.77 ppm、−68.85 ppm，但是硅谱图 5-45(b)C 中显示水量为 1.40 时的产物有 4 个 Si 共振峰，可以证明水量为 1.40 时所得 ioctyl-T_7 产物不纯。

3) MALDI-TOF MS 分析

图 5-46 为 3 种用水量条件下得到的 ioctyl-T_7 的 MALDI-TOF MS 谱。由图可知，水量为 1.20 和 1.30 时得到的产物只有异辛基 T_7-POSS(M=1182)，而很明显地水量为 1.40 时，有其他分子量的物质产生。结合硅谱可知当用水量为 1.40 时得到的产物不只有目标的 T_7-POSS 产物。

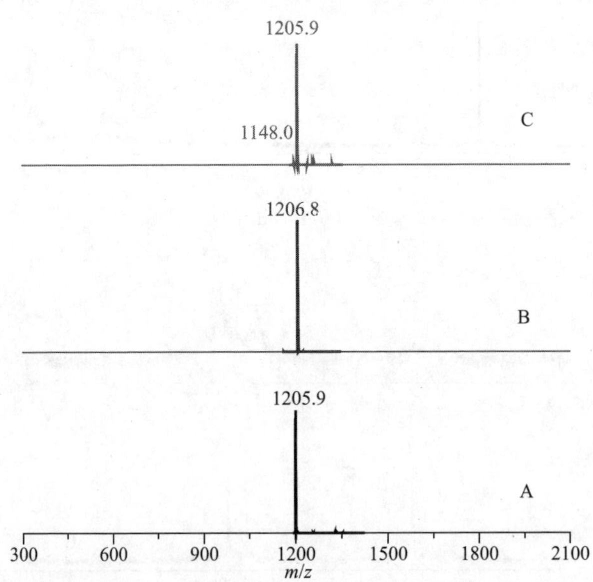

图 5-46　不同用水量得到的 ioctyl-T_7 的 MALDI-TOF MS 谱(A: 1.20, B: 1.30, C: 1.40)

根据表 5-9 和前面的结构表征结果，可知当用水量超过所需用量(1.30)时，多余的水会导致副产物的产生，而不管是增加还是减少水量都会使反应产率下降，所以水量为 1.30 是最优条件。

表 5-9　不同用水量对 ioctyl-T_7 产物的影响

产物	单一性	H_2O	$LiOH·H_2O$	产率/%
ioctyl-T_7	是	1.20	0.46	81

续表

产物	单一性	H_2O	$LiOH·H_2O$	产率/%
ioctyl-T_7	是	1.30	0.46	82
	否	1.40		78

4. 反应温度对 ioctyl-T_7 合成的影响

1）红外光谱分析

观察图 5-47，在反应温度为 55℃、60℃、65℃三个条件下得到的 ioctyl-T_7 产物在红外光谱上并无明显区别，都具有 1080 cm^{-1} 处 Si—O—Si 的特征峰，以及 3600～3060 cm^{-1} 范围的宽羟基峰和 887 cm^{-1} 处的 Si—OH 强吸收峰。

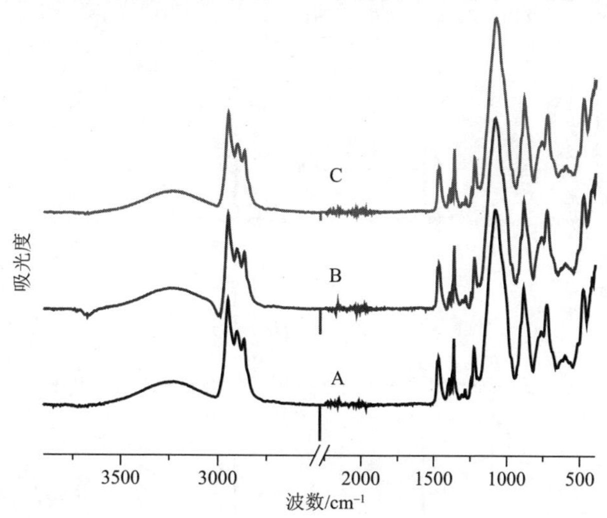

图 5-47　不同反应温度得到的 ioctyl-T_7 的 FTIR 谱（A: 55℃, B: 60℃, C: 65℃）

2）核磁共振谱分析

图 5-48 为 3 种温度条件下得到的 ioctyl-T_7 的 ^{1}H NMR 谱（4～8 ppm）和 ^{29}Si NMR 谱。异辛基碳的氢原子共振峰都出现在 0～2 ppm 部分，三曲线并没有区别。仔细观察图 5-48（a）中 A、B、C 三氢谱，55℃条件下所得产物羟基质子峰在 4.75 ppm 处，60℃和 65℃条件下所得羟基信号峰在 4.50～6.50 ppm 范围内，峰形较宽，但都是羟基的活泼氢。硅谱中 A、B、C 三曲线基本保持一致，均只有−58.79 ppm、−67.77 ppm、−68.85 ppm 的 3 个共振吸收峰，结合氢谱和红外光谱，初步证明温度在 55～65℃范围内变化时，得到的 ioctyl-T_7 的结构基本不变。

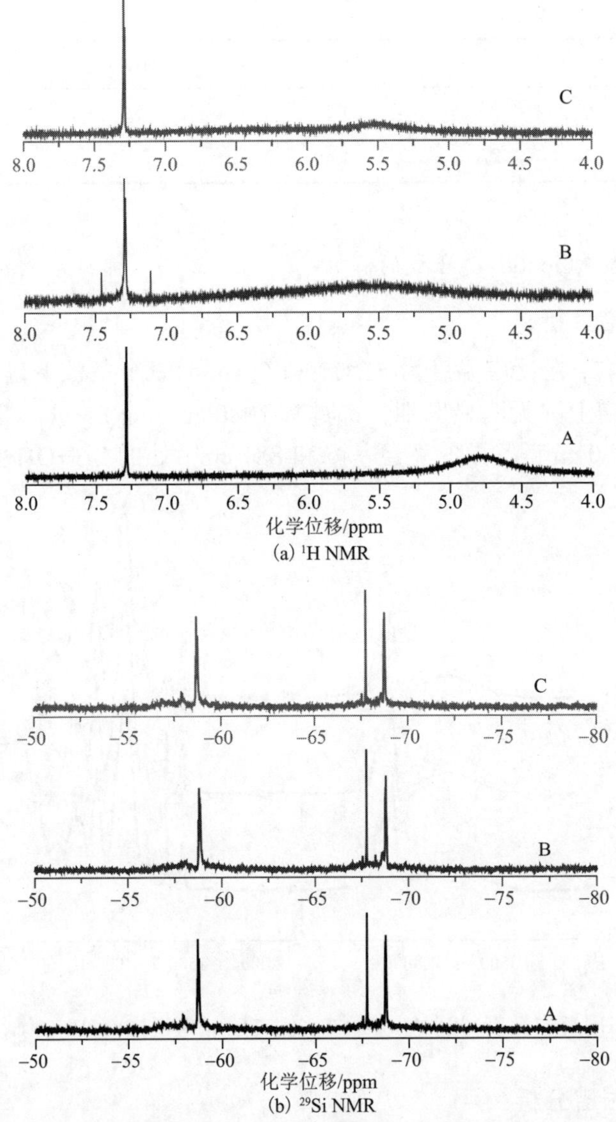

图 5-48　不同反应温度得到的 ioctyl-T_7的 ^{1}H NMR 谱（4～8 ppm）和 ^{29}Si NMR 谱（A: 55℃, B: 60℃, C: 65℃）

3）MALDI-TOF MS 分析

从图 5-49 可以看出，三种温度条件下得到的产物均为单一的 T_7-POSS，分子离子峰是由分子量为 1182 的 ioctyl-T_7 加上钠离子所得，测试数值的稍许偏差是由每次的测试条件、样品状态不同导致的。

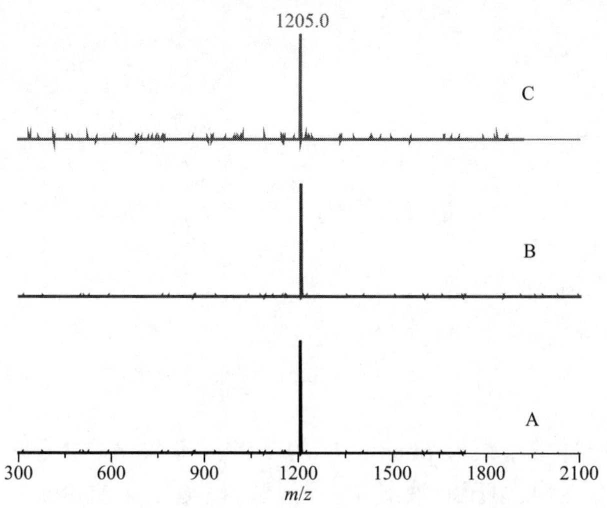

图 5-49　不同反应温度得到的 ioctyl-T_7 的 MALDI-TOF MS 谱（A: 55℃, B: 60℃, C: 65℃）

根据表 5-10 和前面的结构表征结果，随反应温度增加，ioctyl-T_7 产率显著增加，且产物均保持单一纯净，与 ibutyl-T_7 的规律一致。溶剂体系使用的是丙酮和异丙醇，丙酮的沸点是 54.6℃，异丙醇沸点是 82.5℃，三种温度条件都可以使反应体系处于沸腾回流状态，只是随温度升高回流速度加快，而从产率的结果来看可知温度的升高有利于异辛基三乙氧基硅烷的水解缩聚反应。

表 5-10　不同反应温度对 ioctyl-T_7 产率的影响

产物	单一性	温度/℃	H_2O	$LiOH\cdot H_2O$	产率/%
	是	55			82
ioctyl-T_7	是	60	1.30	0.46	86
	是	65			89

5.5　苯基三硅醇硅倍半氧烷的合成及表征

苯基三硅醇硅倍半氧烷（phenyl-T_7）的合成路线如图 5-50 所示。

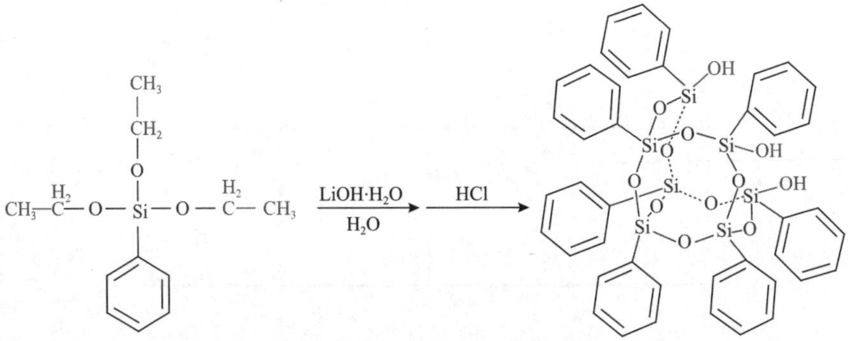

图 5-50　phenyl-T_7的合成路线图

苯基三硅醇硅倍半氧烷 phenyl-T_7的制备：将 88 mL 丙酮、12 mL 甲醇加入到装有回流冷凝管、恒压滴液漏斗、控温装置、氮气保护和磁力搅拌的 250 mL 三口烧瓶中，搅拌状态下加入 2 g $LiOH·H_2O$ 和 1.6 mL 去离子水，升温使体系内出现回流，滴加苯基三乙氧基硅烷 25.16 g，约 35 min 滴完，滴加完毕后回流反应 18 h，有固体产生，抽滤，洗涤，烘干得白色粉末状固体。将 3.12 g 该白色固体加入 1 mol/L HCl 溶液（10 mL）中和，搅拌 3 h，抽滤，用大量去离子水冲洗，80℃鼓风烘干，最后得到白色固体$(C_6H_5)_7Si_7O_9(OH)_3$，产物标记为 phenyl-T_7，产率为 97%。

5.5.1　苯基三硅醇硅倍半氧烷的化学结构表征

1. 苯基三硅醇硅倍半氧烷的 FTIR 分析

图 5-51 是 phenyl-T_7的 FTIR 谱。从图中可以看出，1074 cm^{-1} 出现了

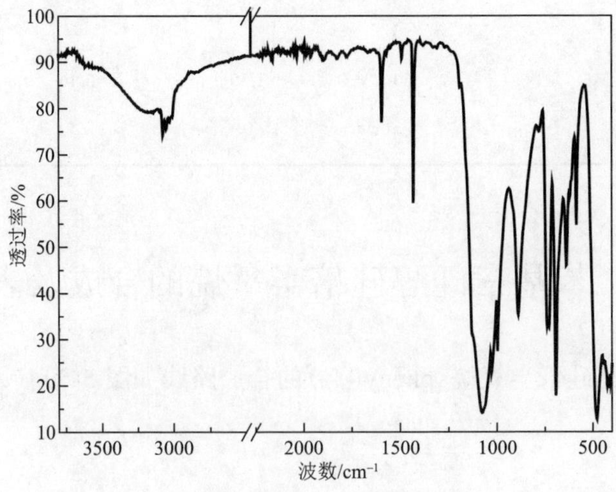

图 5-51　phenyl-T_7的 FTIR 谱

Si—O—Si 伸缩振动的吸收峰，是典型的聚硅倍半氧烷的吸收峰。3076 cm^{-1}、3039 cm^{-1}、3009 cm^{-1} 处的吸收峰是苯环的 C—H 伸缩振动峰；1583 cm^{-1}、1430 cm^{-1} 处的吸收峰为苯基中 C═C 键和 C—C 键的特征吸收峰；738 cm^{-1} 和 694 cm^{-1} 处的吸收峰是单取代苯环上氢的面外弯曲振动吸收峰，3000～3300 cm^{-1} 范围内的羟基峰以及 890 cm^{-1} 处的 Si—OH 特征峰，符合 T_7-POSS 的基本特征。

2. 苯基三硅醇硅倍半氧烷的 NMR 分析

图 5-52 为 phenyl-T_7 的 ^1H NMR 谱。phenyl-T_7 分子结构中存在大量的苯环，而苯环中的氢质子峰大概在 7～8 ppm。它的核磁谱也在 7～8 ppm 出现了氢质子峰；从$(C_6H_5)_7Si_7O_9(OH)_3$ 的分子结构上看，还有羟基的信号峰，氢谱并没有检测出来，由于是苯环体系下的活泼氢更不容易检测到。

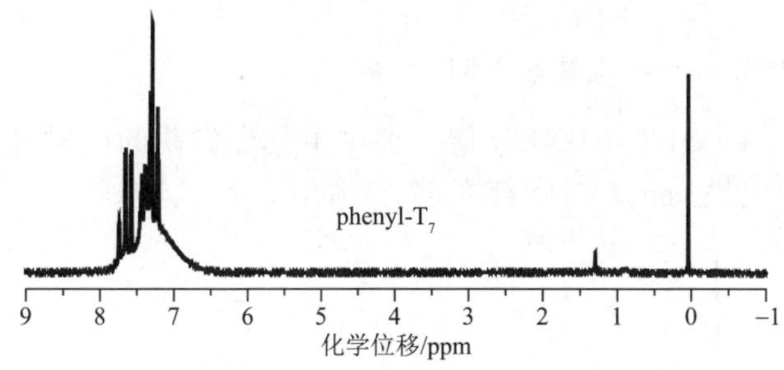

图 5-52　phenyl-T_7 的 ^1H NMR 谱

图 5-53 以氘代氯仿为溶剂测试出 phenyl-T_7 的 ^{13}C NMR 谱。由图中可以看出，只有苯基上碳的信号峰，而且 ^{13}C NMR 谱也仅在 127～134 ppm 范围内出峰，此处为苯环上的碳谱峰。

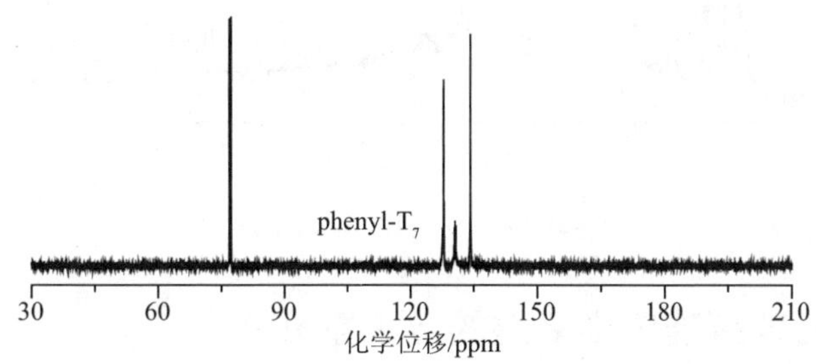

图 5-53　phenyl-T_7 的 ^{13}C NMR 谱

3. 苯基三硅醇硅倍半氧烷的 MALDI-TOF MS 分析

图 5-54 是 phenyl-T_7 的基质辅助激光解吸电离飞行时间质谱，采用 α-腈基-

四羟基苯丙烯酸为基质，为了促进分子形成，基质中加入了钠盐和钾盐，所以会产生$[M+H]^+$、$[M+Na]^+$和$[M+K]^+$加合离子。图中 phenyl-T_7只有在 953.1 处出现一个单一的分子离子峰，是由分子量为 930 的合成产物加钠离子所得，也说明合成产物较为单一。

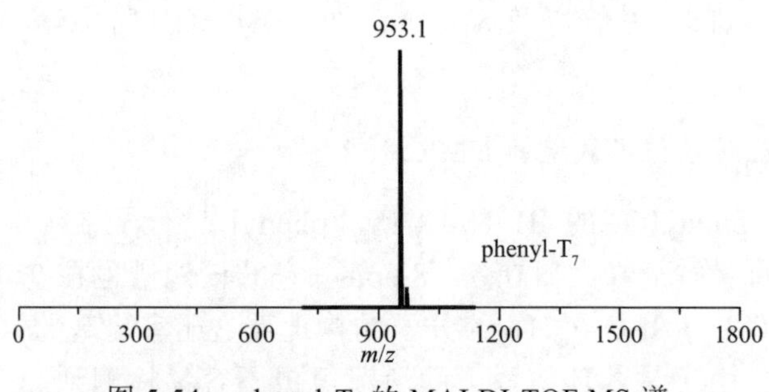

图 5-54　phenyl-T_7的 MALDI-TOF MS 谱

4. 苯基三硅醇硅倍半氧烷的 XRD 分析

图 5-55 是 phenyl-T_7的 XRD 谱，谱中由几个尖锐的衍射峰和其他强度较小的峰组成，说明 phenyl-T_7中存在部分结晶。

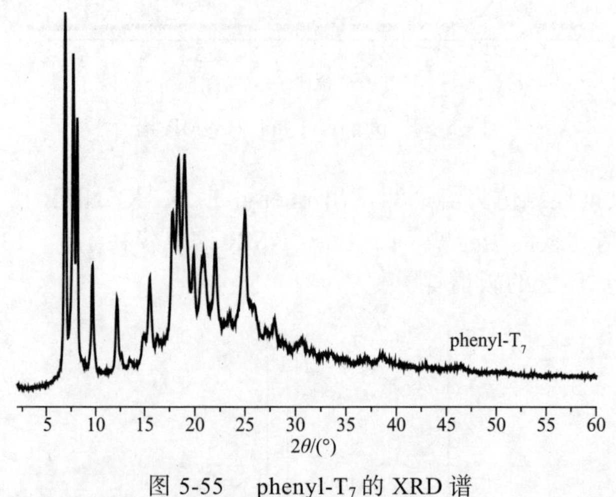

图 5-55　phenyl-T_7的 XRD 谱

5.5.2　苯基三硅醇硅倍半氧烷的热失重分析

phenyl-T_7在氮气和空气气氛下的 TG 和 DTG 曲线如图 5-56 所示，表 5-11 给出了与其相关的 TG 数据。由图可知，phenyl-T_7在氮气和空气下的热分解基本为三个阶段分解：第一阶段在 120～210℃，主要是羟基脱水缩合，第二、三阶段氮气气氛在 450～650℃，空气气氛在 500～700℃，主要是 POSS 的裂解。从表 5-11 比较得知 phenyl-T_7在氮气下的初始分解温度为 513.5℃，在空气下的初始分解温度为 550.8℃，说明苯基 T_7-POSS 在氮气中分解得更早，但是氮气气氛下的残炭率却比空气下高 30%，且观察 DTG 曲线，氮气气氛下的热降解速率明显低于空气气氛，说明这两种气氛下有不一样的热分解机制。

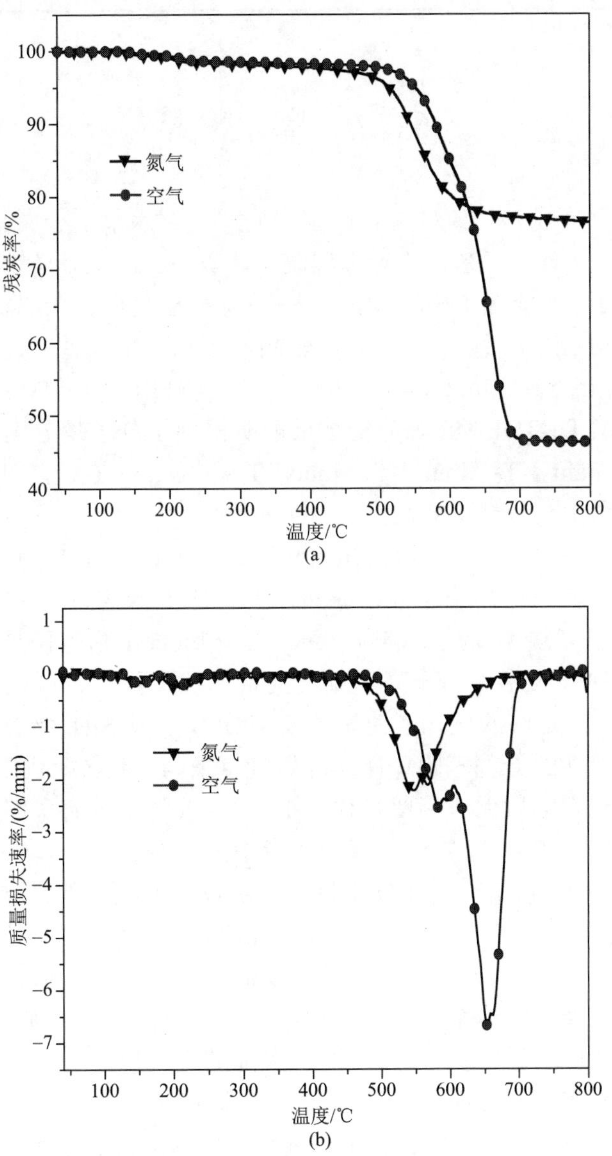

图 5-56　phenyl-T_7 在氮气和空气气氛下的 TG 和 DTG 曲线

表 5-11　phenyl-T_7 在氮气和空气气氛下的 TG 数据

气氛	T_{onset}/℃	T_{max1}/℃	T_{max2}/℃	T_{max3}/℃	800℃残炭率/%
氮气	513.5	207.7	545.1	571.4	76.5
空气	550.8	219.0	583.6	651.3	46.3

5.6　本 章 小 结

本研究利用环戊基三氯硅烷在丙酮介质中直接水解缩合，得到了环戊基三硅醇(pentyl-T_7)。对异丁基三乙氧基硅烷、异辛基三乙氧基硅烷和苯基三乙氧基硅烷，使用了一种较新的碱催化剂——单水氢氧化锂，在混合溶剂体系下，利用三步合成法(水解，缩合，中和)以较高产率制得了 3 种三硅羟基的多面体硅倍半氧烷(ibutyl-T_7、ioctyl-T_7、phenyl-T_7)。FTIR、^{1}H NMR、^{13}C NMR、^{29}Si NMR、MALDI-TOF MS 等分析结果证明得到了分子量分别为 874、790、1182 和 930 的 pentyl-T_7、ibutyl-T_7、ioctyl-T_7 和 phenyl-T_7，它们均具有规整的 T_7-POSS 笼状结构，且纯度较高。

TG 测试结果表明，ibutyl-T_7、ioctyl-T_7、phenyl-T_7 的热稳定性依次提高，三种物质均具有较高的热稳定性，phenyl-T_7 在氮气气氛下的初始分解温度达到了 513.5℃，且残炭率高达 76.5%；ibutyl-T_7 和 ioctyl-T_7 这两种烷基 T_7-POSS 在空气气氛下的残炭率均明显高于氮气气氛下的残炭率，可能是氮气气氛下 Si、O 元素因没有足够的氧元素使烷基 T_7-POSS 形成 SiO_2 物质，且烷基碳链不能像高热稳定性的芳香基团一样在氮气气氛下与 Si、O 元素形成络合物，所以大部分物质裂解后无法存留在残炭中；而空气气氛下有足够的氧元素使得烷基 T_7-POSS 产生 SiO_2 物质，留存于残炭中。

研究了溶剂种类、$LiOH·H_2O$ 用量、用水量、反应温度对异丁基 T_7 产物、异辛基 T_7 产物结构和产率的影响，探究了优化合成条件，并利用 FTIR、NMR、MALDI-TOF MS 等分析方法对产物进行表征。研究结果显示，合成过程中水过多或者过少，会导致体系产生副产物或者产率下降；异丁基 T_7 产物的产率随碱量增加而增加，异辛基 T_7 产物的产率都随反应温度的升高而增加。从产物结构单一性和产率两方面综合考虑，异丁基 T_7 产物更适宜于丙酮和甲醇混合溶剂体系；异辛基 T_7 产物更适宜于丙酮和异丙醇混合溶剂体系。异丁基、异辛基两种 T_7-POSS 的反应原料摩尔比应控制在 $RSi(OEt)_3$：$LiOH·H_2O$：H_2O 为 1.00：0.46：1.30；反应温度选择为 65℃，所得产物的产率和纯度都达到优化。

参考文献

[1] Wheeler P A, Misra R, Cook R D, et al. Polyhedral oligomeric silsesquioxane trisilanols as dispersants for titanium oxide nanopowder[J]. Journal of Applied Polymer Science, 2010, 108(4): 2503-2508.

[2] Conradi M, Kocijan A, Zorko M, et al. Effect of silica/PVC composite coatings on steel-substrate corrosion protection[J]. Progress in Organic Coatings, 2012, 75(4): 392-397.

[3] Toh C L, Yang L, Pramoda K P, et al. Poly(ethylene terephthalate)/clay nanocomposites with trisilanolphenyl polyhedral oligomeric silsesquioxane as dispersant: simultaneously enhanced reinforcing and stabilizing effects[J]. Polymer International, 2013, 62(10): 1492-1499.

[4] Liang K, Toghiani H, Pittman C U. Synthesis, morphology and viscoelastic properties of epoxy/polyhedral oligomeric silsesquioxane (POSS) and epoxy/cyanate ester/POSS nanocomposites[J]. Journal of Inorganic and Organometallic Polymers and Materials, 2011, 21(1): 128-142.

[5] Liu Y R, Huang Y D, Liu L. Thermal stability of POSS/methylsilicone nanocomposites[J]. Composites Science and Technology, 2007, 67(13): 2864-2876.

[6] Mabry J M, Vij A, Iacono S T, et al. Fluorinated polyhedral oligomeric silsesquioxanes (F-POSS) [J]. Angewandte Chemie International Edition, 2008, 47(22): 4137-4140.

[7] Marcolli C, Calzaferri G. Monosubstituted octasilasesquioxanes[J]. Applied Organometallic Chemistry, 1999, 13(4): 213-226.

[8] Tanaka K, Chujo Y. Advanced functional materials based on polyhedral oligomeric silsesquioxane (POSS)[J]. Journal of Materials Chemistry, 2012, 22(5): 1733-1746.

[9] Cho H M, Weissman H, Wilson S R, et al. A Mo(VI) alkylidyne complex with polyhedral oligomeric silsesquioxane ligands: homogeneous analogue of a silica-supported alkyne metathesis catalyst[J]. Journal of the American Chemical Society, 2006, 128(46): 14742.

[10] And S I, Schiraldi D A. Role of specific interactions and solubility in the reinforcement of bisphenol a polymers with polyhedral oligomeric silsesquioxanes[J]. Macromolecules, 2007, 40(14): 4942-4952.

[11] Feher F J, Budzichowski T A, Blanski R L, et al. Facile syntheses of new incompletely condensed polyhedral oligosilsesquioxanes:[$(c\text{-}C_5H_9)_7Si_7O_9(OH)_3$], [$(c\text{-}C_7H_{13})_7Si_7O_9(OH)_3$], and [$(c\text{-}C_7H_{13})_6Si_6O_7(OH)_4$][J]. Organometallics, 1991, 10(7): 2526-2528.

[12] Feher F J, Newman D A, Walzer J F. Silsesquioxanes as models for silica surfaces[J]. Journal of the American Chemical Society, 1989, 111(5): 1741-1748.

[13] Pescarmona P, Waal J V D, Maschmeyer T. Fast, high-yielding syntheses of silsesquioxanes using acetonitrile as a reactive solvent[J]. European Journal of Inorganic Chemistry, 2004, 2004(5): 978-983.

[14] Janowski B, Pielichowski K. Microwave-assisted synthesis of cyclopentyltrisilanol $(c\text{-}C_5H_9)_7Si_7O_9(OH)_3$[J]. Journal of Organometallic Chemistry, 2008, 693(6): 905-907.

[15] Feher F J, Nguyen F, Soulivong D, et al. A new route to incompletely condensed silsesquioxanes: acid-mediated cleavage and rearrangement of $(c\text{-}C_6H_{11})_6Si_6O_9$ to $C_2\text{-}[(c\text{-}C_6H_{11})_6Si_6O_8X_2]$[J]. Chemical Communications, 1999, 17(17): 1705-1706.

[16] Feher F J, Terroba R, Ziller J W. Base-catalyzed cleavage and homologation of polyhedral oligosilsesquioxanes[J]. Chemical Communications, 1999, 21(21): 2153-2154.

[17] Feher F J, Terroba R, Ziller J W. A new route to incompletely-condensed silsesquioxanes: base-mediated cleavage of polyhedral oligosilsesquioxanes[J]. Chemical Communications, 1999, 22(22): 2309-2310.

[18] Feher F J. Controlled cleavage of $R_8Si_8O_{12}$ frameworks: a revolutionary new method for manufacturing precursors to hybrid inorganic-organic materials[J]. Chemical Communications, 1998, 3(3): 399-400.

[19] Feher F J, Soulivong D, Nguyen F. Practical methods for synthesizing four incompletely condensed silsesquioxanes from a single $R_8Si_8O_{12}$ framework[J]. Chemical Communications, 1998, 12(12): 1279-1280.

[20] Feher F J, Terroba R, Jin R Z. Controlled partial hydrolysis of spherosilicate frameworks: syntheses of endo-$[(Me_3SiO)_6Si_6O_7(OH)_4]$ and endo-$[(Me_3SiO)_6Si_6O_7\{OSiMe_2(CH{=}CH_2)_4]$ from $[(Me_3SiO)_6Si_6O_9]$[J]. Chemical Communications, 1999, 24(24): 2513-2514.

[21] Feher F J, Wyndham K D, Baldwin R K, et al. Methods for effecting monofunctionalization of $(CH_2CH)_8Si_8O_{12}$[J]. Chemical Communications, 1999, 14(14): 1289-1290.

[22] 张文红, 王嘉骏, 薛裕华, 等. 不完全缩合七苯基三羟基 POSS 的合成及表征[J]. 高校化学工程学报, 2010, 24(1): 106-111.

第 6 章　单官能度多面体硅倍半氧烷合成及表征

相对于含有 8 个硅原子上均为相同有机基团的多面体硅倍半氧烷(POSS)，单官能化 POSS 是指分子中含有 7 个惰性有机基团 R 和 1 个活性有机基团，分子式为 $R_7R'Si_8O_{12}$，通过活性基团的反应性，可以合成新的 POSS 基材料或用于聚合物的改性。

目前单官能化 POSS 的主要方法有两类：一类是只需要三氯硅烷或烷氧基硅烷前驱体的水解缩合法，另一类是需要已经成笼的 POSS 前驱体的官能团衍生法和顶角盖帽法。水解缩合法得到的是含有多种不同比例 R、R′有机基团的 POSS 混合物；官能团衍生法对 POSS 前驱体有一定的要求，如 POSS 前驱体所带的 R 基团含有活泼氢原子。这两种方法均具有一定的局限性。从合成产物的结构单一性以及应用范围的广泛性两方面来比较，顶角盖帽法更具有优势，因而成为单官能化 POSS 的主要合成方法。

6.1　单官能化硅倍半氧烷的研究进展

大部分全封闭 T_6-POSS、T_8-POSS、T_{10}-POSS 或 T_{12}-POSS，硅原子上所带的取代基是一致的，称为同取代基 POSS，而同取代基 POSS 分子各向同性的特点限制了其在高分子改性领域的应用。但是人们发现，如果在已有的基础上对连接的取代基进行衍化，则能在很大程度上扩大其应用范围。各向异性 POSS 有很多类型，单官能化 POSS 是其中的一种，多种类型的单官能化 POSS，有利于有机-无机纳米杂化材料产业的发展。

6.1.1　水解缩合法

大多数全同 T_8-POSS 都会使用直接水解缩合法来制备，具有快捷、反应可控、产率高等优势。但单官能化 POSS 需要利用复配比例恰当的两种有机基团不同的硅烷单体在一个反应体系下共水解缩合来制备。该方法所得到的产物是含有多种不同比例 R、R′有机基团 POSS 的混合物，只有当 $RSiY_3$ 和 $R'SiY_3$ 的摩尔比严格控制为 7：1 时，单官能化 POSS 的产率才最高[1]。而往往这种混合物的性质都比较相似，在后期处理中难以完全分离开，导致所得的单官能化 POSS 纯化不高。直接水解缩合法制备单官能化 POSS 的合成路线如图 6-1 所示。

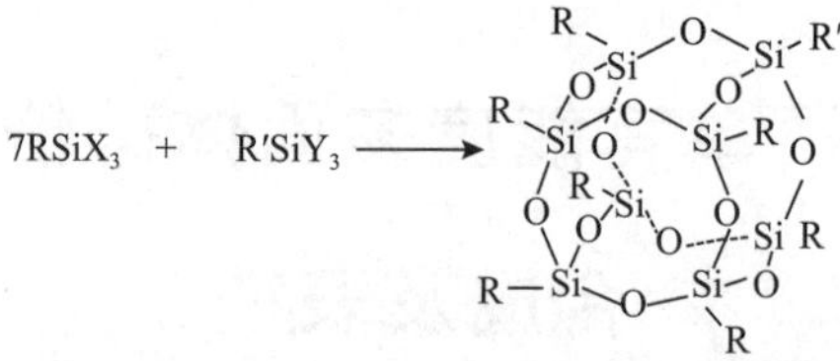

图 6-1 水解缩合法制备单官能化 POSS 的合成路线

Corriu 等[2,3]利用共水解缩合法合成得到了主要官能团为氢的单官能化 POSS [$RH_7Si_8O_{12}$，R=CH_2CHR'，CH═CHR′和 $Co(CO)_4$]。随后，Calzaferri 等[4]通过合理控制 $PhSiY_3$ 与 $HSiY_3$ 的摩尔比最终第一次合成了具有单个苯基结构单元的单官能化 POSS：$PhH_7Si_8O_{12}$，并用单晶衍射法表征了其结构。

6.1.2 官能团取代法

官能团取代法是继直接水解缩合法后研究者发展的制备单官能化 POSS 的新一类方法，以期望得到更多种类的单官能化 POSS。官能团取代法是指在合适的催化剂作用下带有 R′基团的化合物取代掉全同 T_8-POSS 上的其中一个 R 基团，一步生成单官能化 POSS。该方法要求全同 T_8-POSS 的 R 基团中含有活泼氢原子，如 $H_8Si_8O_{12}$、$[H(CH_3)_2SiO]_8Si_8O_{12}$ 等。通过活泼的硅氢与碳碳双键有机单体的加成反应，可将所需官能团引入到 POSS 单体中[5]。Frey 等曾利用这种硅氢加成反应原理制备了两种单官能化 POSS，第一种 POSS 是单乙烯基七乙基 T_8-POSS[6]，具体合成步骤如图 6-2 所示。

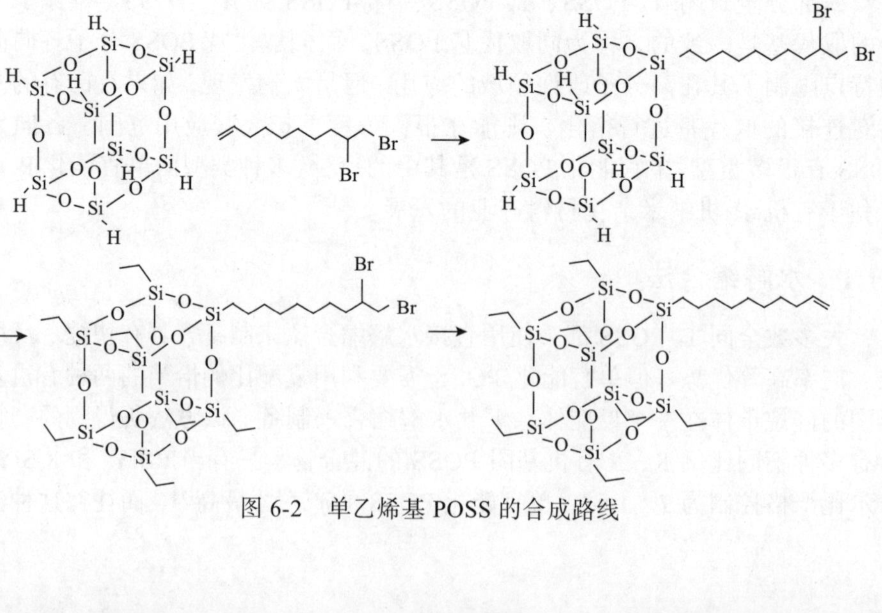

图 6-2 单乙烯基 POSS 的合成路线

第二种单官能化 POSS 是同时具有亲水性和疏水性的 POSS[7]，其 R′基团具有亲水性，而带有 R 基团的 POSS 核体本身具有疏水性，具体合成路线如图 6-3 所示。

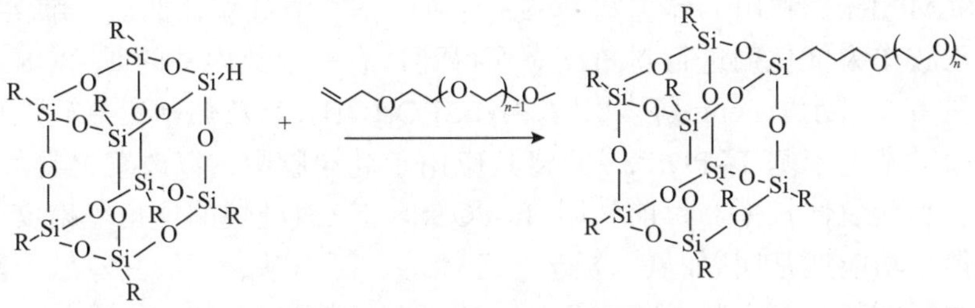

图 6-3　两亲性分子的合成路线

该类 POSS 还可通过与(η-C_5H_5)Fe(η-$C_5H_4CH{=}CH_2$)[8]、$Co_2(CO)_8$[9]等金属化合物反应，将金属元素接入到 POSS 笼状结构中，进一步丰富了 POSS 的种类。官能团取代也存在较多不足，如反应单体的局限、反应步骤多、反应时间长、目标产物得率低且分离纯化难等。

6.1.3　顶角盖帽法

顶角盖帽法，也称为缺角闭环法，是利用含有 3 个较活泼硅羟基的不完全缩合笼状硅倍半氧烷 $R_7Si_7O_9(OH)_3$ 与 $R'SiY_3$ 反应，生成笼状完全封闭的单官能化硅倍半氧烷，该方法的合成路线如图 6-4 所示。例如，$R_7Si_7O_9(OH)_3$ 可与三氯硅烷、三烷氧基硅烷、某些金属化合物以 1：1 的比例反应，使得活性基团或金属原子占据笼状 POSS 分子的一角，得到功能各异的单官能化 POSS。这一方法副产物较少，后期处理简单。

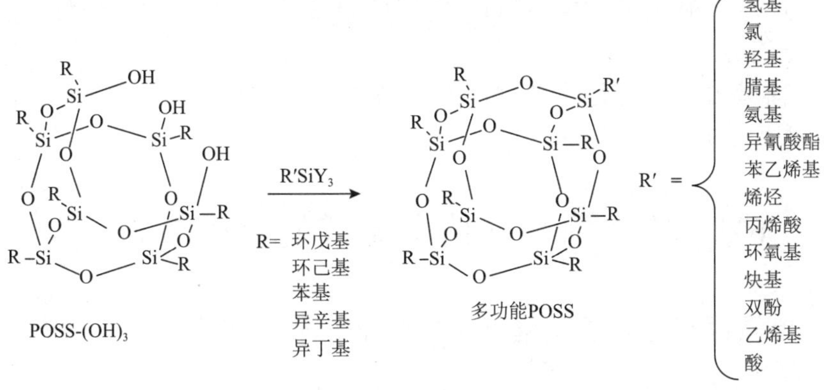

图 6-4　顶角盖帽法制备单官能化 POSS 的合成路线

$R_7Si_7O_9(OH)_3$ 与三氯硅烷反应[10,11]时，三氯硅烷水解后产生的 HCl 需要使用合适比例的三乙胺来形成三乙胺盐酸盐去除，这一方法的反应速率较快，4～8 h 内反应物已完全转化，经过抽滤等简单的后处理操作即可得到最终产物。Zhang 和 Müller[12]利用七异丁基 POSS 与氯丙基三氯硅烷在四氢呋喃溶剂中，使用三乙胺作为催化剂进行封角反应而得到带有一个氯丙基的 T_8-POSS，反应过程如图 6-5 所示。Feng 等[13]用$(C_6H_5)_7Si_7O_9(OH)_3$ 与乙烯基三氯硅烷反应制得了单乙烯基七苯基 T_8-POSS，并将其应用于硅橡胶中，以改善材料的硬度、拉伸强度和断裂伸长率。目前利用 T_7-POSS 与三氯硅烷的顶角盖帽反应已经成功将很多功能性基团(如氢、羟基、乙烯基、氯丙基、环氧基、氨丙基、甲基丙烯酰氧丙基、氟丙基、苯乙烯基、巯丙基)引入到 POSS 分子中。

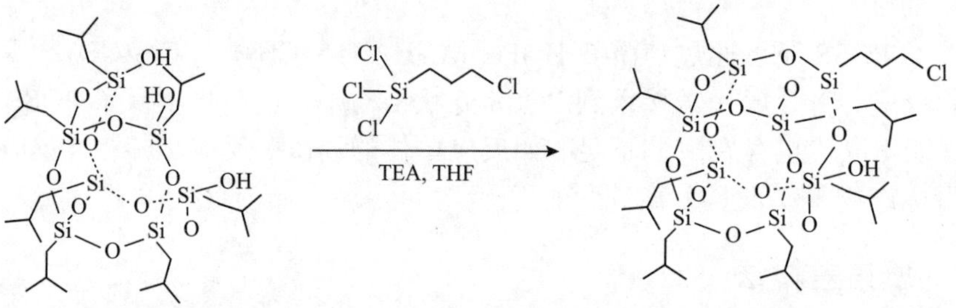

图 6-5 顶角盖帽法制备单氯丙基 T_8-POSS 的合成路线

$R_7Si_7O_9(OH)_3$ 与三烷氧基硅烷水解后封角反应时，由于烷氧基的活性小于氯，反应速率相对较慢，一般需要 24 h 以上才可完成反应，产率较低。薛裕华[14]用七环戊基三硅醇 POSS 与巯丙基三甲氧基硅烷在无水四氢呋喃和无水吡啶的溶剂体系中制备出单巯基 T_8-POSS。Blanco 等[15,16]利用七苯基三硅醇 POSS 与烷基三乙氧基硅烷反应制备了一系列单官能化 POSS，并将$(C_6H_5)_7(C_{10}H_{21})Si_8O_{12}$ 应用于聚苯乙烯中以提高材料的热稳定和热氧化能力。

本实验室在单官能化的 T_8-POSS 合成方面，做了一定的研究，以下内容是这些研究的简介。

6.2 单氨丙基硅倍半氧烷的合成与表征

6.2.1 单氨丙基七异丁基硅倍半氧烷的合成与表征

单氨丙基七异丁基 T_8-POSS 的合成路线如图 6-6 所示。

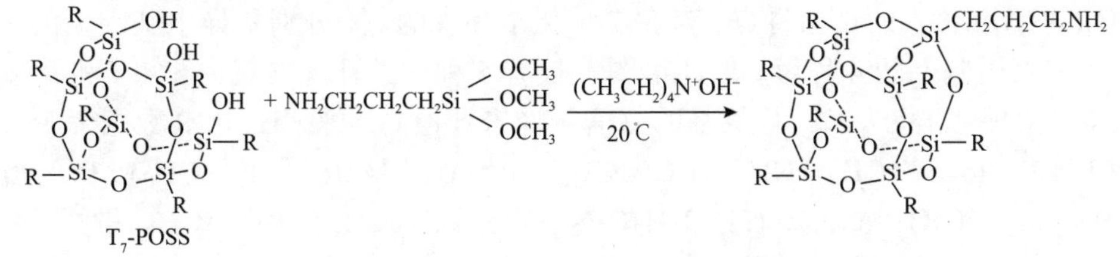

$$T_7\text{-POSS} + NH_2CH_2CH_2CH_2Si(OCH_3)_3 \xrightarrow[20℃]{(CH_3CH_2)_4N^+OH^-}$$

图 6-6　单氨丙基七异丁基 T_8-POSS 的合成路径(R= ibutyl)

单氨丙基七异丁基 T_8-POSS 的制备：在圆底烧瓶中加入七异丁基三硅醇(ibutyl-T_7)2 g、乙醇 20 mL，控制体系温度在−10℃，滴加氨丙基三甲氧基硅烷 0.45 g 以及催化剂 35%四乙基氢氧化铵水溶液 3 滴，常温反应 36 h，抽滤，乙腈洗涤两次，真空干燥后得到白色固体，产率为 79%。

1. 单氨丙基七异丁基 T_8-POSS 的 FTIR 分析

单氨丙基七异丁基 T_8-POSS 的红外光谱如图 6-7 所示。ibutyl-T_7 与氨丙基三甲氧基硅烷顶角盖帽反应后，1078 cm^{-1} 处的 Si—O—Si 伸缩振动吸收峰依然存在，而代表着—OH 键的 3200 cm^{-1} 峰和 Si—OH 键的 890 cm^{-1} 峰已经消失，说明 T_7 已经完全转化为 T_8。2951 cm^{-1}、2905 cm^{-1}、2868 cm^{-1} 处的吸收峰是异丁基的 C—H 伸缩振动峰，1461 cm^{-1} 和 1364 cm^{-1} 是饱和 CH_3 和 CH_2 的饱和面内弯曲振动峰。

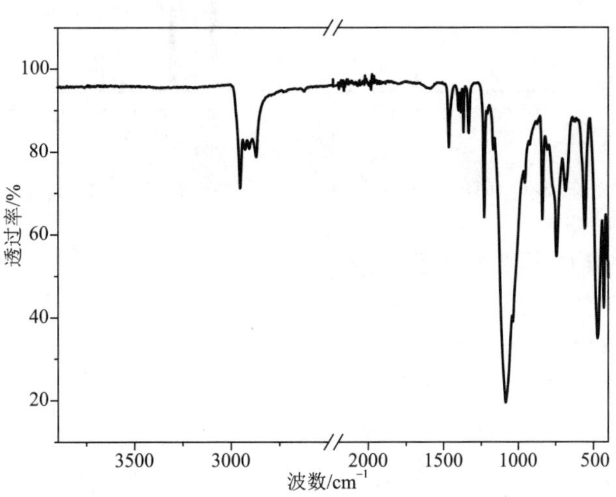

图 6-7　单氨丙基七异丁基 T_8-POSS 的 FTIR 谱

2. 单氨丙基七异丁基 T_8-POSS 的 NMR 分析

单氨丙基七异丁基 T_8-POSS 的 ^{1}H NMR 谱如图 6-8 所示。根据$(i\text{-}C_4H_9)_7$

$NH_2(CH_2)_3Si_8O_{12}$ 的结构特点，存在 7 种化学环境的氢，分别是异丁基碳上的 3 种氢和氨丙基上的 4 种氢，但此谱图上仅有 5 种化学环境的氢，可知 f 和 a 氢原子信号峰重叠在一处，且氨基的氢信号峰未被检测出来。^{1}H NMR 数据为 a+f: 0.61 [16H, ibutyl (**CH₂**)+$NH_2CH_2CH_2$**CH₂**—]; c: 0.97 [42H, ibutyl (**CH₃**)]; b: 1.90 [7H, ibutyl (**CH**)]; d: 2.70 (2H, NH_2**CH₂**—); e: 1.54 (2H, NH_2CH_2**CH₂**—)。d 受 NH_2 的吸电子效应影响，其化学位移在最低场；a、f 在谱图最右侧，其受 Si 原子屏蔽效应影响，化学位移在最高场；e 受 NH_2 和 Si 原子两者的相反作用，所受干扰正好相互抵消；c 在化合物的最外端，且与碳原子直接相连，受到的干扰较小，因此处在正常化学位移范围；b 受多个原子影响而处于正常低场，同时又受多个邻位氢的影响，耦合裂分成多重峰。

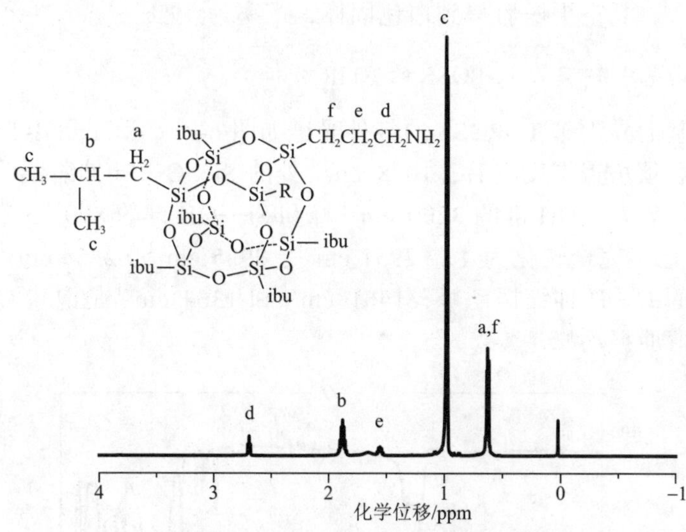

图 6-8 单氨丙基七异丁基 T_8-POSS 的 ^{1}H NMR 谱

图 6-9 是单氨丙基七异丁基 T_8-POSS 的 ^{13}C NMR 谱。从(i-$C_4H_9)_7NH_2(CH_2)_3Si_8O_{12}$ 的分子结构上看，有 6 种碳原子的信号峰：异丁基碳上的 3 种化学环境的碳和氨丙基链段上 3 种化学环境的碳。图中 25.59 ppm、23.73 ppm、22.44 ppm 的峰分别代表的是异丁基上 CH_3(峰 c)、CH_2(峰 a)、CH(峰 b)的特征共振峰，44.89 ppm、27.47 ppm、9.17 ppm 处的峰是氨丙基上 CH_2 的信号峰。因 NH_2 基团的吸电子效应会使碳原子共振向低场移动，根据离 NH_2 基团的距离，从低场到高场依次为 d、e、f。

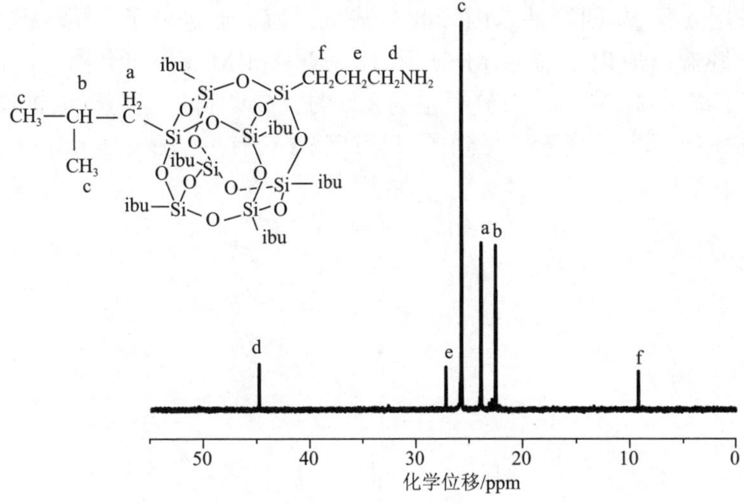

图 6-9　单氨丙基七异丁基 T_8-POSS 的 ^{13}C NMR 谱

图 6-10 为单氨丙基七异丁基 T_8-POSS 的 ^{29}Si NMR 谱。谱图中出现了 3 个明显的共振峰：−67.26 ppm、−67.71 ppm、−67.90 ppm，比例为 1∶3∶4，分别代表着连着氨丙基的 1 个 Si 原子、连接有氨丙基的 Si 旁边的 3 个 Si 原子和底角的 4 个 Si 原子，与$(i\text{-}C_4H_9)_7NH_2(CH_2)_3Si_8O_{12}$的结构式相符合；除此之外，其 Si 谱还出现了−58.03 ppm 和−68.26 ppm 两个信号峰，是合成过程出现的其他杂质的 Si 峰。

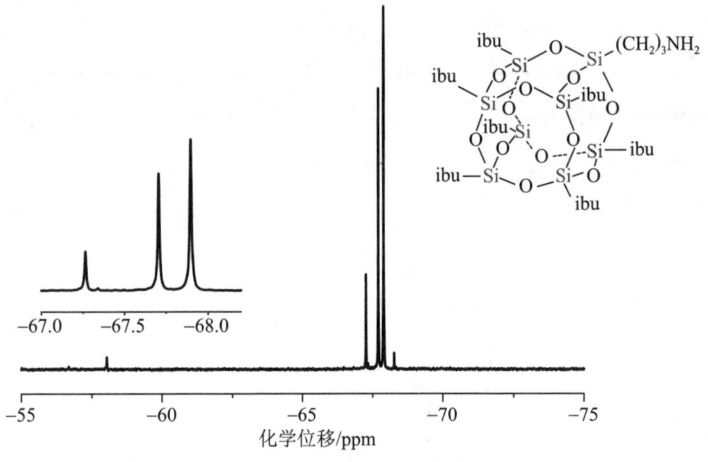

图 6-10　单氨丙基七异丁基 T_8-POSS 的 ^{29}Si NMR 谱

3. 单氨丙基七异丁基 T_8-POSS 的 MALDI-TOF MS 分析

图 6-11 是单氨丙基七异丁基 T_8-POSS 的基质辅助激光解吸电离飞行时间

质谱，采用 α-腈基-四羟基苯丙烯酸为基质，为了促进分子形成，基质中加入了钠盐和钾盐，所以会产生$[M+H]^+$、$[M+Na]^+$和$[M+K]^+$加合离子。图中形成的2个分子离子峰,分别是由分子量为873的合成产物加氢离子或钠离子所得，质谱图进一步证明了该方法得到了目标产物$(i\text{-}C_4H_9)_7NH_2(CH_2)_3Si_8O_{12}$。

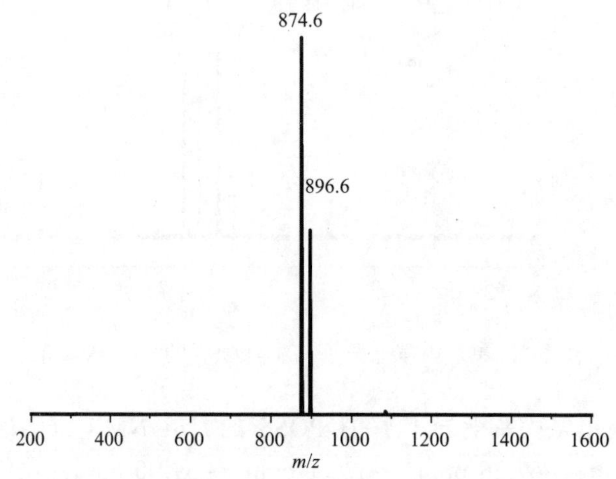

图 6-11 单氨丙基七异丁基 T_8-POSS 的 MALDI-TOF MS 谱

4. 单氨丙基七异丁基 T_8-POSS 的 TG 分析

单氨丙基七异丁基 T_8-POSS 在氮气气氛和空气气氛下的 TG 和 DTG 曲线如图 6-12 所示，表 6-1 给出了相关的数据。由图可知，$(i\text{-}C_4H_9)_7NH_2(CH_2)_3Si_8O_{12}$ 在氮气和空气下的热分解行为一致，基本为两个阶段分解：第一阶段在 177～

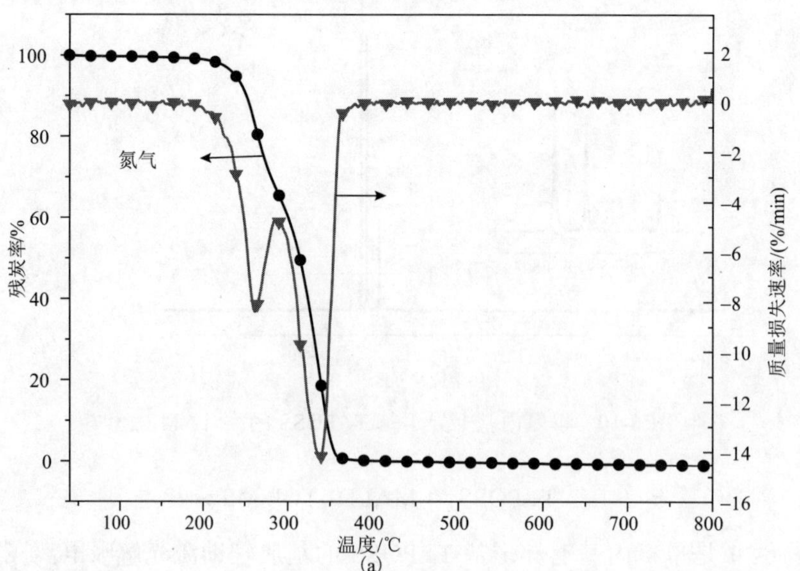

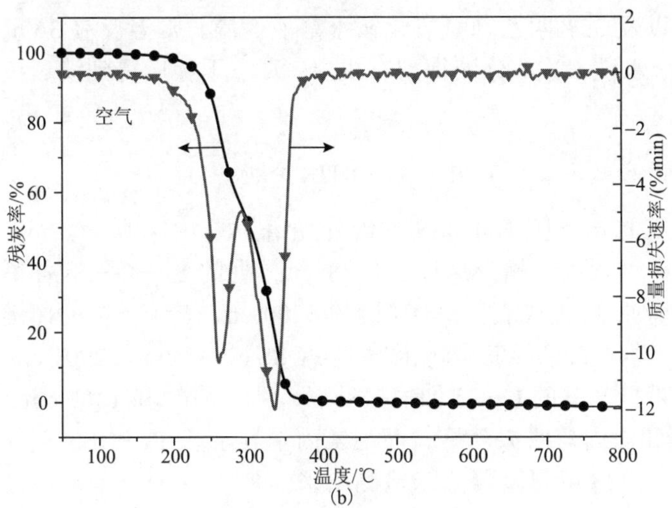

图 6-12　单氨丙基七异丁基 T_8-POSS 在氮气(a)和空气(b)气氛下的 TG 和 DTG 曲线

表 6-1　单氨丙基七异丁基 T_8-POSS 的 TG 数据

气氛	T_{onset}/℃	T_{max1}/℃	T_{max2}/℃	800℃残炭率/wt%
氮气	238.8	261.9	336.2	0
空气	237.0	226.7	331.1	1.8

292℃，第二阶段在 300～380℃，从表 6-1 比较 T_{onset}、T_{max1}、T_{max2} 数据得到 $(i\text{-}C_4H_9)_7NH_2(CH_2)_3Si_8O_{12}$ 在氮气下的热稳定性稍优于在空气气氛下的热稳定性，但两种情况下残炭率都很低。

6.2.2　单氨丙基七异辛基硅倍半氧烷的合成与表征

单氨丙基七异辛基 T_8-POSS 的合成路线如图 6-13 所示。

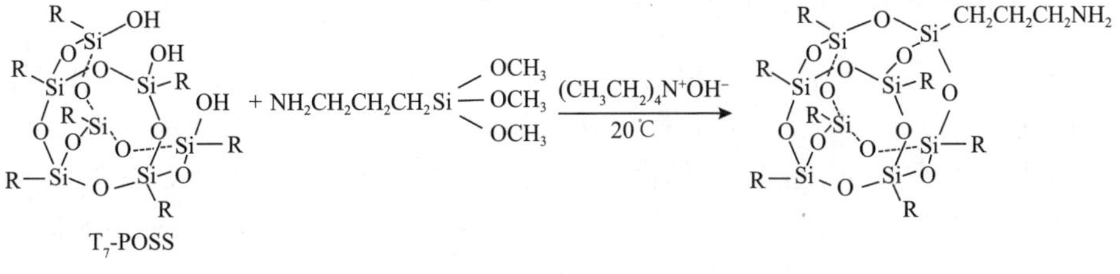

$$T_7\text{-POSS} + NH_2CH_2CH_2CH_2Si(OCH_3)_3 \xrightarrow[20℃]{(CH_3CH_2)_4N^+OH^-} R_7Si_8O_{12}CH_2CH_2CH_2NH_2$$

图 6-13　单氨丙基七异辛基 T_8-POSS 的合成路径(R= ioctyl)

单氨丙基七异辛基 T_8-POSS 的制备：在圆底烧瓶中加入异辛基三硅醇(ioctyl-T_7) 2.5 g、乙醇 10.5 mL，控制体系温度在−10℃，滴加氨丙基三甲氧基硅烷 0.39 g 以及 35%四乙基氢氧化铵水溶液 3 滴，常温反应 36 h，60℃旋蒸，正己烷溶解，水洗 3 次，分液得到有机层，真空干燥后得到淡黄色透明黏稠液体，产率为 85.4%。

1. 单氨丙基七异辛基 T_8-POSS 的 FTIR 分析

单氨丙基七异辛基 T_8-POSS 的红外光谱如图 6-14 所示。ioctyl-T_7 与氨丙基三甲氧基硅烷顶角盖帽反应后，1088 cm^{-1} 处的 Si—O—Si 伸缩振动吸收峰依然存在，而原 T_7 上代表着—OH 键的 3200 cm^{-1} 峰和 Si—OH 键的 890 cm^{-1} 峰已经消失，说明 T_7 已经完全转化为 T_8-POSS。2947 cm^{-1}、2901 cm^{-1}、2867 cm^{-1} 处的吸收峰是异辛基的 C—H 伸缩振动峰，1474 cm^{-1} 和 1369 cm^{-1} 是饱和 CH_3 和 CH_2 的饱和面内弯曲振动峰；而与氨丙基异丁基 T_8-POSS 一样，单氨丙基七异辛基 T_8-POSS 的氨基峰并未检测出来。

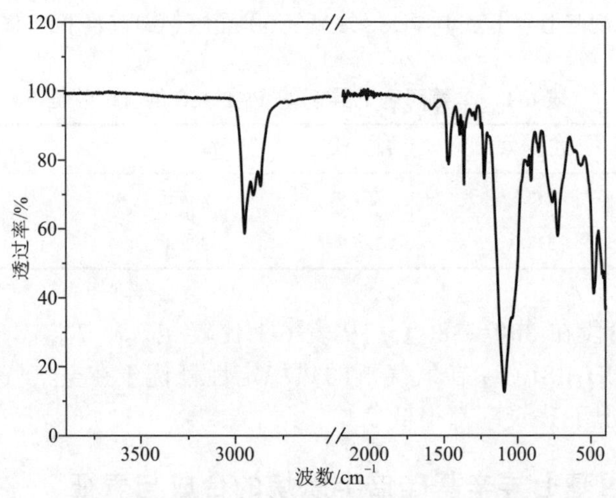

图 6-14　单氨丙基七异辛基 T_8-POSS 的 FTIR 谱

2. 单氨丙基七异辛基 T_8-POSS 的 NMR 分析

图 6-15 为单氨丙基七异辛基 T_8-POSS 的 ^{1}H NMR 谱。从$(i\text{-}C_8H_{17})_7NH_2(CH_2)_3Si_8O_{12}$的分子结构上看，有 9 种化学环境的氢，分别是 5 种异辛基上的氢和 4 种氨丙基上的氢，但谱图中仅有 8 种信号峰，缺少了氨基的氢信号峰(氨基为活泼氢，在核磁中不容易出峰)。^{1}H NMR 数据为 a: 0.58+0.77 [14H, ioctyl (Si—$\mathbf{CH_2}$)]; b: 1.03 [21H, ioctyl (CH—$\mathbf{CH_3}$)]; c: 1.85 [7H, ioctyl ($\mathbf{CH}$—CH_3)]; d: 1.16+1.30 {14H, ioctyl [$(CH_3)_3C$—$\mathbf{CH_2}$—CH]}; e：0.92 {63H, ioctyl [C—$\mathbf{(CH_3)_3}$]}; f: 2.70 (2H, $NH_2\mathbf{CH_2}$—); g: 1.54 (2H, $NH_2CH_2\mathbf{CH_2}$—); h: 0.62 (2H, $NH_2CH_2CH_2\mathbf{CH_2}$—)，与结构式吻合，且与红外光谱相一致。f 受 NH_2

的吸电子效应影响，其化学位移在最低场；a、h 在谱图最右侧，其受 Si 原子屏蔽效应影响，化学位移在最高场；g 受 NH_2 和 Si 原子两者的相反作用，所受干扰正好相互抵消；b、c、d、e 的化学位移与 ioctyl-T_7 产物的位移数值基本一致，几乎没有变化。

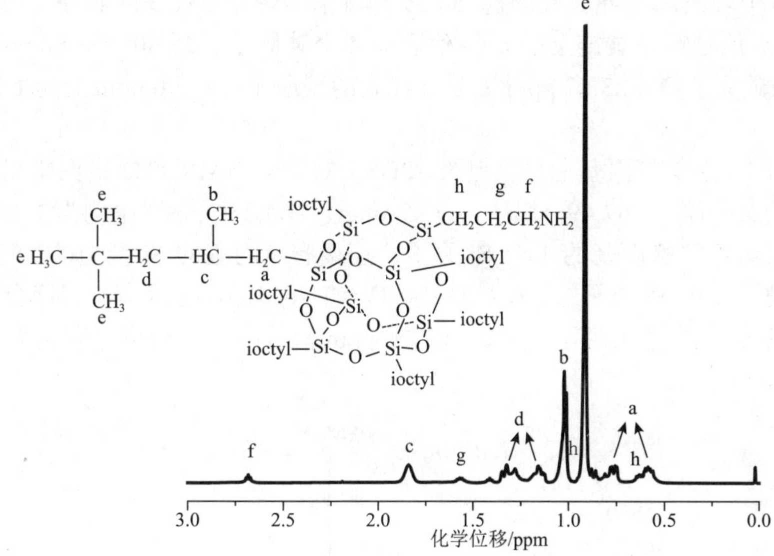

图 6-15　单氨丙基七异辛基 T_8-POSS 的 ^1H NMR 谱

图 6-16 是单氨丙基七异辛基 T_8-POSS 的 ^{13}C NMR 谱。从$(i\text{-}C_8H_{17})_7NH_2(CH_2)_3$

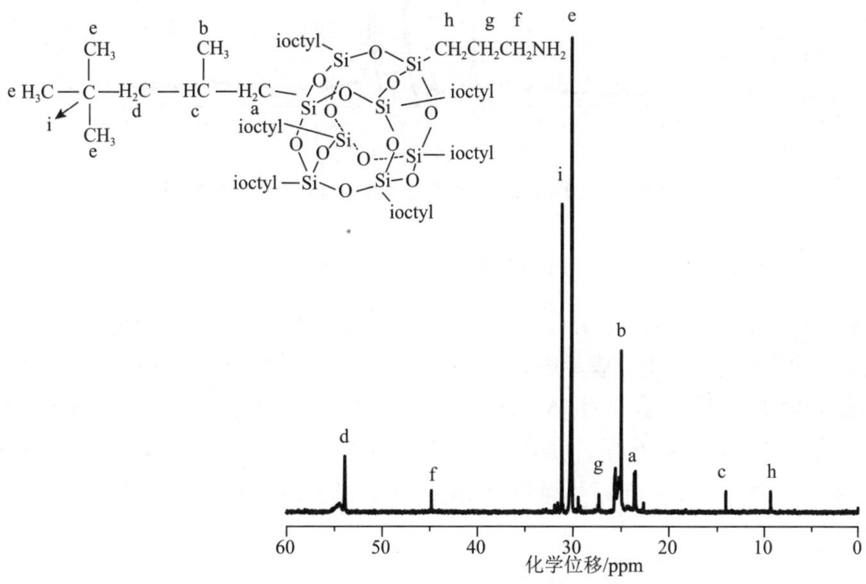

图 6-16　单氨丙基七异辛基 T_8-POSS 的 ^{13}C NMR 谱

Si_8O_{12}的分子结构上看，有 9 种碳原子的信号峰：异辛基碳链上的 6 种化学环境的碳和氨丙基上 3 种化学环境的碳。图中 44.77 ppm、27.24 ppm、9.22 ppm 处的峰是氨丙基上 3 种 CH_2 的信号峰，因 NH_2 基团的吸电子效应会使碳原子向低场移动，根据离 NH_2 基团的距离，从低场到高场依次为 f、g、h；谱图中剩余的 6 个峰归属于异辛基碳链，54.37 ppm 信号峰是 d 代表的碳原子，30.18～31.17 ppm 信号峰是碳链上的 e、i 代表的 4 个碳原子，25.60～24.88 ppm 处是 b 代表的碳原子峰，23.57 ppm 处是 a 代表的碳原子，14.06 ppm 处是 c 代表的碳原子。

图 6-17 为单氨丙基七异辛基 T_8-POSS 的 ^{29}Si NMR 谱。谱图中出现了 3 个明显的共振峰：−67.49 ppm、−67.97 ppm、−68.25 ppm，比例为 1∶3∶4，分别代表着连着氨丙基的 1 个 Si 原子，连接有氨丙基的 Si 旁边的 3 个 Si 原子和底角的 4 个 Si 原子，与$(i\text{-}C_8H_{17})_7NH_2(CH_2)_3Si_8O_{12}$的结构式相符合。除此之外，其 Si 谱中还出现了微弱的−67.76 ppm 信号峰，是合成过程出现的其他杂质的 Si 峰。

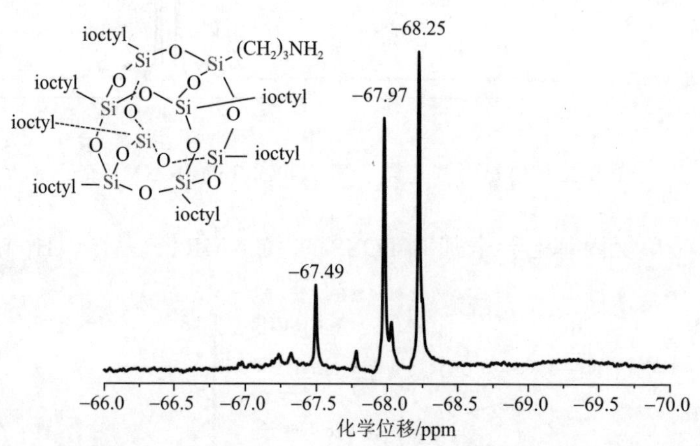

图 6-17　单氨丙基七异辛基 T_8-POSS 的 ^{29}Si NMR 谱

3. 单氨丙基七异辛基 T_8-POSS 的 MALDI-TOF MS 分析

图 6-18 是单氨丙基七异辛基 T_8-POSS 的基质辅助激光解吸电离飞行时间质谱，采用 *α*-腈基-四羟基苯丙烯酸为基质，为了促进分子形成，基质中加入了钠盐和钾盐，所以会产生$[M+H]^+$、$[M+Na]^+$和$[M+K]^+$加合离子。图中形成的强度最高的分子离子峰，是由分子量为 1265 的$(i\text{-}C_8H_{17})_7NH_2(CH_2)_3Si_8O_{12}$加氢离子所得，质谱图进一步证明了该方法得到了目标产物单氨丙基七异辛基 T_8-POSS。

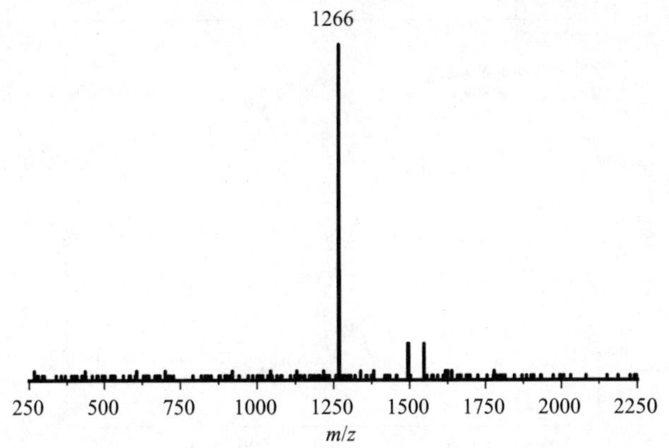

图 6-18　单氨丙基七异辛基 T_8-POSS 的 MALDI-TOF MS 谱

4. 单氨丙基七异辛基 T_8-POSS 的 TG 分析

单氨丙基七异辛基 T_8-POSS 在氮气气氛和空气气氛下的 TG 和 DTG 曲线如图 6-19 所示，表 6-2 给出了相关的数据。由图可知，$(i\text{-}C_8H_{17})_7NH_2(CH_2)_3Si_8O_{12}$ 在氮气气氛下为一步分解，空气气氛下分三个阶段分解，但基本都在 300～400℃范围内，主要为 POSS 的裂解。从表 6-2 结果比较得到$(i\text{-}C_4H_9)_7NH_2(CH_2)_3Si_8O_{12}$ 在两种气氛下的热稳定性差别不大，但在氮气下的残炭率明显低于空气气氛下的残炭率，是单氨丙基七异辛基 T_8-POSS 与氧气作用产生的某种物质留在了残炭中。

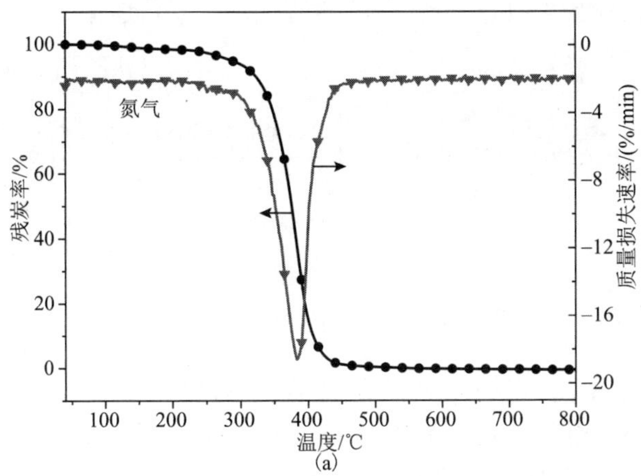

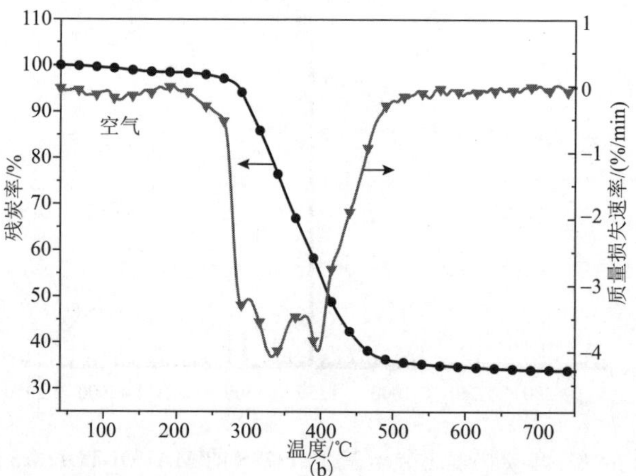

图 6-19　单氨丙基七异辛基 T_8-POSS 在氮气和空气气氛下的 TG 和 DTG 曲线

表 6-2　单氨丙基七异辛基 T_8-POSS 的 TG 数据

气氛	T_{onset}/℃	T_{max1}/℃	T_{max2}/℃	T_{max3}/℃	800℃残炭率/wt%
氮气	286.7	383.2	—	—	0
空气	286.9	295.6	334.5	401.9	33.8

6.2.3　单氨丙基七苯基硅倍半氧烷的合成与表征

单氨丙基七苯基 T_8-POSS 的合成路线如图 6-20 所示。

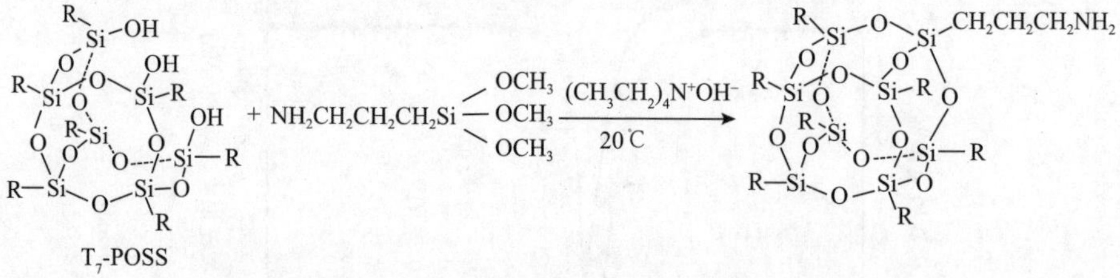

图 6-20　单氨丙基七苯基 T_8-POSS 的合成路径（R= phenyl）

单氨丙基七苯基 T_8-POSS 的制备：在圆底烧瓶中加入七苯基三硅醇(phenyl-T_7) 1.56 g、甲苯 5 mL，控制体系温度在−10℃，滴加氨丙基三甲氧基硅烷 0.30 g 以及 35%四乙基氢氧化铵水溶液 1 滴，常温反应 12 h，用 30 mL 甲醇沉淀反应液得到白色固体，用二氯甲烷溶解，真空干燥后得到白色固体，产率为 35%。

1. 单氨丙基七苯基 T_8-POSS 的 FTIR 分析

单氨丙基七苯基 T_8-POSS 的红外光谱如图 6-21 所示。phenyl-T_7 与氨丙基三甲氧基硅烷发生顶角盖帽反应后，1088 cm^{-1} 处的 Si—O—Si 伸缩振动吸收峰依然存在，而原 T_7 上代表着—OH 键的 3000～3300 cm^{-1} 宽峰和 Si—OH 键的 890 cm^{-1} 峰已经消失，说明 T_7 已经完全转化为 T_8-POSS。3076 cm^{-1}、3039 cm^{-1}、3009 cm^{-1} 处的吸收峰是苯环的 C—H 伸缩振动峰；1583 cm^{-1}、1430 cm^{-1} 处的吸收峰为 Si—C_6H_5 的特征吸收峰；746 cm^{-1} 和 687 cm^{-1} 处的吸收峰是单取代苯环上氢的面外弯曲振动吸收峰，而与氨丙基异丁/辛基 T_8-POSS 一样，单氨丙基七苯基 T_8-POSS 的氨基峰也并未检测出来。

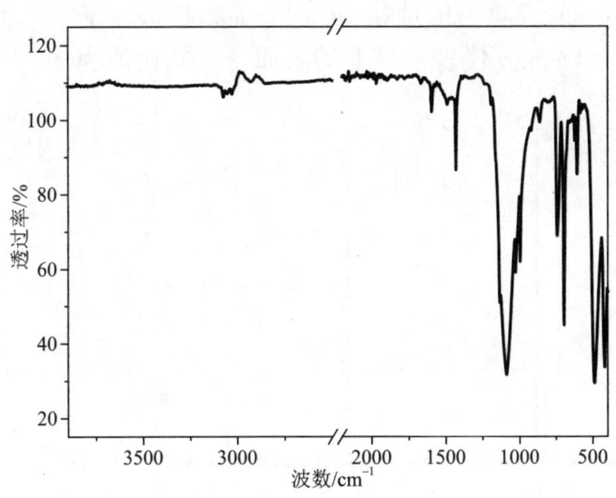

图 6-21　单氨丙基七苯基 T_8-POSS 的 FTIR 谱

2. 单氨丙基七苯基 T_8-POSS 的 NMR 分析

单氨丙基七苯基 T_8-POSS 的 ^1H NMR 谱如图 6-22 所示。根据$(C_6H_5)_7NH_2(CH_2)_3Si_8O_{12}$的结构特点，存在 7 种化学环境的氢，分别是苯环上的 3 种氢和

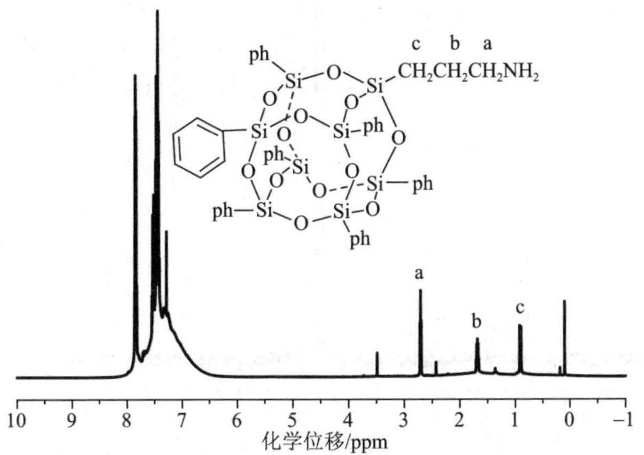

图 6-22　单氨丙基七苯基 T_8-POSS 的 ^1H NMR 谱

氨丙基上的 4 种氢，但氨基上的氢不易在核磁中出峰。^{1}H NMR 数据为 a: 2.69 (2H, NH_2**CH_2**—); b: 1.65 (2H, NH_2CH_2**CH_2**—); c: 0.87 (2H, $NH_2CH_2CH_2$**CH_2**—); 7.25～7.79 (35H, **C_6H_5**)。出现在 2.43 ppm 和 3.47 ppm 处的氢峰来自于少量的杂质。

图 6-23 是单氨丙基七苯基 T_8-POSS 的 ^{13}C NMR 谱。从$(C_6H_5)_7NH_2(CH_2)_3Si_8O_{12}$的分子结构上看，有 6 种碳原子的信号峰：苯环的 3 种化学环境的碳和氨丙基上 3 种化学环境的碳。图中 44.71 ppm 是 NH_2**CH_2**—的碳原子信号峰，26.99 ppm 是 NH_2CH_2**CH_2**—的碳原子信号峰，8.86 ppm 处的峰属于 $NH_2CH_2CH_2$**CH_2**—的碳原子信号峰，其积分面积比值为 1∶1∶1；134.34 ppm、130.60 ppm、128.10 ppm 代表苯环上的碳原子，其比值为 2∶1∶3。

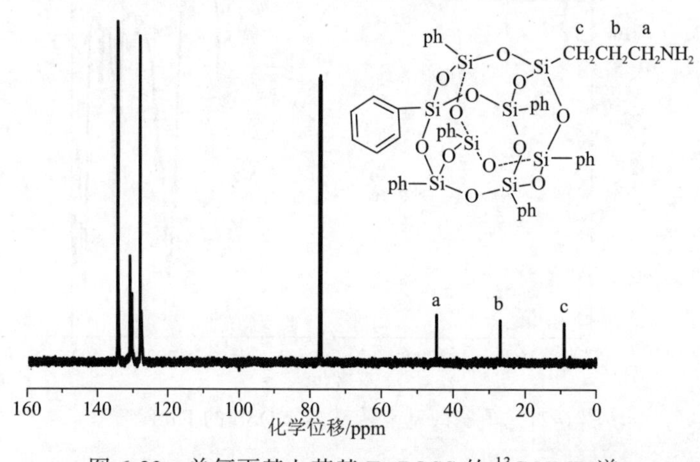

图 6-23　单氨丙基七苯基 T_8-POSS 的 ^{13}C NMR 谱

图 6-24 为单氨丙基七苯基 T_8-POSS 的 ^{29}Si NMR 谱。谱图中出现了 3 个

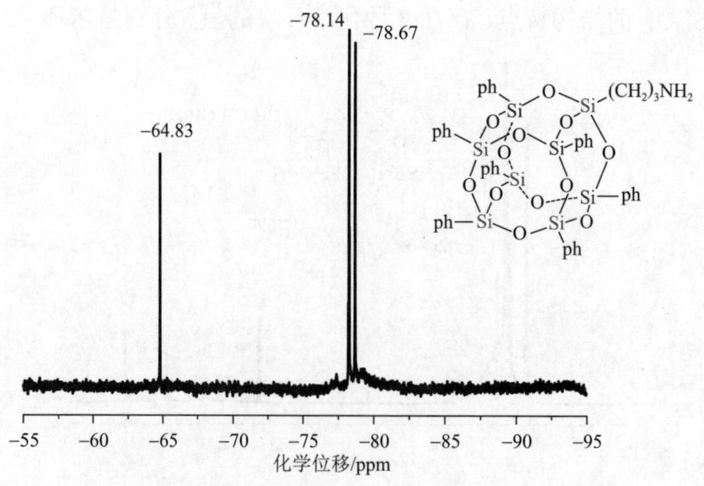

图 6-24　单氨丙基七苯基 T_8-POSS 的 ^{29}Si NMR 谱

明显的共振吸收峰：−64.83 ppm、−78.14 ppm、−78.67 ppm，比例为 1∶3∶4，分别代表着连着氨丙基的 1 个 Si 原子，连接有氨丙基的 Si 旁边的 3 个 Si 原子和底角的 4 个 Si 原子，与$(C_6H_5)_7NH_2(CH_2)_3Si_8O_{12}$的结构式相符合。

3. 单氨丙基七苯基 T_8-POSS 的 MALDI-TOF MS 分析

图 6-25 是单氨丙基七苯基 T_8-POSS 的基质辅助激光解吸电离飞行时间质谱。采用 α-腈基-四羟基苯丙烯酸为基质，为了促进分子形成，基质中加入了钠盐和钾盐，所以会产生$[M+H]^+$、$[M+Na]^+$和$[M+K]^+$加合离子。图中形成的 2 个分子离子峰，是由分子量为 1013 的$(C_6H_5)_7NH_2(CH_2)_3Si_8O_{12}$加氢离子或钾离子所得，质谱图进一步证明了该方法得到了目标产物单氨丙基七苯基 T_8-POSS。

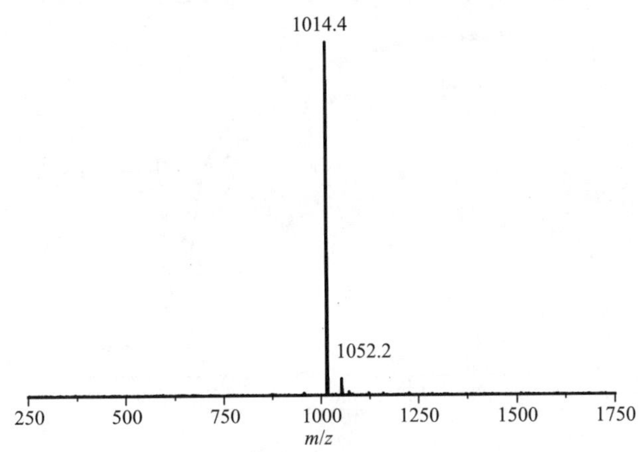

图 6-25　单氨丙基七苯基 T_8-POSS 的 MALDI-TOF MS 谱

4. 单氨丙基七苯基 T_8-POSS 的 TG 分析

单氨丙基七苯基 T_8-POSS 在氮气气氛和空气气氛下的 TG 和 DTG 曲线如图 6-26 所示，表 6-3 给出了相关的数据。由图可知，$(C_6H_5)_7NH_2(CH_2)_3Si_8O_{12}$在氮气气氛和空气气氛下热分解行为一致，主要在 500～700℃范围内，为 POSS 的裂解。从表 6-3 结果比较得知$(C_6H_5)_7NH_2(CH_2)_3Si_8O_{12}$在两种气氛下的残炭率差别较大，是因为氨丙基七苯基 T_8-POSS 中存在芳香基团，更易与氮气结合产生稳定络合物存留于残炭中；氮气气氛和空气气氛下的初始分解温度接近，最大热分解速率时的温度空气气氛下比氮气气氛下高了 80℃左右，总体来说，苯基基团的 POSS 比异丁基和异辛基 T_8-POSS 的热稳定性高很多。

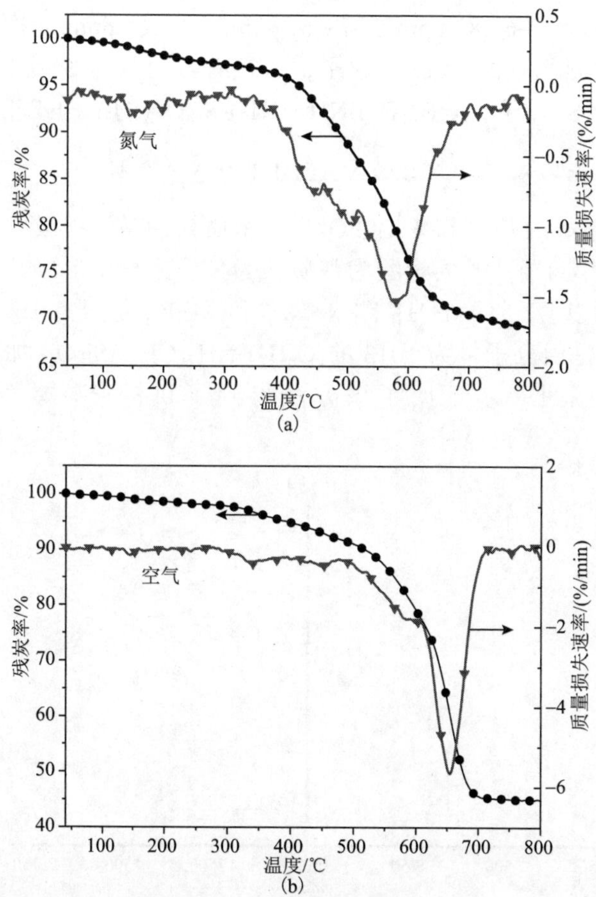

图 6-26　单氨丙基七苯基 T_8-POSS 在氮气和空气气氛下的 TG 和 DTG 曲线

表 6-3　单氨丙基七苯基 T_8-POSS 的 TG 数据

气氛	T_{onset}/℃	T_{max}/℃	800℃残炭率/%
氮气	419.2	582.3	69.2
空气	394.7	656.7	44.9

6.3　单甲基丙烯酰氧基丙基硅倍半氧烷的合成与表征

6.3.1　单甲基丙烯酰氧基丙基七异丁基硅倍半氧烷的合成与表征

单甲基丙烯酰氧基丙基 T_8-POSS 的合成路线如图 6-27 所示。

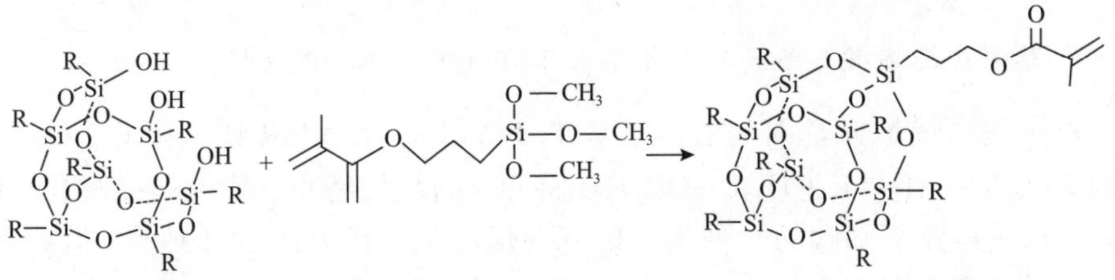

图 6-27　单甲基丙烯酰氧基丙基 T_8-POSS 的合成路径(R= ibutyl)

单甲基丙烯酰氧基丙基七异丁基 T_8-POSS 的制备：在 50 mL 圆底烧瓶中加入七异丁基三硅醇(ibutyl-T_7) 2 g，甲醇 10 mL 和乙醇 10 mL，控制体系温度在−10℃，滴加甲基丙烯酰氧基丙基三甲氧基硅烷 0.63 g 以及催化剂 35%四乙基氢氧化铵水溶液 0.021 mL，常温反应 12 h，抽滤，真空干燥后得到白色固体，产率为 21%。

1. 单甲基丙烯酰氧基丙基七异丁基 T_8-POSS 的 FTIR 分析

单甲基丙烯酰氧基丙基七异丁基 T_8-POSS 的红外光谱如图 6-28 所示。ibutyl-T_7 与单甲基丙烯酰氧基丙基三甲氧基硅烷顶角盖帽反应后，1082 cm^{-1} 处的 Si—O—Si 伸缩振动吸收峰依然存在，代表着—OH 键的 3200 cm^{-1} 峰和 Si—OH 键的 890 cm^{-1} 峰已经消失，说明 T_7 已经完全转化为 T_8。2951 cm^{-1}、2905 cm^{-1}、2868 cm^{-1} 处的吸收峰是异丁基的 C—H 伸缩振动峰，1461 cm^{-1} 和 1364 cm^{-1} 是饱和 CH_3 和 CH_2 的饱和面内弯曲振动峰；1718 cm^{-1} 处的吸收峰代表的是甲基丙烯酰氧基丙基上的羰基峰。红外光谱初步证明产物中接上了甲基丙烯酰氧基丙基团。

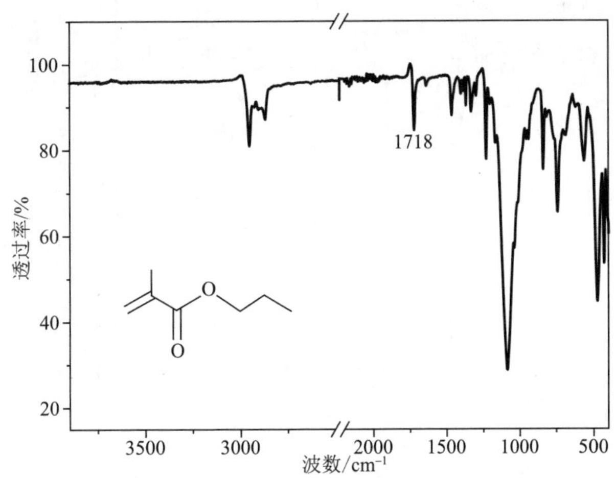

图 6-28　单甲基丙烯酰氧基丙基七异丁基 T_8-POSS 的 FTIR 谱

2. 单甲基丙烯酰氧基丙基七异丁基 T_8-POSS 的 NMR 分析

单甲基丙烯酰氧基丙基七异丁基 T_8-POSS 的 ^{1}H NMR 谱如图 6-29 所示。根据$(i\text{-}C_4H_9)_7CH_2{=}C(CH_3)COO(CH_2)_3Si_8O_{12}$的结构特点，存在 7 种化学环境的氢，分别是异丁基碳的 3 种氢和甲基丙烯酰氧基丙基上的 4 种氢，但此谱图上有 8 种化学环境的氢，主要是双键上 h 氢原子裂分成了两个峰。^{1}H NMR 数据为 a: 0.65 [14H, ibutyl (**CH_2**)]; b: 1.87 [7H, ibutyl (**CH**)]; c: 0.97 [42H, ibutyl (**CH_3**)]; d: 0.69 (2H, Si—**CH_2**); e: 1.79 (2H, Si—CH_2**CH_2**); f: 4.12 (2H, Si—CH_2CH_2**CH_2**); g: 1.97 [3H, C(**CH_3**)═CH_2]; h: 6.10+5.56 [2H, C(CH_3)═**CH_2**]。h 受双键的 π 电子影响，电子云被平均化，氢上的电子云密度减小，产生较强的去屏蔽作用，其化学位移在最低场；f 受羧基的强吸电子效应和 CH_2 的给电子效应共同影响，但吸电子效应强于给电子效应，其化学位移在较低场；a、d 在谱图最右侧，其受 Si 原子屏蔽效应影响，化学位移在最高场；c 在化合物的最外端，且与碳原子直接相连，受到的干扰较小，因此处在正常化学位移范围；b 受多个原子影响而处于正常低场，同时又受多个邻位氢的影响，耦合裂分成多重峰；e 受 d 和 f 两种氢原子影响，遵循 N+1 裂分峰原则裂分为 5 重峰；g 也遵循 N+1 裂分峰原则，但与其相连的碳原子上没有氢原子，所以其为单峰。所有氢信号峰的积分面积比值符合甲基丙烯酰氧基丙基七异丁基 T_8-POSS 的结构特点。

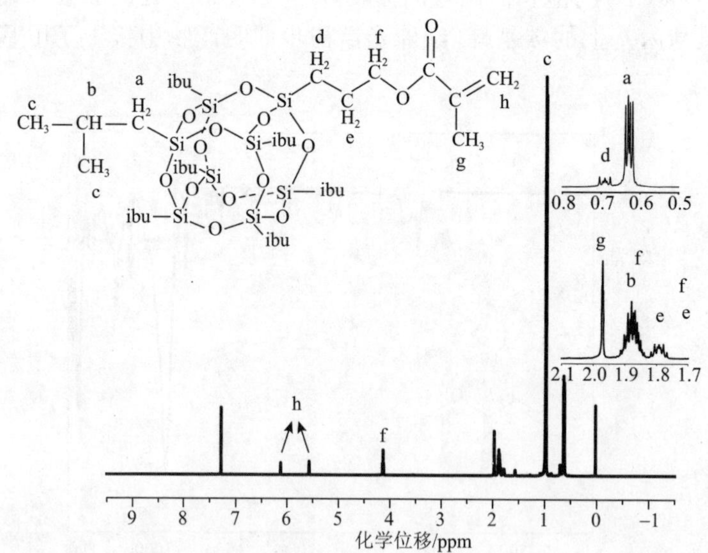

图 6-29　单甲基丙烯酰氧基丙基七异丁基 T_8-POSS 的 ^{1}H NMR 谱

图 6-30 是单甲基丙烯酰氧基丙基七异丁基 T_8-POSS 的 ^{13}C NMR 谱。从 $(i\text{-}C_4H_9)_7CH_2{=}C(CH_3)COO(CH_2)_3Si_8O_{12}$ 的分子结构上看，有 10 种碳原子的信号峰：异丁基碳上的 3 种化学环境的碳和甲基丙烯酰氧基丙基上的 7 种化学环境的碳，图中正好是 10 种碳信号共振峰。^{13}C NMR 数据为 a: 23.85 [7C, ibutyl (**CH₂**)]; b: 22.51 [7C, ibutyl (**CH**)]; c: 25.69 [14C, ibutyl (**CH₃**)]: d: 8.40 (1C, Si—**CH₂**); e: 18.31 (1C, Si—CH_2**CH₂**); f: 66.35 (1C, Si—CH_2CH_2**CH₂**); g: 167.25 (1C, **C**═O); h: 22.24 [1C, C(**CH₃**)═CH_2]; i: 136.17 [1C, **C**(CH_3)═CH_2]; j: 124.84 [1C, C(CH_3)═**CH₂**]。i、j 受双键的去屏蔽作用出现在低场；g 受双键和羧基的双重吸电子效应，出现在最低场；d、e、f 受 Si 原子的屏蔽效应出现高场，依照离 Si 原子的距离，d 在最高场，e 其次，f 最后；a、b、c 同样受 Si 原子的屏蔽效应出现在较高场；所得碳原子信号峰符合单甲基丙烯酰氧基丙基七异丁基 T_8-POSS 的结构。

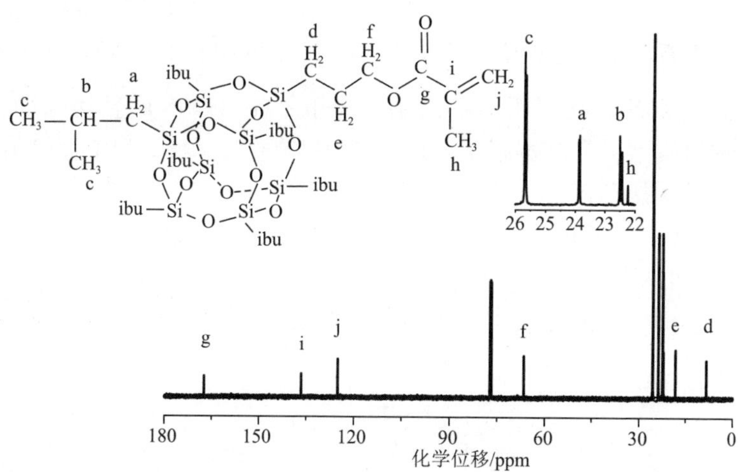

图 6-30　单甲基丙烯酰氧基丙基七异丁基 T_8-POSS 的 ^{13}C NMR 谱

图 6-31 为单甲基丙烯酰氧基丙基七异丁基 T_8-POSS 的 ^{29}Si NMR 谱。谱图中出现了 3 个明显的共振吸收峰：−67.59 ppm、−67.73 ppm、−67.88 ppm，比例为 3∶1∶4，分别代表着连接有甲基丙烯酰氧基丙基的 Si 旁边的 3 个 Si 原子，连着甲基丙烯酰氧基丙基的 1 个 Si 原子和底角的 4 个 Si 原子，与 $(i\text{-}C_4H_9)_7CH_2{=}C(CH_3)COO(CH_2)_3Si_8O_{12}$ 的结构式相符合，证明了其顶角盖帽反应后完整的笼状 T_8 结构。

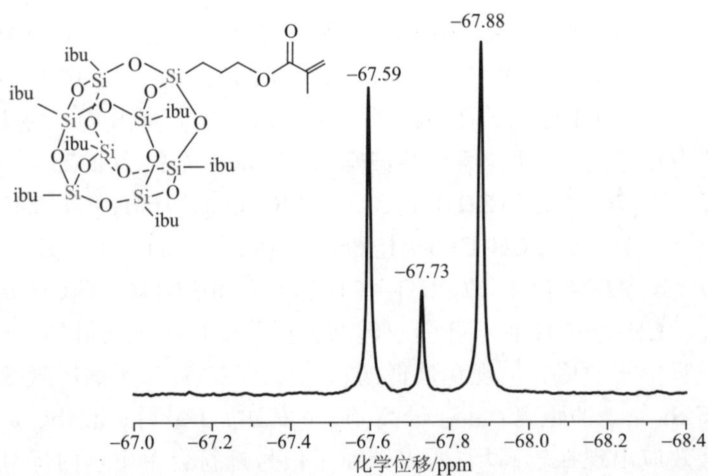

图 6-31　单甲基丙烯酰氧基丙基七异丁基 T_8-POSS 的 ^{29}Si NMR 谱

3. 单甲基丙烯酰氧基丙基七异丁基 T_8-POSS 的 MALDI-TOF MS 分析

图 6-32 是单甲基丙烯酰氧基丙基七异丁基 T_8-POSS 的基质辅助激光解吸电离飞行时间质谱，采用 α-腈基-四羟基苯丙烯酸为基质，为了促进分子形成，基质中加入了钠盐和钾盐，所以会产生$[M+H]^+$、$[M+Na]^+$和$[M+K]^+$加合离子。图中形成的分子离子峰，是由分子量为 942 的$(i\text{-}C_4H_9)_7CH_2{=}C(CH_3)COO(CH_2)_3Si_8O_{12}$加钠离子所得，质谱图进一步证明了甲基丙烯酰氧基丙基团成功接到了 ibutyl-T_7 笼状的角上，T_7 成功通过顶角盖帽反应转化为完整笼状 T_8-POSS。

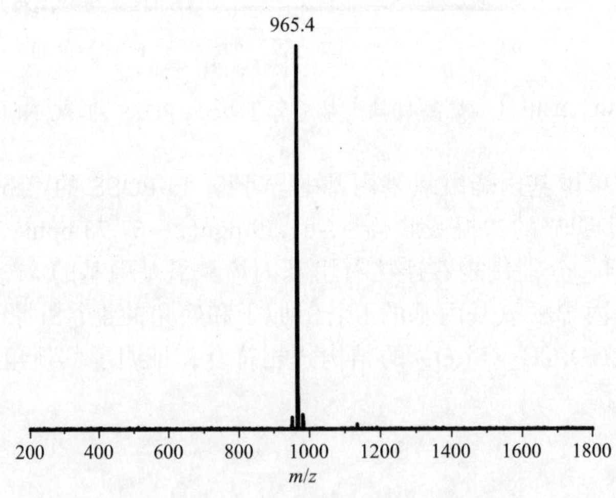

图 6-32　单甲基丙烯酰氧基丙基七异丁基 T_8-POSS 的 MALDI-TOF MS 谱

4. 单甲基丙烯酰氧基丙基七异丁基 T_8-POSS 的 TG 分析

单甲基丙烯酰氧基丙基七异丁基 T_8-POSS 在氮气气氛和空气气氛下的 TG 和 DTG 曲线如图 6-33 所示，表 6-4 给出了相关的数据。由图可知，$(i\text{-}C_4H_9)_7CH_2{=}C(CH_3)COO(CH_2)_3Si_8O_{12}$ 在氮气气氛下为一步分解，空气气氛下分两个阶段分解。对比表 6-4 中的 T_{onset} 可发现，$(i\text{-}C_4H_9)_7CH_2{=}C(CH_3)COO(CH_2)_3Si_8O_{12}$ 在两种气氛下的热稳定性差别不大，但其在氮气下的热失重速率(−26%/min 左右)要明显高于空气气氛(−3%/min 左右)，而在氮气下的残炭率也明显低于空气气氛下的残炭率，是甲基丙烯酰氧基丙基七异丁基 T_8-POSS 更易与氧气作用产生残炭物质，以及烷烃碳链在氮气下消耗得更快。

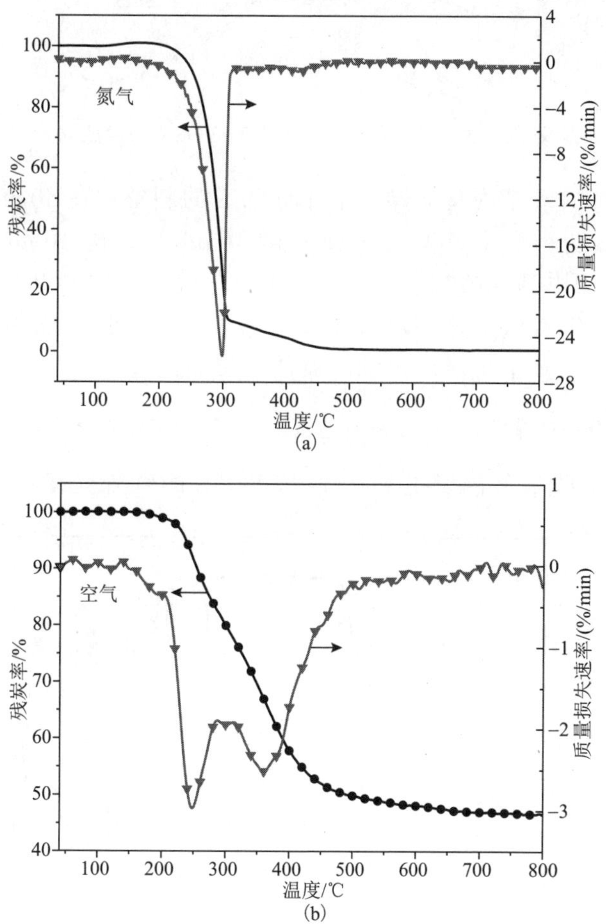

图 6-33　单甲基丙烯酰氧基丙基七异丁基 T_8-POSS 在氮气和空气气氛下的 TG 和 DTG 曲线

表 6-4　单甲基丙烯酰氧基丙基七异丁基 T_8-POSS 的 TG 数据

气氛	T_{onset}/℃	T_{max1}/℃	T_{max2}/℃	800℃残炭率/%
氮气	241.2	298.9	—	0.7
空气	236.9	247.9	357.3	46.6

6.3.2　单甲基丙烯酰氧基丙基七异辛基硅倍半氧烷的合成和表征

单甲基丙烯酰氧基丙基七异辛基 T_8-POSS 的合成路线如图 6-34 所示。

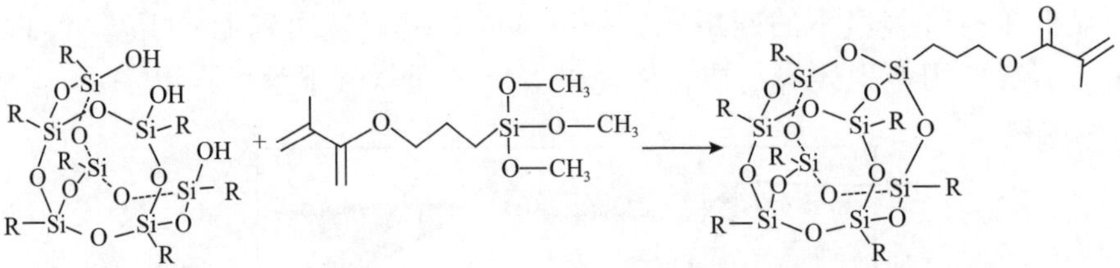

图 6-34　单甲基丙烯酰氧基丙基七异辛基 T_8-POSS 的合成路径（R= ioctyl）

单甲基丙烯酰氧基丙基七异辛基 T_8-POSS 的制备：在 50 mL 圆底烧瓶中加入七异辛基三硅醇（ioctyl-T_7）2.5 g、甲醇 10 mL 和乙醇 10 mL，控制体系温度在−10℃，滴加甲基丙烯酰氧基丙基三甲氧基硅烷 0.53 g 以及 35%四乙基氢氧化铵水溶液 0.018 mL，常温反应 12 h，50℃旋蒸，正己烷溶解，水洗 3 次，分液得到有机层，真空干燥后得到淡黄色透明黏稠液体，产率为 71%。

1. 单甲基丙烯酰氧基丙基七异辛基 T_8-POSS 的 FTIR 分析

单甲基丙烯酰氧基丙基七异辛基 T_8-POSS 的红外光谱如图 6-35 所示。

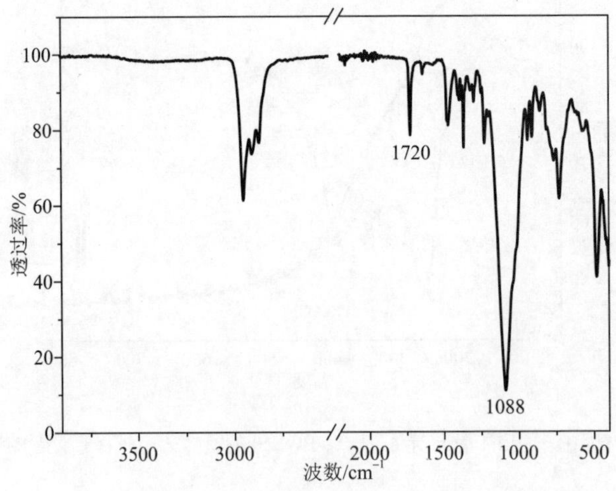

图 6-35　单甲基丙烯酰氧基丙基七异辛基 T_8-POSS 的 FTIR 谱

ioctyl-T_7 与甲基丙烯酰氧基丙基三甲氧基硅烷顶角盖帽反应后，1088 cm^{-1} 处的 Si—O—Si 伸缩振动吸收峰依然存在，代表着—OH 键的 3200 cm^{-1} 峰和 Si—OH 键的 890 cm^{-1} 峰已经消失，说明 T_7 已经完全转化为 T_8。2947 cm^{-1}、2901 cm^{-1}、2867 cm^{-1} 处的吸收峰是异辛基的 C—H 伸缩振动峰，1474 cm^{-1} 和 1369 cm^{-1} 是饱和 CH_3 和 CH_2 的饱和面内弯曲振动峰，而 1720 cm^{-1} 处的吸收峰代表的是甲基丙烯酰氧基丙基上的羰基峰。红外光谱初步证明产物中接上了甲基丙烯酰氧基丙基基团。

2. 单甲基丙烯酰氧基丙基七异辛基 T_8-POSS 的 NMR 分析

单甲基丙烯酰氧基丙基七异辛基 T_8-POSS 的 ^1H NMR 谱如图 6-36 所示。根据$(i\text{-}C_8H_{17})_7CH_2{=}C(CH_3)COO(CH_2)_3Si_8O_{12}$ 的结构特点，存在 10 种化学环境的氢，分别是异辛基上的 5 种氢和甲基丙烯酰氧基丙基上的 5 种氢，但此谱图上有 13 种化学环境的氢，主要是双键上 j 氢原子裂分成了两个峰，以及 a 和 d 氢原子裂分成了两个峰。^1H NMR 数据为 a: 0.59+0.76[14H, ioctyl (Si—$\mathbf{CH_2}$)]; b: 1.02 [21H, ioctyl(CH—$\mathbf{CH_3}$)]; c: 1.85 [7H, ioctyl(**CH**—CH_3)]; d: 1.71+1.31 {14H, ioctyl [CH—$\mathbf{CH_2}$—$C(CH_3)_3$]}; e: 0.92{63H, ioctyl[C—$\mathbf{(CH_3)_3}$]}; f: 0.68(2H, Si—$\mathbf{CH_2}$); g: 1.66 [3H, Si—$CH_2\mathbf{CH_2}$]; h: 4.12 (2H, Si—$CH_2CH_2\mathbf{CH_2}$);

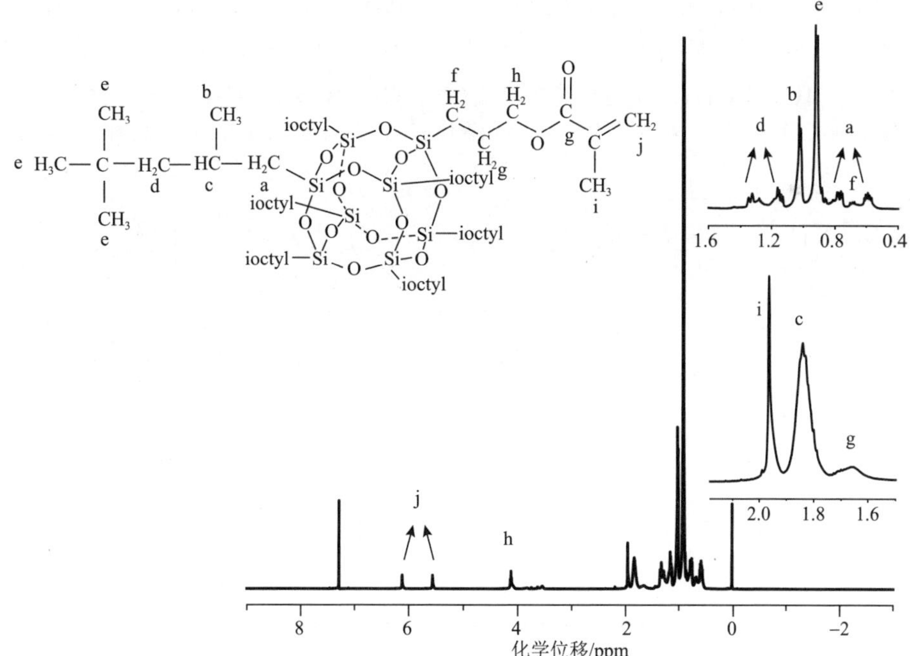

图 6-36　单甲基丙烯酰氧基丙基七异辛基 T_8-POSS 的 ^1H NMR 谱

i: 1.97 [3H, C(**CH_3**)═CH_2]; j: 6.13+5.56[2H, C(CH_3)═**CH_2**]。j 受双键的 π 电子影响，电子云被平均化，氢上的电子云密度减小，产生较强的去屏蔽作用，其化学位移在最低场；h 受羰基的强吸电子效应和 CH_2 的给电子效应共同影响，但吸电子效应强于给电子效应，其化学位移在较低场；a、f 在谱图最右侧，其受 Si 原子屏蔽效应影响，化学位移在最高场；e 在化合物的最外端，且与碳原子直接相连，受到的干扰较小，因此处在正常化学位移范围；c 受多个原子影响而处于正常低场；g 受 f 和 g 两种氢原子影响，应遵循 *N*+1 裂分峰原则裂分为 5 重峰，谱图上显示为较宽的宽峰；i 处于饱和碳上，所以其化学位移出现在高场，且遵循 *N*+1 裂分峰原则，因与其相连的碳原子上没有氢原子，所以其为尖锐的单峰。所有氢信号峰的积分面积比值符合甲基丙烯酰氧基丙基七异辛基 T_8-POSS 的结构特点。

图 6-37 是单甲基丙烯酰氧基丙基七异辛基 T_8-POSS 的 ^{13}C NMR 谱。从 $(i\text{-}C_8H_{17})_7CH_2{=}C(CH_3)COO(CH_2)_3Si_8O_{12}$ 的分子结构上看，有 13 种碳原子的信号峰：异辛基碳链上的 6 种化学环境的碳和甲基丙烯酰氧基丙基链段上的 7 种化学环境的碳，图中正好是 13 种碳信号共振峰。^{13}C NMR 数据为 a: 23.60 [7C, ioctyl (Si—**CH_2**)]; b: 25.02～25.61 [7C, ioctyl (CH—**CH_3**)]; c: 13.90 [7C, ioctyl (**CH**—CH_3)]; d: 53.95 {7C, ioctyl [CH—**CH_2**—C(CH_3)$_3$]}; e: 30.16{21C, ioctyl[C—(**CH_3**)$_3$]}; f: 31.12 {7C, ioctyl [C—(**CH_3**)$_3$]}; g: 8.30 (1C, Si—**CH_2**); h: 18.38 (1C, Si—CH_2**CH_2**); i: 66.67 (1C, Si—CH_2CH_2**CH_2**): j: 167.33 (1C, **C**═O); k: 22.28 [1C, C(**CH_3**)═CH_2]; m: 125.03 [1C, C(CH_3)═**CH_2**]; n: 136.19 [1C, **C**(CH_3)═CH_2]。M、n 受双键的去屏蔽作用出现在低场；j 受双键和羧基的双

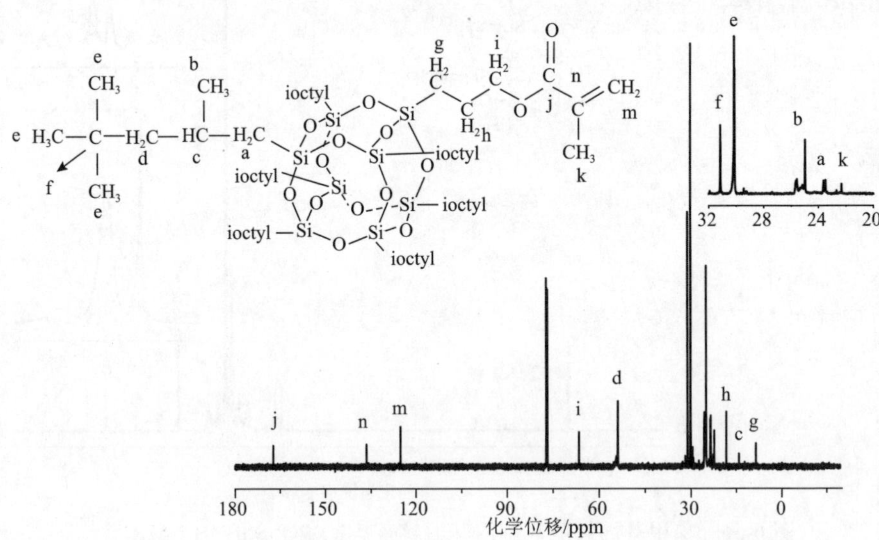

图 6-37 单甲基丙烯酰氧基丙基七异辛基 T_8-POSS 的 ^{13}C NMR 谱

重吸电子效应，出现在最低场；g、h、i 受 Si 原子的屏蔽效应出现高场，依照离 Si 原子的距离，g 在最高场，h 其次，i 最后；异辛基上的碳原子化学位移与 ioctyl-T_7 比较没有太大变化。上述所得碳原子信号峰符合甲基丙烯酰氧基丙基七异辛基 T_8-POSS 的结构特点。

图 6-38 为单甲基丙烯酰氧基丙基七异辛基 T_8-POSS 的 ^{29}Si NMR 谱。谱图中出现了 4 个明显的共振峰：−67.86 ppm、−67.92 ppm、−68.20 ppm，比例为 3∶1∶4，分别代表着连接有甲基丙烯酰氧基丙基的 Si 旁边的 3 个 Si 原子，连着甲基丙烯酰氧基丙基的 1 个 Si 原子和底角的 4 个 Si 原子，与 $(i\text{-}C_8H_{17})_7CH_2{=}C(CH_3)COO(CH_2)_3Si_8O_{12}$ 的结构式相符合，证明了 T_7 经历顶角盖帽反应后形成了完整的笼状 T_8-POSS。

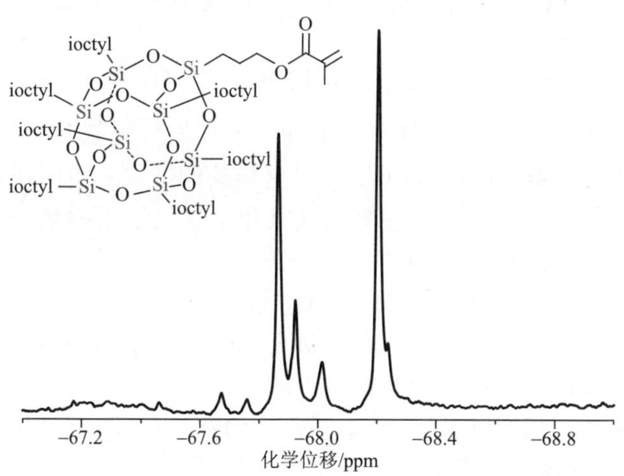

图 6-38　单甲基丙烯酰氧基丙基七异辛基 T_8-POSS 的 ^{29}Si NMR 谱

3. 单甲基丙烯酰氧基丙基七异辛基 T_8-POSS 的 MALDI-TOF MS 分析

图 6-39 是单甲基丙烯酰氧基丙基七异辛基 T_8-POSS 的基质辅助激光解吸电离飞行时间质谱，采用 α-腈基-四羟基苯丙烯酸为基质，为了促进分子形成，基质中加入了钠盐和钾盐，所以会产生$[M+H]^+$、$[M+Na]^+$和$[M+K]^+$加合离子。图中形成的分子离子峰，是由分子量为 1332 的$(i\text{-}C_8H_{17})_7CH_2{=}C(CH_3)COO(CH_2)_3Si_8O_{12}$ 加钠离子所得，质谱图进一步证明了甲基丙烯酰氧基丙基团成功接到了 ioctyl-T_7 笼状的一角上，T_7 成功通过顶角盖帽反应转化为完整笼状 T_8-POSS。

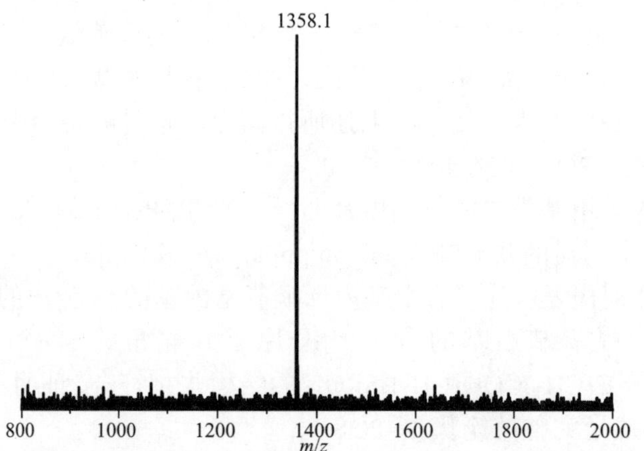

图 6-39 单甲基丙烯酰氧基丙基七异辛基 T_8-POSS 的 MALDI-TOF MS 谱

4. 单甲基丙烯酰氧基丙基七异辛基 T_8-POSS 的 TG 分析

单甲基丙烯酰氧基丙基七异辛基 T_8-POSS 在氮气气氛和空气气氛下的 TG 和 DTG 曲线如图 6-40 所示，表 6-5 给出了相关的数据。由图可知，$(i\text{-}C_8H_{17})_7CH_2{=}C(CH_3)COO(CH_2)_3Si_8O_{12}$ 在氮气气氛和空气气氛下的热分解行为一致，均为两步分解，但每个阶段的分解，空气气氛都比氮气气氛早了 40～60℃。对比表 6-5 中的数据可发现$(i\text{-}C_8H_{17})_7CH_2{=}C(CH_3)COO(CH_2)_3Si_8O_{12}$在空气气氛分解早于氮气，但在氮气下的 T_{max1} 最大热降解速率(–9%/min 左右)要稍高于空气气氛(–7%/min 左右)，而在氮气下的残炭率明显低于空气气氛下的残炭率，是单甲基丙烯酰氧基丙基七异辛基 T_8-POSS 更易与氧气作用产生残炭物质，以及烷烃碳链在氮气下消耗得更快。

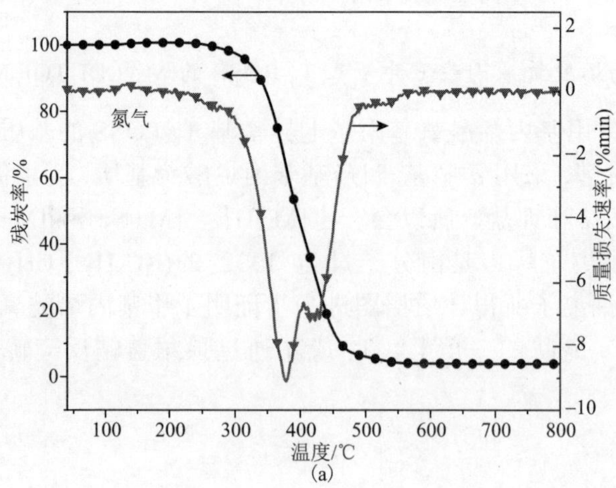

(a)

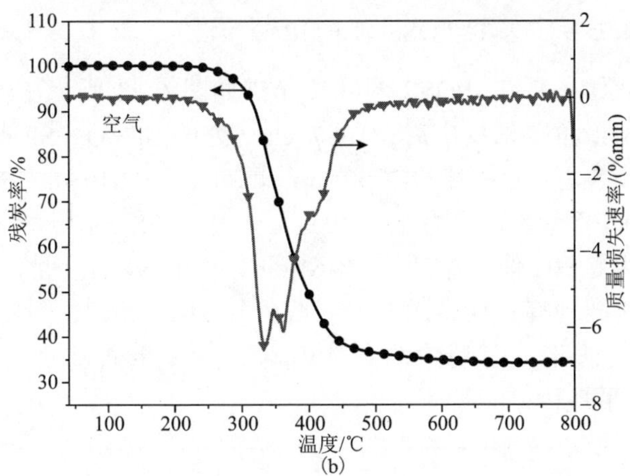

图 6-40　单甲基丙烯酰氧基丙基七异辛基 T_8-POSS 在氮气和空气气氛下的 TG 和 DTG 曲线

表 6-5　单甲基丙烯酰氧基丙基七异辛基 T_8-POSS 的 TG 数据

气氛	T_{onset}/℃	T_{max1}/℃	T_{max2}/℃	800℃残炭率/%
氮气	319.3	378.3	422.5	3.9
空气	303.6	335.3	362.1	34.3

6.4　单巯丙基硅倍半氧烷的合成与表征

6.4.1　单巯丙基七异丁基硅倍半氧烷的合成与表征

单巯丙基七异丁基 T_8-POSS 的合成路线如图 6-41 所示。

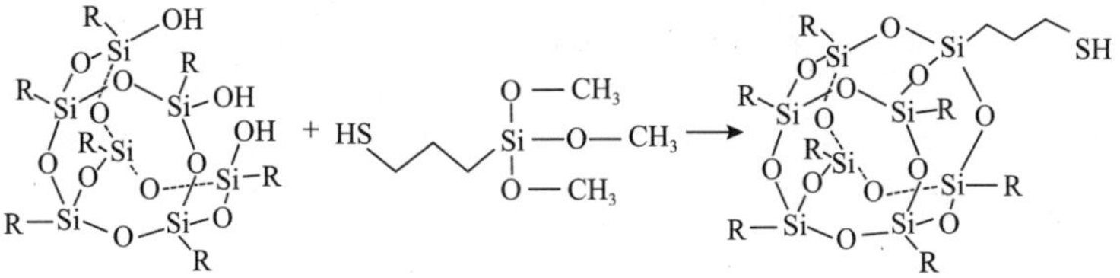

图 6-41　单巯丙基七异丁基 T_8-POSS 的合成路径(R= ibutyl)

单巯丙基七异丁基 T_8-POSS 的制备：在 50 mL 圆底烧瓶中加入异丁基三硅醇(ibutyl-T_7) 2 g、乙醇 20 mL，控制体系温度在−10℃，滴加巯丙基三甲氧基硅烷 0.48 mL 以及催化剂 35%四乙基氢氧化铵水溶液 0.021 mL，常温反应 24 h，抽滤，真空干燥后得到白色固体。

1. 单巯丙基七异丁基 T_8-POSS 的 FTIR 分析

单巯丙基七异丁基 T_8-POSS 的红外光谱如图 6-42 所示。ibutyl-T_7 与巯丙基三甲氧基硅烷顶角盖帽反应后，1087 cm^{-1} 处的 Si—O—Si 伸缩振动吸收峰依然存在，而代表着—OH 键的 3200 cm^{-1} 峰和 Si—OH 键的 890 cm^{-1} 峰已经消失，说明 T_7 已经完全转化为 T_8。2951 cm^{-1}、2905 cm^{-1}、2868 cm^{-1} 处的吸收峰是异丁基的 C—H 伸缩振动峰，1461 cm^{-1} 和 1364 cm^{-1} 是饱和 CH_3 和 CH_2 的饱和面内弯曲振动峰；而巯丙基的吸收峰在 2625 cm^{-1}，强度比较微弱，是因为全反射红外法不太容易检测到巯丙基。进一步通过核磁共振谱来确定 POSS 是否接上了巯丙基。

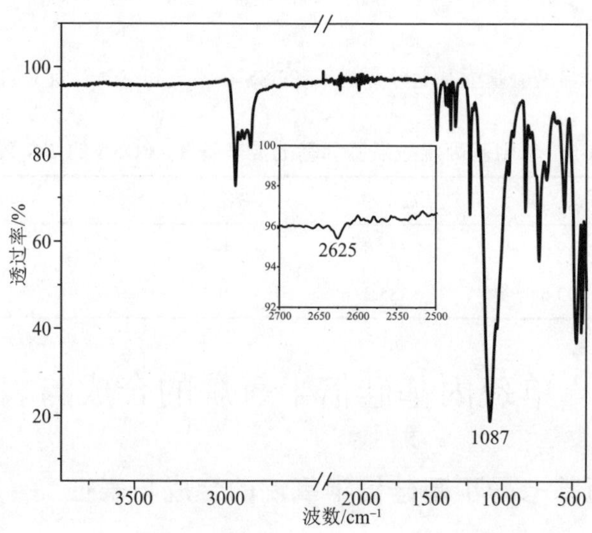

图 6-42　单巯丙基七异丁基 T_8-POSS 的 FTIR 谱

2. 单巯丙基七异丁基 T_8-POSS 的 NMR 分析

单巯丙基七异丁基 T_8-POSS 的 ^{1}H NMR 谱如图 6-43 所示。根据 $(i\text{-}C_4H_9)_7SH(CH_2)_3Si_8O_{12}$ 的结构特点，存在 7 种化学环境的氢，分别是异丁基上的 3 种氢和巯丙基上的 4 种氢，此谱图上正好有 7 个氢峰。^{1}H NMR 数据为 a: 0.63 [14H, ibutyl (**CH_2**)]; b: 1.88 [7H, ibutyl (**CH**)]; c: 0.99 [42H, ibutyl (**CH_3**)]; d: 1.35 [1H, —**SH**]; e: 2.56 [2H, SH**CH_2**—]; f: 1.74 [2H, $SHCH_2$**CH_2**—]; g: 0.74 [2H, $SHCH_2CH_2$**CH_2**—]。e 受 SH 的吸电子效应影响，其化学位移在最低场；a、g 在谱图最右侧，其受 Si 原子屏蔽效应影响，化学位移在最高场；f 受 SH 和 Si 原子两者的相反作用，所受干扰有一定的抵消作用，处在低场；c 在化合物的最外端，且与碳原子直接相连，受到的干扰较小，因此处在正常化学位移范围；b 受多个原子影响而处于正常低场，同时又受多个邻位氢的影响，耦合裂分成多重峰。

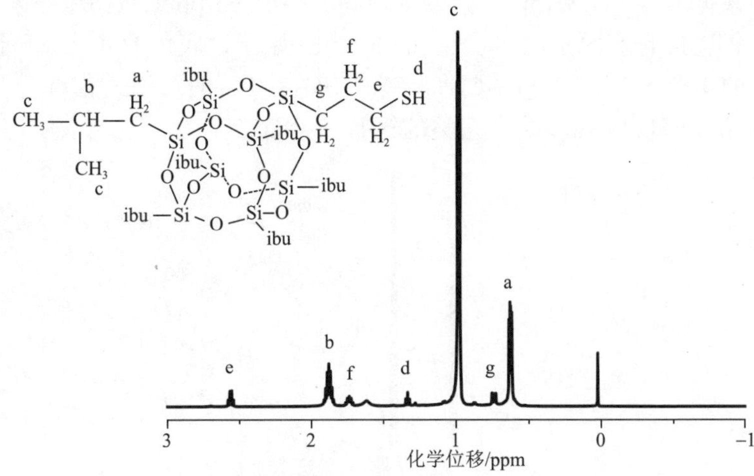

图 6-43　单巯丙基七异丁基 T_8-POSS 的 ^{1}H NMR 谱

图 6-44 是单巯丙基七异丁基 T_8-POSS 的 ^{13}C NMR 谱。从(i-C_4H_9)$_7$SH(CH_2)$_3$ Si_8O_{12} 的分子结构上看，有 6 种碳原子的信号峰：异丁基碳链上的 3 种化学环境的碳和巯丙基链段上 3 种化学环境的碳，图中正好是 6 种碳信号共振峰。^{13}C NMR 数据为 a: 23.89 [7C, ibu (**CH_2**)]; b: 22.46 [7C, ibu (**CH**)]; c: 25.68 [14C, ibu (**CH_3**)]; e: 27.66 (1C, SH**CH_2**—); f: 27.35 (1C, SHCH_2**CH_2**—); g: 11.23 (1C, SHCH_2CH_2**CH_2**—)。 e 和 f 受 SH 基团的吸电子效应影响，其化学位移都在低场；g 受 Si 原子的屏蔽效应影响，其化学位移在高场；a、b、c 的化学位移与 ibutyl-T_7 产物的位移数值基本一致，几乎没有变化。

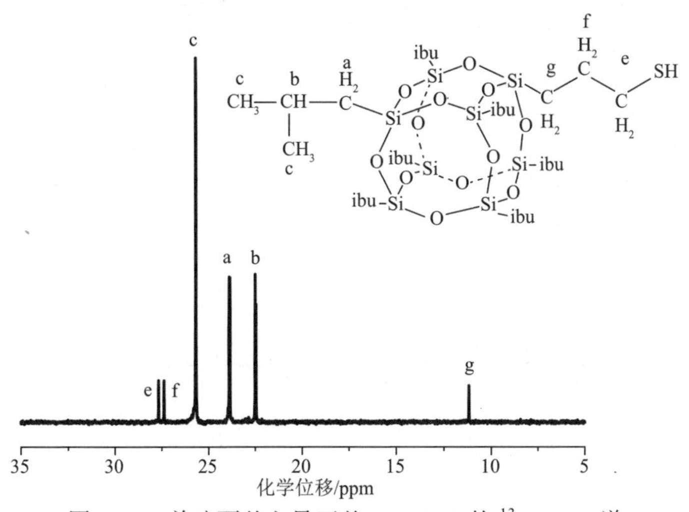

图 6-44　单巯丙基七异丁基 T_8-POSS 的 ^{13}C NMR 谱

图 6-45 为单巯丙基七异丁基 T_8-POSS 的 ^{29}Si NMR 谱。谱图中出现了 3 个明显的共振峰：−67.65 ppm、−67.88 ppm、−67.93 ppm，比例为 3 : 4 : 1，分别代表着连接有巯丙基的 Si 旁边的 3 个 Si 原子，底角的 4 个 Si 原子和连着巯丙基的 1 个 Si 原子，与$(i\text{-}C_4H_9)_7SH(CH_2)_3Si_8O_{12}$的结构式相符合，证明了 T_7 经历顶角盖帽反应后形成了完整的笼状 T_8-POSS。

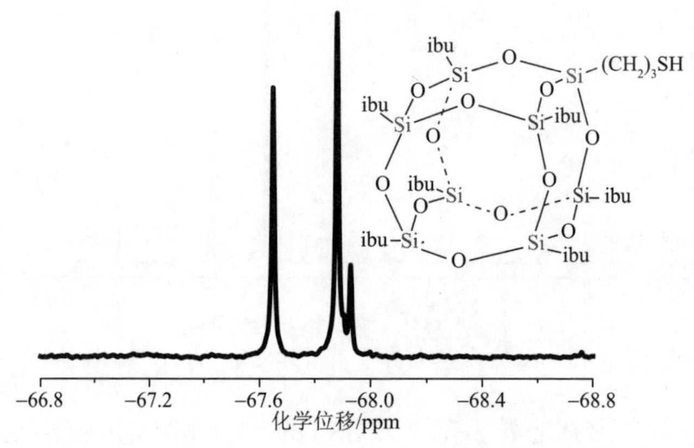

图 6-45　单巯丙基七异丁基 T_8-POSS 的 ^{29}Si NMR 谱

3. 单巯丙基七异丁基 T_8-POSS 的 ESI-Q-TOF MS 分析

图 6-46 是单巯丙基七异丁基 T_8-POSS 的 ESI-Q-TOF MS 谱。在正离子扫描条件下，分子在电离化的过程中可以加合不同类型的正离子(如 H^+、Na^+、K^+)，所以即使是同一个分子在测试谱图中也可以显示多个质荷比不同的分子离子峰。在图 6-46 中，913.7 是$(i\text{-}C_4H_9)_7SH(CH_2)_3Si_8O_{12}$分子离子化后加合 Na^+ 后出现的峰。

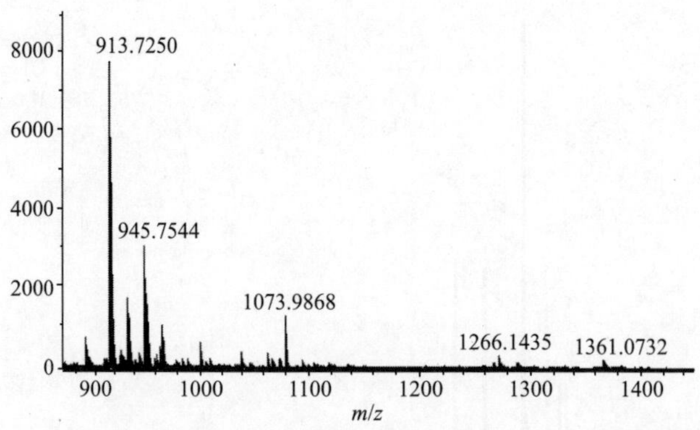

图 6-46　单巯丙基七异丁基 T_8-POSS 的 ESI-Q-TOF MS 谱

4. 单巯丙基七异丁基 T_8-POSS 的 TG 分析

单巯丙基七异丁基 T_8-POSS 在氮气气氛和空气气氛下的 TG 和 DTG 曲线如图 6-47 所示，表 6-6 给出了相关的数据。对比表 6-6 中的数据可发现 $(i\text{-}C_4H_9)_7SH(CH_2)_3Si_8O_{12}$ 在氮气气氛和空气气氛下均为一步分解，氮气气氛下主要在 188～362℃温度范围内，其初始分解温度为 238.0℃，残炭率为 4.8%，最大热降解速率约为−18%/min，而空气气氛下相对来说失重稍微晚些，且最大热降解速率也更低，说明该 POSS 在氮气气氛下裂解得更快，热稳定性一般。

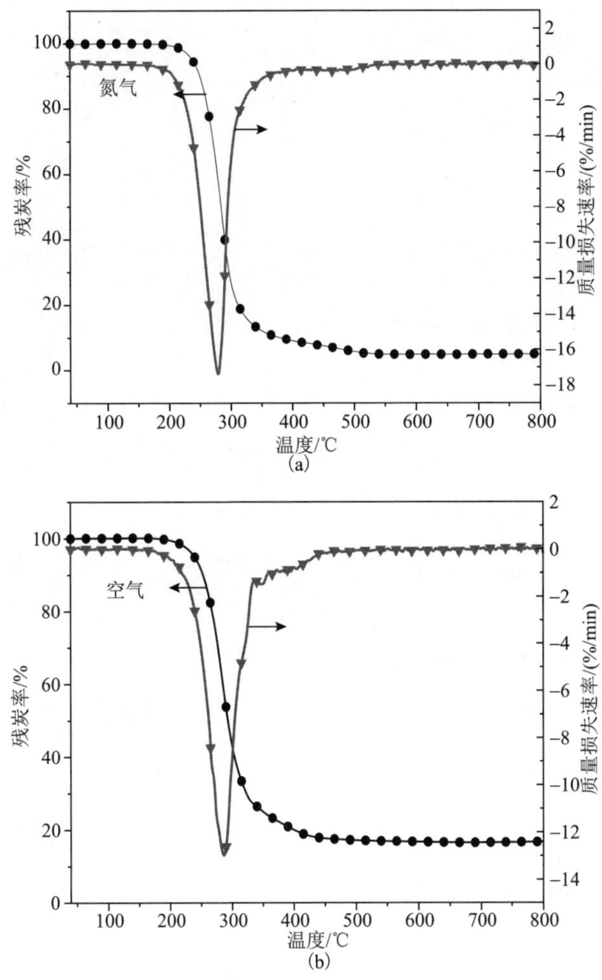

图 6-47　单巯丙基七异丁基 T_8-POSS 在氮气和空气气氛下的 TG 和 DTG 曲线

表 6-6　单巯丙基七异丁基 T_8-POSS 的 TG 数据

气氛	T_{onset}/℃	T_{max1}/℃	800℃残炭率/%
氮气	238.0	285.5	4.8
空气	239.6	286.3	16.7

6.4.2　单巯丙基七异辛基硅倍半氧烷的合成和表征

单巯丙基七异辛基 T_8-POSS 的合成路线如图 6-48 所示。

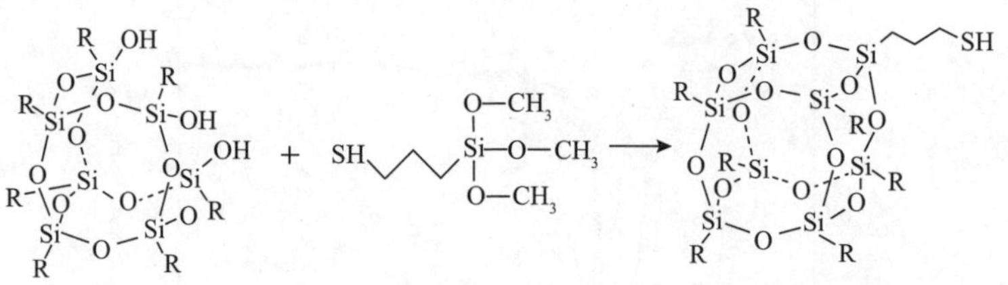

图 6-48　单巯丙基七异辛基 T_8-POSS 的合成路径(R= ioctyl)

单巯丙基七异辛基 T_8-POSS 的制备：在 50 mL 圆底烧瓶中加入 ioctyl-T_7 2.5 g、乙醇 20 mL，控制体系温度在−10℃，滴加巯丙基三甲氧基硅烷 0.40 mL 以及 35%四乙基氢氧化铵水溶液 0.018 mL，常温反应 24 h，50℃旋蒸，2 mL 正己烷溶解，水洗 3 次，分液得到有机层，真空干燥后得到透明澄清黏稠液体。

1. 单巯丙基七异辛基 T_8-POSS 的 FTIR 分析

单巯丙基七异辛基 T_8-POSS 的红外光谱如图 6-49 所示。ioctyl-T_7 与巯丙

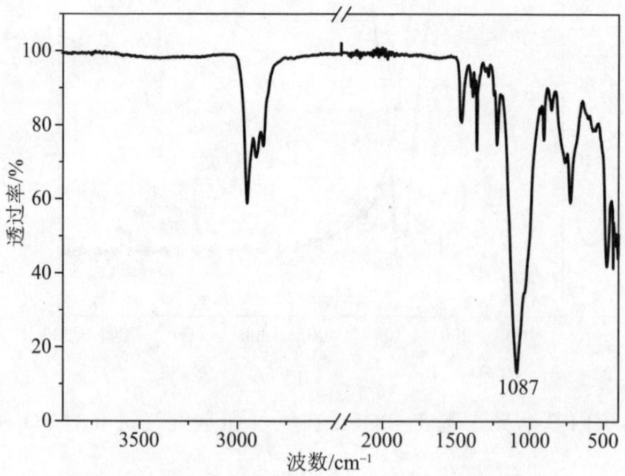

图 6-49　单巯丙基七异辛基 T_8-POSS 的 FTIR 谱

基三甲氧基硅烷顶角盖帽反应后，1087 cm^{-1} 处的 Si—O—Si 伸缩振动吸收峰依然存在，而代表着—OH 键的 3200 cm^{-1} 峰和 Si—OH 键的 890 cm^{-1} 峰已经消失，说明 T_7 已经完全转化为 T_8。2947 cm^{-1}、2901 cm^{-1}、2867 cm^{-1} 处的吸收峰是异辛基的 C—H 伸缩振动峰，1467 cm^{-1} 和 1362 cm^{-1} 是饱和 CH_3 和 CH_2 的饱和面内弯曲振动峰；而巯丙基的吸收峰没有检测出来。我们通过核磁谱图来确定 POSS 是否接上了巯丙基。

2. 单巯丙基七异辛基 T_8-POSS 的 NMR 分析

图 6-50 为单巯丙基七异辛基 T_8-POSS 的 ^{1}H NMR 谱。从$(i\text{-}C_8H_{17})_7SH(CH_2)_3Si_8O_{12}$ 的分子结构上看，有 9 种化学环境的氢，分别是 5 种异辛基上的氢和 4 种巯丙基上的氢，谱图中正好有 9 种信号峰，但是 a 氢原子本就会裂分成 2 个峰，本应出现在 0.74 ppm 处的 i 氢原子信号峰与 a 氢原子的第二个裂分峰重合，因此正好为 9 个氢峰。^{1}H NMR 数据为 a: 0.58+0.77 [14H, ioctyl (Si—**CH₂**)]; b: 1.03 [21H, ioctyl (CH—**CH₃**)]; c: 1.84 [7H, ioctyl (**CH**—CH₃)]; d: 1.17+1.30 [14H, ioctyl (CH₃)₃C—**CH₂**—CH)]; e: 0.92 {63H, ioctyl[C—**(CH₃)₃**]}; f: 1.42 (1H, **SH**); g: 2.67+2.55 (2H, SH**CH₂**—); h: 1.76 (2H, SHCH₂**CH₂**—); i: 0.74 (2H, SHCH₂CH₂**CH₂**—)，与结构式吻合，且与红外谱图相一致。g 受 SH 的吸电子效应影响，其化学位移在最低场；a、i 在谱图最右侧，其受 Si 原子屏蔽效应影响，化学位移在最高场；h 受 SH 和 Si 原子两者的相反作用，所受干扰有一定的抵消作用，处在低场；a、b、c、d、e 的化学位移与 ioctyl-T_7 产物的位移数值基本一致，几乎没有变化。

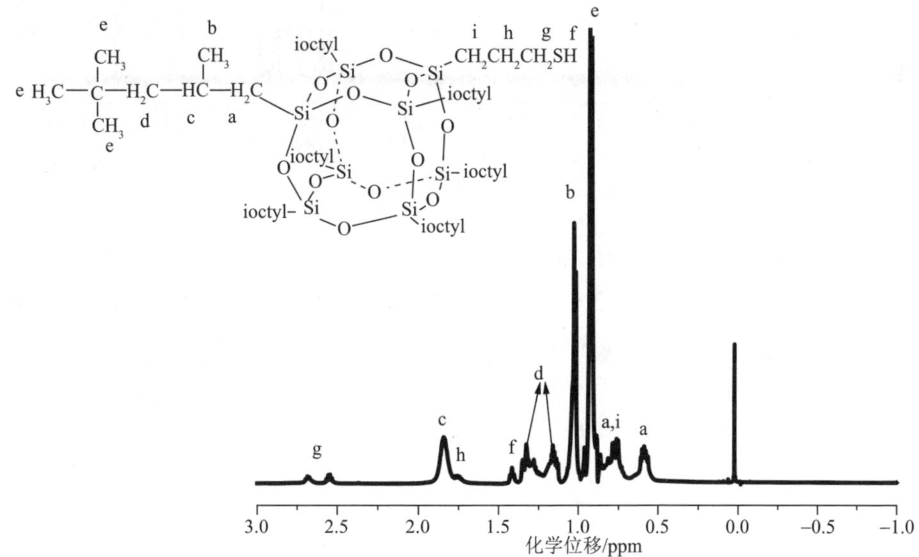

图 6-50　单巯丙基七异辛基 T_8-POSS 的 ^{1}H NMR 谱

图 6-51 是单巯丙基七异辛基 T_8-POSS 的 ^{13}C NMR 谱。从$(i\text{-}C_8H_{17})_7SH(CH_2)_3Si_8O_{12}$的分子结构上看，有 9 种碳原子的信号峰：异辛基碳上的 6 种化学环境的碳和巯丙基上的 3 种化学环境的碳，图中正好是 9 种碳信号共振峰。^{13}C NMR 数据为 a: 23.46 [7C, ioctyl (Si—**CH₂**)]; b: 24.99～25.73 [7C, ioctyl (CH—**CH₃**)]; c: 7.77 [7C, ioctyl (**CH**—CH_3)]; d: 53.96{7C, ioctyl[$(CH_3)_3C$—**CH₂**—CH]}; e: 30.16{21C, ioctyl[C—**(CH₃)₃**]}; f: 31.12{7C, ioctyl[**C**—$(CH_3)_3$]}; g: 27.73 (1C, SH**CH₂**—); h: 27.35 (1C, $SHCH_2$**CH₂**—); i: 11.40 (1C, $SHCH_2CH_2$**CH₂**—)。g 和 h 受 SH 基团的吸电子效应影响，其化学位移都在低场；i 受 Si 原子的屏蔽效应影响，其化学位移在高场；a、b、c、d、e、f 的化学位移与 ioctyl-T_7 产物的位移数值基本一致，几乎没有变化。上述所得碳原子信号峰符合巯丙基七异辛基 T_8-POSS 的结构特点。

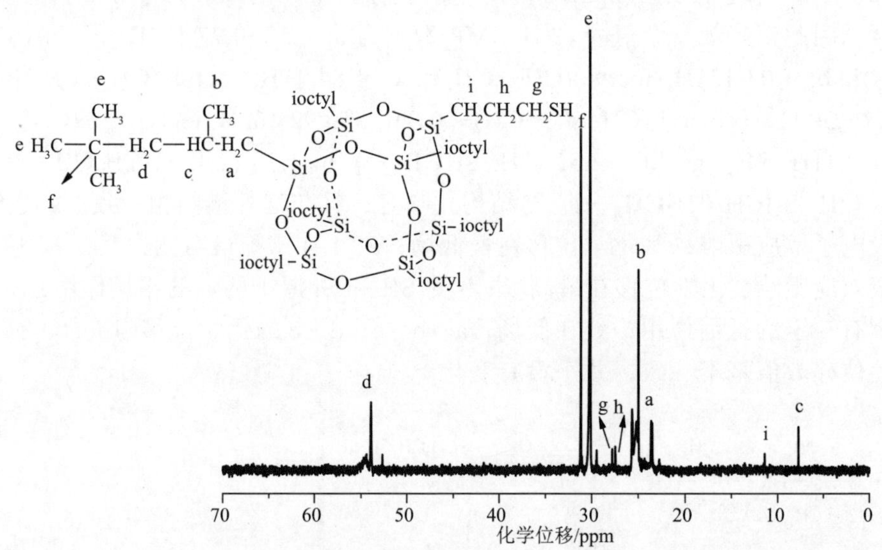

图 6-51　单巯丙基七异辛基 T_8-POSS 的 ^{13}C NMR 谱

图 6-52 为单巯丙基七异辛基 T_8-POSS 的 ^{29}Si NMR 谱。谱图中主要出现了 3 个明显的共振峰：−67.92 ppm、−68.13 ppm、−68.21 ppm，比例为 3 : 1 : 4，分别代表着连接有巯丙基的 Si 旁边的 3 个 Si 原子，连着巯丙基的 1 个 Si 原子和底角的 4 个 Si 原子，与$(i\text{-}C_8H_{17})_7SH(CH_2)_3Si_8O_{12}$的结构式相符合，证明了 T_7 经历顶角盖帽反应后形成了完整的笼状 T_8-POSS。

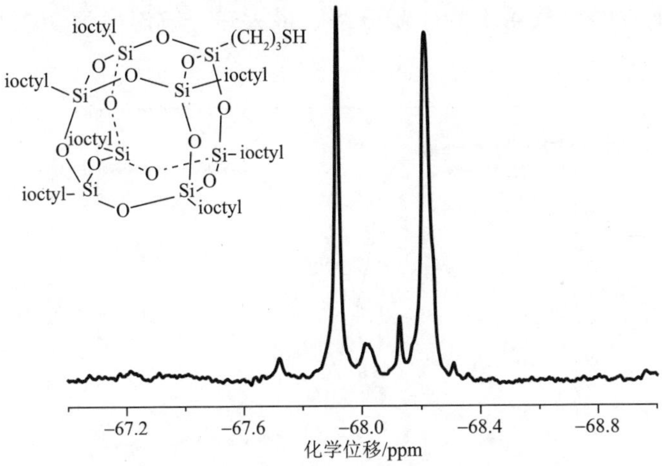

图 6-52　单巯丙基七异辛基 T_8-POSS 的 ^{29}Si NMR 谱

3. 单巯丙基七异辛基 T_8-POSS 的 ESI-Q-TOF MS 分析

图 6-53 是单巯丙基七异辛基 T_8-POSS 的 ESI-Q-TOF MS 谱。在正离子扫描条件下，分子在电离化的过程中可以加合不同类型的正离子(如 H^+、Na^+、K^+)，所以即使是同一个分子在测试谱图中也可以显示多个质荷比不同的分子离子峰。在图 6-53 中，1307.2 是$(i\text{-}C_4H_9)_7SH(CH_2)_3Si_8O_{12}$ 分子离子化后加合 Na^+后出现的峰。质谱图进一步证明实验成功得到完整笼状的 T_8-POSS。

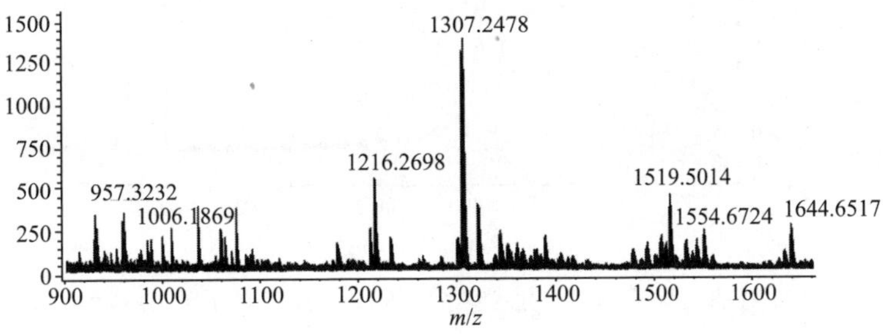

图 6-53　单巯丙基七异辛基 T_8-POSS 的 ESI-Q-TOF MS 谱

4. 单巯丙基七异辛基 T_8-POSS 的 TG 分析

单巯丙基七异辛基 T_8-POSS 在氮气气氛和空气气氛下的 TG 和 DTG 曲线如图 6-54 所示，表 6-7 给出了相关的数据。根据表 6-7 中的数据以及观察图可发现$(i\text{-}C_8H_{17})_7SH(CH_2)_3Si_8O_{12}$ 在氮气气氛下为两步分解，在 300～400℃和 400～550℃温度范围内，其初始分解温度为 318.9℃，残炭率为 17.1%，最大热降解速率为−10%/min 左右，说明该 POSS 在氮气气氛下裂解得很快，热稳定性一般；而在空气气氛下为一步分解，最大热分解温度为 363.7℃，残炭率更高。

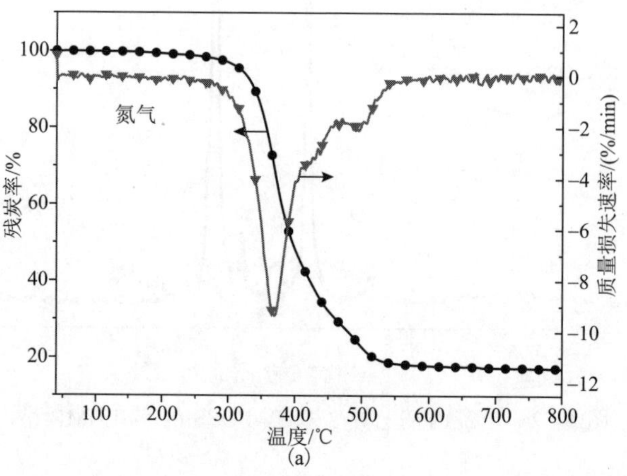

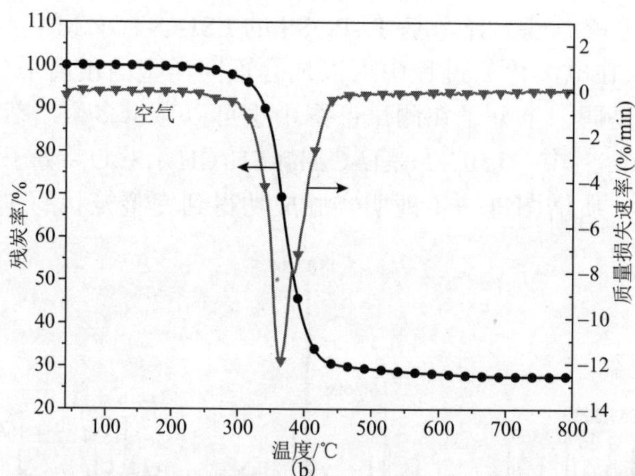

图 6-54 单巯丙基七异辛基 T_8-POSS 在氮气和空气气氛下的 TG 和 DTG 曲线

表 6-7 单巯丙基七异辛基 T_8-POSS 的 TG 数据

气氛	T_{onset}/℃	T_{max1}/℃	T_{max2}/℃	800℃残炭率/%
氮气	318.9	369.4	494.3	17.1
空气	322.6	363.7	—	27.7

6.5 本章小结

(1)通过三种 T_7-POSS(ibutyl-T_7，ioctyl-T_7，phenyl-T_7)分别与氨丙基三甲氧基硅烷的顶角盖帽反应，成功合成得到具有完整 T_8 笼状结构的单官能化 POSS：单氨丙基七异丁基 POSS、单氨丙基七异辛基 POSS、单氨丙基七苯基 POSS，产率分别为 79%、85.4%和 35%。采用 FTIR、^{1}H NMR、^{13}C NMR、^{29}Si NMR、MALDI-TOF MS 和 TG 分析对三种单氨丙基 T_8-POSS 的结构和性能进行了表征。分析结果表明，氨丙基已经成功引入到 POSS 单体中，合成得到的单氨丙基七异丁基 POSS、单氨丙基七异辛基 POSS、单氨丙基七苯基 POSS 均具有完整的 T_8 笼状结构，分子量分别为 873、1265、1013，符合分子式 $(i\text{-}C_4H_9)_7NH_2(CH_2)_3Si_8O_{12}$、$(i\text{-}C_8H_{17})_7NH_2(CH_2)_3Si_8O_{12}$、$(C_6H_5)_7NH_2(CH_2)_3Si_8O_{12}$。TG 分析结果表明，单氨丙基七异丁基 POSS 和单氨丙基七异辛基 POSS 在氮气和空气气氛中的热分解残余物均很少；单氨丙基七苯基 POSS 在氮气和空气气氛中均有较高的残炭率；三种 T_8-POSS 中单氨丙基七异丁基 POSS、单氨丙基七异辛基 POSS、单氨丙基七苯基 POSS 在氮气气氛下的初始分解温度分别为 238.8℃、286.7℃、419.2℃，热稳定性依次提高，这说明带有芳香基团的 POSS 的热稳定性优于带有长烷烃碳链的 POSS，而带有长烷烃碳链的 POSS 又优于带有短烷烃碳链的 POSS。

(2)通过两种 T_7-POSS(ibutyl-T_7，ioctyl-T_7)分别与甲基丙烯酰氧基丙基三甲氧基硅烷发生顶角盖帽反应，成功合成得到具有完整 T_8 笼状结构的单官能化 POSS：单甲基丙烯酰氧基丙基七异丁基 POSS 和单甲基丙烯酰氧基丙基七异辛基 POSS，产率分别为 21%和 71%。采用 FTIR、^{1}H NMR、^{13}C NMR、^{29}Si NMR、MALDI-TOF MS 和 TG 对两种单甲基丙烯酰氧基丙基 POSS 的结构和性能进行了表征。分析结果表明，甲基丙烯酰氧基丙基团已成功引入 POSS 单体中，所合成的单甲基丙烯酰氧基丙基七异丁基 POSS 和单甲基丙烯酰氧基丙基七异辛基 POSS 均具有完整的 T_8 笼状结构，分子量分别为 942 和 1332，符合分子 $(i\text{-}C_4H_9)_7CH_2{=\!=}C(CH_3)COO(CH_2)_3Si_8O_{12}$ 和 $(i\text{-}C_8H_{17})_7CH_2{=\!=}C(CH_3)COO(CH_2)_3Si_8O_{12}$。TG 分析结果表明，单甲基丙烯酰氧基丙基七异丁基 POSS 和单甲基丙烯酰氧基丙基七异辛基 POSS 在空气气氛下的残炭率明显高于氮气气氛，且两种 T_8-POSS 中单甲基丙烯酰氧基丙基七异丁基 POSS 和单甲基丙烯酰氧基丙基七异辛基 POSS 在氮气气氛下的初始分解温度分别为 241.2℃和 319.3℃，热稳定性随碳链长度增加有所提高。

(3)通过两种 T_7-POSS(ibutyl-T_7，ioctyl-T_7)分别与巯丙基三甲氧基硅烷的顶角盖帽反应，成功合成得到具有完整 T_8 笼状结构的单官能化 POSS：单巯丙基七异丁基 POSS 和单巯丙基七异辛基 POSS。采用 FTIR、^{1}H NMR、^{13}C NMR、^{29}Si NMR、ESI-Q-TOF MS 和 TG 对两种单巯丙基 T_8-POSS 的结构和性能进行了表征。分析结果表明，单巯丙基七异丁基 POSS 和单巯丙基七异辛基 POSS 均具有完整的 T_8 笼状结构，分子量分别为 890 和 1282，符合分子式$(i\text{-}C_4H_9)_7SH(CH_2)_3Si_8O_{12}$ 和$(i\text{-}C_8H_{17})_7SH(CH_2)_3Si_8O_{12}$。TG 分析结果表明，单巯丙基七异丁基 POSS 和单巯丙基七异辛基 POSS 的残炭率在空气气氛下明显高于氮气气氛，且两种 T_8-POSS 在氮气气氛下的初始分解温度分别为 238.0℃和 318.9℃，热稳定性随碳链长度增加有所提高。

参考文献

[1] Martynova T N, Chupakhina T I. Heterofunctional oligoorganylsilsesquioxanes[J]. Journal of Organometallic Chemistry, 1988, 345(1): 10-18.

[2] Calzaferri G, Herren D, Imhof R. Monosubstitution von octa(hydridosilasesquioxan) $H_8Si_8O_{12}$ zu $R'H_7Si_8O_{12}$ mittels hydrosilylierung kurzmitteilung[J]. Helvetica Chimica Acta, 1991, 74(6): 1278-1280.

[3] Calzaferri G, Imhof R, Törnroos K W. Synthesis and crystal structure of $[Co(CO)_4(H_7Si_8O_{12})]$. A new type of monosubstituted octanuclear silasesquioxane with a silicon-cobalt bond[J]. Journal of the Chemical Society Dalton Transactions, 1993, 24(24): 3741-3748.

[4] Calzaferri G, Marcolli C, Imhof R, et al. The monophenylhydrosilasesquioxanes $PhH_{n-1}Si_nO_{1.5n}$ where n=8 or 10[J]. Journal of the Chemical Society Dalton Transactions, 1996, 520(15): 3313-3322.

[5] Chalk A J, Harrod J F. Homogeneous Catalysis. Ⅱ. The mechanism of the hydrosilation of olefins catalyzed by groupⅧ metal complexes 1[J]. Journal of the American Chemical Society, 1965, 87(1): 583-597.

[6] Tsuchida A, Bolln C, Sernetz F G, et al. Ethene and propene copolymers containing silsesquioxane side groups[J]. Macromolecules, 1997, 30 (10): 2818-2824.

[7] Knischka R, Dietsche F, Hanselmann R, et al. Silsesquioxane-based amphiphiles[J]. Langmuir, 1999, 15(14): 4752-4756.

[8] Moran M, Casado C M, Cuadrado I, et al. Ferrocenyl substituted octakis (dimethylsiloxy) octasilsesquioxanes: a new class of supramolecular organometallic compounds. Synthesis, characterization, and electrochemistry[J]. Organometallics, 1993, 12 (12): 4327-4333.

[9] Rattay M, Fenske D, Jutzi P. Octakis (tetracarbonylcobaltio) octasilsesquioxane: synthesis, structure, and reactivity[J]. Organometallics, 1998, 17(13): 2930-2932.

[10] Haddad T S, Lichtenhan J D. Hybrid organic-inorganic thermoplastics: styryl-based polyhedral oligomeric silsesquioxane polymers[J]. Macromolecules, 1996, 29(22): 7302-7304.

[11] Lichtenhan J D, Otonari Y A, Carr M J. Linear hybrid polymer building blocks:

methacrylate-functionalized polyhedral oligomeric silsesquioxane monomers and polymers[J]. Macromolecules, 1995, 28(24): 8435-8437.

[12] Zhang W, Müller A H E. Synthesis of tadpole-shaped POSS-containing hybrid polymers via “click chemistry”[J]. Polymer, 2010, 51(10): 2133-2139.

[13] Zhao M, Feng Y, Li Y, et al. Preparation and performance of phenyl-vinyl-POSS/addition-type curable silicone rubber hybrid material[J]. Journal of Macromolecular Science Part A, 2014, 51(8): 639-645.

[14] 薛裕华. POSS 基聚合物纳米杂化材料的制备表征及性能[D]. 杭州: 浙江大学, 2010.

[15] Blanco I, Bottino F A, Abate L. Influence of *n*-alkyl substituents on the thermal behaviour of polyhedral oligomeric silsesquioxanes (POSSs) with different cage's periphery[J]. Thermochimica Acta, 2016, 623: 50-57.

[16] Blanco I, Bottino F A. Kinetics of degradation and thermal behaviour of branched hepta phenyl POSS/PS nanocomposites[J]. Polymer Degradation and Stability, 2016, 129: 374-379.

第 7 章　含磷多面体硅倍半氧烷的合成与表征

7.1　含磷多面体硅倍半氧烷化合物研究进展

含磷多面体硅倍半氧烷(phosphorous-containing poss，P-POSS)是一种分子中同时含有硅、磷两种元素的聚硅倍半氧烷[1,2]。目前，P-POSS 的合成方法有三种：①预聚体直接水解缩合法[3]，其中预聚体为含磷的三烷氧基硅烷或三氯硅烷，该方法的特点是产率高，但结构多样、纯度低；②封角成笼法[4]，即采用不完整笼状的硅醇类 POSS 或硅氧烷 POSS 与含磷的预聚体反应，形成含磷量较少的单官能化 P-POSS，该方法有利于形成低磷含量的 POSS 结构；③完整笼状 POSS 改性法[5]，即利用完整笼状 POSS 顶角上携带的特定官能团与含磷单体发生反应，从而形成 P-POSS。本章根据含磷 POSS 结构形状的不同，将目前研究中提到的主要含磷 POSS 化合物分为 5 类：完整笼状、不完整笼状、笼状-梯形、POSS 基共聚物、POSS 基官能化氧化石墨烯。

在实际应用中，P-POSS 多作为高分子材料的阻燃剂，用于聚合物基材中，包括聚碳酸酯(PC)、环氧树脂(EP)、乙烯基酯树脂(VE)、聚氨酯(PU)、聚丙烯(PP)、聚(丙烯腈-丁二烯-苯乙烯)(ABS)等。

7.1.1　完整笼状含磷多面体硅倍半氧烷化合物

Zhu 等[6]利用 *N*-苯基氨基丙基-POSS 和二苯基次膦酰氯之间的取代反应，合成了一种新型的同时含有磷、氮元素的多面体硅倍半氧烷(F-POSS)。该反应在干燥的惰性气体下进行，混合反应物时需要较低的温度。得到的产物反复溶解在乙酸乙酯中并用 $NaHCO_3$ 溶液洗涤多次，最终还需用色谱法纯化产物。具体制备路径如图 7-1 所示，该方法得到 F-POSS 纯度高，结构中同时含有氮、硅、磷三种元素，能够充分发挥协同阻燃的作用。

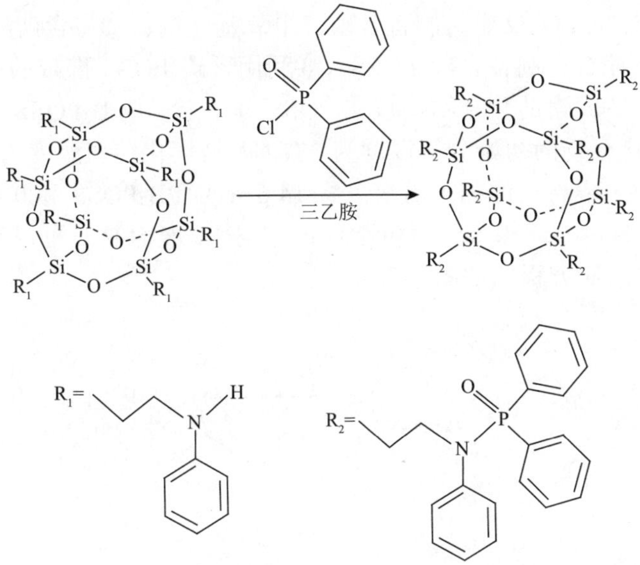

图 7-1　F-POSS 的合成路径

Liu 等[7]成功合成了具有完整笼状结构的八-{*N*, *N*-[双-(9,10-二氢-9-氧杂-10-磷杂菲-10-氧化物)甲基]氨基丙基}硅倍半氧烷(ODMAS)。合成路径如图 7-2 所示：将(3-氨基丙基)三乙氧基硅烷(APTES)、9,10-二氢-9-氧杂-10-磷杂菲-10-氧化物(DOPO)和聚甲醛(POM)混合，溶解在足量的三氯甲烷中后，旋转蒸发以获得白色固体粉末，然后在浓盐酸催化下发生 Kabachnik-Fields 反应，最终用冷甲醇沉淀，并用蒸馏水洗涤，得到产物，产率达到 90.4%。该聚合物的含磷量较高，占聚合物的 10.46%。

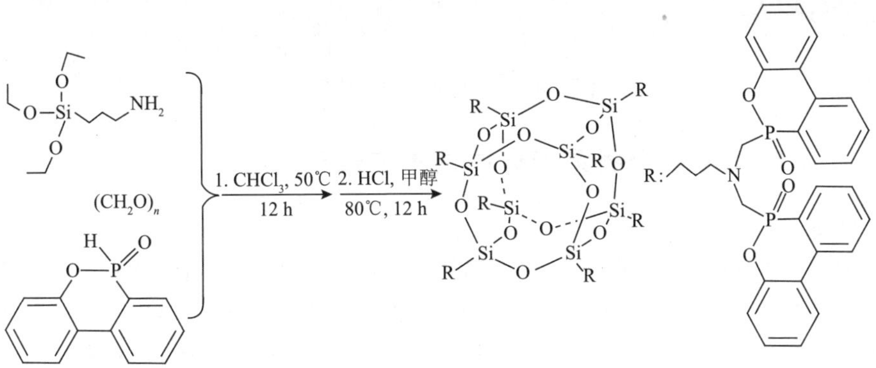

图 7-2　ODMAS 的合成路径

Wang 等[8]利用三步合成法成功制备了同时含有磷和硼两种元素的 POSS 结构化合物 PB-POSS。具体制备步骤为：①3-缩水甘油氧基丙基三甲氧基硅烷(KH560)与 DOPO 反应，制备含磷三甲氧基硅烷；②将含磷三甲氧基硅烷用酸催化水解缩合，制备含磷 POSS；③利用含磷 POSS 携带的—OH 与硼酸反应，将含有硼元素的化合物接枝在 POSS 分子上形成 B-POSS。该方法合成的 PB-POSS 化合物的初始分解温度为 277℃，玻璃化转变温度为 106.8℃，可以满足大多数工程材料的加工需求。将 14.6 wt% PB-POSS 和 0.4 wt%多壁碳纳米管(MWCNT)共同掺入环氧树脂(EP)中时[9]，复合材料可以获得 32.8%的 LOI 值。具体反应方程式如图 7-3 所示。

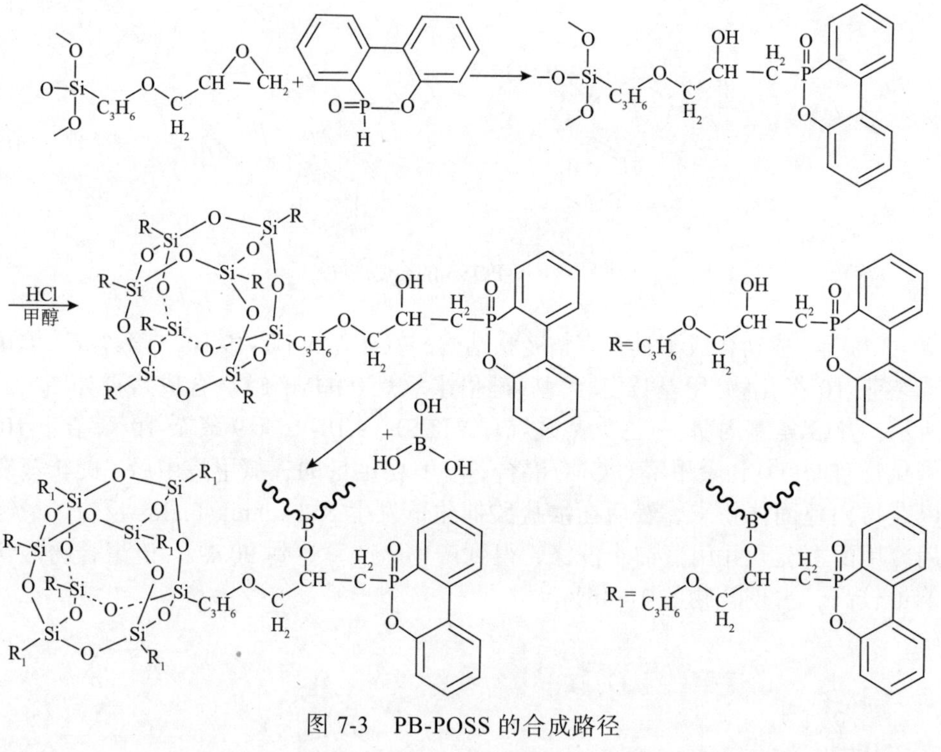

图 7-3　PB-POSS 的合成路径

7.1.2　不完整笼状含磷多面体硅倍半氧烷化合物

Ding 等[10]采用三硅醇苯基多面体硅倍半氧烷(TPOSS)和氯磷酸二苯酯反应生成了一种新型的含磷三硅醇多面体硅倍半氧烷(DPCP-TPOSS)，溶剂为四氢呋喃，反应温度为 70℃，最终用氢氧化钠中和反应溶液，得到白灰色固体产物。具体的合成途径如图 7-4 所示。该方法合成的 DPCP-TPOSS 在氮气气氛下的初始分解温度可以达到 467.5℃，而它在 700℃下的残炭率可以达到 74.1%，具有极高的稳定性，但产率仅为 56.3%左右。当在硫化硅橡胶中添加量为 9 wt%时，复合材料能在 23.5 s 内熄灭，燃烧损毁长度仅为 0.7 mm。

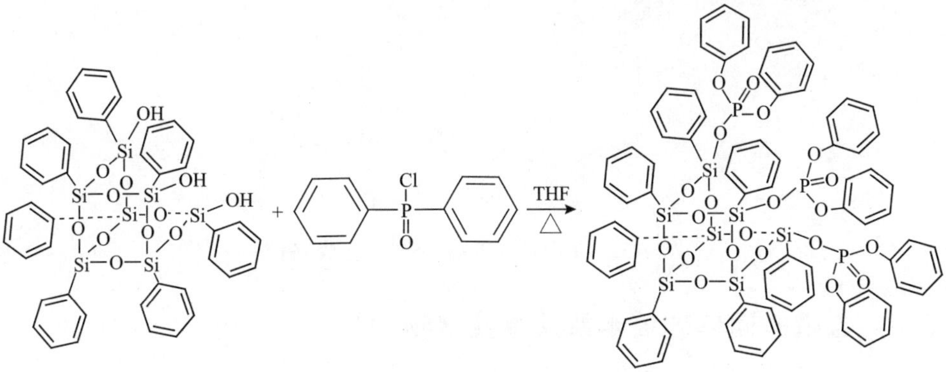

图 7-4　DPCP-TPOSS 的合成路径

7.1.3　含磷笼状+梯形多面体硅倍半氧烷化合物

Li 等[11]利用两步合成法实现了笼状+梯形含磷多面体硅倍半氧烷(CLEP-DOPO-POSS)的制备。其中第一步是利用 P—H 键与—CH═CH_2的加成反应，将 9,10-二氢-9-氧杂-10-磷杂菲-10-氧化物(DOPO)与乙烯基三甲氧基硅烷(VTMS)结合，制备了含磷硅烷偶联剂。第二步，将第一步得到的含磷硅烷偶联剂与 2-(3,4-环氧环己基)乙基三甲氧基硅烷(KH530)在醇类溶剂中水解缩合，最终得到了 CLEP-DOPO-POSS。合成路径如图 7-5 所示。综合两步合成过程最终产率可以达到 86.5%，且终产物初始分解温度可以达到 217.34℃，热稳定性良好。在环氧树脂中加入 2.91 wt%的 CLEP-DOPO-POSS，可以令复合材料的 LOI 达到 31.9%，并通过 UL-94 垂直燃烧 V-0 级。

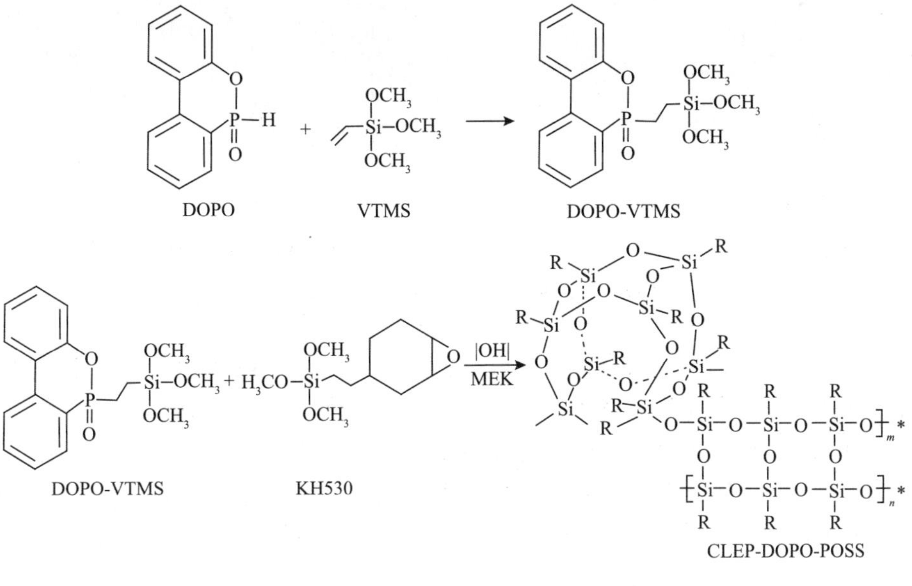

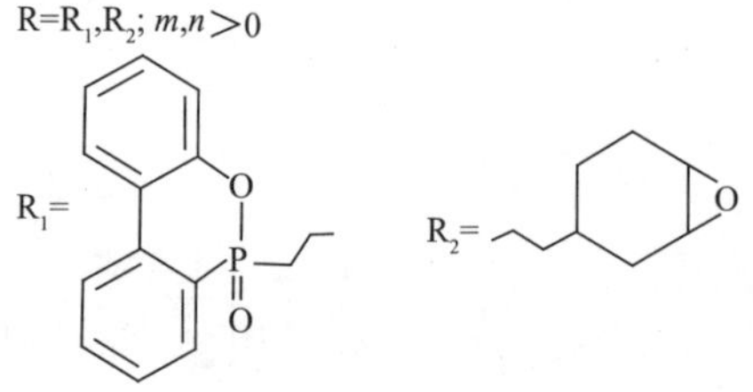

R=R_1,R_2; $m,n>0$

图 7-5　CLEP-DOPO-POSS 的合成路径

7.1.4　含磷多面体硅倍半氧烷基共聚物

含磷 POSS 基共聚物是一种利用已有的完整笼状或不完整笼状 POSS 上的反应基团，与其他单体反应进行扩链而最终形成的一种复杂的长链结构物质。

李远源[12]采取可逆加成-断裂链转移聚合反应(RAFT)，将甲基丙烯酸七异丁基多面体硅倍半氧烷(MA*i*BuPOSS)、二乙基-2-(甲基丙烯酰氧基乙基)磷酸酯(HEP)[13]和甲基丙烯酸羟乙酯(HEMA)在氩气气氛下混合成功制备了P(MA*i*BuPOSS-*co*-HEP-*co*-HEMA)三元无规共聚物，该三元无规共聚物可以通过控制三种反应物的投料比，调整最终产物中硅和磷的含量，制成不同分子量的共聚物。当在环氧树脂基体中添加 10 wt%的 P(MA*i*BuPOSS-*co*-HEP-*co*-HEMA)时，复合材料的 LOI 可达 29.5%。具体合成路径如图 7-6 所示，由于该反应过程需要保护气，同时还要用液氮冷冻并进行脱气处理，制备过程较复杂。

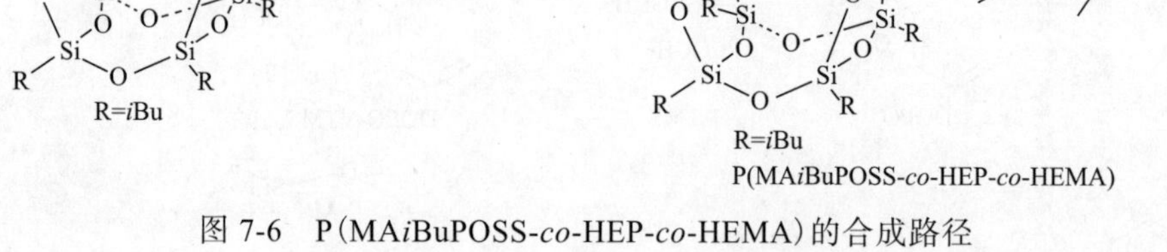

CDB, AIBN
65℃, 48 h

R=*i*Bu

R=*i*Bu
P(MA*i*BuPOSS-*co*-HEP-*co*-HEMA)

图 7-6　P(MA*i*BuPOSS-*co*-HEP-*co*-HEMA)的合成路径

Li 等[14]合成了一种新型的 POSS 基嵌段共聚物 P*bis*DOPOMA-POSSMA-GMA(PDPG)。具体合成路径如图 7-7 所示。具体步骤分为两步：①单体的合成；②单体的自由基聚合反应。通过两步合成法逐步将氮元素、磷元素结合在一起，并使其带有反应性基团，最终利用反应基团将各单体连接成为长链。其中单体包括甲基丙烯酸异丁基多面体硅倍半氧烷(MA*i*BuPOSS)、反应性甲基丙烯酸缩水甘油酯(GMA)和双-9,10-二氢-9-氧杂-10-磷杂菲-10-氧化物甲基丙烯酸酯(*bis*DOPOMA)。该嵌段共聚物还能通过一步接枝反应与氧化石墨烯结合，制成混合型阻燃剂“GO-MD-MP”。当在环氧树脂中掺入 4 wt%的 GO-MD-MP 时，复合材料的 LOI 值可以达到 31.1%，实现 UL-94 垂直燃烧 V-0 等级，同时复合材料还能维持一定的机械性能。

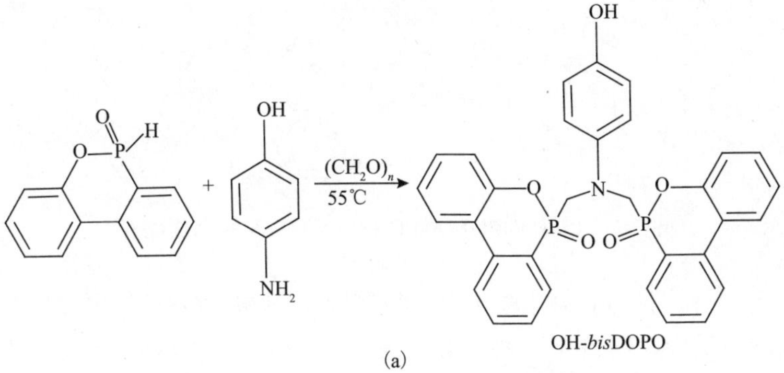

$(CH_2O)_n$, 55℃

OH-*bis*DOPO

(a)

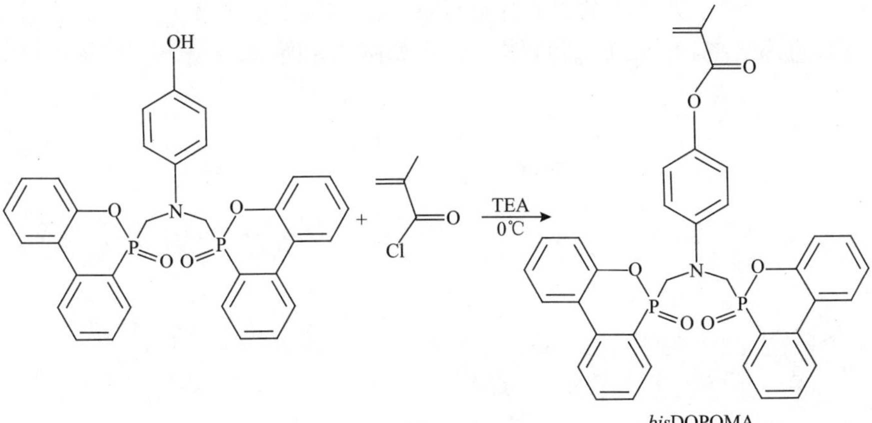

TEA, 0℃

*bis*DOPOMA

(b)

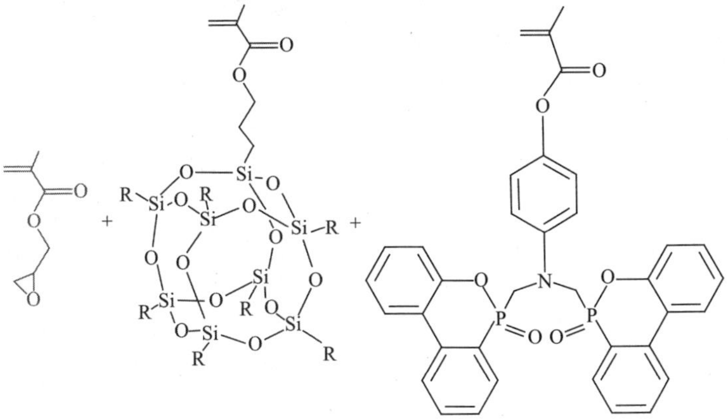

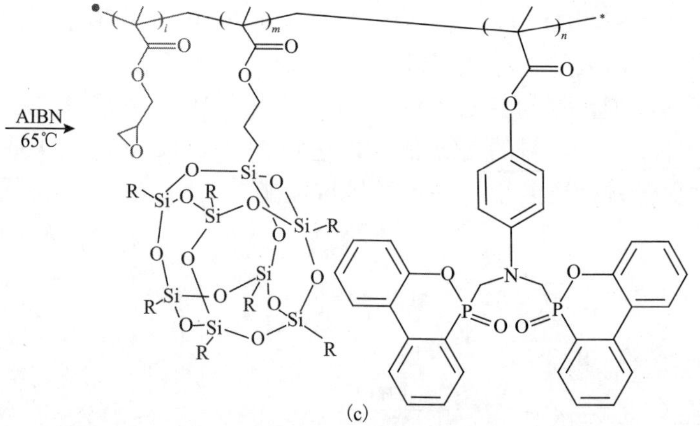

图 7-7　P*bis*DOPOMA-POSSMA-GMA 的合成路径

Park 等[15]利用顶角盖帽的方式，将苯基三硅醇 POSS 与聚[双(2,2,2-三氯乙氧基)磷腈]反应，制备了一种以磷元素相连接的双 POSS 化合物，即一种聚磷腈-POSS。该方法合成的聚磷腈-POSS 化合物的玻璃化转变温度不明显，800℃下的残炭率约为 20%。具体反应式如图 7-8 所示。

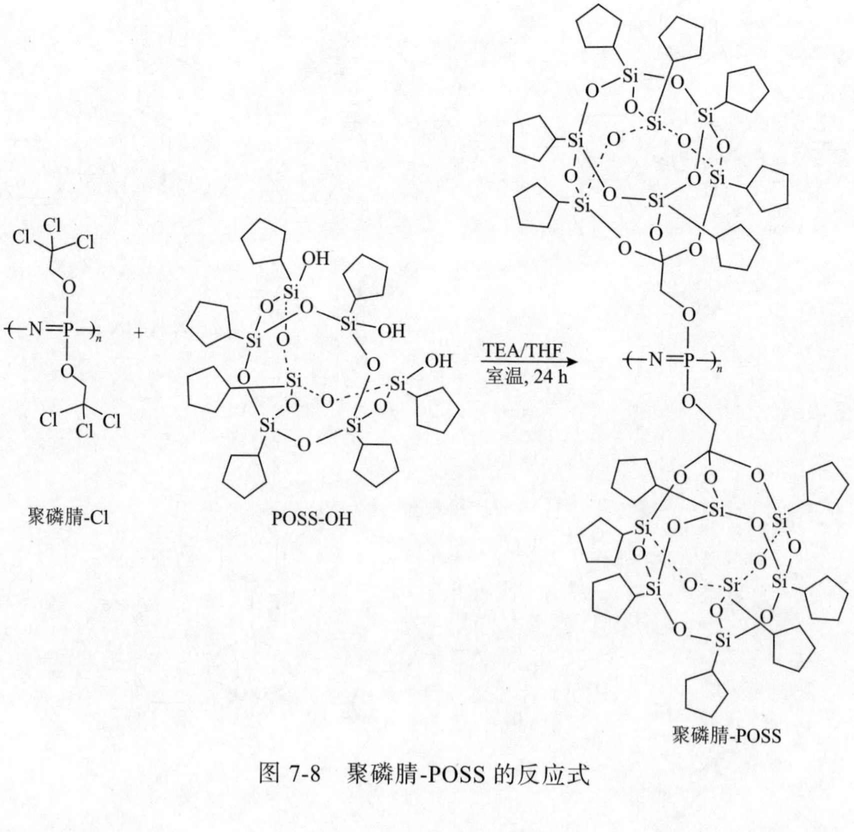

图 7-8　聚磷腈-POSS 的反应式

7.1.5　含磷多面体硅倍半氧烷基官能化氧化石墨烯

Tang 等[16]合成了一种含磷 POSS 官能化的氧化石墨烯(GO)，它是一种完整笼状含磷 POSS 接枝在氧化石墨烯上的高效阻燃剂。具体合成路径如图 7-9 所示。其合成过程主要包括三步：①利用 3-氨基丙基三乙氧基硅烷改性 GO(APTES-GO)，令石墨烯上带有—NH_2 活性基团，以备后续反应；②八(γ-氯丙基)多面体硅倍半氧烷改性 APTES-GO(POSS-GO)，即利用带有 8 个—Cl 结构的完整笼状 POSS 上的一个—Cl 与先前的—NH_2 基团发生取代反应，从而将 POSS 结构接枝在石墨烯上；③双(4-羟基苯基)苯基膦酸酯改性 POSS-GO(P-POSS-GO)，即利用含磷小分子进一步改性 POSS 结构，使剩余的 7 个—Cl 与含磷小分子上的—OH 发生取代反应，从而在氧化石墨烯上引入含磷结构，使其阻燃性大大提高。经过改性的含磷 POSS 官能化氧化石墨烯的热稳定性显著高于未处理的氧化石墨烯，在 700℃时残炭率可以达到 70%左右。将 0.6 wt%的 P-POSS-GO 与 Yu 等[17]合成的 4 wt%的 P-POSS 混合，可以令

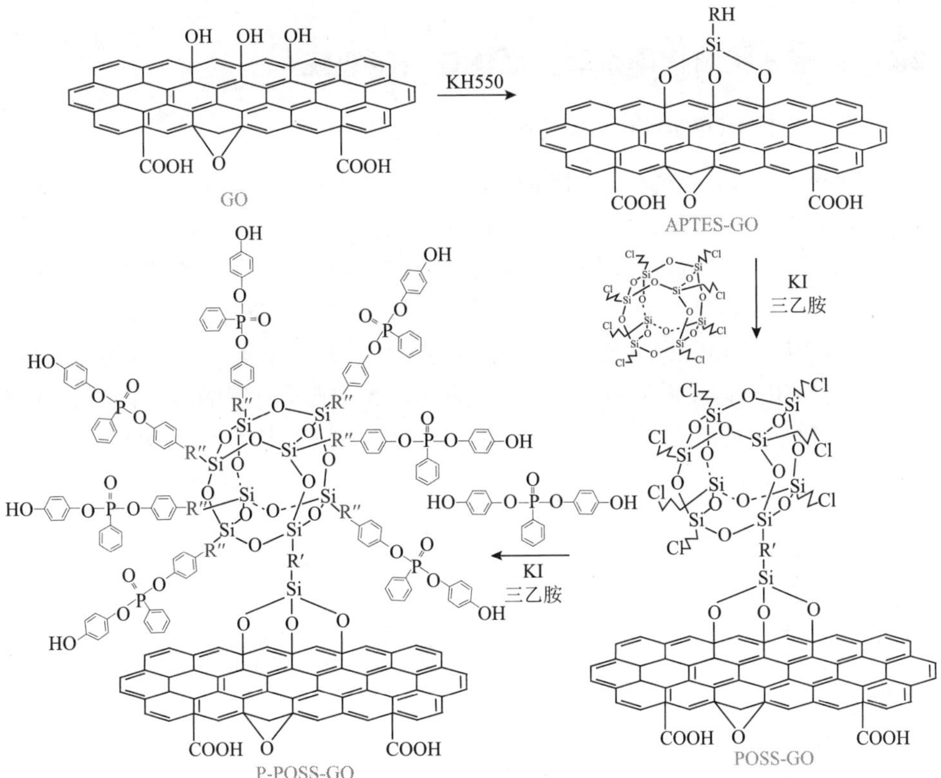

图 7-9　含磷 POSS 基官能化氧化石墨烯 P-POSS-GO 的形成过程

O,*O*′-二烯丙基双酚 A/4,4′-双马来酰亚胺二苯基甲烷树脂(DBMI)的 LOI 达到 39.4%，UL-94 垂直燃烧等级达到 V-0 级。

7.2　磷杂菲多面体硅倍半氧烷的合成、表征与物性分析

9,10-二氢-9-氧杂-10-磷杂菲-10-氧化物-聚硅倍半氧烷，简称 DOPO-POSS，是一种分子结构中含有有机磷基团的 POSS 化合物，目前 DOPO-POSS 的主要合成方法分为两种：①先加成后水解缩合，即先制备含 DOPO 的三烷氧基硅烷，再利用硅氧烷水解缩合，形成笼状结构的 P-POSS；②先水解缩合后加成，即先由含有反应基团的三烷氧基硅烷合成各顶角均含有反应基团的笼状结构，然后利用该反应基团与 DOPO 发生加成反应，从而将含 DOPO 基团接枝在笼状结构上。

7.2.1　完整笼状结构磷杂菲多面体硅倍半氧烷

1. 完整笼状 DOPO-POSS 合成方法

利用 9,10-二氢-9-氧杂-10-磷杂菲-10-氧化物(DOPO)的 P—H 键和八乙烯基硅倍半氧烷(OV-POSS)上的 8 个—CH═CH_2 反应，制备完美 T_8 笼状结构的 DOPO-POSS。具体制备过程如下：在装有搅拌装置、冷凝回流装置和氮气保护装置的 100 mL 三口烧瓶中，将 6.33 g(0.01 mol)的 OV-POSS 和 21.60 g(0.12 mol)的 DOPO 溶于 30 mL 的三氯甲烷。搅拌均匀后，加入 0.4 g(0.0024 mol)偶氮二异丁腈(AIBN)。缓慢升温至 65℃，反应 6 h。把反应后的溶液滴加到苯中进行沉淀，静置后，经过抽滤、洗涤、烘干，得到白色粉末状产物 DOPO-POSS。制备途径如图 7-10 所示。

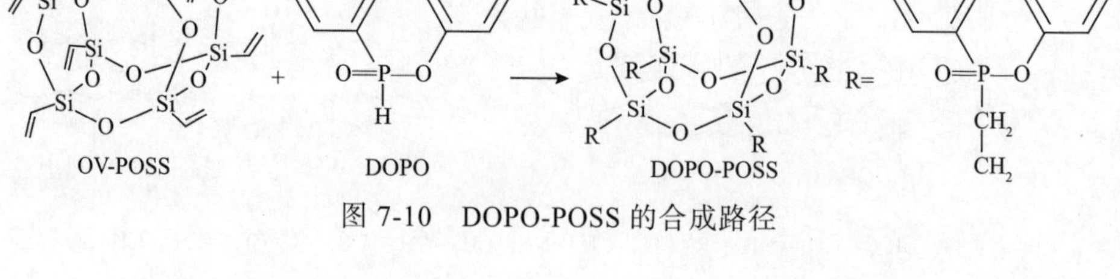

图 7-10　DOPO-POSS 的合成路径

2. 完整笼状 DOPO-POSS 结构表征

图 7-11 是 OV-POSS 与 DOPO-POSS 的红外光谱，可以发现加成反应后 DOPO-POSS 谱中 OV-POSS 上—CH═CH_2 基团在 1601 cm^{-1}、1407cm^{-1}、1274 cm^{-1} 处的振动峰完全消失。同时，DOPO-POSS 谱中出现了新的吸收峰，分别是 DOPO 基团中苯基在 1570～1606 cm^{-1}、1405～1448 cm^{-1} 处的振动吸收峰，P-联苯基团在 1477 cm^{-1} 处的振动吸收峰和 P═O 基团在 1207 cm^{-1} 处的振动吸收峰。Si—O—Si 基团的吸收峰由 OV-POSS 谱中的 1100 cm^{-1} 移到 DOPO-POSS 谱中的 1085 cm^{-1}。DOPO-POSS 的红外光谱分析结果表明，OV-POSS 与 DOPO 成功地发生了加成反应。

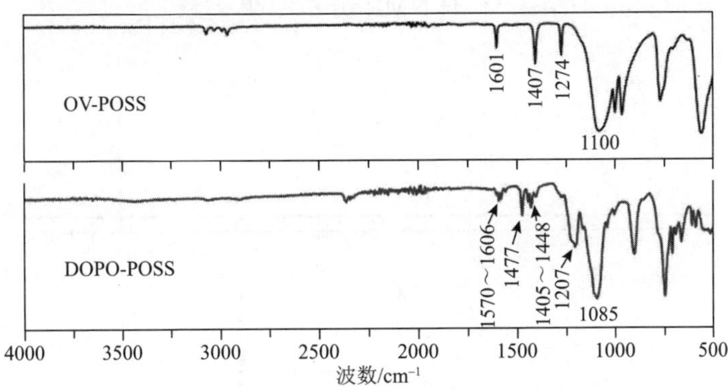

图 7-11　OV-POSS 和 DOPO-POSS 的 FTIR 谱

与 OV-POSS 的 ^{1}H NMR 谱(图 7-12)相比，DOPO-POSS 的 ^{1}H NMR 谱

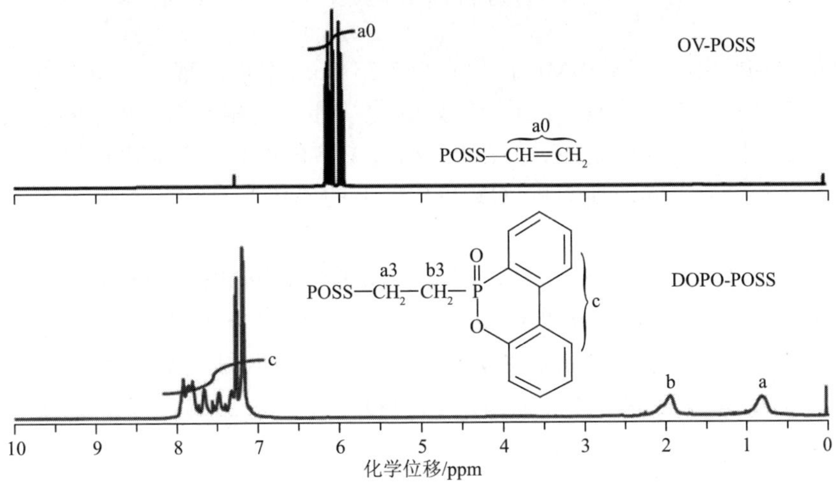

图 7-12　OV-POSS 和 DOPO-POSS 的 ^{1}H NMR 谱

0.86 ppm 和 2.10 ppm 附近出现了新的峰(峰 a 和 b)，分别对应 Si—CH_2 中的 H 和 P—CH_2 中的 H。此外，加成反应后，OV-POSS 中乙烯基在 5.80～6.25 ppm (峰 a0)范围内的峰完全消失，这意味着 OV-POSS 上所有的乙烯基已完全反应。

同时，DOPO-POSS 在 7.10～8.00 ppm 附近(峰 c)也出现了新的共振峰，对应于 DOPO-POSS 中苯环上的 H。^{1}H NMR 分析说明，OV-POSS 中的乙烯基已经全部与 DOPO 发生了反应。

^{29}Si NMR 分析：图 7-13 给出了 OV-POSS 和 DOPO-POSS 的 ^{29}Si NMR 谱。与 OV-POSS 的 ^{29}Si NMR 谱相比，加成反应后，OV-POSS 在−80.25 ppm 附近的峰完全消失，^{29}Si NMR 同样证明了加成反应后体系中的乙烯基已经全部与 DOPO 发生反应，这一结果与 ^{1}H NMR 分析结果一致。

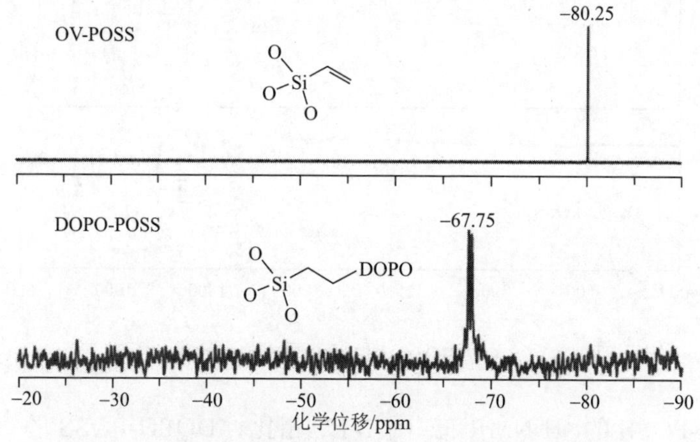

图 7-13　OV-POSS 和 DOPO-POSS 的 ^{29}Si NMR 谱

DOPO-POSS 的 ^{29}Si NMR 谱仅在−67.75 ppm 附近出现一个单一的尖峰，说明 DOPO-POSS 中所有 Si 原子所处的化学环境是相同的，即 DOPO-POSS 中只含有一种 Si。也就是说，加成反应后，OV-POSS 中的笼状骨架结构被完整地保留了下来，同时所有的 OV-POSS 上的乙烯基全部与含磷单体发生了反应。

MALDI-TOF MS 分析：图 7-14 给出了 DOPO-POSS 的 MALDI-TOF MS 谱。DOPO-POSS 的 MALDI-TOF MS 谱中只在 2383.7 处出现一个分子离子峰。这一数值与理论计算的 DOPO-POSS 被 Na^+离子化形成的分子离子 m/z 的值 2383.2 [+Na^+]基本一致。这表明，DOPO-POSS 的分子结构具有完整的 T_8 笼状结构。

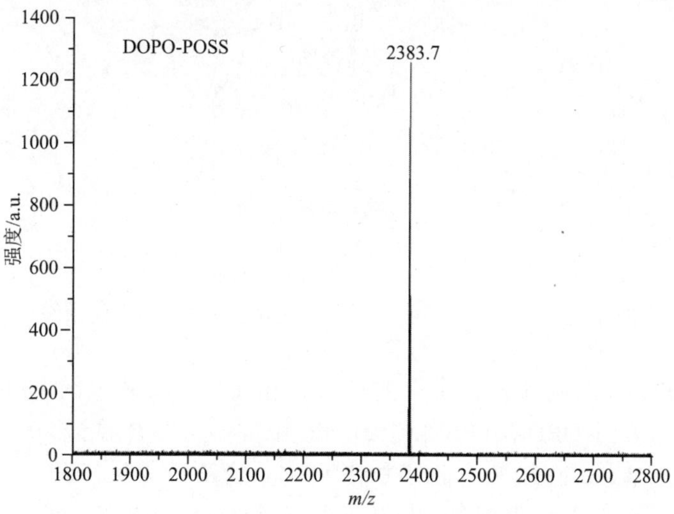

图 7-14　DOPO-POSS 的 MALDI-TOF MS 谱

综合 FTIR、^{1}H NMR、^{29}Si NMR 和 MALDI-TOF MS 的分析可知，DOPO-POSS 是由 OV-POSS 中的乙烯基全部与 DOPO 反应而得到的具有完整 T_8 笼状结构的化合物。

7.2.2　不完整笼状结构磷杂菲多面体硅倍半氧烷

1. 不完整笼状 DOPO-POSS 合成方法

如图 7-15 所示，不完整笼状结构 DOPO-POSS 是通过先合成含 DOPO 基团的三乙氧基硅烷(DOPO-VTES)，然后将该硅氧烷水解缩合制备得到的。

含 DOPO 基团的三乙氧基硅烷(DOPO-VTES)的制备：在带有搅拌装置的 100 mL 三口烧瓶中加入 10 g 乙烯基三乙氧基硅烷(VTES)和 10.8 g DOPO。搅拌均匀后加入 0.164 g 的偶氮二异丁腈(AIBN)。缓慢升温到 80℃并反应 10 h。最终得到浅黄色 DOPO-VTES 产品 19.6 g，产率为 97%。

AIBN 80℃

A　B

DOPO-VTES

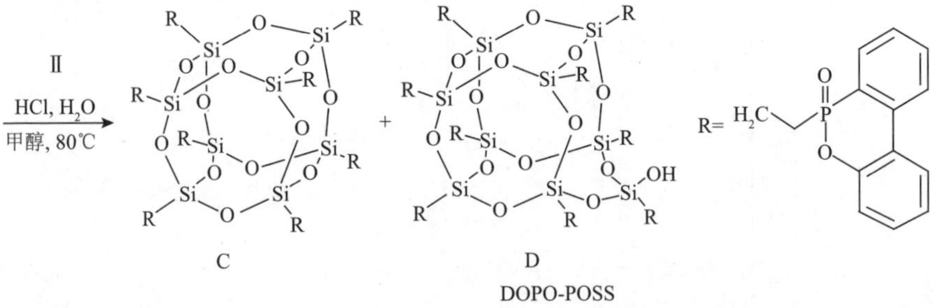

Ⅱ

HCl, H_2O

甲醇, 80℃

C　　D　　DOPO-POSS

图 7-15　完整/不完整笼状结构 DOPO-POSS 的合成途径

DOPO-POSS 的制备：在带有搅拌装置和回流冷凝装置的 100 mL 三口烧瓶中，将 10 g 的 DOPO-VTES 溶于 50 mL 甲醇中，并升温至 80℃。然后往体系中缓慢滴加 3 mL 的盐酸。此体系在 80℃反应 24 h。反应完成后，经过滤、洗涤、烘干等步骤可获得白色 DOPO-POSS 粉末 5.9 g，产率为 81%。

2. 不完整笼状 DOPO-POSS 结构表征

1) DOPO-VTES 的结构表征

如图 7-15 所示，DOPO-VTES 是通过 DOPO 与 VTES 之间的加成反应制得的。在 DOPO-VTES 的 ^1H NMR 谱(图 7-16)中可以观察到 0.74～0.88 ppm

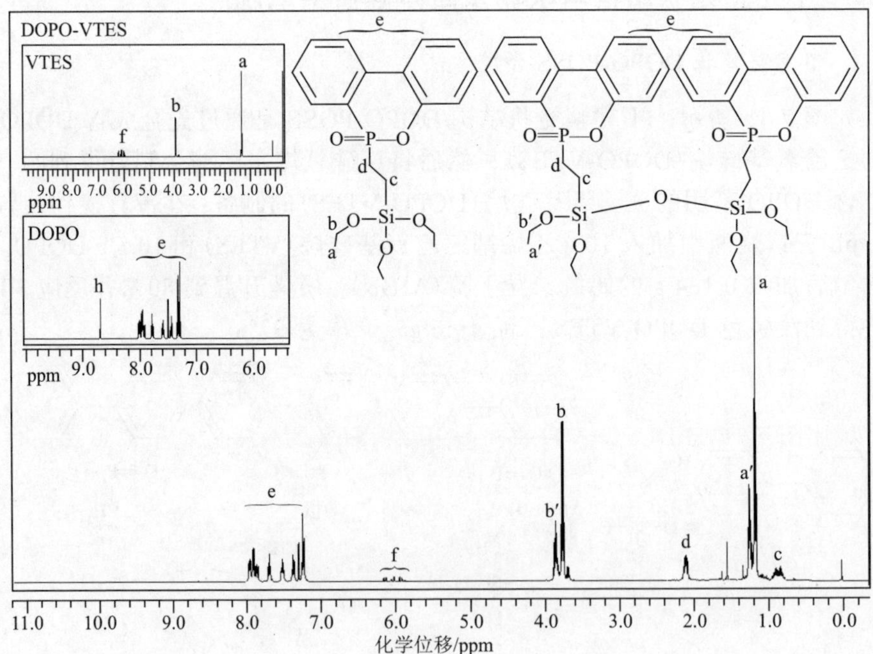

图 7-16　DOPO、VTES 和 DOPO-VTES 的 ^1H NMR 谱

(2H，Si—CH_2—)，1.07～1.25 ppm(9H，—CH_3)，2.05～2.11 ppm(2H，P—CH_2—)，3.65～3.88 ppm(6H，O—CH_2—)，7.00～7.88 ppm(10H，苯基)。在 DOPO-VTES 的红外光谱(图 7-17)上可以观察到 3037～3100 cm^{-1}(苯基)，2876～2988 cm^{-1}，1391 cm^{-1}，959 cm^{-1}(—CH_2—CH_3)，1477 cm^{-1}(P—苯基)，1207 cm^{-1}(P═O)，1069 cm^{-1}(Si—O)，909 cm^{-1}(P—O—苯基)。

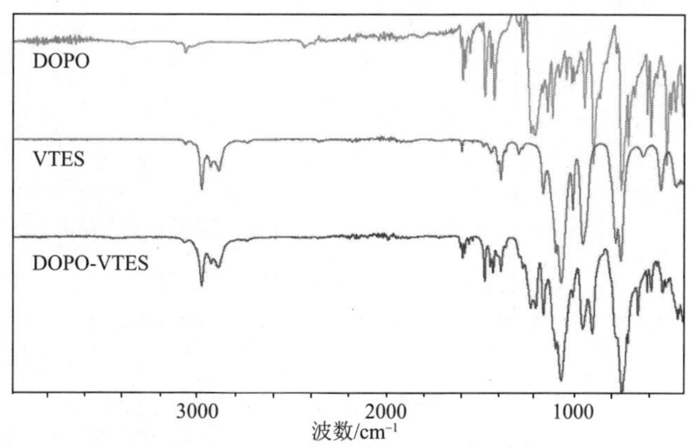

图 7-17　DOPO、VTES 和 DOPO-VTES 的 FTIR 谱

DOPO、VTES 和 DOPO-VTES 的 ^1H NMR 谱如图 7-16 所示。对比 DOPO-VTES 的 ^1H NMR 谱与 DOPO 和 VTES 的 ^1H NMR 谱，可以发现在 DOPO-VTES 的 ^1H NMR 谱中有两个新的信号峰。它们分别在 0.86 ppm 和 2.1 ppm 处(峰 c 和峰 d)。这两个新的信号峰分别是由 Si—CH_2 和 P—CH_2 基团中的亚甲基质子所产生的。另外，在 DOPO 的 ^1H NMR 谱中可以看到在 8.68 ppm 处有一个明显的 P—H 的信号峰。然而这一信号峰在 DOPO-VTES 的 ^1H NMR 谱中几乎完全消失了，这说明 DOPO 反应比较完全。同时，在 DOPO-VTES 的 ^1H NMR 谱中观察到少量未反应的乙烯基的信号峰(5.9～6.2 ppm)，这是由 VTES 少量过量造成的。在图 7-16 中还能观察到 VTES 的 ^1H NMR 谱中，属于乙氧基中亚甲基和甲基的 b 和 a 信号峰在 DOPO-VTES 的 ^1H NMR 谱中均列分成了两个峰，即峰 b 和 b′、峰 a 和 a′。这一现象是由 DOPO-VTES 的二聚体出现造成的。

对比图 7-17 中 DOPO、VTES 和 DOPO-VTES 的红外光谱可以发现，DOPO 在 2345 cm^{-1} 处有一个 P—H 的吸收峰，而在产物 DOPO-VTES 中，该峰已经消失。同时，在 DOPO-VTES 的红外光谱中出现了 P—O—C、P═O 及 P-phenyl 基团在 909 cm^{-1}、1206 cm^{-1} 及 1477 cm^{-1} 处的特征吸收峰。这些结果表明 DOPO 与 VTES 发生反应并生成了 DOPO-VTES。

MALDI-TOF MS 分析：DOPO-VTES 产物的质谱分析如图 7-18 所示。图 7-15 中的 A 和 B 分别是 DOPO-VTES 单体和 DOPO-VTES 二聚体。它们的理论分

子量分别是 406.1 和 738.2 (m/z)。而图 7-18 中的实际测试结果分别为 429.1$[A+Na]^+$、445.1$[A+K]^+$、761.3$[B+Na]^+$和 777.3$[B+K]^+$ (m/z)。此结果证明了产物 DOPO-VTES 的生成，同时也证明了产物中存在 DOPO-VTES 的二聚体。

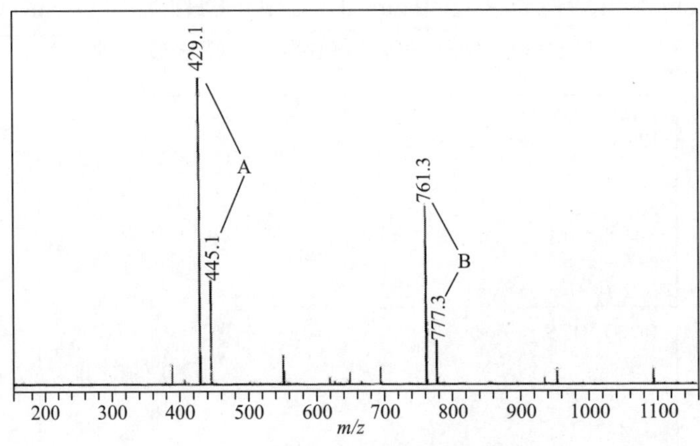

图 7-18　DOPO-VTES 产品的质谱分析

2) DOPO-POSS 的结构表征

如图 7-15 所示，DOPO-POSS 是通过 DOPO-VTES 的水解缩合反应制得的。在 DOPO-POSS 的 ^{1}H NMR 谱 (图 7-19) 中可以观察到 0.74～0.88 ppm (2H,

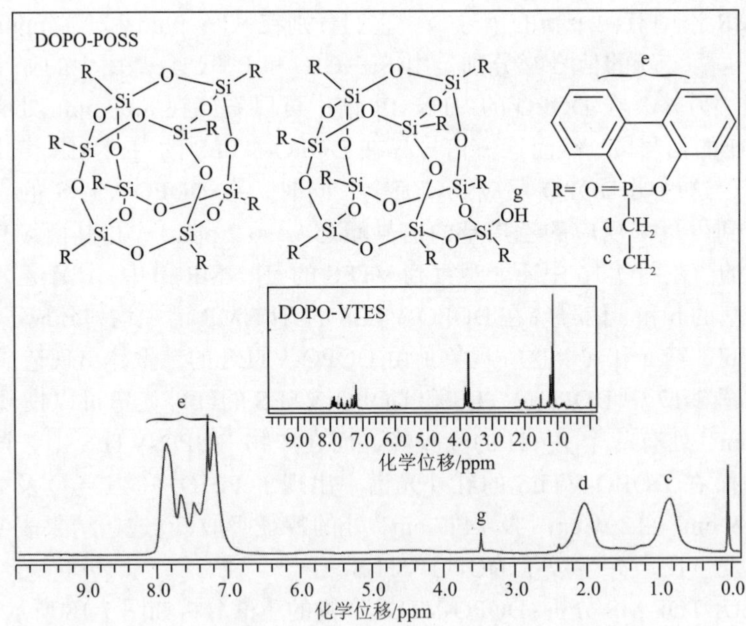

图 7-19　DOPO-VTES 和 DOPO-POSS 的 ^{1}H NMR 谱

Si—CH_2—)、1.90～2.10 ppm(2H, P—CH_2—)、3.46 ppm(^{1}H, Si—OH)、7.00～7.88(10H, 联苯基团 H)。在 DOPO-POSS 的红外光谱(图 7-20)中可以观察到 3200～3250 cm^{-1}(Si—OH)、3017～3080(联苯)、2863～2954 cm^{-1}(CH_2—CH_3)、1477 cm^{-1}(P—联苯)、1207 cm^{-1}(P═O)、1085 cm^{-1}(Si—O—Si)、909 cm^{-1}(P—O—联苯)。在 ^{29}Si NMR 谱(图 7-21)中观察到−59.4 ppm(Si—OH)、−67.9 ppm 和−69.7 ppm(完全缩合反应产生的 Si)。

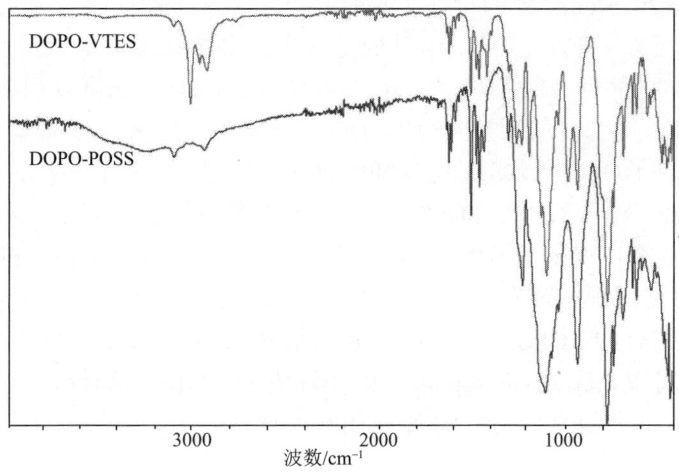

图 7-20　DOPO-VTES 和 DOPO-POSS 的红外光谱

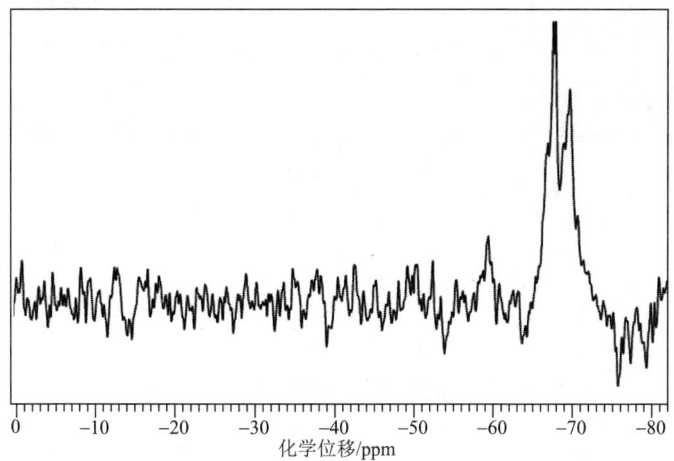

图 7-21　DOPO-POSS 的 ^{29}Si NMR 谱

图 7-19 为 DOPO-VTES 和 DOPO-POSS 的 ^{1}H NMR 谱。从图 7-19 可以发现，DOPO-VTES 中乙氧基(—O—CH_2—CH_3)中甲基和亚甲基在 1.2～1.26 ppm 和 3.83～3.88 ppm 处的信号峰在 DOPO-POSS 的 ^{1}H NMR 谱中完全消失了。

这一结果说明，DOPO-VTES 中的乙氧基发生了水解反应而消失。同时，可以在 DOPO-POSS 的 ^{1}H NMR 谱中观察到一个在 3.46 ppm 处的新的信号峰。该信号峰是未完全缩合的硅羟基(Si—OH)基团中的质子信号峰。此结果说明 DOPO-POSS 中含有未完全缩合的 Si—OH。

对比图 7-20 中 DOPO-VTES 和 DOPO-POSS 的红外光谱可以看出，DOPO-VTES 中乙氧基(—O—CH_2—CH_3)在 959 cm^{-1}、1391 cm^{-1}、2888 cm^{-1}、2925 cm^{-1} 和 2975 cm^{-1} 处的特征吸收峰完全消失。于此同时，DOPO-POSS 的红外光谱中可以看到在 1085 cm^{-1} 处有一个强烈的吸收峰，该峰为新形成的 Si—O—Si 结构的特征吸收峰。另外，在 3218 cm^{-1} 处，还可以观察到 Si—OH 的特征吸收峰。红外光谱结果表明，DOPO-VTES 完全发生了水解反应，并形成了目标产物 DOPO-POSS，但 DOPO-POSS 中包含未完全缩合的 Si—OH。

^{29}Si NMR 分析：DOPO-POSS 的 ^{29}Si NMR 谱如图 7-21 所示。从图 7-21 中，可以观察到 3 个主要的信号峰，它们分别是−59.4 ppm、−67.9 ppm 和−69.7 ppm。Si—OH 中的 Si 信号峰一般出现在−57～−61 ppm 区域之间。而 Si 在完全缩合或者不完全缩合的 POSS 分子中时，它的信号峰一般出现在−65～−80 ppm 区域间。因此，可以得出在−59.4 ppm 处的小峰为 Si—OH 的信号峰，而在 67.9 ppm 和−69.7 ppm 处的信号峰则分别属于 DOPO-POSS 产品中 T_8 和 T_9(OH)的笼状结构。

MALDI-TOF MS 分析：图 7-22 和表 7-1 为采用 MALDI-TOF MS 分析得到的 DOPO-POSS 产物的分子量。从表 7-1 中可以看出 DOPO-POSS 分子被 Na^+或 H^+离子化。而且在 DOPO-POSS 产物中包含两种 DOPO-VTES 的缩合产物，分别为 T_8 和 T_9(OH)。

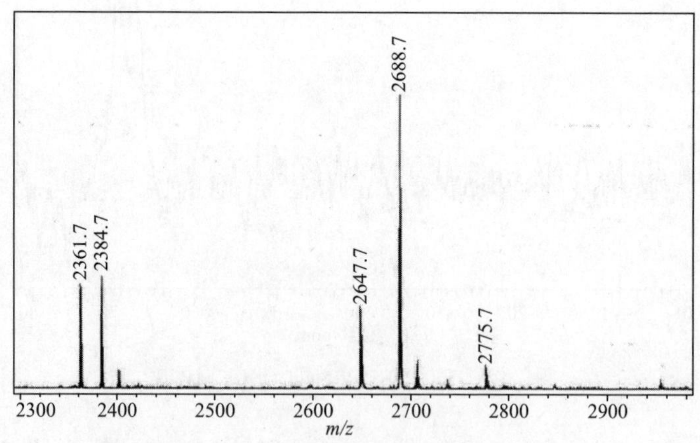

图 7-22　DOPO-POSS 产品的质谱分析

表 7-1　DOPO-POSS 产品的 MALDI-TOF MS 分子量

分子结构	理论值 m/z	实验值 m/z
T_8	2383.2 ($+Na^+$)	2384.7
T_8	2361.2 ($+Na^+$)	2361.7
T_9	2687.2 ($+Na^+$)	2688.7
T_9(OH)	2647.2 ($+H^+$)	2647.7

通过以上对 DOPO-POSS 产物的分析，可以确定 DOPO-VTES 完全发生了水解反应，并通过完全缩合和部分缩合反应形成结构分别为 T_8 和 T_9(OH)的 DOPO-POSS 混合物，密度分析结果显示 DOPO-POSS 的真密度为 1.41 g/cm^3。

3. 不完整笼状 DOPO-POSS 物性表征

DOPO-POSS 的非晶态表征：从图 7-23 可以看出，DOPO-POSS 在 XRD 谱中表现出两个宽峰，这一现象表明 DOPO-POSS 为非晶态物质。同时，在 DOPO-POSS 的 DSC 曲线(图 7-24)中可以看到 DOPO-POSS 有一个明显的玻璃化转变温度(T_g)。这一结果同样证明 DOPO-POSS 为一种非晶态物质。DOPO-POSS 出现玻璃化转变温度是因为它结构中巨大的支链基团在加热条件下发生运动。

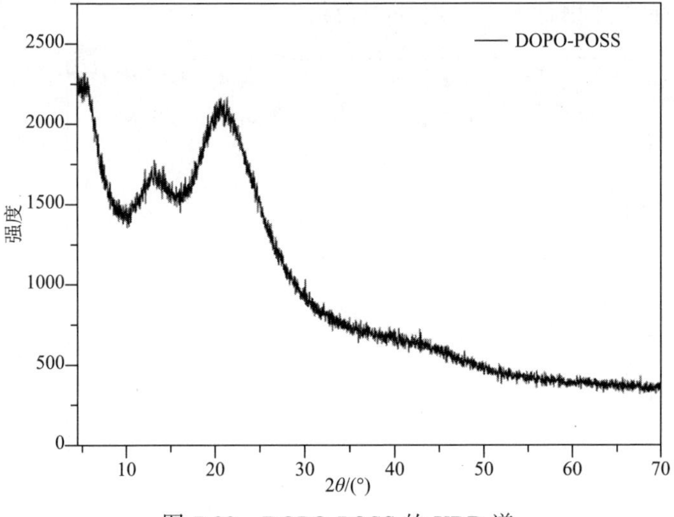

图 7-23　DOPO-POSS 的 XRD 谱

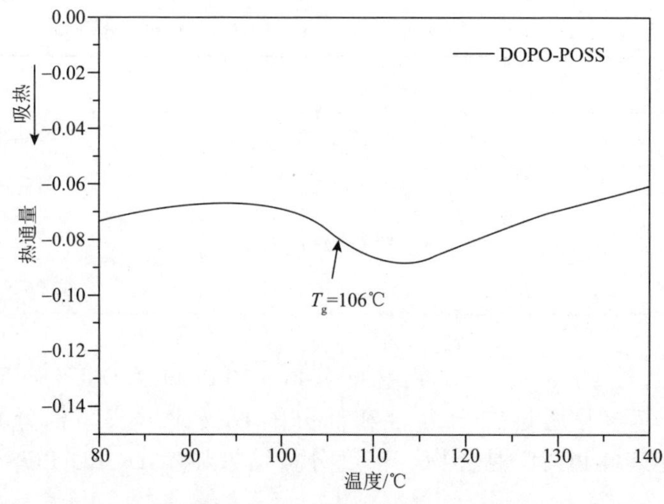

图 7-24　DOPO-POSS 的 DSC 曲线

DOPO-POSS 的热失重分析：DOPO-POSS 的 TG 和 DTG 曲线如图 7-25 所示。从图中可以看出 DOPO-POSS 失重 5%时的温度为 334℃。它最快失重速率所对应的温度为 479℃，在 800℃时有 41.4%的残炭率。从图 7-25 中可以看出，DOPO-POSS 在 250～400℃内失重非常缓慢，此时的失重可能是 DOPO-POSS 结构中存在不完全缩合的 Si—OH 造成的。当温度升高到 400～550℃时，DOPO-POSS 开始快速分解，此时分解主要是由 DOPO-POSS 上的有机基团分解造成的。从图中可以看出，DOPO-POSS 具有较高的热稳定性和成炭能力，在高聚物材料中具有应用价值。

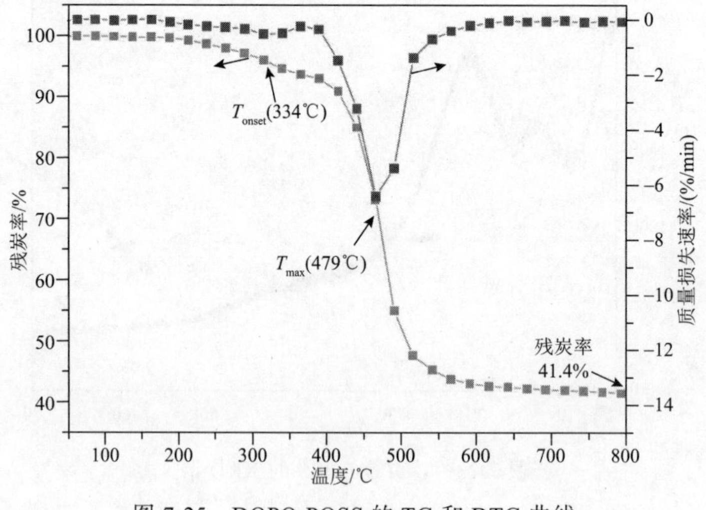

图 7-25　DOPO-POSS 的 TG 和 DTG 曲线

7.3　二苯基氧磷多面体硅倍半氧烷的合成、表征与物性分析

苯基氧磷多面体硅倍半氧烷，简称 DPOP-POSS，合成 DPOP-POSS 的方法分为两种：①先加成后水解缩合，即先制备含磷三烷氧基硅烷（即 DPOP-ETES），再利用硅氧烷水解缩合形成笼状结构的 P-POSS；②先水解缩合后加成，即先由含有反应基团的三烷氧基硅烷形成各顶角均含有反应基团的 POSS，然后利用该反应基团与 DPOP 发生加成反应，从而将 DPOP 接枝在 POSS 上。

7.3.1　完整笼状结构二苯基氧磷多面体硅倍半氧烷

1. 完整笼状 DPOP-POSS 合成方法

DPOP-POSS 的制备：在装有搅拌装置、冷凝回流装置和氮气保护装置的 250 mL 三口烧瓶中，将 6.33 g（0.01 mol）的八乙烯基硅倍半氧烷（OV-POSS）和 24.24 g（0.12 mol）二苯基氧膦（DPOP）溶于 100 mL 的三氯甲烷。搅拌均匀后，加入 0.4 g（0.0024 mol）偶氮二异丁腈（AIBN）。缓慢升温至 65℃，反应 15 h。把反应后的溶液滴加到苯中进行沉淀，静置后，经过抽滤、洗涤、烘干，得到白色粉末状产物 DPOP-POSS。制备途径如图 7-26 所示。

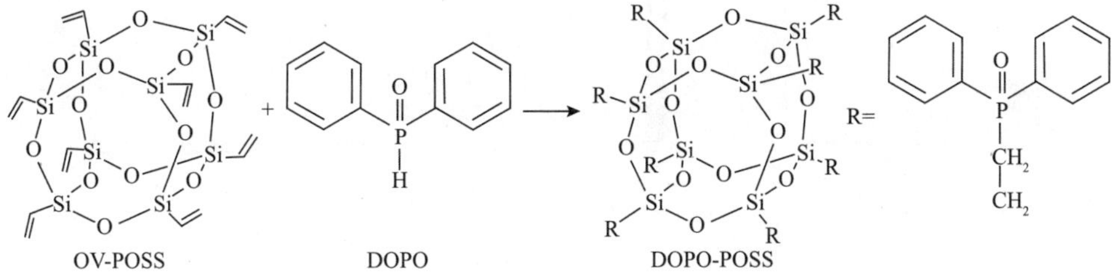

OV-POSS　　DOPO　　DOPO-POSS

图 7-26　DPOP-POSS 的合成途径

2. 完整笼状 DPOP-POSS 结构表征

图 7-27 给出了 OV-POSS 和 DPOP-POSS 的 FTIR 谱。比较图 7-27 中 OV-POSS 与 DPOP-POSS 的红外光谱可以发现，加成反应后，DPOP-POSS 谱中 OV-POSS 上—CH═CH_2 基团在 1601 cm^{-1}、1407 cm^{-1}、1274 cm^{-1} 处的吸收峰完全消失。在 1589 cm^{-1}、1483 cm^{-1} 处和 1436 cm^{-1}、1160 cm^{-1} 处出现了新的吸收峰，分别对应 DPOP 基团上苯环和 P-phenyl 的吸收峰。此外，Si—

O—Si 基团的吸收峰由 OV-POSS 谱中的 1100 cm^{-1} 移到 DPOP-POSS 谱中的 1081 cm^{-1}。DPOP-POSS 的红外光谱表明，OV-POSS 与 DPOP 成功地发生了加成反应。

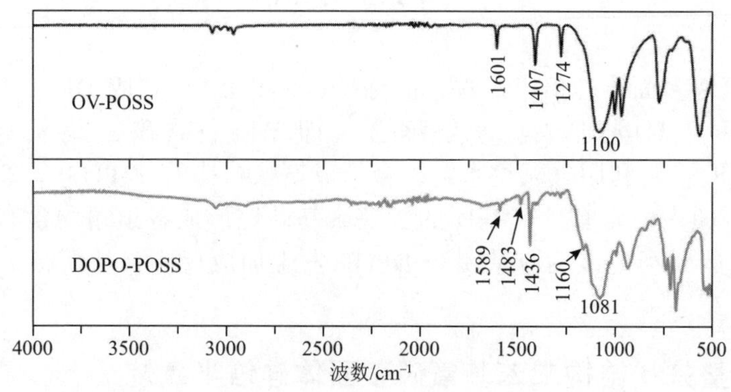

图 7-27　OV-POSS 和 DPOP-POSS 的 FTIR 谱

^{1}H NMR 分析：图 7-28 给出了 OV-POSS 和 DPOP-POSS 的 ^{1}H NMR 谱。与 OV-POSS 的 ^{1}H NMR 谱相比，DPOP-POSS 的 ^{1}H NMR 谱在 0.86 ppm 和 2.10 ppm 附近出现了新的峰（峰 a 和峰 b），分别对应 Si—CH_2 中的 H 和 P—CH_2 中的 H。此外，加成反应后，OV-POSS 中乙烯基在 5.80～6.25 ppm（峰 a0）范围内的峰完全消失，这意味着 OV-POSS 上所有的乙烯基已完全反应。

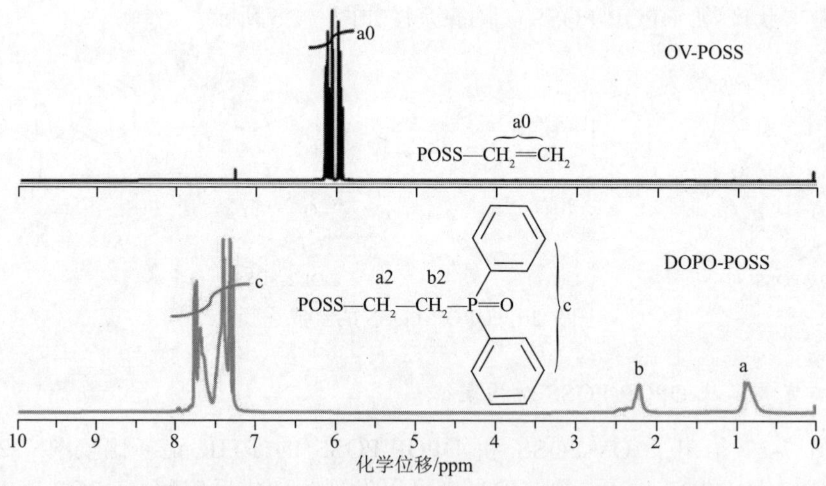

图 7-28　OV-POSS 和 DPOP-POSS 的 ^{1}H NMR 谱

同时，DPOP-POSS 在 7.25～7.80 ppm（峰 c）也出现了新的吸收峰，对应于 DPOP-POSS 中苯环上的氢。^{1}H NMR 分析说明，OV-POSS 中的乙烯基已经全部与 DPOP 发生了反应。

^{29}Si NMR 分析：图 7-29 给出了 OV-POSS 和 DPOP-POSS 的 ^{29}Si NMR 谱。与 OV-POSS 的 ^{29}Si NMR 谱相比，加成反应后，OV-POSS 在−80.25 ppm 附近的峰完全消失，这再次证明了加成反应后体系中的乙烯基已经全部与 DPOP 发生反应，这一结果与 ^{1}H NMR 分析结果一致。

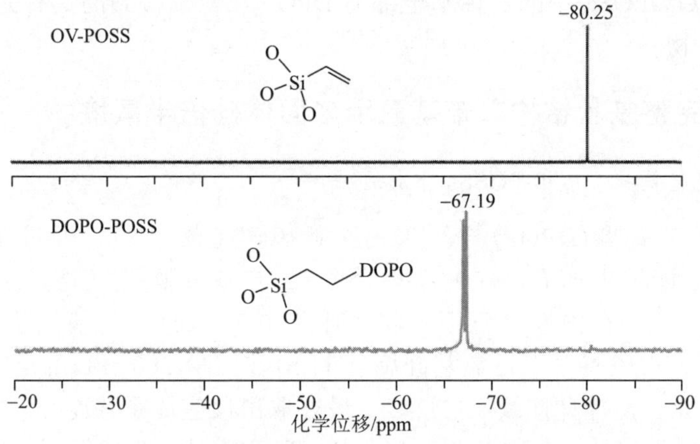

图 7-29　OV-POSS 和 DPOP-POSS 的 ^{29}Si NMR 谱

DPOP-POSS 的 ^{29}Si NMR 谱仅在−67.19 ppm 附近出现一个单一的尖峰，对应 DPOP-POSS 的 Si，说明 DPOP-POSS 中所有 Si 原子所处的化学环境是相同的。

由图 7-30 可以看出，实验测得的 DPOP-POSS 分子离子 *m*/*z* 为 2249.7、

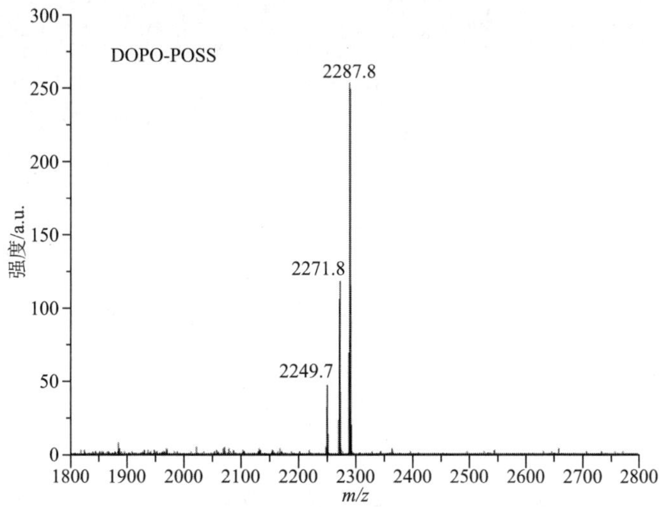

图 7-30　DPOP-POSS 的 MALDI-TOF MS 谱

2271.8 和 2287.8；理论计算得到的 DPOP-POSS 分子离子 m/z 为 2249.3[$+H^+$]、2271.3[$+Na^+$]和 2287.3[$+K^+$]。实验数据与理论数据基本一致，这表明 DPOP-POSS 的分子结构与图 7-26 给出的结构相同，即 DPOP-POSS 具有完整的 T_8 笼状结构。

综合 FTIR、^{1}H NMR、^{29}Si NMR 和 MALDI-TOF MS 的分析可知，DPOP-POSS 是由 OV-POSS 中的乙烯基全部与 DPOP 反应而得到的具有完整 T_8 笼状结构的化合物。

7.3.2 不完整笼状结构二苯基氧磷多面体硅倍半氧烷

1. 不完整笼状 DPOP-POSSs 合成方法

由二苯基氧膦(DPOP)与乙基三乙氧基硅烷(ETES)，通过 P—H 键与—CH═CH_2 能发生加成反应的原理合成(二苯基氧膦基)乙基三乙氧基硅烷(DPOP-ETES)。在惰性气氛下，将 101 g(0.5 mol)二苯基氧膦(DPOP)与 98 g(0.525 mol)乙烯基三乙氧基硅烷(VTES)在容量 500 mL 的反应容器中混合，80℃下充分搅拌并连续反应 24 h，最终取出反应体系并冷却至室温。随后沉淀出白色蜡状产物 DPOP-ETES(165 g，产率 83%)。具体反应途径如图 7-31 所示。

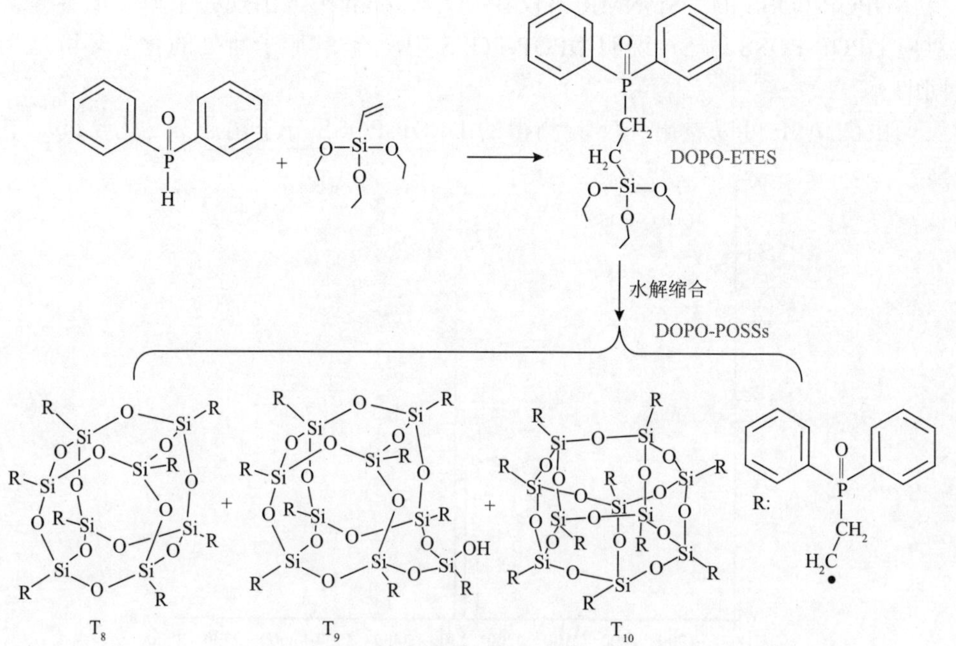

图 7-31　DPOP-ETES 与 DPOP-POSSs 的合成方法

DPOP-POSSs 的合成：如图 7-31 所示，采取水解缩合的方法合成 DPOP-POSSs。取第一步产物 DPOP-ETES 165 g，并在 600 mL 无水甲醇中充分溶解至均一透明，逐滴加入 9 mL 浓盐酸后继续搅拌，升温至 80℃，加入 9 mL 去离子水，得到澄清透明的反应体系，反应 24 h 后，将体系缓慢滴入 6000 mL 水中充分沉淀，抽滤、洗涤，并于 90℃下干燥，最终得到米黄色粉末 136 g(产率 92%)，即为 DPOP-POSSs。

2. 不完整笼状 DPOP-POSSs 结构表征

1) DPOP-ETES 的结构表征

FTIR 谱分析：对比图 7-32 中 DPOP、VTES 和 DPOP-ETES 的红外光谱可以发现，DPOP 在 2370 cm^{-1} 处有 P—H 特征峰，而在产物 DPOP-ETES 中，该峰已经消失。同时，VTES 在 1598 cm^{-1} 处属于—CH═CH_2 的特征峰在产物中也消失了。除此之外，还在产物中找到了苯基(3008～3062 cm^{-1})、—CH_2—CH_3(2890～2975 cm^{-1}，1391 cm^{-1}，960 cm^{-1})、P—苯基(1485 cm^{-1})和 Si—O(1069 cm^{-1})的特征峰。这些结果可以证明，DPOP 和 VTES 发生了加成反应，而产物保留了它们的基本结构。

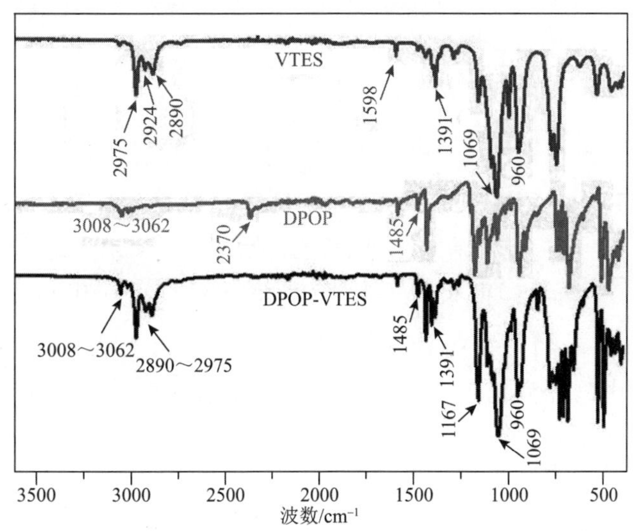

图 7-32　DPOP、VTES 和 DPOP-ETES 的红外光谱

NMR 分析：DPOP、VTES 和 DPOP-ETES 的 ^1H NMR 谱，如图 7-33 所示。在产物 DPOP-ETES 中，原本属于 DPOP 的 8.47 ppm(峰 e)的 P—H 信号峰和 VTES 的 5.90～6.20 ppm(峰 c)的乙烯基信号峰均已消失。此外，还产生了 2.30 ppm 和 0.85 ppm(峰 m 和峰 n)处两个新的信号峰，它们分别代表 P—CH_2 和 Si—CH_2 中亚甲基的 H 信号峰。DPOP 的 7～8 ppm 的苯基组峰(峰 f)在

DPOP-ETES 中得以保留。同时还发现，与 VTES 相比，DPOP-ETES 的 O—CH_2—(峰 b′)和—CH_3(峰 a′)信号峰稍向低场方向偏移，这也与该加成反应的预期结果相吻合。这些结果均证明 DPOP 和 VTES 已成功发生加成反应。

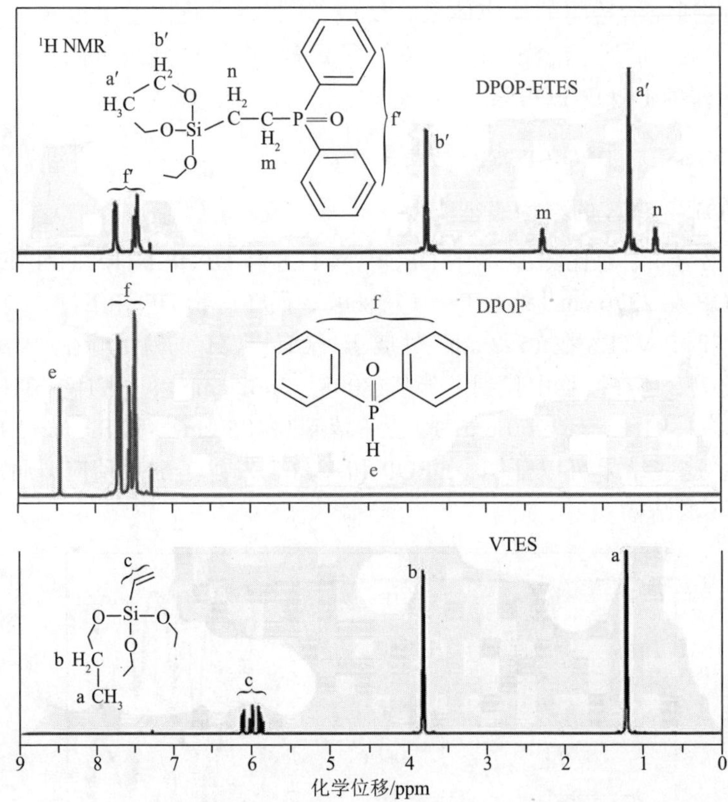

图 7-33 DPOP、VTES 和 DPOP-ETES 的 ^{1}H NMR 谱

对比图 7-34 中的 ^{29}Si NMR 谱可以看到，反应物 VTES 在 58.4 ppm 附近的硅峰在产物中已经完全消失，而由 46.9 ppm 和 47.0 ppm 附近的双峰代替，双峰的形成原因是硅与磷的耦合作用，这样的现象在类似文献中也有报道[18, 19]，上述结果证明了产物已成功生成。

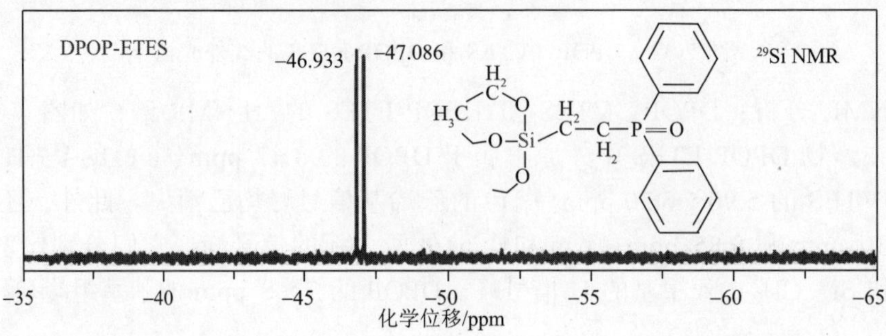

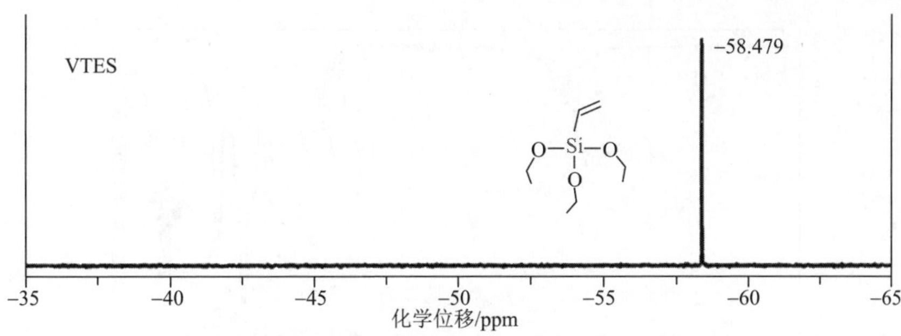

图 7-34　VTES 和 DPOP-ETES 的 NMR 谱

MALDI-TOF MS 谱分析：图 7-35 为 DPOP-ETES 的质谱。可以很清晰地看到，MALDI-TOF MS 图在 416.1 *m/z* 处有单一分子离子峰。由 DPOP-ETES 的分子结构可知，其理论分子量为 392.5 *m/z*，在被 Na^+离子化后的理论值为 415.5[$+Na^+$]，与测量值相接近。因此，可以判断目标产物 DPOP-ETES 已经生成。

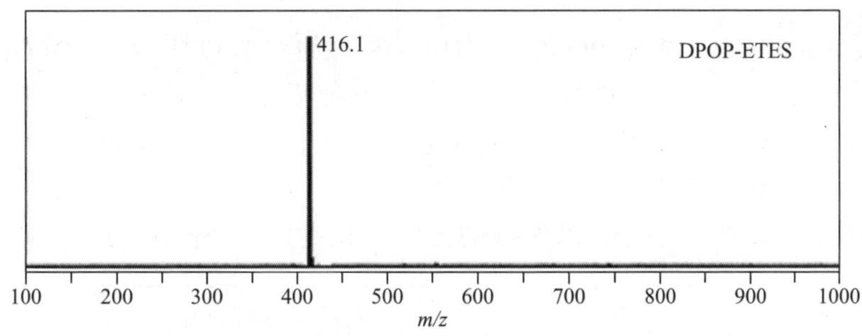

图 7-35　DPOP-ETES 的 MALDI-TOF MS 图

2）DPOP-POSSs 的结构表征

与 DPOP-ETES 的 FTIR 谱相比，DPOP-POSSs 中—O—CH_2—CH_3 基团在 960 cm^{-1}、1391 cm^{-1}、2890～2975 cm^{-1} 处的特征吸收峰已经完全消失（图 7-36），同时在笼状 POSS 结构的特征吸收峰位出现了以 1080 cm^{-1} 为中心的不对称 Si—O—Si 吸收峰[20]，该峰不是一个锐利的尖峰，这预示着产生的 POSS 结构并不是单一的。此外，还可以观察到在 3220～3500 cm^{-1} 处 Si—OH 形成的氢键的宽吸收峰，表明形成的产物中存在少量的未完全缩合的 Si—OH 的 POSS 结构。

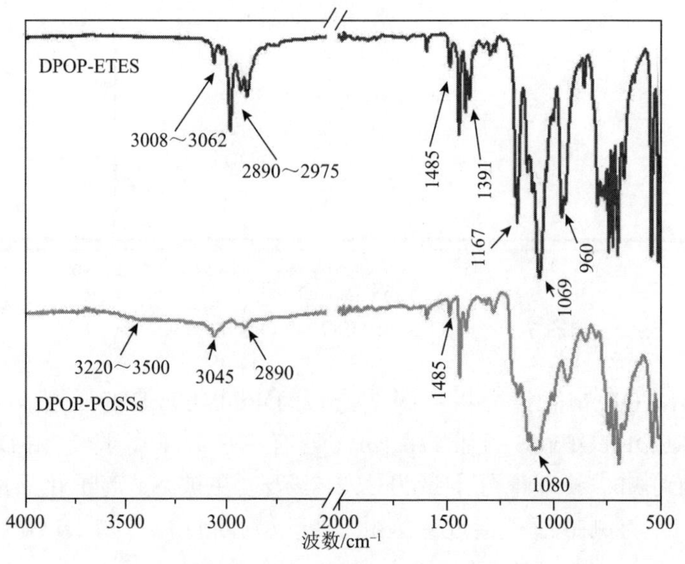

图 7-36　DPOP-POSSs 的红外光谱

DPOP-ETES 和 DPOP-POSSs 的 ^{1}H NMR 谱如图 7-37 所示。与 DPOP-ETES 相比，DPOP-POSSs 中 O—CH_2—CH_3 的甲基与亚甲基的 H 峰在 1.10～1.23 ppm 和 3.72～3.82 ppm（峰 a′和 b′）的信号峰已经消失，而 DPOP-ETES 的 ^{1}H NMR 谱中 Si—CH_2（峰 n）和 P—CH_2（峰 m）的亚甲基上的 H 峰位置也被两个宽峰（m′和 n′）所代替。此外，DPOP-POSSs 的谱中还观察到一个位于 1.55 ppm 处新尖

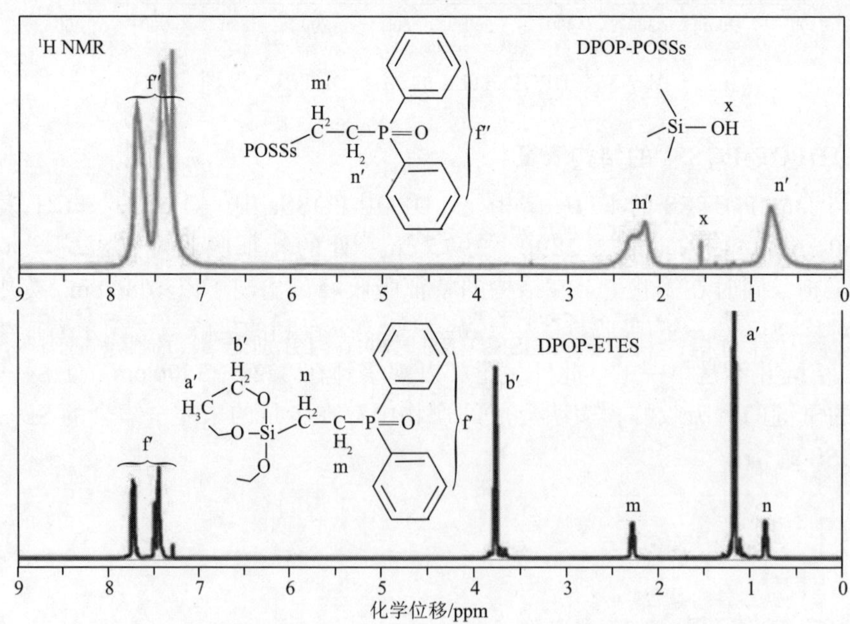

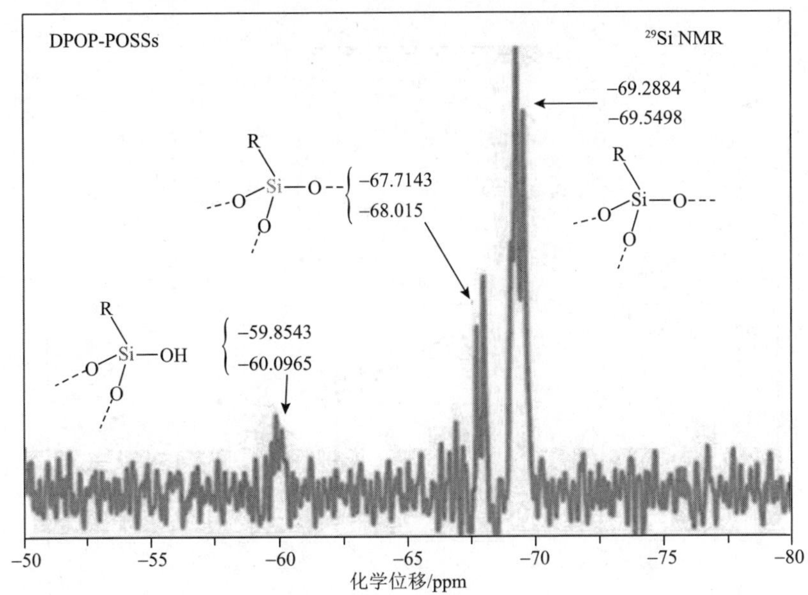

图 7-37　DPOP-ETES 和 DPOP-POSSs 的 ^{1}H NMR 和 ^{29}Si NMR 谱

峰(峰 x)的出现，该峰代表未完全缩合的 Si—OH 的特征共振峰。以上各个 H 峰的消失与形成均可以与 DPOP-ETES 和 DPOP-POSSs 的 FTIR 谱相对应。

DPOP-POSSs 的 ^{29}Si NMR 谱如图 7-37 所示。从图中可以看到，DPOP-POSSs 的硅谱呈现出三组峰，它们分别位于–60.0 ppm、–67.7 ppm 和–69.5 ppm 附近，这意味着它的结构中有三种化学环境的 Si 原子。其中在–60.0 ppm 附近的矮峰是由不完全缩合结构 R—Si$\leftarrow$O$\rightarrow_2$OH 中的 Si 形成的，–67.7 ppm 和 –69.5 ppm 附近的峰则是完全缩合的结构 R—Si$\leftarrow$O$\rightarrow_3$ 中的 Si 信号峰。这里双峰是由 Si 与 P 的耦合作用造成的，与前面 DPOP-ETES 的双硅峰形成原因相同。以上 ^{29}Si NMR 谱的结果可以与 FTIR 和 ^{1}H NMR 的结果分析形成很好的对应。

DPOP-POSSs 的 MALDI-TOF MS 谱如图 7-38 所示。很明显，DPOP-POSSs 中主要含有三种分子量的化学结构，分子量分别是在 2250.4、2539.5 和 2812.7 *m*/*z*。通过实际计算可得，当 DPOP-POSSs 中的三种结构分别是 T_8、T_9 和 T_{10}(图 7-38)时，它们的分子量分别为 2248.5、2538.5 和 2810.7 *m*/*z*，假设它们都被 H^+离子化，那么它们的计算理论值则分别为 2249.3 [T_8+H^+]、2539.1 [T_9+H^+]和 2811.7 [T_{10}+H^+] *m*/*z*，该值与实验值相近。因此，可以得出 DPOP-POSSs 是一种由三种结构构成的混合物，它们分别是 T_8、T_9 和 T_{10} 结构，其中 T_8 和 T_{10} 为完全缩合产物，T_9 中含有不完全缩合的 Si—OH。至此，MALDI-TOF MS 谱也与前面的 ^{1}H NMR、^{29}Si NMR 和 FTIR 谱结果相对应。

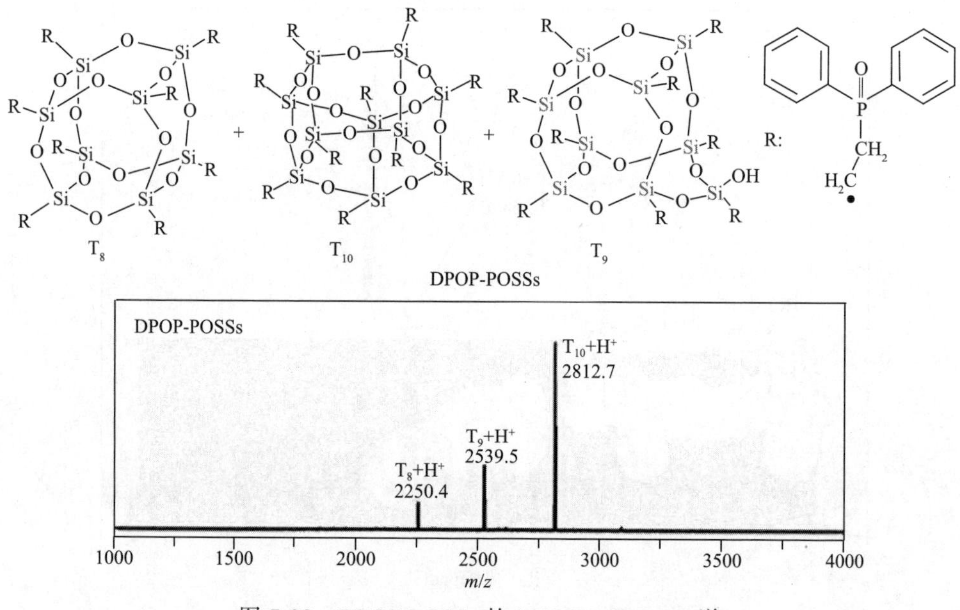

图 7-38　DPOP-POSSs 的 MALDI-TOF MS 谱

至此可以得出，DPOP-POSSs 已经通过 DPOP-ETES 的水解缩合成功制备，并且也证实了终产物结构中含有未完全缩合的 POSS 结构。

3. 不完整笼状 DPOP-POSSs 的物性分析

通过热失重分析仪(TG)和差示扫描量热仪(DSC)分析 DPOP-POSSs 的热性能和热稳定性。如图 7-39 所示，无论在空气中还是在氮气中，DPOP-POSSs

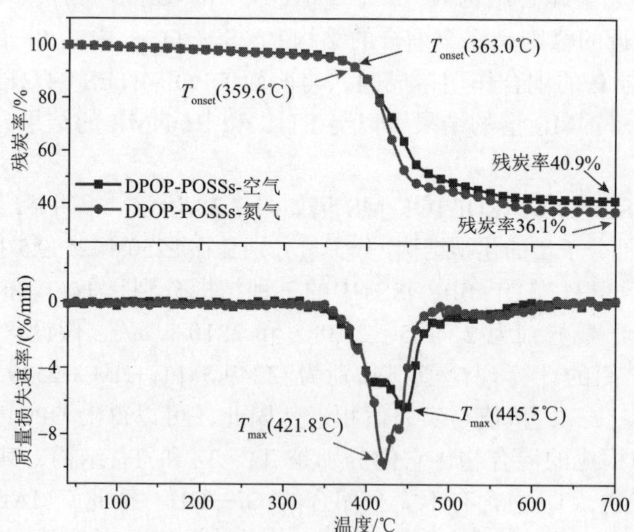

图 7-39　DPOP-POSSs 在空气和氮气气氛中的 TG 和 DTG 曲线

初始分解温度(T_{onset}：5%质量损失)都在 360℃左右。DPOP-POSSs 在 700℃时的残炭率可分别达到 40.9%和 36.1%。这些结果都说明 DPOP-POSSs 具有优异的热稳定性，能满足大多数工程塑料(包括聚碳酸酯)的加工温度要求。

图 7-40 表明，DPOP-POSSs 的玻璃化转变温度(T_g)为 99.0℃。它虽为三种结构的混合物，却具有一个相对固定的玻璃化转变温度，这也能从侧面证明 DPOP-POSSs 所包含的结构之间差别很小，热稳定性相近，与 MALDI-TOF MS 的结果相对应。

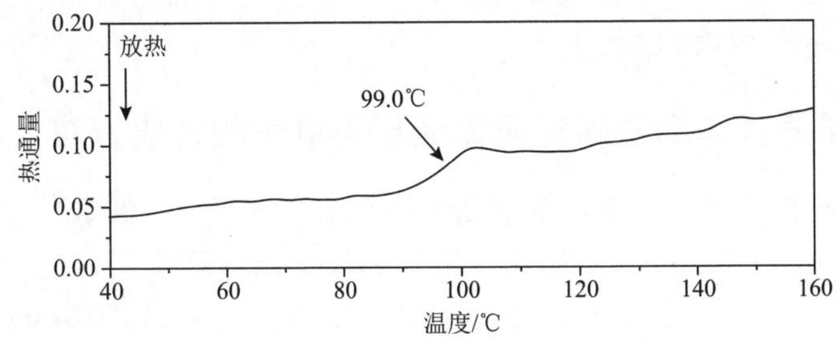

图 7-40　DPOP-POSSs 的玻璃化转变温度

采用 X 射线衍射(XRD)对 DPOP-POSSs 的结晶性质进行分析。如图 7-41 所示，DPOP-POSSs 在 XRD 谱中出现了两个宽峰，这一现象同样说明了它是非晶态物质。根据文献[21]报道，5.95°处的峰与 DPOP-POSSs 中笼状结构的笼的高度尺寸相对应，而 19.86°处的峰对应于笼的厚度，根据公式 $2d\sin\theta=n\lambda$，得到 DPOP-POSSs 的平均笼高和笼厚分别为 1.48 nm 和 0.45 nm，这也证明了 DPOP-POSSs 结构的规整度。

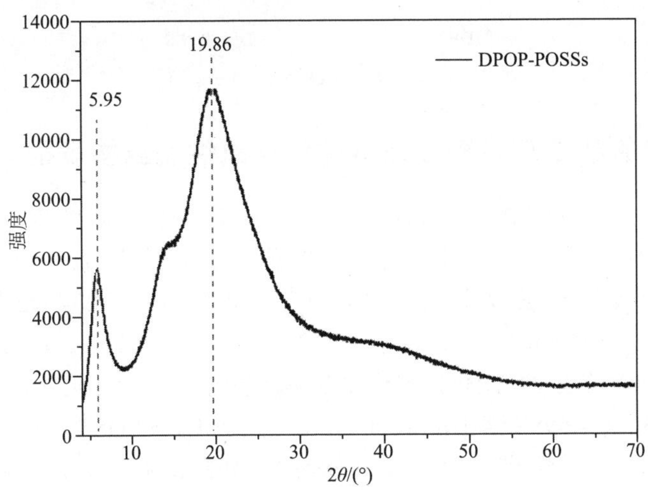

图 7-41　DPOP-POSSs 的 XRD 谱

7.4　二苯基磷多面体硅倍半氧烷的合成、表征与物性分析

二苯基膦(DPP)-多面体硅倍半氧烷(DPP-POSS)，合成方法为：先将含有乙烯基基团的三烷氧基硅烷水解缩合形成含有八个乙烯基的 T_8 笼状POSS(OV-POSS)，然后利用其乙烯基与 DOPO 发生加成反应，从而将 DPP 基团接枝在笼状 POSS 结构上。

7.4.1　完整笼状二苯基磷多面体硅倍半氧烷的合成方法

在装有搅拌装置、冷凝回流装置和氮气保护装置的 100 mL 三口烧瓶中，将 6.33 g(0.01 mol)的八乙烯基硅倍半氧烷(OV-POSS)和 22.32 g(0.12 mol)二苯基膦溶于 50 mL 的三氯甲烷。搅拌均匀后，加入 0.4 g(0.0024 mol)偶氮二异丁腈(AIBN)。缓慢升温至 60℃，反应 10 h。把反应后的溶液滴加到甲苯中进行沉淀，静置后，经过抽滤、洗涤、烘干，得到白色粉末状产物 DPP-POSS。制备途径如图 7-42 所示。

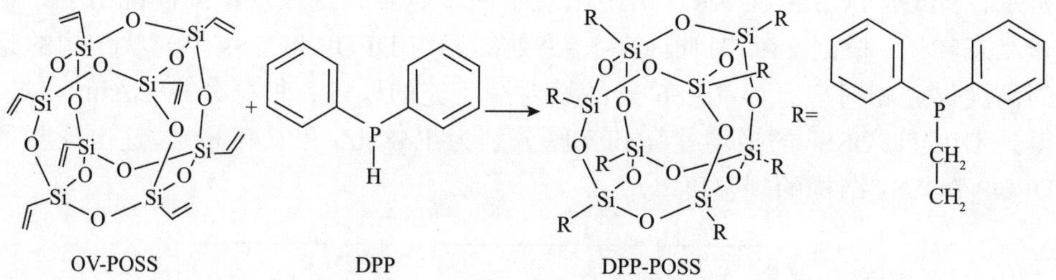

图 7-42　DPP-POSS 的合成途径

7.4.2　完整笼状二苯基磷多面体硅倍半氧烷的结构表征

图 7-43 给出了 OV-POSS 和 DPP-POSS 的 FTIR 谱。比较图 7-43 中 OV-POSS 与 DPP-POSS 的两条红外吸收谱可以发现，加成反应后，DPP-POSS 谱中 OV-POSS 上—CH═CH_2 基团在 1601 cm^{-1}、1407 cm^{-1}、1274 cm^{-1} 处的振动峰完全消失。在 1589 cm^{-1}、1481 cm^{-1} 处和 1432 cm^{-1}、1160 cm^{-1} 处出现了新的吸收峰，分别对应 DPP 基团上苯环和 P—苯基的吸收峰。此外，Si—O—Si 基团的吸收峰由 OV-POSS 谱中的 1100 cm^{-1} 变动到 DPP-POSS 谱中的 1091 cm^{-1}。DPP-POSS 的红外光图谱表明，OV-POSS 与 DPP 成功地发生了加成反应。

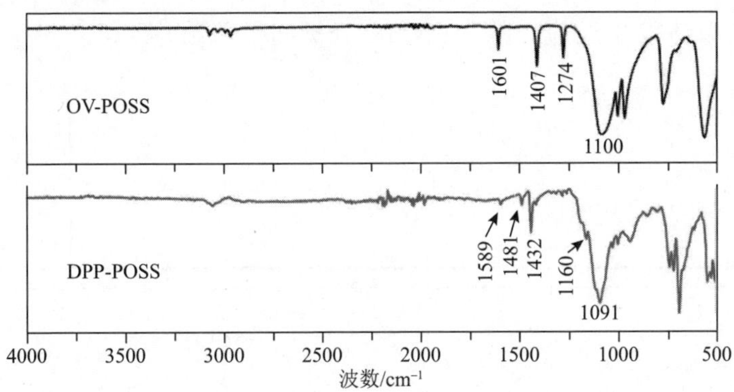

图 7-43　OV-POSS 和 DPP-POSS 的 FTIR 谱

图 7-44 给出了 OV-POSS 和 DPP-POSS 的 ^{1}H NMR 谱。与 OV-POSS 的 ^{1}H NMR 谱相比，DPP-POSS 的 ^{1}H NMR 谱在 0.86 ppm 和 2.10 ppm 附近均出现了新的峰(峰 a 和峰 b)，分别对应 Si—CH_2 中的 H 和 P—CH_2 中的 H。此外，加成反应后，OV-POSS 中乙烯基在 5.80～6.25 ppm(峰 a0)范围内的峰完全消失，这意味着 OV-POSS 上所有的乙烯基已完全反应。

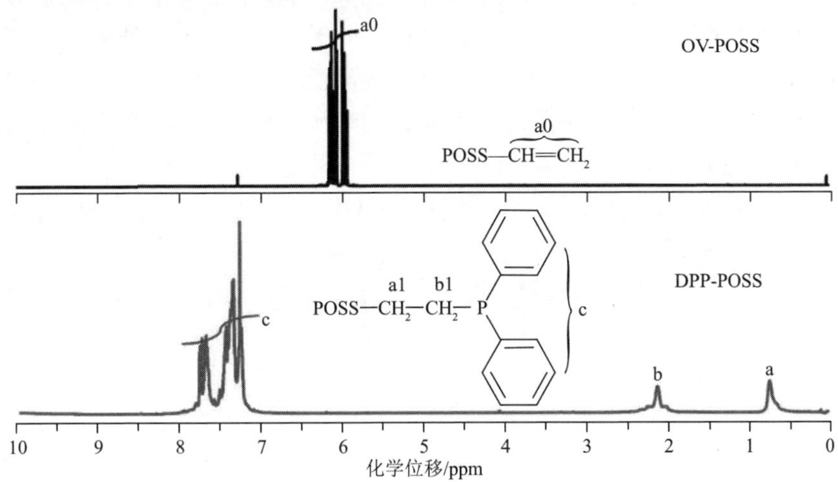

图 7-44　OV-POSS 和 DPP-POSS 的 ^{1}H NMR 谱

同时，DPP-POSS 在 7.25～7.80 ppm 也出现了新的吸收峰，对应于 DPP-POSS 中苯环上的氢。^{1}H NMR 分析说明，OV-POSS 中的乙烯基已经全部与 DPP 发生了反应。

^{29}Si NMR 分析：图 7-45 给出了 OV-POSS 和 DPP-POSS 的 ^{29}Si NMR 谱。与 OV-POSS 的 ^{29}Si NMR 谱相比，加成反应后，DPP-POSS 谱中，OV-POSS 在−80.25 ppm 附近的峰完全消失，这证明了加成反应后体系中的乙烯基已经

全部与含磷单体发生反应，与 ^{1}H NMR 分析结果一致。

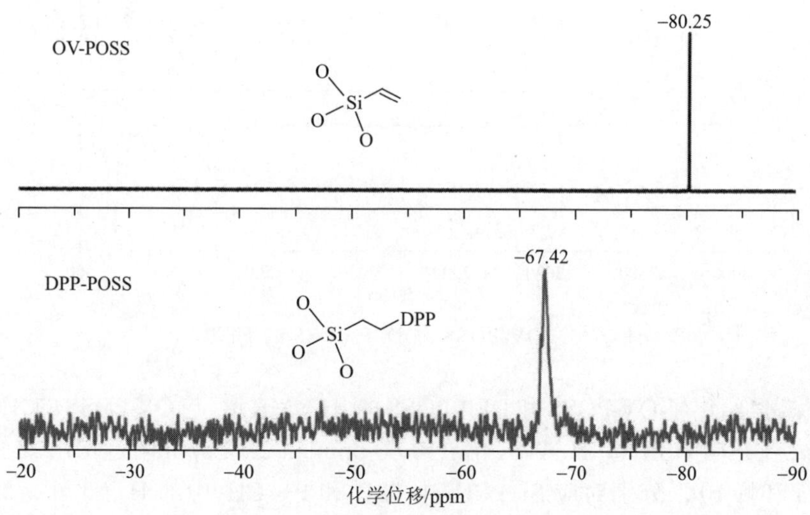

图 7-45　OV-POSS 和 DPP-POSS 的 ^{29}Si NMR 谱

DPP-POSS 的 ^{29}Si NMR 谱仅在−67.42 ppm 附近出现一个单一的宽峰，对应 DPP-POSS 中的 Si，同时说明 DPP-POSS 中所有 Si 原子所处的化学环境是相同的，即 DPP-POSS 中只含有一种 Si。也就是说，加成反应后，OV-POSS 中的笼状骨架结构被完整地保留了下来，同时所有的 OV-POSS 上的乙烯基全部与 DPP 发生了反应。

如图 7-46 所示，DPP-POSS 的 MALDI-TOF MS 谱中出现三个分子离子峰，

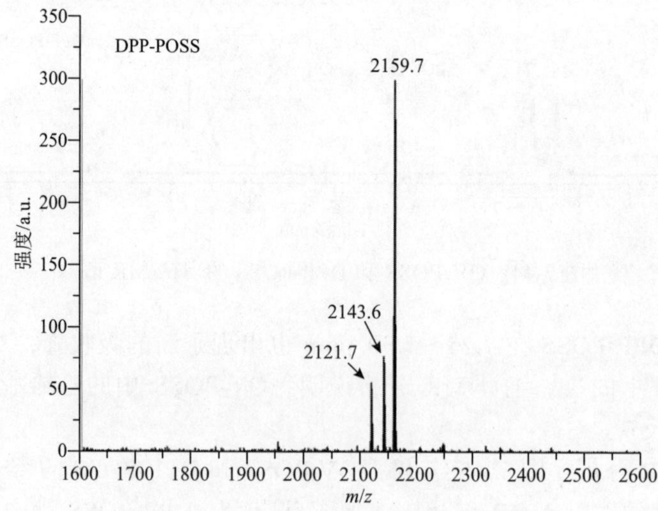

图 7-46　DPP-POSS 的 MALDI-TOF MS 谱

分别在 2121.7、2143.6、2159.7 处。DPP-POSS 精确分子量为 2120.4，因此，DPP-POSS 分子被 H^+、Na^+或 K^+离子化后理论计算的 *m*/*z* 值为 2121.4[$+H^+$]、2143.4[$+Na^+$]或 2159.4[$+K^+$]。理论值和实验测试结果基本一致，表明 DPP-POSS 的分子结构与图 7-42 给出的结构相同，即 DPP-POSS 具有完整的 T_8 笼状结构。

综合 FTIR、^{1}H NMR、^{29}Si NMR 和 MALDI-TOF MS 的分析，由 OV-POSS 的乙烯基全部与 DPP 反应，得到了具有完整 T_8 笼状结构的化合物。

7.5　含磷杂菲含乙烯基的硅倍半氧烷系列化合物的合成、表征与物性分析

含 DOPO、同时含乙烯基的 POSS 化合物，简称为 DVPOSS。DVPOSSs 系列化合物可以通过不同配比的含 DOPO 基团的三乙氧基硅烷(DOPO-VTES)和乙烯基三乙氧基硅烷(VTES)水解缩合得到。

DOPO-VTES 和 VTES 的比例不同，得到的 DVPOSSs 系列化合物中含磷基团和乙烯基基团的比例也不同。本节所提到的含磷基团和乙烯基基团不同比例的 DVPOSSs 系列化合物分别用 DVPOSSs、DVPOSSs-A、DVPOSSs-B 表示，它们结构中均含有—OH，属于不完整笼状 POSS 混合物，热稳定性高，能满足大多数高分子材料的加工温度。分子中含有的—OH 和—CH═CH_2 是典型的反应型基团，可以与多种化学基团反应，制成多样的 POSS 化合物。

7.5.1　含磷杂菲含乙烯基的硅倍半氧烷的合成方法

DVPOSSs 的制备：原料 9,10-二氢-9-氧杂-10-磷杂菲-10-氧化物-乙基三乙氧基硅烷(DOPO-VTES)与乙烯基三乙氧基硅烷(VTES)的摩尔比为 1∶1。具体制备过程如下：将 DOPO-VTES(0.3 mol，121.8 g)与 VTES(0.3 mol，57 g)混合后加入 1100 mL 乙醇中，充分搅拌。保持体系在室温下充分混合后，匀速滴加 4 mL 浓盐酸，体系持续搅拌 30 min。然后，将体系缓慢加热至 80℃，向其中滴加 20 mL 去离子水反应 24 h，获得均匀透明的反应体系。按照体积比 1∶9 将产生的反应液缓慢滴入不断搅拌的去离子水中沉淀，静置 3 h 后抽滤，然后再将得到的白色物质溶于足量的三氯甲烷中后，按照体积比 1∶5 将混合体系加入到正己烷中，充分沉淀后过滤、洗涤、干燥，得到产物 DVPOSSs(质量 98 g，产率 87.3%)。合成途径如图 7-47 所示。

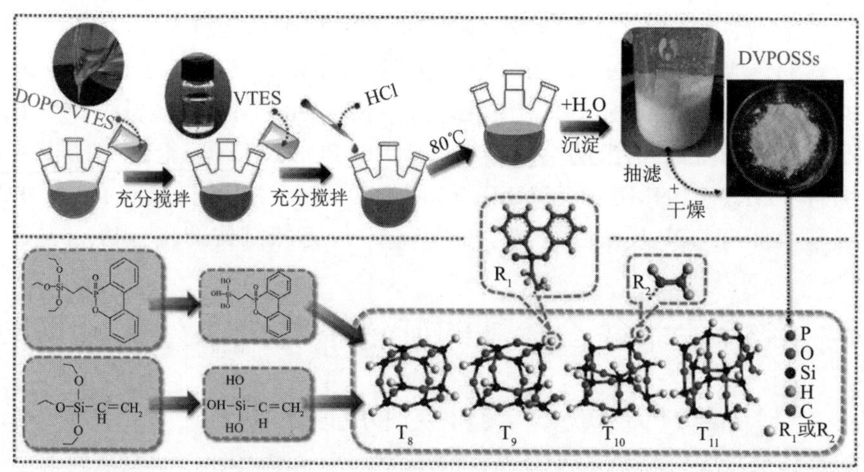

图 7-47　DVPOSSs 系列化合物的合成途径

DVPOSSs-A 的制备：原料 DOPO-VTES 和 VTES 的摩尔比为 7∶1.25。具体制备过程如下：将 DOPO-VTES（0.4 mol，162.4 g）与 VTES（0.071 mol，13.5 g）混合后加入 1400 mL 乙醇中，充分搅拌。保持体系在室温下充分混合后，匀速滴加 4 mL 浓盐酸，体系持续搅拌 30 min。然后，将体系缓慢加热至 80℃，滴加 20 mL 去离子水后反应 24 h，得到均匀透明的反应体系。按照体积比 1∶11 将产生的反应液缓慢滴入不断搅拌的去离子水中沉淀，静置 3 h 后抽滤，然后再将得到的白色物质充分溶解于三氯甲烷中，用足量正己烷沉淀、抽滤，最终在 90℃下烘干 10 h 后得到白色粉末，即 DVPOSSs-A（质量 106.0 g，产率 94.5%）。合成途径如图 7-47 所示。

DVPOSSs-B 的制备：原料 DOPO-VTES 和 VTES 的摩尔比为 1∶2.36。具体制备过程如下：将 DOPO-VTES（0.25 mol，101.5 g）与 VTES（0.59 mol，112.1 g）混合后加入 700 mL 乙醇中，充分搅拌。保持体系在室温下充分混合后，匀速滴加 4 mL 浓盐酸，体系持续搅拌 30 min。然后，将体系缓慢加热至 80℃，滴加 20 mL 去离子水并反应 24 h，得到均匀透明的反应体系。按照体积比 1∶6 将产生的反应液缓慢滴入不断搅拌的去离子水中沉淀，静置 2 h 后抽滤，然后再将得到的白色物质充分溶解于三氯甲烷中，按照体积比 1∶5 将混合体系加入到正己烷中，充分沉淀后过滤、洗涤、干燥，得到产物 DVPOSSs-B（质量 96.3 g，产率 49.7%）。合成途径如图 7-47 所示。

7.5.2　含磷杂菲含乙烯基的硅倍半氧烷系列化合物的结构表征

1. FTIR 表征

从图 7-48 可以看出，当原料 VTES 和 DOPO-VTES 的比例不同时，产物的红外光谱相似，但也存在一些明显的差异。

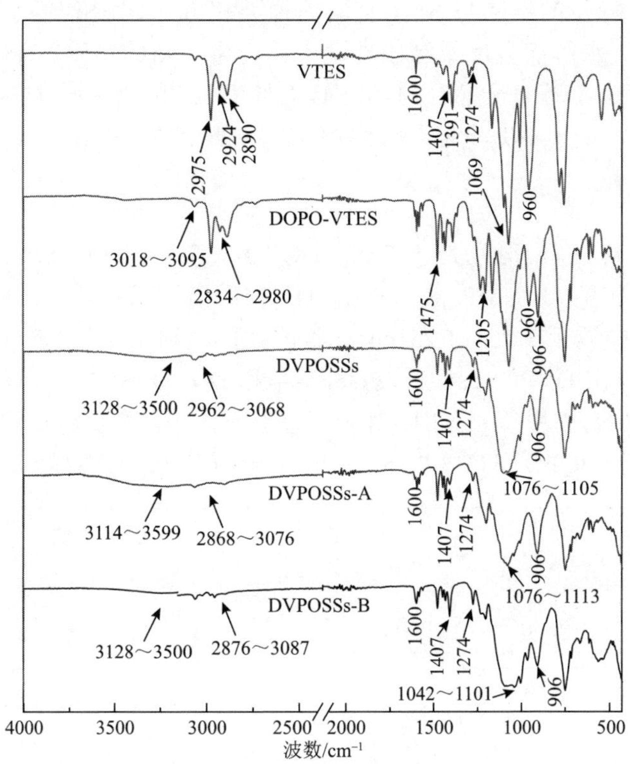

图 7-48　VTES、DOPO-VTES 及三种 DVPOSS 化合物的红外光谱

相同点：以 DVPOSSs 为例，VTES 和 DOPO-VTES 在 960 cm^{-1}、1391 cm^{-1}、2834～2980 cm^{-1} 和 3018～3095 cm^{-1} 处的特征峰在产物 DVPOSSs 中已经消失，即—O—CH_2—CH_3 基团的特征吸收峰消失。而 VTES 中 1274 cm^{-1}、1407 cm^{-1}、1600 cm^{-1} 和 2962～3068 cm^{-1} 的特征峰在产物 DVPOSSs 中得以保留，这说明—CH═CH_2 成功地保留在产物中。同时 DOPO-VTES 中位于 1475 cm^{-1}、1205 cm^{-1}、906 cm^{-1} 和 3018～3095 cm^{-1} 的特征峰也出现在 DVPOSSs 中，它们分别隶属于 P—联苯、P═O、P—O—联苯和苯基基团。类似的现象也出现在 DVPOSSs-A 和 DVPOSSs-B 中。

不同点：对 DVPOSSs、DVPOSSs-A 和 DVPOSSs-B 的特征峰峰强做进一步的比较后发现，位于 1407 cm^{-1} 的—CH═CH_2 的峰强存在明显强弱对比关系，即 DVPOSSs-A＜DVPOSSs＜DVPOSSs-B，而位于 906 cm^{-1} 处 P—O—联苯的特征峰也有明显的强弱之分，即 DVPOSSs-B＜DVPOSSs＜DVPOSSs-A，这与反应时对反应物基团的配比控制情况基本一致。除此之外，从图 7-48 中还观察到 DVPOSSs、DVPOSSs-A 和 DVPOSSs-B 分别在 1076～1105 cm^{-1}、

1076～1113 cm^{-1} 和 1042～1101 cm^{-1} 处产生了新峰，这是产物中 Si—O—Si 的特征吸收峰，峰位的不同与 Si 上基团的种类和 Si—O—Si 笼的大小有关。因此，可以得出，水解缩合反应已成功发生并产生了新的物质。3114～3599 cm^{-1} 处的吸收峰是由于不完全缩合的 Si—OH 伸缩振动产生的，这表明 VTES 与 DOPO-VTES 发生了不完全缩合，最终结构中含有 Si—OH。

2. ^{1}H NMR 表征

图 7-49(A)～(E)分别是 VTES、DOPO-VTES、DVPOSSs、DVPOSSs-A 和 DVPOSSs-B 的 ^{1}H NMR 谱。对比 ^{1}H NMR 谱可以看到，反应物 VTES 和 DOPO-VTES 中位于 1.15～1.23 ppm(峰 a，峰 a′)和 3.74～3.82 ppm(峰 b，峰 b′)处的峰在产物 DVPOSSs、DVPOSSs-A 和 DVPOSSs-B 中已经消失，这表明 O—CH_2—CH_3 中甲基(—CH_3)和亚甲基(—CH_2—)在反应过程中消失。从图中还可以看到，DOPO-VTES 的 Si—CH_2(峰 n)和 P—CH_2(峰 m)的特征峰在

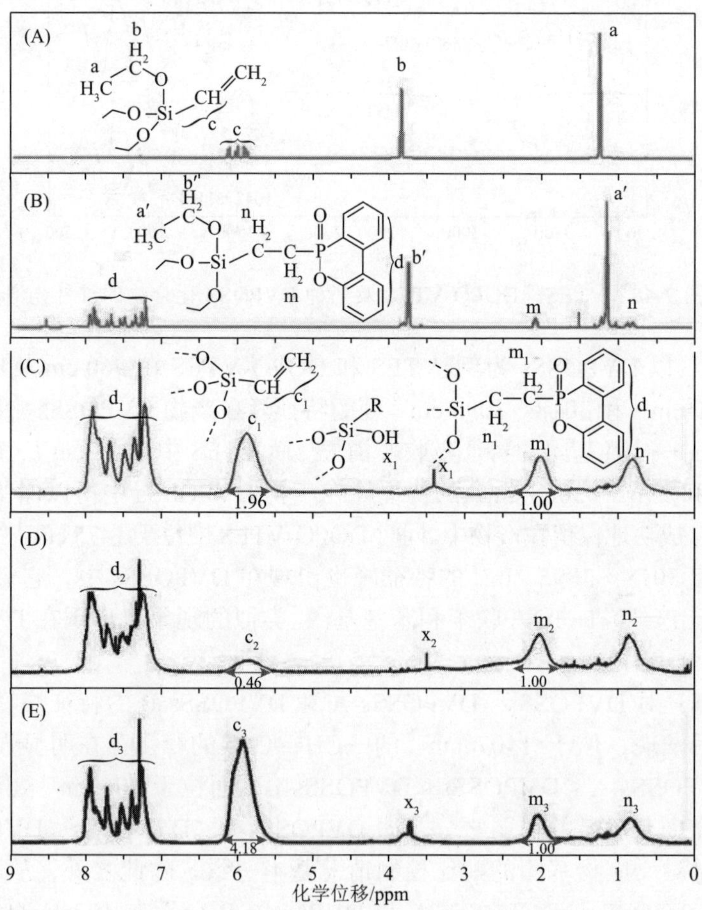

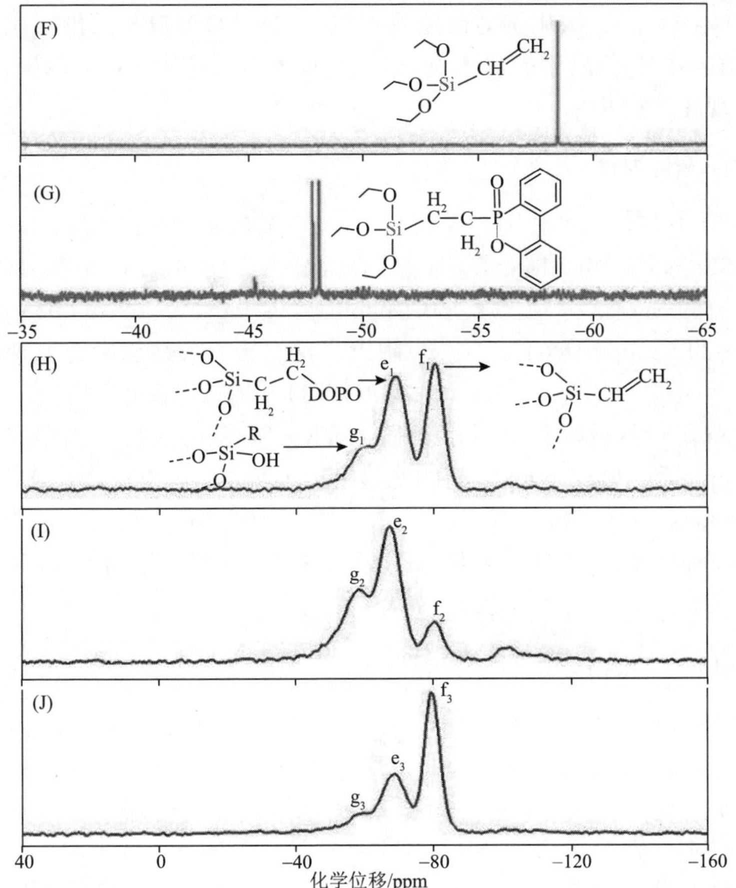

图 7-49　VTES、DOPO-VTES、DVPOSSs、DVPOSSs-A 和 DVPOSSs-B 的 ¹H NMR 谱[(A)～(E)]与 ²⁹Si NMR 谱[(F)～(J)]

DVPOSSs、DVPOSSs-A 和 DVPOSSs-B 中变成了两个宽峰(峰 n_1、n_2、n_3，峰 m_1、m_2、m_3)。除此之外，原来 VTES 中—CH═CH_2(6.13～5.87 ppm)的三个尖峰(峰 c)也变成了产物中的一个宽峰(5.47～6.24 ppm，峰 c_1、c_2、c_3)，而 DOPO-VTES 中的苯基峰(组峰 d)在产物中得以保留。这些现象都说明 VTES 与 DOPO-VTES 成功反应，产生了新的物质。图中 x_1、x_2、x_3 处峰是未完全缩合的 Si—OH 的特征峰。以上结果均与其红外光谱分析结构相对应。

另外，对图 7-49 中 ¹H NMR 的特征峰进行积分，得到：①m_1 : c_1=1 : 1.96；②m_2 : c_2=1 : 0.46；③m_3 : c_3=1 : 4.18。由于 m 和 c 的峰面积分别代表 P—CH_2(与产物中 DOPO 含量相关)和—CH═CH_2 中 H 的含量比例，因此可以推出，DVPOSSs、DVPOSSs-A 和 DVPOSSs-B 中对应的基团比例分别为：①DOPO : —CH═CH_2 = 1 : 1.3；②DOPO : —CH═CH_2 = 1 : 0.3；③DOPO :

—CH=CH_2 =1∶2.7，该比例与反应物 VTES、DOPO-VTES 的投料比例基本一致，但—CH═CH_2 稍高于投料比例，这说明该缩合反应中—CH═CH_2 比 DOPO 更易于出现在终产物中。

3. ^{29}Si NMR 表征

图 7-49 中(F)～(J)分别是 VTES、DOPO-VTES、DVPOSSs、DVPOSSs-A 和 DVPOSSs-B 的 ^{29}Si NMR 谱。显然，DVPOSSs、DVPOSSs-A 和 DVPOSSs-B 均有三个宽的 Si 峰，分别位于−60.18 ppm（峰 g_1、g_2、g_3）、−69.05 ppm（峰 e_1、e_2、e_3）和−80.52 ppm（峰 f_1、f_2、f_3）附近，这意味着其结构中有三种化学环境的 Si 原子。在产物中，VTES 和 DOPO-VTES 的 Si 峰完全消失，其中位于−60.18 ppm 附近的宽峰是由不完全缩合的 R—Si$\leftarrow$O$\rightarrow_2$ OH 结构形成的，而位于−69.05 ppm 和−80.52 ppm 附近的峰是完全缩合的 R—Si$\leftarrow$O$\rightarrow_3$ 结构，分别对应于 DOPO—Si$\leftarrow$O$\rightarrow_3$ 和 CH_2═CH—Si$\leftarrow$O$\rightarrow_3$ 中的 Si。同时(H)、(I)和(J)中各 Si 峰的峰强也与反应物中不同 Si 的含量有关。这些结果与 FTIR 和 ^{1}H NMR 分析的结果相一致。

4. MALDI-TOF MS 表征

DVPOSSs 系列化合物的 MALDI-TOF MS 质谱和各峰对应结构如图 7-50 和表 7-2 所示，表中还同时列出了飞行质谱中各峰位对应的实验和理论计算 *m/z* 值。对于 DVPOSSs 来说，可以很明显地在图中观察到主要有 9 个峰，分别对应 9 种不完整笼状的 POSS 结构。从理论计算的 *m/z* 值来看，当化学结构式对应的理论分子量加上“Na^+”后，它们的数值分别为 1609.2、1697.4、1825.4、1913.6、2001.7、2041.6、2129.8、2217.9 和 2346.1，与实验值相符合。这说明

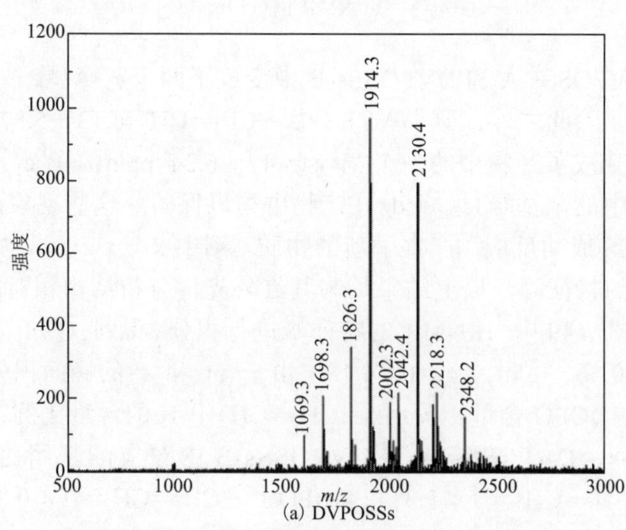

(a) DVPOSSs

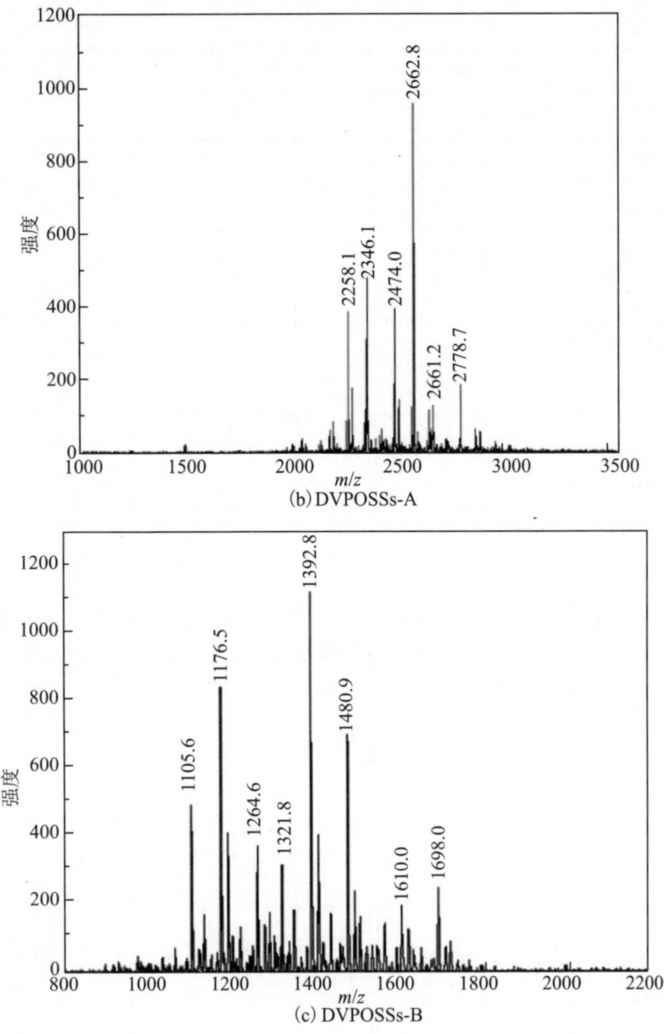

(b) DVPOSSs-A

(c) DVPOSSs-B

图 7-50　DVPOSSs、DVPOSSs-A 和 DVPOSSs-B 的 MALDI-TOF MS 谱

表 7-2　DVPOSSs、DVPOSSs-A 和 DVPOSSs-B 的 MALDI-TOF MS 谱中各峰对应结构

	DVPOSSs		DVPOSSs-A		DVPOSSs-B		化学结构
	实验值	理论值	实验值	理论值	实验值	理论值	
T_8	—	—	—	—	1105.6	1104.4 ($2R_2+6R_1+K^+$)	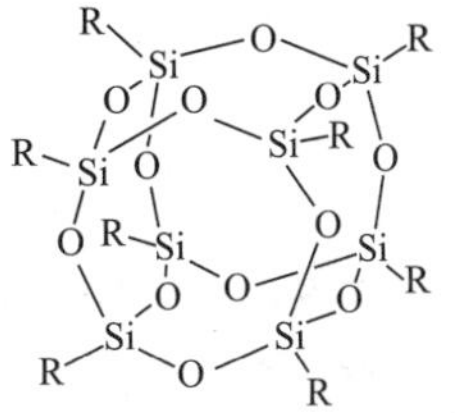
	—	—	—	—	1321.8	1320.8 ($3R_2+5R_1+K^+$)	

续表

	DVPOSSs		DVPOSSs-A		DVPOSSs-B		化学结构
	实验值	理论值	实验值	理论值	实验值	理论值	
T_9	1609.3	1609.2 $(4R_2+5R_1+Na^+)$	2258.1	2257.3 $(7R_2+2R_1+Na^+)$	1176.5	1176.4 $(2R_2+7R_1+Na^+)$	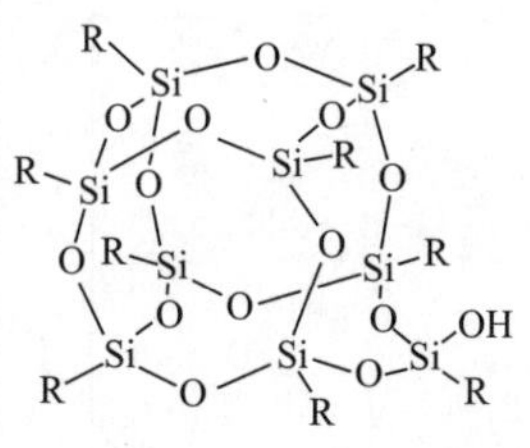
	1826.3	1825.4 $(5R_2+4R_1+Na^+)$	2474.0	2473.5 $(8R_2+R_1+Na^+)$	1392.8	1392.6 $(3R_2+6R_1+Na^+)$	
	2042.4	2041.6 $(6R_2+3R_1+Na^+)$	—	—	1610.0	1608.8 $(4R_2+5R_1+Na^+)$	
T_{10}	1698.3	1697.4 $(4R_2+6R_1+Na^+)$	2346.1	2345.4 $(7R_2+3R_1+Na^+)$	1264.6	1264.6 $(2R_2+8R_1+Na^+)$	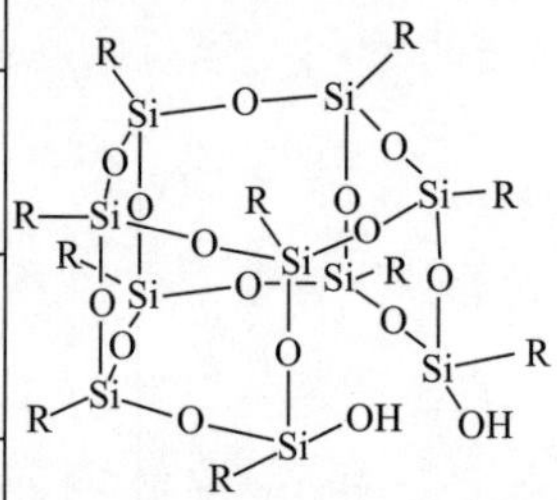
	1914.3	1913.6 $(5R_2+5R_1+Na^+)$	2562.8	2561.6 $(8R_2+2R_1+Na^+)$	1480.9	1480.8 $(3R_2+7R_1+Na^+)$	
	2130.4	2129.8 $(6R_2+4R_1+Na^+)$	2778.7	2777.8 $(9R_2+R_1+Na^+)$	1698.0	1696.9 $(4R_2+6R_1+Na^+)$	
	2348.2	2346.1 $(7R_2+3R_1+Na^+)$	—	—	—	—	
T_{11}	2002.3	2001.7 $(5R_2+6R_1+Na^+)$	2651.2	2650.2 $(8R_2+3R_1+Na^+)$	—	—	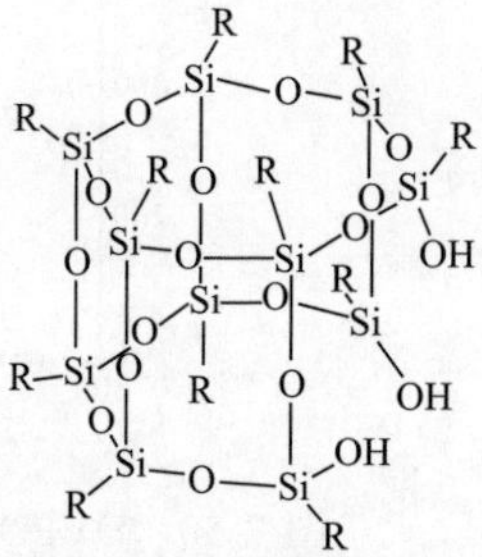
	2218.3	2217.9 $(6R_2+5R_1+Na^+)$	—	—	—	—	

注：表中 R 表示 R_1 或 R_2，R_1 和 R_2 的结构分别如下：

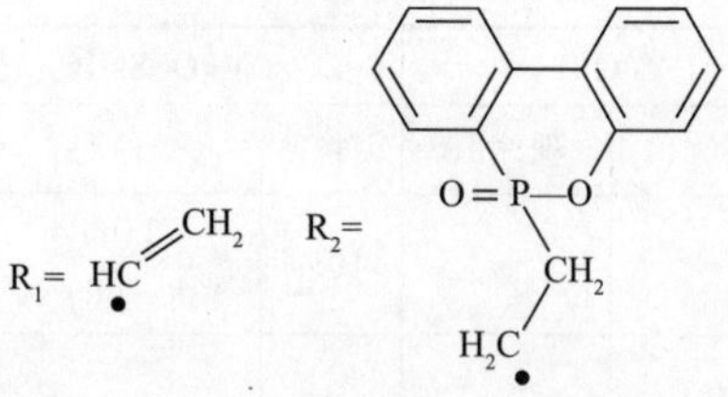

DVPOSSs 中含有如表 7-2 所示的 9 种化学结构，这里将 9 种化学结构大致分为三类：T_9、T_{10} 和 T_{11} 结构（T_9 表示化学结构中含有 9 个 Si，T_{10} 与 T_{11} 同理）。

这里的质谱结果也能与先前的 ^{1}H NMR、^{29}Si NMR 和 FTIR 结果相对应，证明 DOPO-VTES 与 VTES 成功发生了部分完全缩合和部分不完全缩合的反应，形成了新的系列化合物 DVPOSSs。

DVPOSSs-A 和 DVPOSSs-B 的 MALDI-TOF MS 谱和对应的结构也在图 7-50 和表 7-2 中列出。与 DVPOSSs 不同的是，DVPOSSs-A 中含的主要结构种类更少，DVPOSSs-B 主要结构中还有 T_8 结构，但基本不含 T_{11} 结构，这是由于 DOPO 基团在产物中比例较少时，—CH═CH_2—Si(OH)$_3$ 之间缩合形成的“链接”较短，使得 POSS 的结构趋向于形成更小的笼状结构。

同时，对比 DVPOSSs、DVPOSSs-A 和 DVPOSSs-B 质谱，图中，除了主要的几个峰外，还有一些杂乱的小峰，且随着—CH═CH_2 的含量越高，峰越杂乱。这些小峰代表少量的无规和梯形结构，也说明了—CH═CH_2—Si(OH)$_3$ 与 DOPO-Si(OH)$_3$ 之间的缩合更难，这一点与 DVPOSSs 系列化合物的产率相对应。

7.5.3　含磷杂菲含乙烯基的硅倍半氧烷系列化合物的物性表征

通过热失重试验结果分析了 DVPOSSs 系列化合物的热性能。如图 7-51 所示，在氮气(N_2)气氛中，DVPOSSs 系列化合物基本呈现一步失重。DVPOSSs-A、DVPOSSs 和 DVPOSSs-B 的初始分解温度(T_{onset}，质量损失 5%)

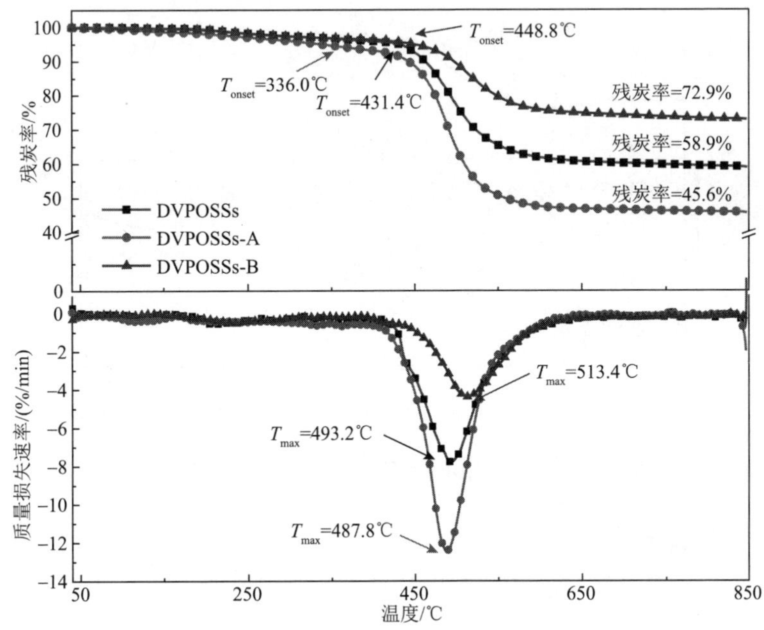

图 7-51　DVPOSSs、DVPOSSs-A 和 DVPOSSs-B 的 TG 与 DTG 曲线

分别为 336.0℃、431.4℃和 448.8℃，最大分解温度(T_{max})分别为 487.8℃、493.2℃和 513.4℃，也就是说，随着结构中 DOPO 基团的减少，DVPOSSs 系列化合物的初始分解温度和最大分解温度都逐渐升高。从图中还观察到，DVPOSSs-A、DVPOSSs 和 DVPOSSs-B 在 850℃时残炭率分别为 45.6%、58.9% 和 72.9%，这意味着结构中—CH═CH_2 的含量越多，该 POSS 的热稳定性能也越高。无论是 DVPOSSs-A 还是 DVPOSSs 和 DVPOSSs-B，均表现出优异的热稳定性，可满足大多数工程塑料(包括聚碳酸酯)在加工温度下的使用要求。

除此之外，在 200℃附近观察到的较小的热失重应是 DVPOSSs 系列化合物中未完全缩合的 Si—OH 脱水引起的，也能说明 Si—OH 结构在产物中占比较小，这与先前 FTIR、NMR 以及 MALDI-TOF MS 的结果相一致。而在 500℃附近发生的快速降解则归因于 DVPOSSs 系列化合物中有机基团的分解。

图 7-52 中 DVPOSSs 系列化合物的玻璃化转变温度(T_g)表明，所得的 3 种 DVPOSSs 系列化合物均呈现出非晶态，且随着 POSS 结构中 DOPO 基团含量的增加，T_g 越高，表明与—CH═CH_2 相比，DOPO 基团的链段运动需要更多的能量，这与 DOPO 基团较大的空间位阻和较差的柔顺性有关。

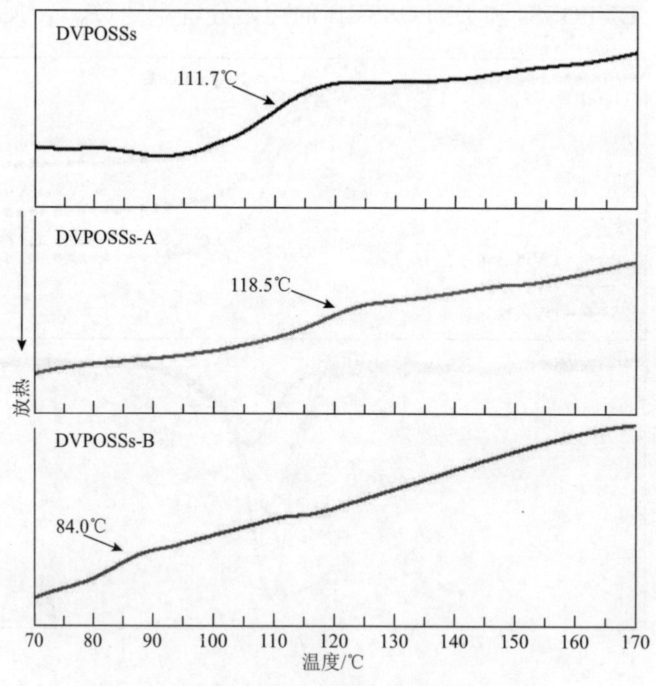

图 7-52　DVPOSSs 系列化合物的 DSC 曲线

7.6 本章小结

本章研究显示，磷杂菲(DOPO)基团、二苯基膦(DPP)和二苯基氧膦(DPOP)基团由于官能团体积较大，空间位阻问题会明显影响与乙烯基的加成反应或者硅氧烷的水解缩合反应，对产物的单一性影响明显。采用先成笼、后加成的方式合成含磷 POSS 化合物，优点是通过调节催化剂类型和溶液浓度，可以解决含磷基团空间位阻大的问题，获得结构单一、纯度较高的规整笼状含磷 POSS 化合物。但是该方法所需要的八乙烯基 POSS 化合物合成较为困难，产率很低，严重限制了该方法的放大制备。采用先加成反应将含磷基团与乙烯基硅氧烷结合在一起，然后通过含磷硅氧烷的水解缩合反应制备含磷 POSS 化合物，优点是原料价格低，综合产率可以达到 80%以上，但是该方法所合成的含磷 POSS 化合物很难做到定向合成产物结构单一的含磷 POSS 化合物，合成产物为混合物。因此，如何实现含磷 POSS 化合物的高产率定向合成是该领域存在的主要技术挑战之一。

DVPOSSs 与 PC 混合后形成的复合材料具有优异的透明性、雾度、紫外屏蔽性，且能减少光源带来的眩光效应，是一种出色的聚合物添加剂，可以满足 LED 灯罩等对透明度、雾度要求较高的应用领域。在添加量为 2 wt%的情况下，PC/DVPOSSs 复合材料就能达到 UL-94 1.6 mm V-0 级，同时，DVPOSSs 本身的含磷量极小，属无卤添加剂，具有广阔的发展前景。

参 考 文 献

[1] Tanaka K, Chujo Y. Advanced functional materials based on polyhedral oligomeric silsesquioxane (POSS)[J]. Journal of Materials Chemistry, 2012, 22(5): 1733-1746.

[2] Kuo S W, Chang F C. POSS related polymer nanocomposites[J]. Progress in Polymer Science, 2011, 36(12): 1649-1696.

[3] Zhang W C, Li X M, Guo X Y, et al. Mechanical and thermal properties and flame retardancy of phosphorus-containing polyhedral oligomeric silsesquioxane (DOPO-POSS)/polycarbonate composites[J]. Polymer Degradation & Stability, 2010, 95(12): 2541-2546.

[4] 肖俊平, 王欣. 单官能化倍半硅氧烷的合成与表征[J]. 有机硅材料, 2011, (5): 300-305.

[5] 沈蓉. 三苯基膦和三苯基氧化膦功能化的 POSS 基杂化多孔聚合物的制备及其应用研究[D]. 济南: 山东大学, 2017.

[6] Zhu S E, Wang L L, Wang M Z, et al. Simultaneous enhancements in the mechanical, thermal stability, and flame retardant properties of poly(1,4-butylene terephthalate)

nanocomposites with a novel phosphorus-nitrogen-containing polyhedral oligomeric silsesquioxane[J]. RSC Advances, 2017, 7(85): 54021-54030.

[7] Liu C, Chen T, Yuan C, et al. Highly transparent and flame-retardant epoxy composites based on a hybrid multi-element containing POSS derivative[J]. RSC Advances, 2017, 7(73): 46139-46147.

[8] Wang Q, Xiong L, Liang H, et al. Synthesis and characterization of a novel polyhedral oligomeric silsesquioxanes containing phosphorus and boron[J]. Inorganic and Nano-Metal Chemistry, 2016, 47(1): 99-104.

[9] Wang Q, Xiong L, Liang H, et al. Synergistic effect of polyhedral oligomeric silsesquioxane and multiwalled carbon nanotubes on the flame retardancy and the mechanical and thermal properties of epoxy resin[J]. Journal of Macromolecular Science Part B, 2016, 55(12): 1146-1158.

[10] Ding Y, Zhang L Y, Jin C W. Synthesis of a phosphorus-containing trisilanol POSS and its application in RTV composites[J]. e-Polymers, 2018, 18(3): 237-245.

[11] Li S, Zhao X, Liu X, et al. Cage-ladder-structure, phosphorus-containing polyhedral oligomeric silsesquinoxanes as promising reactive-type flame retardants for epoxy resin[J]. Journal of Applied Polymer Science, 2019, 136(23): 47607.

[12] 李远源. POSS 基含磷共聚物改性环氧树脂的研究[D]. 厦门：厦门大学, 2016.

[13] Tsafack M J, Levalois-Grützmacher J. Plasma-induced graft-polymerization of flame retardant monomers onto PAN fabrics[J]. Surface & Coatings Technology, 2006, 200(11): 3503-3510.

[14] Li M, Zhang H, Wu W, et al. A novel POSS-based copolymer functionalized graphene: an effective flame retardant for reducing the flammability of epoxy resin[J]. Polymers, 2019, 11(2): 241.

[15] Park D S, Ha T S, Lim J H, et al. Synthesis and characterization of a new hybrid polyphosphazene containing two symmetrical polyhedral oligomeric silsesquioxane (POSS) units[J]. Polymer Journal, 2015, 47(6): 415-421.

[16] Tang C, Yan H, Li S, et al. Novel phosphorus-containing polyhedral oligomeric silsesquioxane functionalized graphene oxide: preparation and its performance on the mechanical and flame-retardant properties of Bismaleimide composite[J]. Journal of Polymer Research, 2017, 24(10): 157.

[17] Yu B, Tao Y J, Liu L, et al. Thermal and flame retardant properties of transparent UV-curing epoxy acrylate coatings with POSS-based phosphonate acrylate[J]. RSC Advances, 2015, 5(92): 75254-75262.

[18] Qi Z, Zhang W C, He X D, et al. High-efficiency flame retardency of epoxy resin composites with perfect T-8 caged phosphorus containing polyhedral oligomeric silsesquioxanes (P-POSSs)[J]. Composites Science and Technology, 2016, 127(28): 8-19.

[19] Zhang W C, Yang R J. Synthesis of phosphorus-containing polyhedral oligomeric silsesquioxanes via hydrolytic condensation of a modified silane[J]. Journal of Applied Polymer Science, 2011, 122(5): 3383-3389.

[20] Vieira E G, Soares I V, Da Silva N C, et al. Synthesis and characterization of 3-[(thiourea)-propyl]-functionalized silica gel and its application in adsorption and catalysis[J]. New Journal of Chemistry, 2013, 37(7): 1933-1943.

[21] Zhang W C, Wang X X, Wu Y W, et al. Preparation and characterization of organic-inorganic hybrid macrocyclic compounds: cyclic ladder-like polyphenylsilsesquioxanes[J]. Inorganic Chemistry, 2018, 57(7): 3883-3892.

第 8 章　含硫多面体硅倍半氧烷的合成与表征

8.1　八(二苯砜基)硅倍半氧烷的合成与表征

八苯基硅倍半氧烷(OPS)作为 POSS 家族中重要成员，因拥有优异的热稳定性而被广泛关注，但是OPS的化学惰性和低的溶解性却限制了它的应用[1-5]。通过苯环上的亲电取代反应将 OPS 功能化可以提高其活泼性和溶解性，有利于其应用[6,7]。苯环上典型的亲电取代反应包括苯环的硝化、卤化、磺化、烷基化和酰基化。目前，对 OPS 的硝化、氨化和卤化的研究相对较多，得到的功能化苯基 POSS 化合物具有很高的化学活性，能够作为多种化合物的反应前驱体[8-12]。OPS 的磺化、烷基化和酰基化的研究略显不足[13]。砜类化合物作为一种中间体，在农用化学品、药物和聚合物中有重要的应用[14,15]；二苯砜在合成纤维和有机化学品等工业用品中的用途也十分广泛[16,17]。通过对 POSS 上官能团 R 的改性，将二苯砜基团引入 POSS 的分子结构中，可以有效结合 POSS 和二苯砜的物理和化学性质，将有可能制备出有重要应用前景的杂化材料。目前文献中鲜见关于含二苯砜基 POSS 的合成，二苯砜基团对于 POSS 结构和性能的影响的研究报道。因此，开展含二苯砜基 POSS 化合物的合成、表征和应用研究，有重要的前瞻意义。

8.1.1　八(二苯砜基)硅倍半氧烷的合成与结构表征

利用傅-克磺酰化法将 OPS 用苯磺酰氯功能化为八(二苯砜基)硅倍半氧烷(ODPSS)的合成路径如图 8-1 所示。氮气气氛保护下，250 mL 的三口烧瓶中加入 10.34 g 的 OPS，然后倒入 150 mL 的二氯甲烷和 28.32 g 的苯磺酰氯的混合液，冰水浴中搅拌。随后分三次将 21.33 g 的三氯化铝加入到溶液中，0℃搅拌 2 天后升温至 40℃继续搅拌 2 天。反应完毕，将反应液倒入盛有 150 g 碎冰的烧杯中，再加入 500 mL 的正己烷搅拌，沉淀。过滤掉液体，再将沉淀用 1500 mL 的乙醇和 1500 mL 的水洗。将剩余的沉淀溶于 50 mL 二氯甲烷，用 1 cm 厚的硅藻土层过滤，滤液倾入 700 mL 冷乙醇中，析出淡黄色沉淀物，抽滤后将得到沉淀放入 80℃的真空烘箱内干燥 8 h，得到产物 19.05 g，产率 89%。

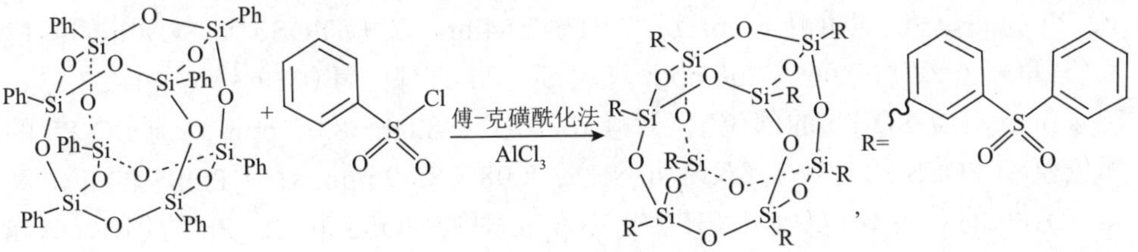

图 8-1　ODPSS 的合成路径

用 FTIR、^{1}H NMR、^{13}C NMR、^{29}Si NMR、MALDI-TOF MS、WAXD 和元素分析对 ODPSS 淡黄色的固体粉末进行了表征。

FTIR 分析：OPS 磺酰化反应前后的 FTIR 谱如图 8-2 所示。1088 cm^{-1} 处的宽频吸收峰对应于 POSS 笼状骨架上 Si—O—Si 的不对称伸缩振动。ODPSS 在 569 cm^{-1} 处有一个强的吸收峰，对应于 O═S═O 的弯曲振动；1070 cm^{-1}、1136 cm^{-1} 对应于 O═S═O 的对称伸缩振动；1304 cm^{-1}、1322 cm^{-1} 对应于 O═S═O 的不对称伸缩振动。685 cm^{-1}、810 cm^{-1} 处的吸收峰反映了苯环的间位取代形式。

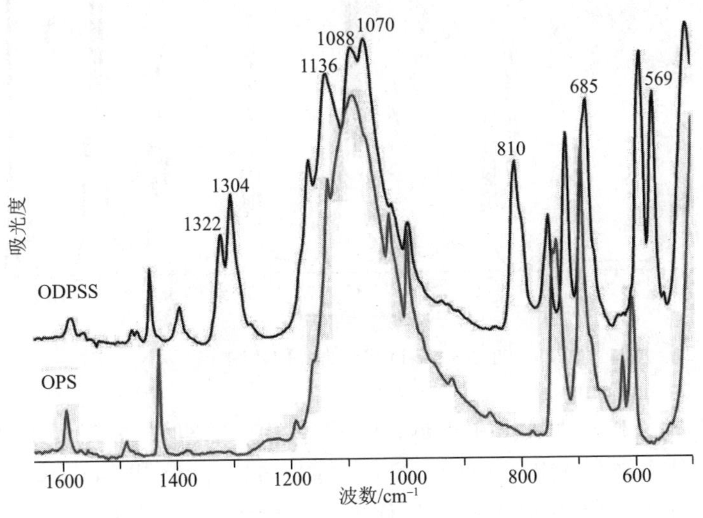

图 8-2　OPS 与 ODPSS 的 FTIR 谱

^{1}H NMR 分析：如图 8-3 所示，ODPSS 的 ^{1}H NMR 在苯环的特征区域共有 7 组共振峰。这 7 组峰都对应于 ODPSS 中的二苯砜基团：4 组峰归属于连接着 POSS 笼状骨架和 SO_2Ph 的间位取代的苯环上的氢(A、B、C、F)，另外 3 组峰归属于单取代的苯环上的氢(D、E、G)。在 8.35 ppm 处无裂分的单峰，是 OPS 发生间位磺酰化反应的直接证据，确定了 OPS 亲电取代的定位类型。详细的谱图信息如下：^{1}H NMR(600 MHz, $CDCl_3$, δ)：7.41～7.43 ppm 对应

SO_2Ph 的间位氢（三重峰 t, 16H），7.51～7.54 ppm 对应 POSS 与 SO_2Ph 的间位氢（三重峰 t, 8H），7.66～7.68 ppm 对应 SO_2Ph 的对位氢（三重峰 t, 8H），7.83～7.84 ppm 对应 SO_2Ph 的邻位氢（双峰 d, 16H），8.04～8.05 ppm 对应 SO_2Ph 的邻位氢和 POSS 的对位氢（双峰 d, 8H），8.08～8.09 ppm 对应 POSS 的邻位氢和 SO_2Ph 的对位氢（双峰 d, 8H），8.35 ppm 对应 POSS 和 SO_2Ph 的邻位（单峰 s, 8H）。

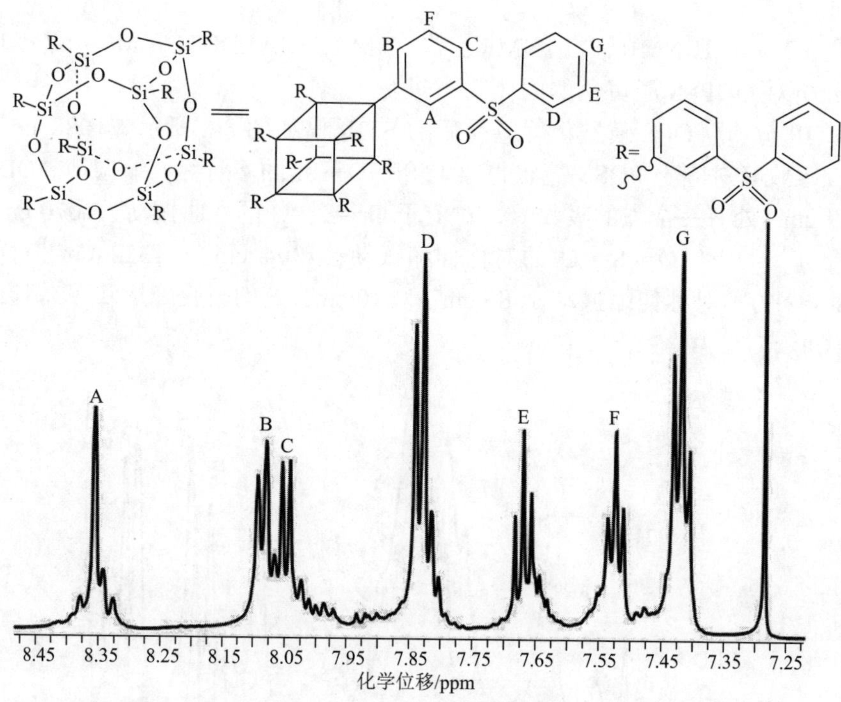

图 8-3　ODPSS 的 ^{1}H NMR 谱

^{13}C NMR 分析：如图 8-4 所示，ODPSS 的 ^{13}C NMR 谱共有 10 个共振峰，而含有单取代苯环的 OPS 只有 4 个共振峰。141.0 ppm 和 141.8 ppm 的共振峰对应于苯环上与 O═S═O 基团相连的 C，O═S═O 基团使得苯环上 C 的位置向高位移动。详细的谱图信息如下：^{13}C NMR（151 MHz, $CDCl_3$, δ）：141.8 ppm（C—SO_2）、141.0 ppm（C—SO_2）、138.8 ppm、133.4 ppm、132.9 ppm、130.7 ppm、130.2 ppm、129.7 ppm、129.4 ppm、127.6 ppm。与 ^{1}H NMR 分析的结论一致，ODPSS 的 ^{13}C NMR 谱图中不等值 C 的个数同样符合 OPS 苯环上间位取代的特征。

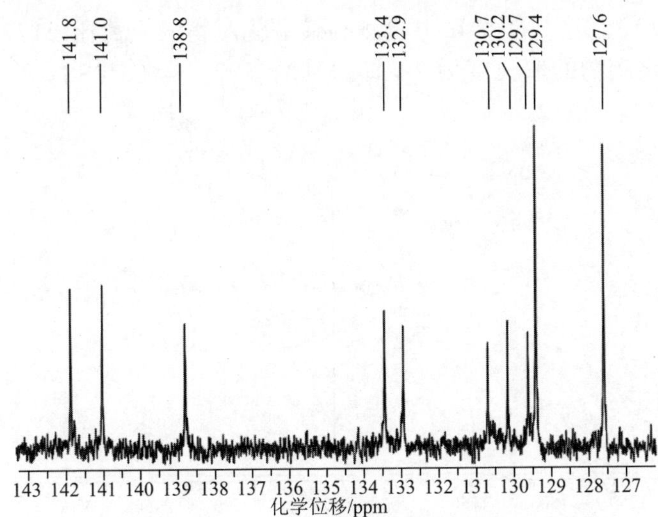

图 8-4　ODPSS 的 ^{13}C NMR 谱

^{29}Si NMR 分析：^{29}Si 的化学位移对与之相连的取代基十分敏感，因此可以用 ^{29}Si NMR 来判断 OPS 上磺酰化反应的取代程度。如图 8-5 所示，ODPSS 的 ^{29}Si NMR 谱图只在−79.34 ppm 处存在一个共振峰，对应于与二苯砜基团相连的 Si。因为 ^{29}Si NMR 谱图中只有一个共振峰被检测到，证明 ODPSS 中所有的 Si 都处在相同的化学环境中，即 OPS 完全转化为八取代的 ODPSS。

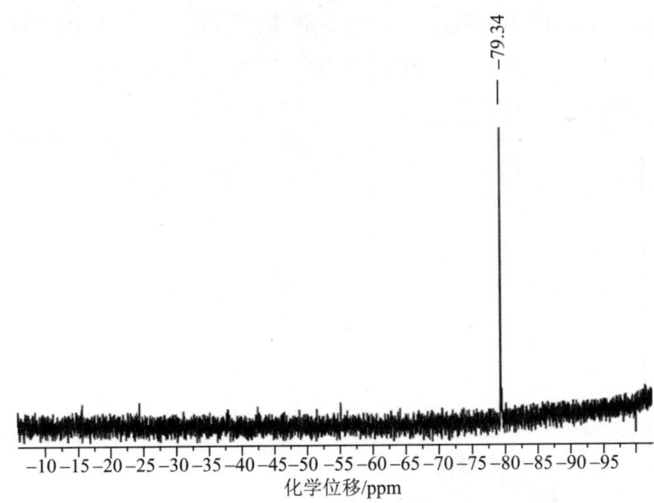

图 8-5　ODPSS 的 ^{29}Si NMR 谱

MALDI-TOF MS 分析：^{29}Si NMR 的分析结果被 MALDI-TOF MS 谱所佐证。理论上，八个二苯砜基取代产物的分子量为 2154.7，离子化+Na^+后的质荷比应为 2177.7。这与图 8-6 中检测到磺酰化产物的质荷比 2177.3 一致，因此 OPS 磺酰化产物的取代度为 8，即得到的终产物为 ODPSS。

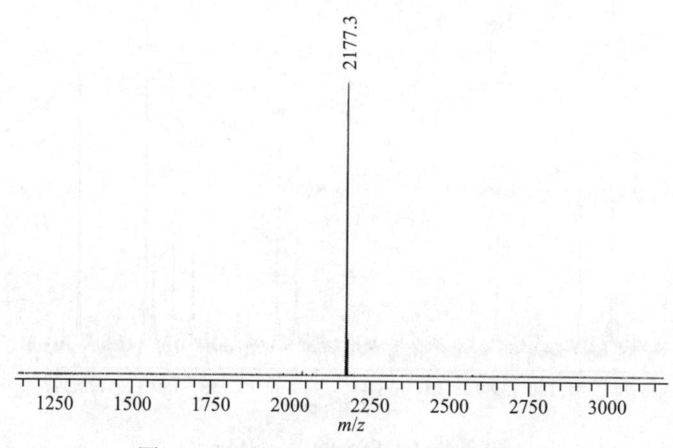

图 8-6　ODPSS 的 MALDI-TOF MS 谱

元素分析：ODPSS 的元素分析检测结果为：C 52.58%，H 3.29%，S 11.74%。这与理论值(C 53.51%，H 3.37%，S 11.90%)相接近，证明目标产物 ODPSS 被成功合成。

结晶性表征：ODPSS 的结晶性引起了我们的关注，因为它同时包含了规整的无机笼状内核和八(二苯砜)有机基团。图 8-7 是 ODPSS 的 WAXD 谱，图中尖锐的衍射峰暗示 ODPSS 是一种结晶性物质。$2\theta = 6.1°$和 $6.4°$的两个特征峰对应距离为 1.45 nm 和 1.38 nm 的(100)和(001)位面。其中 1.45 nm 的距离与 ODPSS 的外形尺寸相符[18]。

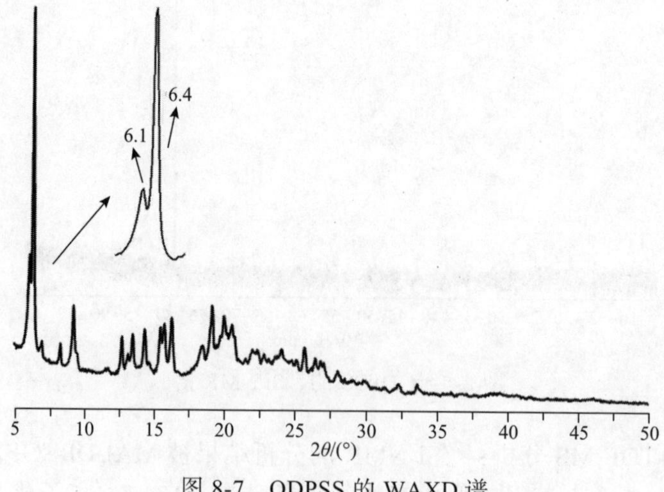

图 8-7　ODPSS 的 WAXD 谱

通过以上对 OPS 傅-克磺酰化产物的分析,确定 OPS 发生了苯环上间位的亲电取代反应，得到了结构为 T_8R_8 的结晶态八(二苯砜基)硅倍半氧烷(ODPSS)，密度检测结果显示 ODPSS 的真密度为 1.427 g/cm^3。

8.1.2　八(二苯砜基)硅倍半氧烷的热性能

ODPSS 的热失重分析：OPS 和 ODPSS 在氮气和空气中的 TG 和 DTG 曲线分别如图 8-8 和图 8-9 所示。在氮气中，OPS 失重 5%时的温度(466℃)比 ODPSS 失重 5%时的温度(515℃)低 49℃。OPS 两个热失重速率峰值所对应的

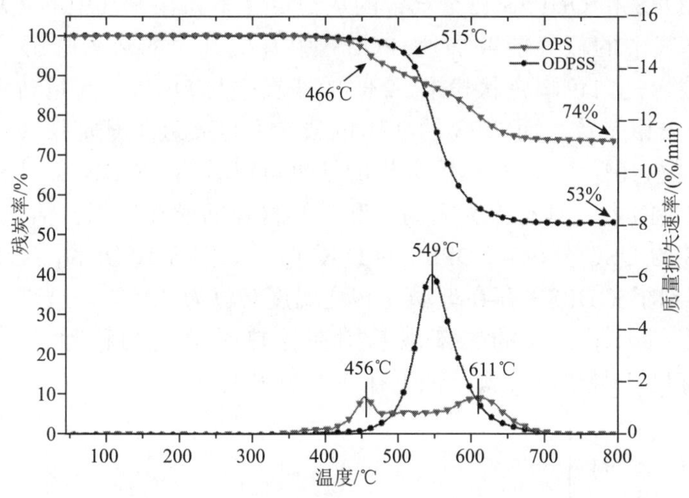

图 8-8　ODPSS 在氮气中的 TG 和 DTG 曲线

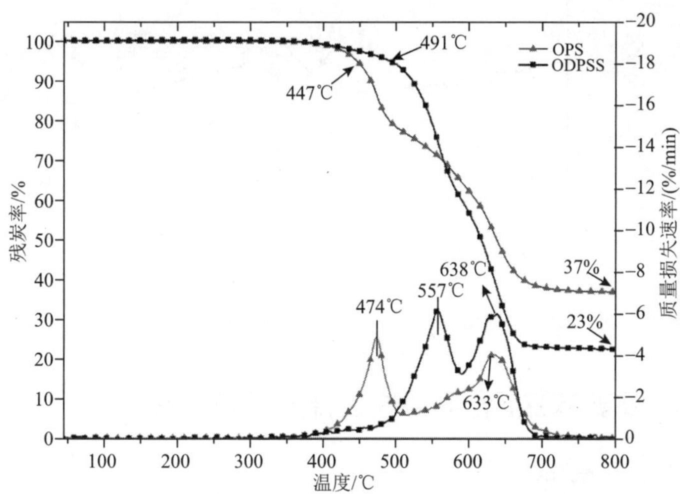

图 8-9　ODPSS 在空气中的 TG 和 DTG 曲线

温度分别为 456℃和 611℃，而 ODPSS 只有一个热失重速率峰值所对应的温度(549℃)。氮气中，OPS 在 800℃的残炭率为 74%，ODPSS 的残炭率为 53%。在 40～400℃的温度范围内，OPS 和 ODPSS 都没有明显的热失重。可见两者的热稳定性都很好，ODPSS 还要优于 OPS。在空气中，OPS 和 ODPSS 都经历了两个阶段的快速热降解过程。在第一阶段，ODPSS 的热降解要比 OPS 出现得晚，OPS 失重 5%时的温度(447℃)比 ODPSS 失重 5%时的温度(491℃)低 44℃；在第二阶段，二者的热降解温度相近。空气中，OPS 在 800℃的残炭率为 37%，ODPSS 的残炭率为 23%。

另外，OPS 和 ODPSS 在空气中的热稳定性不如在氮气中的热稳定性好。这是因为空气中的氧气能够加速 POSS 中有机基团的热氧降解。空气中，ODPSS 的残炭是白色陶瓷状粉末，23%的残炭率与 ODPSS 定量转化为二氧化硅的质量分数相一致。而 OPS 的 37%的残炭率也接近于其定量转化为二氧化硅的质量分数(40%)[19]。从热重分析的结果可以看出，ODPSS 具有很高的热稳定性和成炭能力，具有作为耐高温和阻燃材料的潜在应用价值。

ODPSS 的 DSC 分析：ODPSS 的 DSC 曲线如图 8-10 所示，经历第二次升温时，观察到了 ODPSS 存在玻璃化转变温度(T_g)为 135℃。玻璃化转变温度的存在可能归因于较大的二苯砜基团在受热时链段的移动，这也反映了 ODPSS 的有机基团在该实验条件下存在不规整的排列。

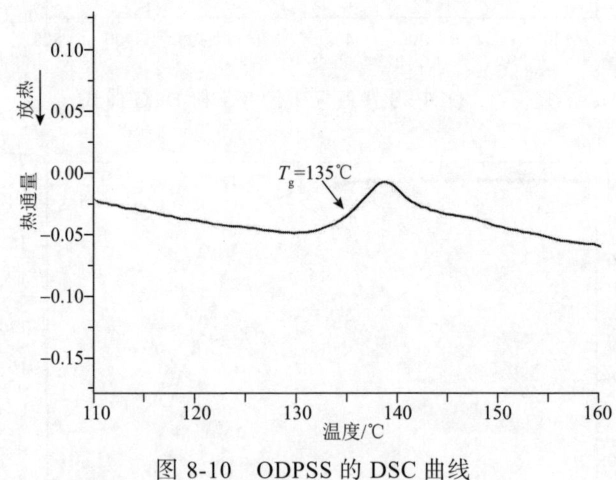

图 8-10　ODPSS 的 DSC 曲线

8.1.3　八(二苯砜基)硅倍半氧烷的合成反应机理

1. OPS 傅-克磺酰化反应体系的设计

OPS 的磺酰化反应是针对该化合物中苯环进行的亲电取代反应，为了优化 OPS 的傅-克磺酰化反应体系，表 8-1 列举了近年来文献中芳烃的傅-克磺酰化方法。从表 8-1 可以看出，傅-克磺酰化的试剂常用苯磺酰氯或对甲苯磺酰氯；溶剂呈现多样化，可以是芳烃，也可以是二氧六环和二氯乙烷等高沸点溶剂，甚至可用催化剂代替；反应温度则基于溶剂的回流温度，或者略高于溶剂的回流温度；催化剂更是研究的热点，离子溶液、金属铟和固体酸等高效可回收的催化剂为磺酰化反应提供了更多选择，催化剂效率的不同也直接影响反应所需的时间。

表 8-1　傅-克磺酰化的方法

序号	催化剂	磺酰化试剂	溶剂	温度/℃	参考文献
1	$FeCl_3$ 离子溶液	$PhSO_2Cl$ TsCl	$FeCl_3$ 离子溶液	≤165	[20]
2	$FeCl_3$ 离子溶液	$PhSO_2Cl$ TsCl	$FeCl_3$ 离子溶液	60	[21]
3	氯化（1-丁基-3-甲基咪唑）离子溶液	TsCl	离子溶液	30, 50	[22]
4	$Sn(OTf)_2$ $Cu(OTf)_2$	$PhSO_2Cl$ TsCl	二氯乙烷 芳烃	120	[23]
5	$Bi(OTf)_3$ $In(OTf)_3$	MsCl	二氯甲烷 苯甲醚	80	[24]
6	固体酸	RSO_2X （R=CH_3, Ph, tolyl; X=Cl, OH, OSO_2R）	芳烃	回流温度	[25]
7	金属铟	$PhSO_2Cl$ TsCl	二氧六环	100	[26]
8	Ps-$AlCl_3$ SiO_2-$AlCl_3$	$PhSO_2Cl$ TsCl	芳烃	85	[27]

基于反应物简单易得的原则，OPS 的傅-克磺酰化反应体系设计如下：磺酰化试剂为苯磺酰氯。采用有机溶剂的均相反应体系，因为 OPS 为固体粉末，在无溶剂条件下与苯磺酰氯反应为非均相反应，效率较低。而当溶剂为二氯甲烷时，OPS 在其中的溶解度相对较高，反应最接近于均相反应，当溶剂为三氯甲烷、四氢呋喃、二氧六环或二氯乙烷时，由于 OPS 在其中的溶解度相对较低，反应为非均相反应，效率较低，但沸腾回流温度提高。OPS 与苯磺酰氯和催化剂物质的量之比为 1：10：10，磺酰化试剂和催化剂略过量以保证反应完全。反应温度为溶剂的沸腾回流温度，以探索不同温度下反应的完成情况。反应时间为 24 h，相比于文献中的反应时间有所延长，以争取 OPS 被完全磺酰化。催化剂为傅-克反应传统的催化剂 $AlCl_3$ 和 $FeCl_3$，因为二者都是强的

Lewis 酸，催化效率较高而且简单易得。

表 8-2 列出了所设计的合成 ODPSS 的 6 种磺酰化反应方法，并利用 FTIR 对产物进行了表征(图 8-11)。从产物的 FTIR 结果分析，只有方法 1、方法 2 和方法 5 的产物出现了 ODPSS 中的 O═S═O 基团在 1335～1295 cm^{-1} 区域内的不对称伸缩振动特征峰，而方法 3、方法 4 和方法 6 均没有在该区域内出现特征吸收峰，可初步判定只有前三个反应中的 OPS 被磺酰化。进一步对比图 8-11 中方法 1、方法 2 和方法 5 的产物的红外光谱图可见，方法 1 中产物的 O═S═O 基团的特征吸收峰强度最强，方法 5 次之，方法 2 最弱。而红外光谱中 O═S═O 基团特征吸收峰的强弱直接反映了产物磺酰化的程度，即反映了 OPS 转化为 ODPSS 的转化率。因此可初步判定方法 1 产物的磺酰化程度最高,那么该方法就是继续优化反应条件以得到高纯度的 ODPSS 的首选方法。

表 8-2　合成 ODPSS 的 6 种方法对比

方法	催化剂	溶剂	O═S═O 的不对称伸缩振动峰 1335～1295 cm^{-1}
1	$AlCl_3$	二氯甲烷	强
2	$AlCl_3$	三氯甲烷	很弱
3	$AlCl_3$	四氢呋喃	无峰
4	$AlCl_3$	1,4-二氧六环	无峰
5	$AlCl_3$	1,2-二氯乙烷	弱
6	$FeCl_3$	二氯甲烷	无峰

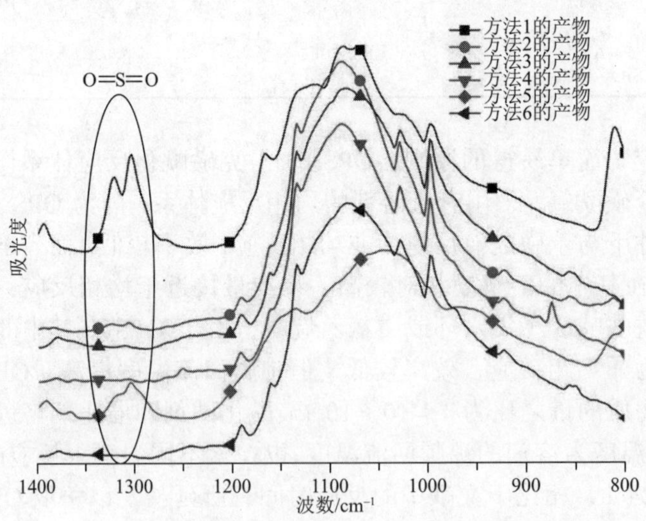

图 8-11　合成 ODPSS 方法 1～方法 6 产物的 FTIR 谱对比

2. 新合成反应体系的建立与优化

从方法 1～方法 6 中产物磺酰化的程度可以判定，当溶剂为 CH_2Cl_2、催化剂为 $AlCl_3$ 时反应的转化率最高，因此新的反应体系基于此反应条件，在 N_2 保护和沸腾回流温度下，通过改变反应时间、OPS 与苯磺酰氯和 $AlCl_3$ 的物质的量之比来优化反应条件。从表 8-3 中可以看出，5 种新的 ODPSS 合成方法的产率和产物的 O═S═O 基团特征峰的强度明显受到反应物的物质的量之比和反应时间的影响。但反应时间为 72 h，产率受到反应物之间的物质的量之比的影响较小，产率均较高，因此推断反应 72 h 后 OPS 的磺酰化进行得相对彻底。对比方法 7～方法 11 的这 5 种合成方法，方法 7 的原料投入最少，反应时间为 72 h，产率即可达到 86.9%，因此作为 ODPSS 优选的合成反应体系。

表 8-3　合成 ODPSS 的 5 种新方法的对比与优选

方法	OPS：苯磺酰氯：$AlCl_3$(物质的量之比)	反应时间/h	产率/%	O═S═O 的特征吸收峰
7	1：10：10	48	—	弱
		72	86.9	强
8	1：20：10	24	—	弱
		48	—	弱
		72	86.9	强
9	1：30：10	24	—	弱
		48	—	弱
		72	—	弱
10	1：20：20	24	—	弱
		48	79.4	强
		72	85.6	强
		96	87.1	强
11	1：30：30	24	—	弱
		48	80.4	强
		72	86.1	强
		96	85.6	强

3. 新合成反应体系各产物的对比表征

ODPSS 新合成体系(方法 7，时间 72 h)的确立，已成功地多次合成了高纯度的 ODPSS。图 8-12 为方法 1 的产物、方法 7(72 h)的产物 ODPSS 与 OPS

的 FTIR 谱对比。从图 8-12 的红外光谱可以观察到，与 OPS 相比，ODPSS 在 1322 cm^{-1}、1304 cm^{-1}、1136 cm^{-1}、1070 cm^{-1} 和 569 cm^{-1} 处出现了 O═S═O 的特征吸收峰，在 810 cm^{-1} 出现了苯环间位取代特征吸收峰；而与方法 1 的产物相比，方法 7(72 h)的产物 ODPSS 在 1136 cm^{-1} 和 1070 cm^{-1} 处的特征吸收峰的峰形更加清晰，没有被 OPS 在 1088 cm^{-1} 处的宽峰所遮蔽，相对强度更高。

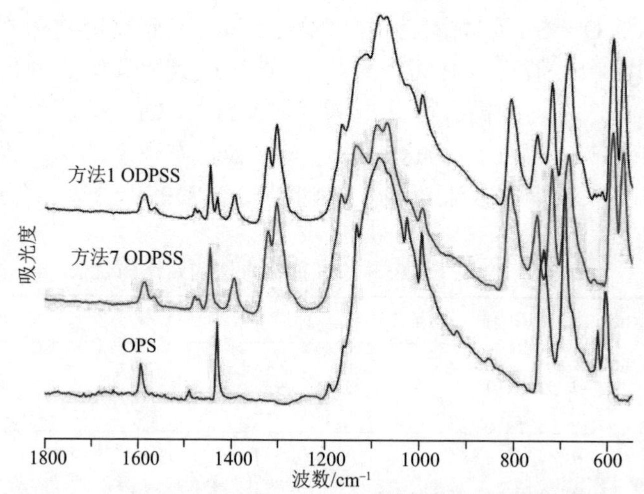

图 8-12 方法 1 和方法 7(72 h)的产物与 OPS 的 FTIR 谱对比

为进一步对比方法 1 的产物和方法 7(72 h)的产物 ODPSS，图 8-13 对比了两

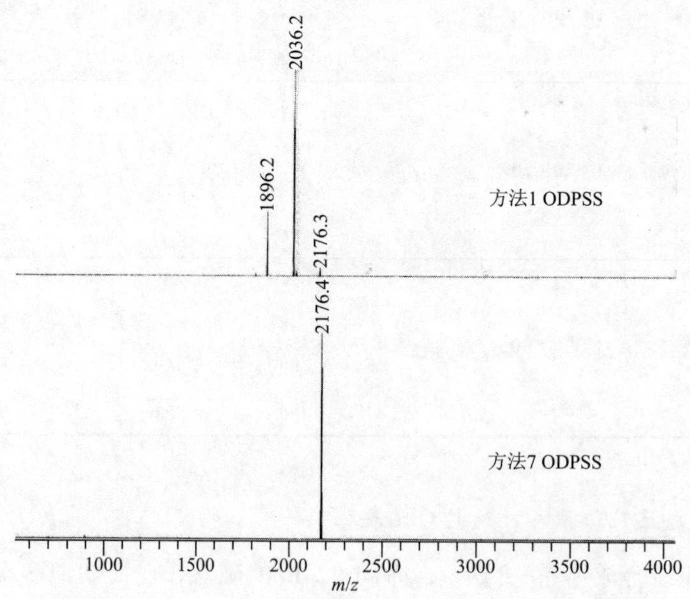

图 8-13 方法 1 和方法 7 ODPSS 的 MALDI-TOF MS 谱

者的 MALDI-TOF MS 谱。图中方法 1 的产物在 *m/z* 1896.2、2036.2 和 2176.3 有 3 个分子离子峰，分别对应 6、7、8 三个取代度的笼状八苯基硅倍半氧烷的磺酰化产物 $(+Na^+)$，而方法 7(72 h)的产物只在 2176.4 处存在一个分子离子峰，对应八取代的二苯砜基硅倍半氧烷 ODPSS$(+Na^+)$。

图 8-14 进一步对比了方法 1 产物与方法 7(72 h)产物 ODPSS 的 ^{1}H NMR 谱。在苯环上氢的特征峰共振区，两者都有 7 组特征峰：4 组对应于间位二取代苯环，3 组对应于单取代苯环。方法 7 ODPSS 从高频到低频的共振峰的积分面积之比为 1∶1∶1∶2∶1∶1∶2，符合八取代的二苯砜基硅倍半氧烷的共振峰特征；而方法 1 产物的共振峰的积分面积之比并不符合该特征。另外，方法 1 产物共振峰的裂分数目同样与 ODPSS 不同，不符合八取代的二苯砜基硅倍半氧烷的特征。结合 MALDI-TOF MS 分析，方法 1 的产物是不同取代度的硅倍半氧烷的混合物，^{1}H NMR 谱图是各取代度产物谱图叠加的结果。方法 7(时间 72 h)产物 ODPSS 的 C、H、S 元素分析表征结果同样与理论值接近(检测结果：C 52.55%，H 3.82%，S 11.58%)。因此，FTIR、MALDI-TOF MS、^{1}H NMR 和元素分析的结果共同证明了方法 7(72 h)对 ODPSS 的成功合成。

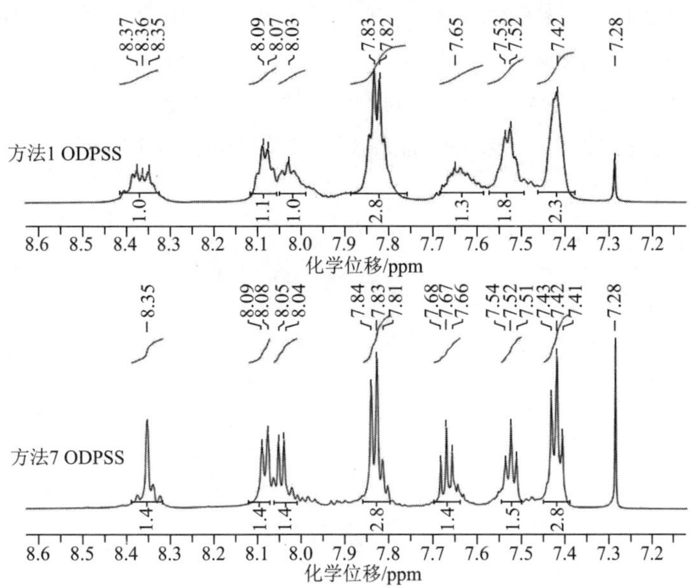

图 8-14　方法 1 和方法 7 ODPSS 的 ^{1}H NMR 谱

4. 合成 ODPSS 的反应条件影响分析

相比其他溶剂，OPS 在 CH_2Cl_2 中的溶解度最高，反应最接近于均相反应，反应效率最高，因此在方法 1～方法 6 中，方法 1 产物的 O═S═O 基团的特征吸收峰最显著。可见，在 OPS 的磺酰化反应体系中，合适的溶剂是磺酰化反应顺利进行的关键因素。同时，CH_2Cl_2 的沸点为 40℃，反应体系在较低的温度下即沸腾回流，有利于反应产物中 HCl 气体的排出。

傅-克反应中常用的 Lewis 酸催化剂的催化活性顺序大致如下：$AlCl_3$＞$FeCl_3$＞$SbCl_5$＞$SnCl_4$＞BF_3＞$TiCl_4$＞$ZnCl_2$，其中 $AlCl_3$ 是效力最强也是最常用的催化剂。对比方法 1 和方法 6，在其他反应条件相同的情况下，用 $AlCl_3$ 作催化剂时产物的 FTIR 谱图中存在 O═S═O 基团的特征峰，而用 $FeCl_3$ 时产物则不存在该特征峰。可能是因为 OPS 的磺酰化反应对催化剂的催化能力要求很高，即使具有较强催化能力的 $FeCl_3$ 在方法 6 的反应条件下也没能成功催化 OPS 进行傅-克磺酰化反应。

方法 1 和方法 7 的不同点仅在于方法 7 延长了反应时间，而对比产物的表征数据可知，延长反应时间有利于提高产物中 ODPSS 的含量，使磺酰化反应进行得更加彻底。当反应时间为 72 h，MALDI-TOF MS 的表征结果显示产物为单一的八个二苯砜基取代的硅倍半氧烷。

为了研究保护气对反应的影响，针对方法 10 设计了一个对比实验 12：其他实验条件相同，仅在反应开始 1 h 后，停止通入 N_2(将进气口用瓶塞塞紧，出气口与空气相通，保持体系内气体不经吹扫而自行排出)，对比表征反应 72 h 后产物的红外光谱(图 8-15)。从产物的 FTIR 谱中可以看出，在 N_2 保护下的产物 O═S═O 基团的红外特征峰形更尖锐，峰的强度更高，对应产物中的 ODPSS 的含量更高。可见保护气能吹扫反应生成的 HCl 气体，有利于反应向高磺酰化的程度进行。

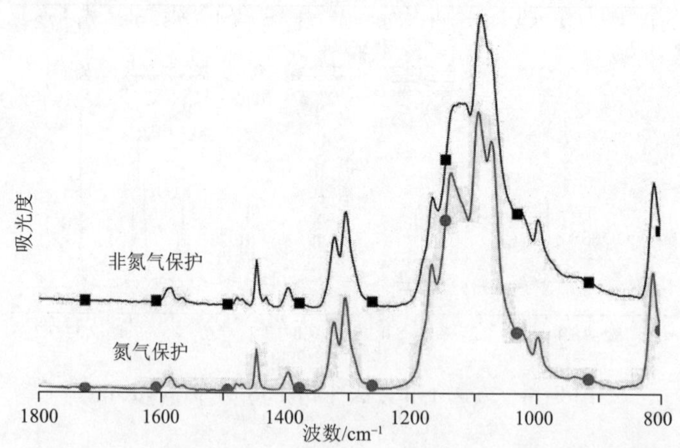

图 8-15　N_2 保护与非 N_2 保护下 ODPSS 产物的 FTIR 谱对比

同时增大磺酰化试剂和催化剂的用量(表 8-3)，方法 10 在反应 48 h 即可得到由 FTIR 确认的 ODPSS，但当反应时间延长至 72 h 时，与其他方法相比产物 ODPSS 的产率并没有提高；单纯提高磺酰化试剂的用量而 $AlCl_3$ 的用量不变时，如 OPS、苯磺酰氯与 $AlCl_3$ 的物质的量之比为 1∶20∶10 时，产物经 FTIR 确认；继续增大磺酰化试剂用量，当三者的物质的量之比为 1∶30∶10 时，则 FTIR 无法确认产物。可见，磺酰化试剂与催化剂之间存在一个优选比例，适当的比例有利于反应生成高磺酰化程度的产物。

5. OPS 的磺酰化反应机理分析

傅-克酰基化反应中，磺酰化反应机理在文献中的报道较少。一般认为，傅-克磺酰化反应中的酰化试剂在催化剂的作用下，首先生成磺酰基正离子，然后其与苯环发生亲电取代[28,29]。因此，推测当磺酰化试剂为苯磺酰氯时苯的傅-克磺酰化反应机理如图 8-16 所示。由此机理推断，当磺酰化试剂过量时，利于磺酰基正离子的形成，进一步有利于苯环上亲电取代的发生。但这并不能解释 OPS 的磺酰化反应中当苯磺酰氯相对于 OPS 和 $AlCl_3$ 大过量(1∶30∶10)时，傅-克磺酰化反应程度反而降低的结果。据此推断，与羰基类似，苯磺酰氯中的砜基同样能与 $AlCl_3$ 络合(图 8-17)，消耗催化剂的量，从而降低磺酰化的反应程度。但是与羰基不同的是，这种络合物没有羰基与 $AlCl_3$ 形成的络合物稳定(1 个羰基络合一个 $AlCl_3$，而 1 个砜基不一定能络合 2 个 $AlCl_3$)。砜基上的氧原子对称、无极性，两个氧原子提供孤对电子的能力较羰基上氧原子的能力弱，因此砜基与 $AlCl_3$ 的络合概率低，这可由方法 7、方法 8、方法 10、方法 11 的高磺酰化反应程度证实。只有当砜基大过量时，才会明显消耗催化剂 $AlCl_3$ 的量，从而降低磺酰化的反应程度(方法 9)。方法 12 中由于没有了 N_2 吹扫反应出的 HCl 气体，导致体系中 HCl 浓度过高影响了如图 8-16 中③的反应速率，在 72 h 内未得到高磺酰化程度的产物。

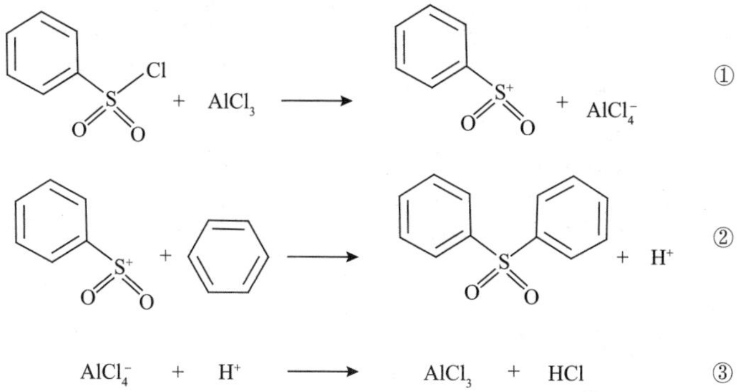

$AlCl_4^- + H^+ \longrightarrow AlCl_3 + HCl$　③

图 8-16　苯磺酰氯与苯的傅-克磺酰化反应机理

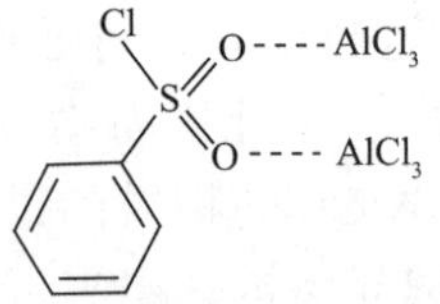

图 8-17　苯磺酰氯与 $AlCl_3$ 络合

基于以上对 OPS 的磺酰化反应机理的分析，提出了以下 OPS 与苯磺酰氯在 $AlCl_3$ 催化作用下的磺酰化反应模型(图 8-18)。首先，部分苯磺酰氯与 $AlCl_3$ 形成络合物消耗掉部分催化剂，余下的 $AlCl_3$ 与苯磺酰氯形成锍离子作为亲电试剂进攻 OPS 上的苯环。锍离子从苯环的 π 体系中得到两个 π 电子，与苯环上一个碳原子形成 σ 键，生成 σ 络合物。此时，这个碳原子由 sp^2 杂化变成 sp^3 杂化状态，σ 络合物很容易从 sp^3 杂化碳原子上失去一个质子，使该碳原子恢复成 sp^2 杂化状态，再形成六个 π 电子离域的闭合共轭体系，生成取代苯。当苯磺酰氯大过量时，其与 $AlCl_3$ 形成了相对多的络合物，消耗了作为催化剂的 $AlCl_3$ 的量，这也导致亲电试剂锍离子的数量减少，从而降低了整个反应的磺酰化速率。

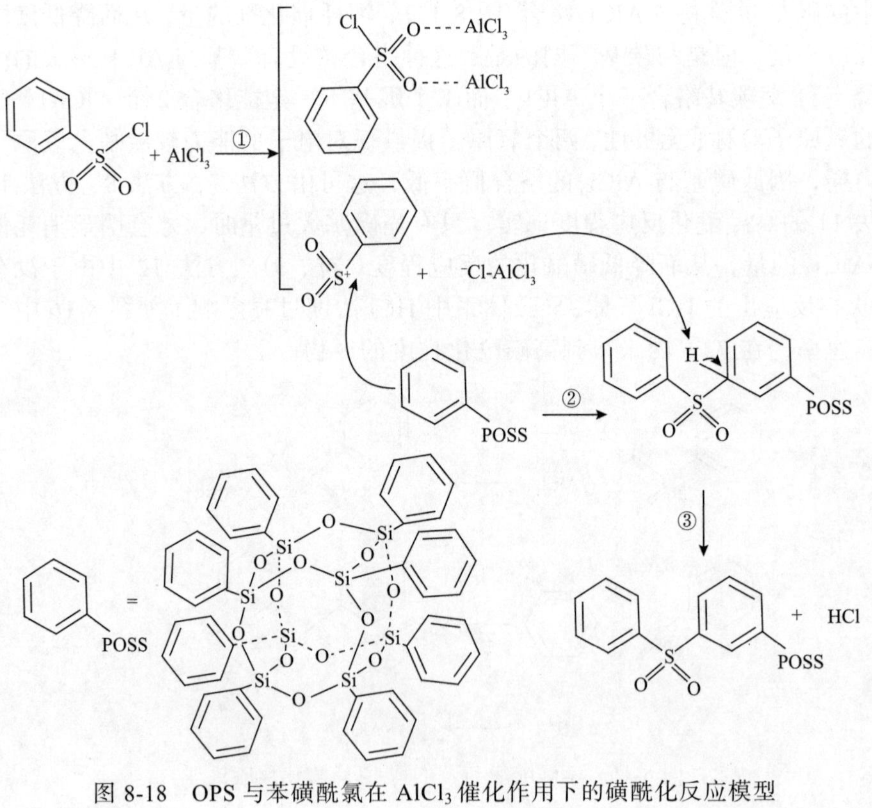

图 8-18　OPS 与苯磺酰氯在 $AlCl_3$ 催化作用下的磺酰化反应模型

8.1.4　八(二苯砜基)硅倍半氧烷的单晶表征

为了更全面地表征 ODPSS 这种新型 POSS 化合物的结构，作者在合成 ODPSS 粉末的基础上，通过溶剂扩散法培养了 ODPSS 的单晶体，对单晶的结构做了初步的研究。

采用溶剂扩散法培养了ODPSS的单晶体。首先将0.02 g ODPSS溶于2.5 mL 的二氯甲烷中，将该溶液置于 15 mL 的玻璃试管的底部，然后沿试管壁缓慢加入1.5 mL的二氯甲烷和正己烷的混合液(二者体积比为1∶1)，最后倒入10 mL 正己烷，将试管口用胶塞塞紧，静置 15 天析出 ODPSS 的单晶体。

通过单晶X射线衍射仪，测得上述方法培养的ODPSS单晶体为三斜晶系，晶体学数据见表 8-4，ODPSS 三斜晶系晶体的结构透视图见图 8-19，晶体中单个 ODPSS 的分子结构见图 8-20。ODPSS 三斜晶系晶体的成功培养，更加明确了 ODPSS 的分子结构，OPS 的间位磺酰化取代形式也再次得到了确认。

表 8-4　ODPSS 单晶体的晶体学数据

分子式	$C_{96}H_{72}O_{28}S_8Si_8$
分子量	2154.73
温度/K	100(2)
波长/Å	0.71073
晶系	三斜晶系
空间群	P-1
α/Å	12.5158(17)
b/Å	14.7134(19)
c/Å	15.165(2)
α/(°)	102.020(2)
β/(°)	92.295(2)
γ/(°)	92.287(2)
体积/Å^3	2725.9(6)
Z	1
密度/(mg/cm^3)	1.313
吸收系数/mm^{-1}	0.323
F(000)	1112
晶体粒度/mm	0.490 × 0.330 × 0.050
用于数据收集的 θ 范围	2.080°～25.000°
限制指数	$-14 \leqslant h \leqslant 14$ $-12 \leqslant k \leqslant 17$ $-18 \leqslant l \leqslant 17$
衍射点收集 (R_{int})	14584 / 9514 [(R_{int})=0.0206]

续表

完整性 θ(%)=25.242	96.5
吸收修正	半经验的等价物
改进方法	F^2上的全矩阵最小二乘
数据/限制/参数	9514 / 0 / 613
拟合优度指示器	1.043
最终 R 指数[$I > 2\text{sigma}(I)$]	R_1=0.0567, wR_2=0.1557
R 索引(所有数据)	R_1=0.0657, wR_2=0.1636
最大差异峰和洞(e Å^{-3})	1.452，−1.033

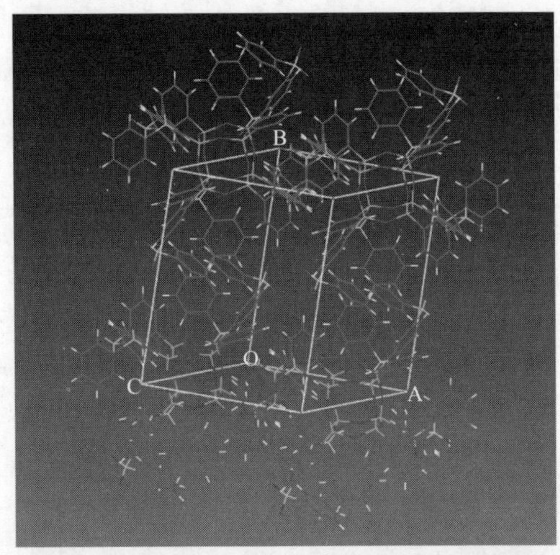

图 8-19　ODPSS 三斜晶系晶体的结构透视图

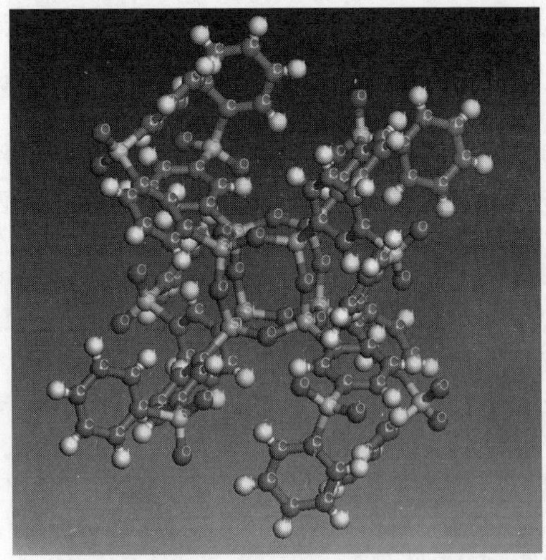
图 8-20　三斜晶系晶体中单个 ODPSS 的分子结构图

8.2　八(甲基二苯砜基)硅倍半氧烷的合成与表征

带有非反应性 R 官能团的 POSS 化合物可以通过简单的物理共混制备 POSS 基聚合物复合材料，而 POSS 与基体的相容性和热稳定性是影响其与聚合物物理共混的重要因素。八苯基硅倍半氧烷(OPS)拥有高的热稳定性，可以作为聚合物的改性剂应用于阻燃和耐高温领域[30-33]。然而，OPS 与聚合物基体的相容性较差[12]。通过对 OPS 上苯基的改性，可以显著改变该类化合物的溶解性，制备出反应性或非反应性的含苯基的硅倍半氧烷衍生物[34-37]。

多面体八(二苯砜基)硅倍半氧烷(ODPSS)的合成，成功保留了八苯基硅倍半氧烷衍生物的热稳定性，但对其溶解性的提高却非常有限。为了进一步提高 ODPSS 的溶解性，本节合成了八(甲基二苯砜基)硅倍半氧烷(OMDPSS)。

8.2.1　八(甲基二苯砜基)硅倍半氧烷的合成与结构表征

利用傅-克磺酰化法将 OPS 与甲基苯磺酰氯反应合成 OMDPSS 的路径如图 8-21 所示。氮气气氛保护下，250 mL 的三口烧瓶中加入 5.17 g 的 OPS、13.33 g 的三氯化铝和 100 mL 的二氯甲烷，随后缓慢滴入含有 15.25 g 对甲苯磺酰氯的二氯甲烷溶液，冰水浴中搅拌一夜后升温至 40℃继续搅拌 3 天。反应完毕后将反应液倒入盛有 100 g 碎冰的烧杯中，再加入 500 mL 的正己烷搅拌、沉淀。过滤掉液体，将沉淀用 50 mL 的丙酮溶解后在水中沉淀。再将沉淀溶于二氯甲烷，用 1 cm 厚的硅藻土层过滤，滤液倾入 300 mL 冷甲醇中，析出淡粉色沉淀物，抽滤后将得到沉淀放入 80℃的真空烘箱内干燥 12 h，得到产物 9.17 g，产率 81%。

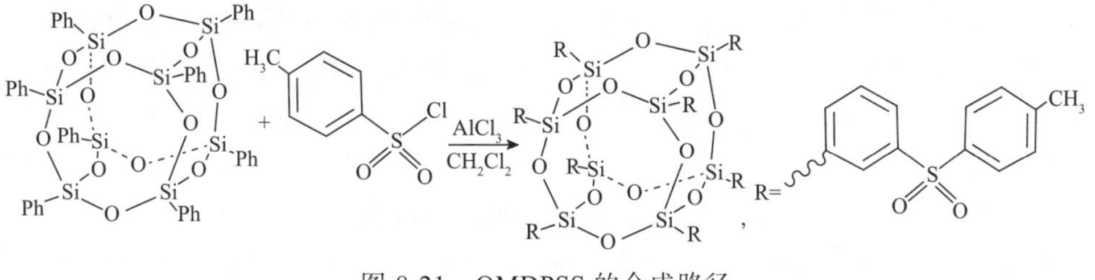

图 8-21　OMDPSS 的合成路径

用 FTIR、^{1}H NMR、^{13}C NMR、^{29}Si NMR、MALDI-TOF MS、WAXD 和元素分析对上述磺酰化反应得到的 OMDPSS 固体粉末进行表征。

FTIR 分析：OPS 磺酰化反应前后的 FTIR 谱如图 8-22 所示。在 1088 cm^{-1} 处的宽频吸收峰的位置与 OPS 的一致，对应于 POSS 笼状骨架上 Si—O—Si

的不对称伸缩振动。OMDPSS 的 FTIR 谱相比 OPS 出现了一些新的吸收峰，对应于 O═S═O 和 CH_3 基团。在 576 cm^{-1} 处的强吸收峰，对应 O═S═O 的弯曲振动；1074 cm^{-1}、1118 cm^{-1} 和 1135cm^{-1} 处的吸收峰对应 O═S═O 的对称伸缩振动；1301 cm^{-1} 和 1322 cm^{-1} 处的吸收峰对应 O═S═O 的不对称伸缩振动；在 1396 cm^{-1} 和 1447 cm^{-1} 处的吸收峰对应于 CH_3 中 C—H 的不对称弯曲振动。690 cm^{-1} 和 804 cm^{-1} 处的吸收峰分别对应于苯环上间位和对位的取代特征。804 cm^{-1} 处的对位吸收容易与间位吸收的特征峰混淆。因此，还需要 ^{1}H NMR 和 ^{13}C NMR 谱图来揭示该磺酰化基团在苯环上的取代位置。

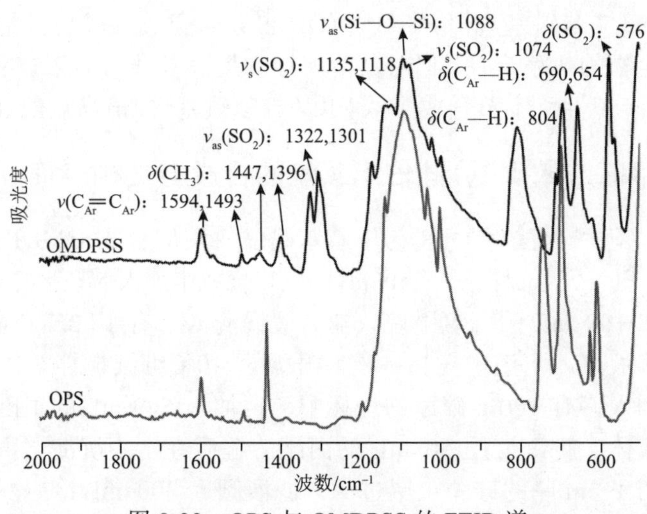

图 8-22 OPS 与 OMDPSS 的 FTIR 谱

^{1}H NMR 分析：OMDPSS 的 ^{1}H NMR 谱有 6 组在苯环特征区域的共振峰和 1 组甲基的特征共振峰(图 8-23)。苯环特征区的 6 组峰都对应于 OMDPSS 中的二苯砜基团：4 组峰归属于连接着 POSS 笼状骨架和 SO_2PhCH_3 间位取代的苯环，另外 2 组峰归属于对位取代的苯环。在 2.37 ppm 处的无裂分的单峰对应于 CH_3 基团，而在 8.34 ppm 处的无裂分的单峰，则代表了 OPS 间位取代的磺酰化特征，佐证了 FTIR 谱中苯环上的间位取代。详细谱图信息如下：^{1}H NMR (600.2 MHz, $CDCl_3$): δ = 8.34 ppm 对应 POSS 与 O_2SPhCH_3 的邻位氢(单峰 s, 8H)，8.07～8.06 ppm 对应 POSS 的邻位氢与 O_2SPhCH_3 的对位氢(双峰 d, 8H)，8.04～8.02 ppm 对应 O_2SPhCH_3 的邻位氢与 POSS 的对位氢(双峰 d, 8H)，7.71～7.70 ppm 对应 SO_2Ph 的邻位氢与 CH_3 的间位氢(双峰 d, 16H)，7.67～7.64 ppm 对应 POSS 和 O_2SPhCH_3 的间位氢(三重峰 t, 8H)，7.23～7.21 ppm 对应 O_2SPh 的间位氢和 CH_3 的邻位氢(双峰 d, 16H)，2.37 ppm 对应 CH_3

的氢(单峰 s, 24H)。

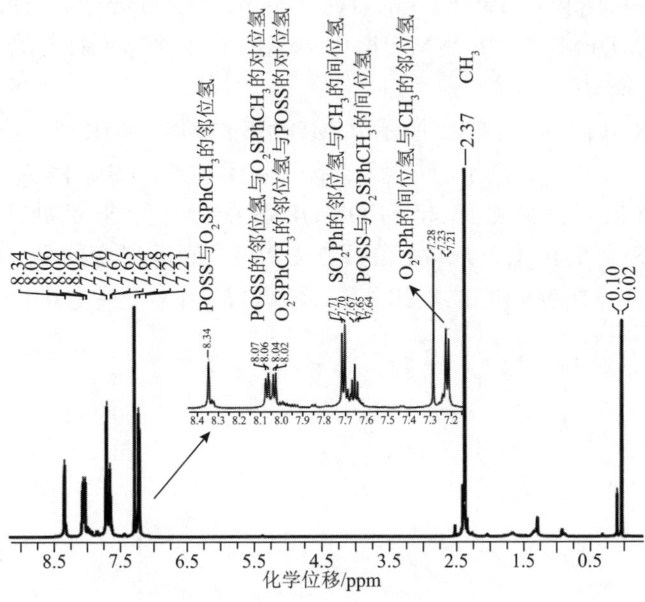

图 8-23　OMDPSS 的 ^{1}H NMR 谱

^{13}C NMR 分析：如图 8-24 所示，OMDPSS 的 ^{13}C NMR 谱共有 11 个共振峰，有别于 OPS 和 ODPSS 的 ^{13}C NMR 谱。144.5 ppm 和 142.2 ppm 处的共振峰对应于苯环上与 O═S═O 相连的 C，O═S═O 基团使得苯环上 C 的位置向高位移动。详细谱图信息如下：^{13}C NMR(151 MHz, $CDCl_3$, δ)：144.5 ppm

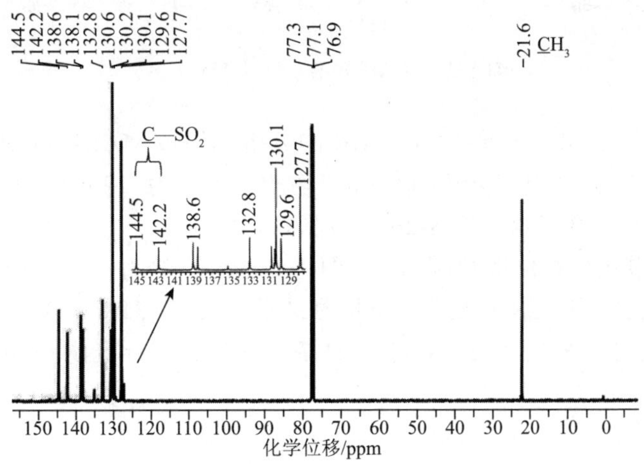

图 8-24　OMDPSS 的 ^{13}C NMR 谱

($C—SO_2$), 142.2 ppm($C—SO_2$), 138.6 ppm、138.1 ppm、132.8 ppm、130.6 ppm、130.2 ppm、130.1 ppm、129.6 ppm、127.7 ppm、21.6 ppm。与 ^{1}H NMR 分析的结论一致，OMDPSS 的 ^{13}C NMR 谱中不等值 C 的个数同样符合 OPS 苯环上间位取代的特征。

^{29}Si NMR 分析：如图 8-25 所示，OMDPSS 的 ^{29}Si NMR 谱只在−79.31 ppm 处存在一个共振峰，对应于与甲基二苯砜基团相连的 Si。因为 ^{29}Si NMR 谱中只有一个共振峰被检测到，证明 OMDPSS 中所有的 Si 都处在同一个化学环境，即 OPS 完全转化为八取代的 OMDPSS。值得注意的是，OMDPSS 的 ^{29}Si NMR 谱硅的共振峰的位置比八(二苯砜)硅倍半氧烷(ODPSS)略向高场移动。

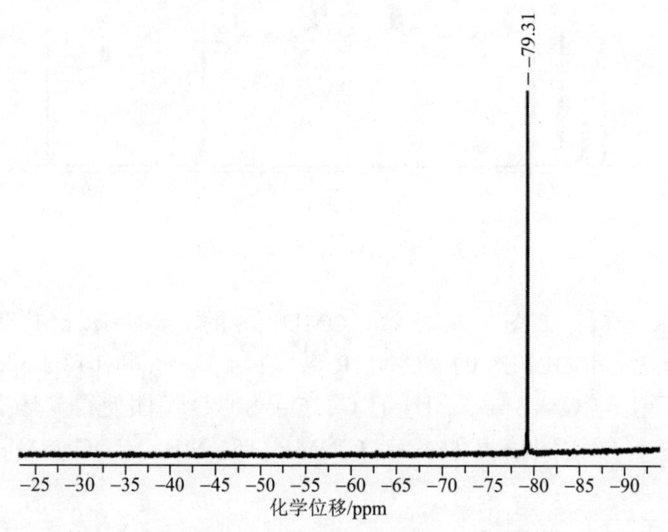

图 8-25　OMDPSS 的 ^{29}Si NMR 谱

MALDI-TOF MS 分析：^{29}Si NMR 的分析结果被 MALDI-TOF MS 谱所佐证。理论上，八个甲基二苯砜基取代产物的分子量为 2266.9，离子化+Na^{+}后的质荷比应为 2289.9。这与图 8-26 中检测到磺酰化产物的质荷比 2288.9 一致，因此 OPS 磺酰化产物的取代度为 8，即得到的终产物为 OMDPSS。

元素分析：OMDPSS 的元素分析检测结果为：C 53.74%，H 3.80%，S 11.12%。这与理论值 C 55.08%、H 3.88%、S 11.29%接近，目标产物 OMDPSS 被成功合成。

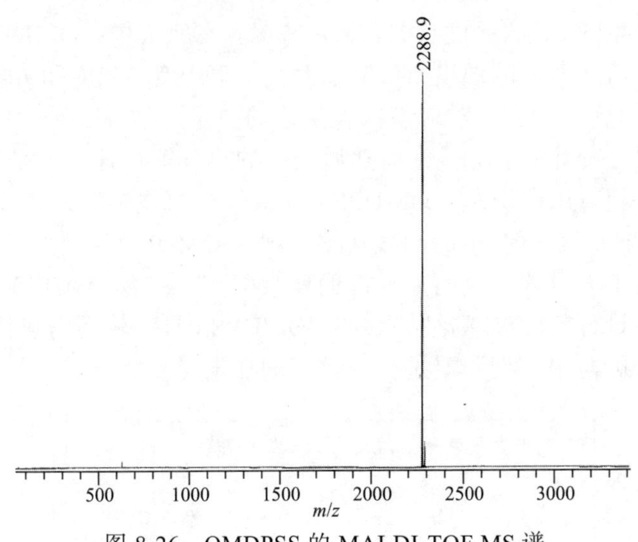

图 8-26　OMDPSS 的 MALDI-TOF MS 谱

结晶性表征：从图 8-27 可以看出，OMDPSS 在 WAXD 谱中表现出两个宽峰，表明在前述的合成实验条件下得到的 OMDPSS 是非晶态物质，这与结晶性较好的 OPS 和 ODPSS 有所不同[38]。原因可能是八个甲基的存在增大了 POSS 分子有机基团的体积，造成 OMDPSS 分子无法规则地堆砌，降低了规整度，从而使其在该合成条件下的 OMDPSS 呈现出非晶态。

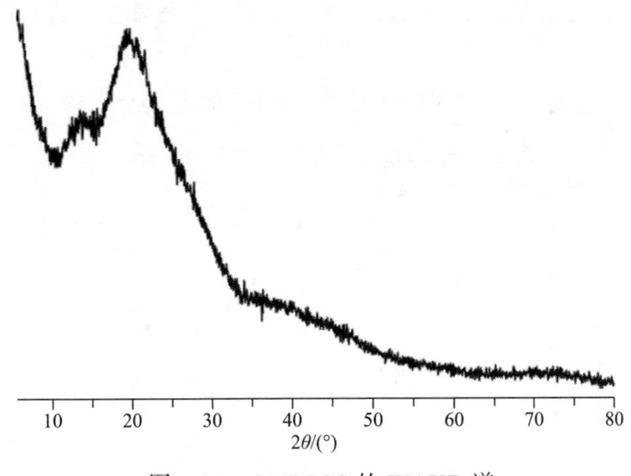

图 8-27　OMDPSS 的 WAXD 谱

8.2.2　八(甲基二苯砜基)硅倍半氧烷的热性能

OMDPSS 的热失重分析：OMDPSS 在氮气和空气中的 TG 和 DTG 曲线分别如图 8-28 和图 8-29 所示。在氮气中，OMDPSS 失重 5%时的温度为 428℃，比在空气中失重 5%时的温度(401℃)高 27℃。在氮气中，OMDPSS 只有一个热失重速率峰值所对应的温度 512℃，而在空气中有 492℃和 648℃两个热失重速率峰值所对应的温度，对应着两段快速的失重过程。两种气氛下，OMDPSS 在 40～400℃的失重都很缓慢，而随后快速的热分解过程则应是 OMDPSS 中有机基团的快速分解所引起。OMDPSS 在氮气中的残炭率为 56%，在空气中的残炭率为 22%。在氮气中高的残炭率是因为 OMDPSS 结构中二苯砜基团在凝聚相中残留了大量的炭，而空气中的残炭率则对应着 OMDPSS 定量转化为二氧化硅的质量分数。TG 的结果表明，OMDPSS 具有较高的热稳定性和成炭能力，能够抵御与聚合物共混过程中较高的加工温度。

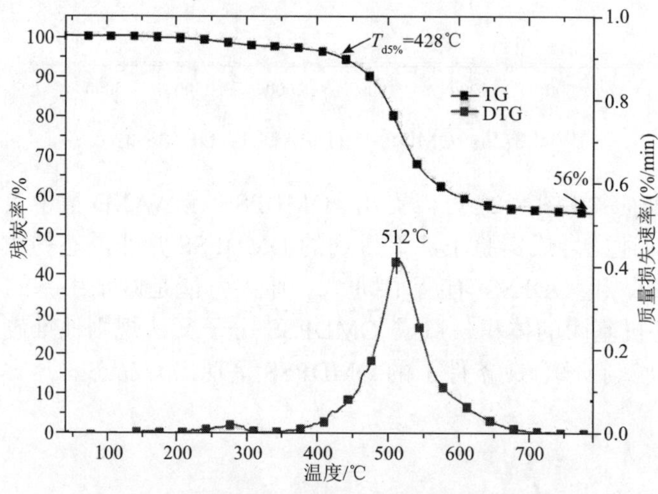

图 8-28　OMDPSS 在氮气中的 TG 和 DTG 曲线

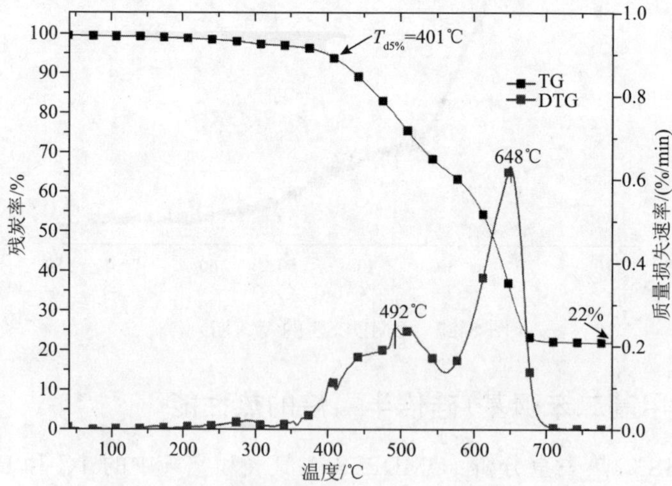

图 8-29　OMDPSS 在空气中的 TG 和 DTG 曲线

OMDPSS 的 DSC 分析：OMDPSS 的 DSC 曲线如图 8-30 所示，经历第二次升温时，观察到了 ODPSS 存在玻璃化转变温度(T_g)为 145℃。玻璃化转变温度的存在可能归因于较大的甲基二苯砜基团在受热时链段的移动，结合 WAXD 对 OMDPSS 非晶态的表征结果，可以认为 OMDPSS 的有机基团在该实验条件下存在不规整的排列。

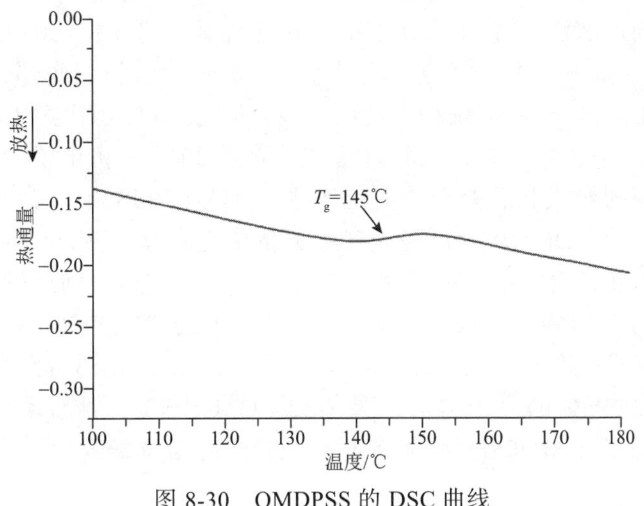

图 8-30　OMDPSS 的 DSC 曲线

8.2.3　八(甲基二苯砜基)硅倍半氧烷的溶解性表征

OPS 的溶解性很差，在良溶剂 CH_2Cl_2 中的溶解性为 1 L 的 CH_2Cl_2 中仅能溶解 10 g 的 OPS[7]。因此，OPS 的溶解性不仅限制了其与聚合物均匀的共混，还会对复合材料的外观产生不良影响。提高 OPS 溶解性的方法是对 OPS 上的苯环进行改性，制备新型功能化的 OPS 衍生物。ODPSS 和 OMDPSS 的合成，为 OPS 上引入了更多的有机基团，可以提高其在有机溶剂中的溶解性。如表 8-5 所示，ODPSS 引入的二苯砜基团对 OPS 的溶解性略有提高，而 OMDPSS 引入的甲基基团则更大程度地提高了其在常见有机溶剂中的溶解性。OMDPSS 良好的溶解性为其与聚合物均匀地共混提供了条件。

表 8-5　OPS、ODPSS、OMDPSS 在 1 L 常见有机溶剂中的溶解性对比(g)

样品	二氯甲烷	DMSO	DMF	DMAC
OPS	10	< 1	< 1	< 1
ODPSS	85	35	50	550
OMDPSS	600	250	400	800

8.2.4　八(甲基二苯砜基)硅倍半氧烷的单晶表征

根据图 8-27 的 WAXD 谱，基于 8.2.1 小节的合成条件，得到的 OMDPSS 为非晶。为了研究 OMDPSS 的结晶性,更全面地表征 OMDPSS 这种新型 POSS 化合物的结构，作者在制得 OMDPSS 粉末的基础上，利用溶剂扩散法尝试培养出 OMDPSS 的单晶体，对单晶的结构做了初步的研究。

采用溶剂扩散法培养出了 OMDPSS 的单晶体。首先将 0.01 g OMDPSS 溶于 2.5 mL 的二氯甲烷中，将该溶液置于 15 mL 玻璃试管的底部，然后沿试管壁缓慢加入 1.5 mL 二氯甲烷和正己烷的混合液(二者体积比为 1∶1)，最后倒入 10 mL 正己烷，将试管口用胶塞塞紧，静置 20 天，析出了 OMDPSS 的单晶体。在前期的合成和后处理的实验条件下，OMDPSS 粉末为非晶，但是通过单晶体培养后，OMDPSS 还是表现出了结晶的能力。说明 OMDPSS 的分子体积较大，需要在合适的实验条件下其分子才能够进行规则地堆砌结晶。

通过单晶 X 射线衍射仪，测得上述方法培养的 OMDPSS 单晶体为三斜晶系，晶体学数据见表 8-6，OMDPSS 三斜晶系晶体的结构透视图见图 8-31，晶体中单个 OMDPSS 的分子结构见图 8-32。OMDPSS 三斜晶系晶体的成功培养，更加明确了 OMDPSS 的分子结构，OPS 的间位磺酰化取代形式再次得到了确认。

表 8-6　OMDPSS 单晶体的晶体学数据

分子式	$C_{104}H_{88}O_{28}S_8Si_8$
分子量	2266.94
温度/K	100(2)
波长/Å	0.71073
晶系	三斜晶系
空间群	P-1
a/Å	12.838(4)
b/Å	15.259(5)
c/Å	17.323(5)
α/(°)	99.275(4)
β/(°)	96.424(5)
γ/(°)	105.252(4)
体积/Å^3	3188.3(17)
Z	1
密度/(mg/cm^3)	1.181

续表

吸收系数/mm^{-1}	0.279
F(000)	1176
晶体粒度/mm	0.500 × 0.250 × 0.150
用于数据收集的 θ 范围	1.665°～25.250°
限制指数	$-15 \leqslant h \leqslant 5$ $-18 \leqslant k \leqslant 18$ $-20 \leqslant l \leqslant 19$
衍射点收集(R_{int})	17059 / 11484　[(R_{int})=0.0356]
完整性 θ(%)=25.242	99.4
吸收修正	半经验的等价物
改进方法	F^2 上的全矩阵最小二乘
数据/限制/参数	11484 / 477 / 736
拟合优度指示器	1.028
最终 R 指数[I> 2sigma(I)]	R_1=0.0689, wR_2=0.1917
R 索引(所有数据)	R_1=0.1159, wR_2=0.2257
最大差异峰和洞(e $Å^{-3}$)	0.957，−0.480

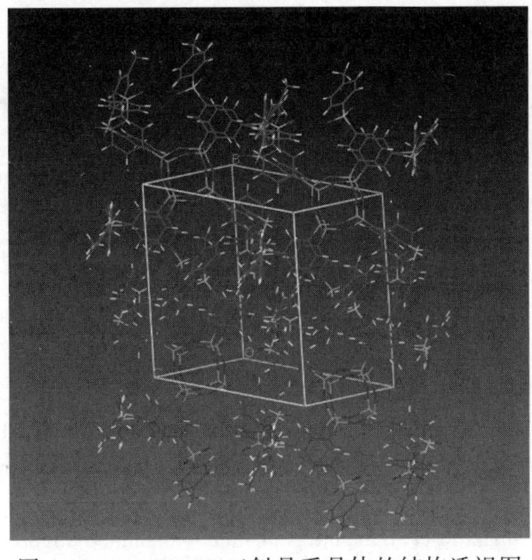

图 8-31　OMDPSS 三斜晶系晶体的结构透视图

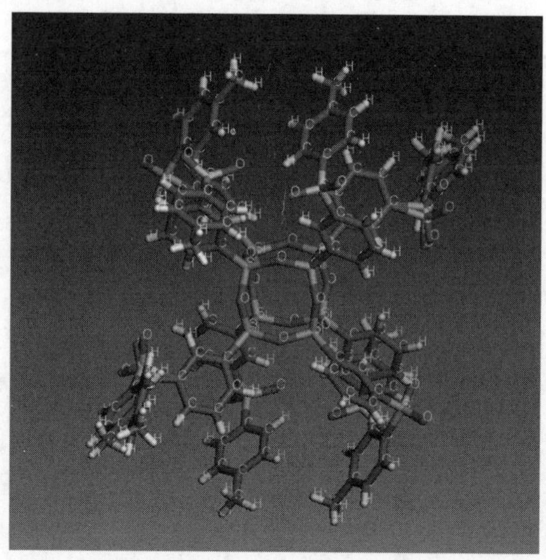

图 8-32　三斜晶系晶体中单个 OMDPSS 的分子结构图

参 考 文 献

[1] Barry A J, Daudt W H, Domicone J J, et al. Crystalline organosilsesquioxanes[J]. Journal of the American Chemical Society, 1955, 77(16): 4248-4252.

[2] Zhang W C, Camino G, Yang R J. Polymer/polyhedral oligomeric silsesquioxane (POSS) nanocomposites: an overview of fire retardance[J]. Progress in Polymer Science, 2017, 67: 77-125.

[3] Brown J F, Vogt L H, Prescott P I. Preparation and characterization of the lower equilibrated phenylsilsesquioxanes[J]. Journal of the American Chemical Society, 1964, 86(6): 1120-1125.

[4] Brown J F. The polycondensation of phenylsilanetriol[J]. Journal of the American Chemical Society, 1965, 87(19): 4317-4324.

[5] Brown J F. Double chain polymers and nonrandom crosslinking[J]. Journal of Polymer Science Polymer Symposia, 1963, 1(1): 83-97.

[6] Liu Y, Shi Z, Xu H, et al. Preparation, characterization, and properties of novel polyhedral oligomeric silsesquiox-ane-polybenzimidazole nanocomposites by Friedel-Crafts reaction [J]. Macromolecules, 2010, 43(16): 6731-6738.

[7] Wu Y W, Ye M F, Zhang W C, et al. Polyimide aerogels crosslinked through cyclic ladder - like and cage polyamine functionalized polysilsesquioxanes[J]. Journal of Applied Polymer Science, 2017, 134(37): 45296.

[8] Kim S G, Choi J, Tamaki R, et al. Synthesis of amino-containing oligophenylsilsesquioxanes[J]. Polymer, 2005, 46(12): 4514-4524.

[9] He C B, Xiao Y, Huang J C, et al. Highly efficient luminescent organic clusters with

quantum dot-like properties[J]. Journal of the American Chemical Society, 2004, 126(25): 7792-7793.

[10] Erben C, Grade H, Goddard G. Bromination of octaphenylsilsesquioxane[J]. Silicon Chemistry, 2006, 3(1-2): 43-49.

[11] Brick C M, Tamaki R, Kim S G, et al. Spherical, polyfunctional molecules using poly(bromophenylsilsesquioxane)s as nanoconstruction sites[J]. Macromolecules, 2005, 38(11): 4655-4660.

[12] Roll M F, Asuncion M Z, Kampf J, et al. para-octaiodophenylsilsesquioxane, $[p\text{-}IC_6H_4SiO_{1.5}]_8$, a nearly perfect nano-building block[J]. ACS Nano, 2008, 2(2): 320-326.

[13] Brick C M, Chan E R, Glotzer S C, et al. Self-lubricating nano-nall-bearings[J]. Advanced Materials, 2007, 19 (1): 82-86.

[14] Mackinnon S M, Wang Z Y. Anhydride-containing polysulfones derived from a novel A2X-type monomer[J]. Macromolecules, 1998, 31(22): 7970-7972.

[15] Finocchiaro P, Montaudo G, Mertoli P, et al. Synthesis and characterization of poly(ether ketone)/poly(ether sulfone) alternating and sequential copolymers by electrophilic reactions[J]. Macromolecular Chemistry & Physics, 1996, 197(3): 1007-1019.

[16] Magnus P D. Recent developments in sulfone chemistry[J]. Tetrahedron, 1977, 33(16): 2019-2045.

[17] Field L. Some developments in synthetic organic sulfur chemistry since 1970[J]. Synthesis, 1978, 1978(10): 713-740.

[18] Takamura N, Viculis L, Zhang C, et al. Completely discontinuous organic/inorganic hybrid nanocomposites by self-curing of nanobuilding blocks constructed from reactions of $[HMe_2SiOSiO_{1.5}]_8$ with vinylcyclohexene[J]. Polymer International, 2010, 56(11): 1378-1391.

[19] Fina A, Tabuani D, Carniato F, et al. Polyhedral oligomeric silsesquioxanes (POSS) thermal degradation[J]. Thermochimica Acta, 2006, 440(1): 36-42.

[20] Alexander M V, Khandekar A C, Samant S. Sulfonylation reactions of aromatics using $FeCl_3$-based ionic liquids[J]. Journal of Molecular Catalysis A Chemical, 2004, 223(1): 75-83.

[21] Bahrami K, Khodei M M, Shahbazi F. ChemInform abstract: highly selective catalytic Friedel-Crafts sulfonylation of aromatic compounds using a $FeCl_3$-based ionic liquid[J]. ChemInform, 2010, 39: no-no.

[22] Nara S, Harjani J R, Salunkhe M, et al. Friedel-Crafts sulfonylation in 1-butyl-3-methylimidazolium chloroaluminate ionic liquids[J]. Journal of Organic Chemistry, 2001, 66(25): 8616-8620.

[23] Singh R P, Kamble R M, Chandra K L, et al. An efficient method for aromatic Friedel-Crafts alkylation, acylation, benzoylation, and sulfonylation reactions[J]. ChemInform, 2001, 57: 241-247.

[24] Wallace M A, Raab C, Dean D, et al. Synthesis of aryl[^{35}S] sulfones: Friedel-Crafts sulfonylation of aryl ethers with high specific activity [^{35}S] methanesulfonyl chloridet[J]. Journal of Labelled Conpounds and Radiopharmaceuticals, 2007, 50: 347-349.

[25] Choudary B M, Chowdari N S, Kantam M L. Friedel-Crafts sulfonylation of aromatics catalysed by solid acids: An eco-friendly route for sulfone synthesis[J]. Journal of the Chemical Society, Perkin Transactions, 2000, 16: 2689-2693.

[26] Jang D O, Moon K S, Cho D H, et al. Highly selective catalytic Friedel-Crafts acylation and sulfonylation of activated aromatic compounds using indium metal[J]. ChemInform, 2006, 47: 6063-6066.

[27] Borujeni K P, Tamami B. Polystyrene and silica gel supported $AlCl_3$ as highly chemoselective heterogeneous Lewis acid catalysts for Friedel-Crafts sulfonylation of aromatic compounds[J]. Catalysis Communications, 2007, 8: 1191-1196.

[28] Smith M B, March J. March's Advanced Organic Chemistry[M]. New York: John Wiley & Sons, 2007.

[29] 黄志良，靳立群，雷爱文. 傅-克酰基化反应的机理及动力学研究进展[J]. 有机化学, 2011, 31(6): 775-783.

[30] He Q, Song L, Hu Y, et al. Synergistic effects of polyhedral oligomeric silsesquioxane (POSS) and oligomeric bisphenyl A bis (diphenyl phosphate) (BDP) on thermal and flame retardant properties of polycarbonate[J]. Journal of Materials Science, 2009, 44 (5): 1308-1316.

[31] Cheng B, Zhang W, Li X, et al. The study of char forming on OPS/PC and DOPO-POSS/PC composites[J]. Journal of Applied Polymer Science, 2014, 131 (4): 1001-1007.

[32] Li L, Li X, Yang R. Mechanical, thermal properties, and flame retardancy of PC/ultrafine octaphenyl-POSS composites[J]. Journal of Applied Polymer Science, 2012, 124 (5): 3807-3814.

[33] Cai H L, Xu K, Liu H, et al. Influence of polyhedral oligomeric silsesquioxanes on thermal and mechanical properties of polycarbonate/POSS hybrid composites[J]. Polymer Composites, 2011, 32 (9): 1343-1351.

[34] Fan H B, He J Y, Yang R J. Synthesis, characterization, and thermal curing of a novel polyhedral oligomeric octa (propargylaminophenyl) silsesquioxane[J]. Journal of Applied Polymer Science, 2012, 127 (1): 463-470.

[35] Laine R M, Roll M F. Polyhedral phenylsilsesquioxanes[J]. Macromolecules, 2011, 44 (5): 1073-1109.

[36] Lichtenhan J D. Polyhedral oligomeric silsesquioxanes: building blocks for silsesquioxane-based polymers and hybrid materials[J]. Comments on Inorganic Chemistry, 1995, 17 (2): 115-130.

[37] Kuo S W, Chang F C. POSS related polymer nanocomposites[J]. Progress in Polymer Science, 2011, 36 (12): 1649-1696.

[38] Ni Y, Zheng S. Nanostructured thermosets from epoxy resin and an organic-inorganic amphiphile[J]. Macromolecules, 2007, 40 (19): 7009-7018.

第 9 章　七苯基硅倍半氧烷三硅醇锂(钠)盐的合成与表征

不完全缩聚硅倍半氧烷中含有的硅羟基与碱金属(如锂和钠)可以通过络合更多的其他金属元素形成新的化合物。研究合成含有碱金属的不完全缩聚硅倍半氧烷硅醇盐至关重要，可以扩大金属硅倍半氧烷的应用范围。Lee 和 Kawakawi[1]以及 Yoshida 等[2]将 $C_6H_5SiOEt_3$ 或 $C_6H_5SiOMe_3$ 置于异丙醇溶剂中，在 NaOH 催化下，持续加热回流 4 h 后，停止加热，冷却至室温后继续搅拌 15 h 或 70 h 后，得到两种不完全缩合苯基 POSS 钠盐(图 9-1)，再经 CH_3COOH 中和后即可得到$(C_6H_5)_7Si_7O_9(OH)_3$ 和$(C_6H_5)_8Si_8O_{10}(OH)_4$，但要精准地控制反应时间得到单一的不完全缩合三硅醇 POSS 并不容易。Koh 等[3]以三氟丙基三甲氧基硅烷为原料，同样以 NaOH 为催化剂，在四氢呋喃溶剂中得到了带 3 个—ONa 基团的不完全缩合氟丙基 POSS 钠盐，但钠盐的吸湿性很强，容易产生吸水变质等问题，不易保存。

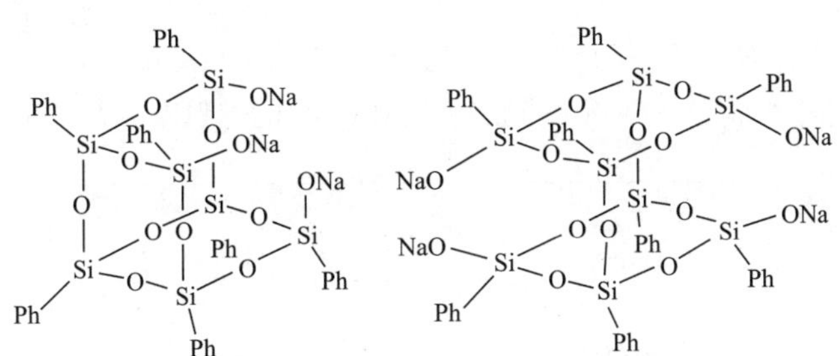

图 9-1　苯基三硅醇钠盐和四硅醇钠盐的结构图

9.1　七苯基硅倍半氧烷三硅醇锂盐的合成与表征

七苯基硅倍半氧烷三硅醇锂盐(Li-Ph-POSS)的合成路线如图 9-2 所示。

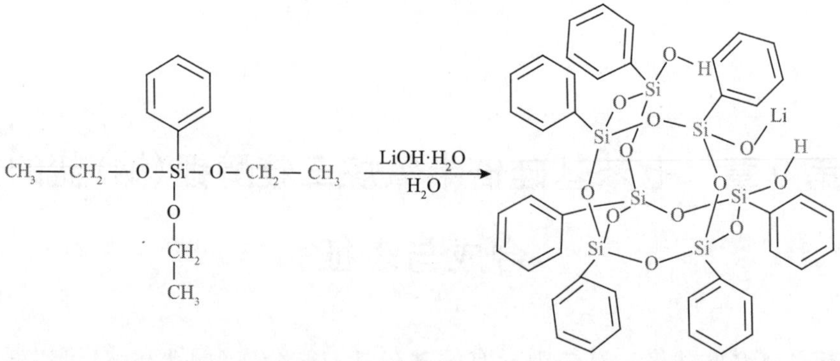

图 9-2　七苯基硅倍半氧烷三硅醇锂盐(Li-Ph-POSS)的合成路线

Li-Ph-POSS 的制备：将 880 mL 丙酮和 120 mL 甲醇加入到装有回流冷凝管、恒压滴液漏斗、控温装置和磁力搅拌的 2000 mL 三口烧瓶中，搅拌状态下加入 20 g $LiOH·H_2O$ 和 16 mL 去离子水，升温至 55～65℃，使体系内出现回流，滴加苯基三乙氧基硅烷(PTES)251.6 g，35～50 min 滴完，滴加完毕后回流反应 16～18 h，有固体产生，抽滤，大量蒸馏水洗涤，烘干得到白色粉末状固体 136.8 g，计算产率为 97.6%。

9.1.1　七苯基硅倍半氧烷三硅醇锂盐的结构分析

1. Li-Ph-POSS 的红外光谱分析

图 9-3 是 PTES、$LiOH·H_2O$、Li-Ph-POSS 的 FTIR 谱。从图中可以看出，与八乙烯基或者八苯基 POSS 不同，Li-Ph-POSS 的 FTIR 谱在 1000～1100 cm^{-1}

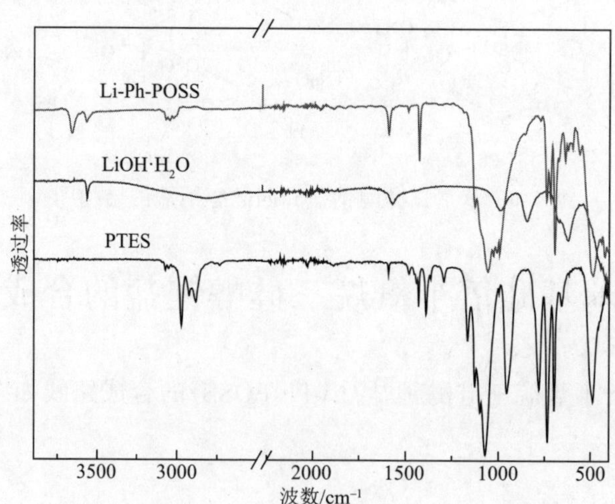

图 9-3　PTES、$LiOH·H_2O$、Li-Ph-POSS 的 FTIR 谱

处出现了 Si—O 键的多重吸收峰，这是由不完全缩聚硅倍半氧烷中有机基团所处的化学环境不同所致。3076 cm^{-1}、3039 cm^{-1}、3009 cm^{-1} 处的吸收峰是苯环的 C—H 伸缩振动峰；1583 cm^{-1}、1430 cm^{-1} 处的吸收峰为苯基中 C═C 键和 C—C 键的特征吸收峰；738 cm^{-1} 和 694 cm^{-1} 处的吸收峰是单取代苯环上氢的面外弯曲振动吸收峰，原料 PTES 中位于 959 cm^{-1}、1391 cm^{-1} 和 2888 cm^{-1} 处出现的—CH_2—CH_3 在产物中完全消失了，说明了 PTES 已发生了完全水解，同时，3661 cm^{-1} 处出现的小尖峰归属于 Si—OLi 的特征峰，符合 Li-Ph-POSS 的基本特征。

2. Li-Ph-POSS 的核磁共振分析

图 9-4 是 PTES 和 Li-Ph-POSS 的 ^{1}H NMR 谱。从图中可以看出，与 PTES 类似在 6.5～8 ppm 出现较多的信号峰，此处为苯环上氢质子信号峰，但是相对 PTES 在此处的信号峰，而位于 1.25 ppm 和 3.83 ppm 处的甲基和亚甲基的氢质子信号峰在产物 Li-Ph-POSS 中完全消失了，进一步证明了 PTES 的水解反应是彻底的。

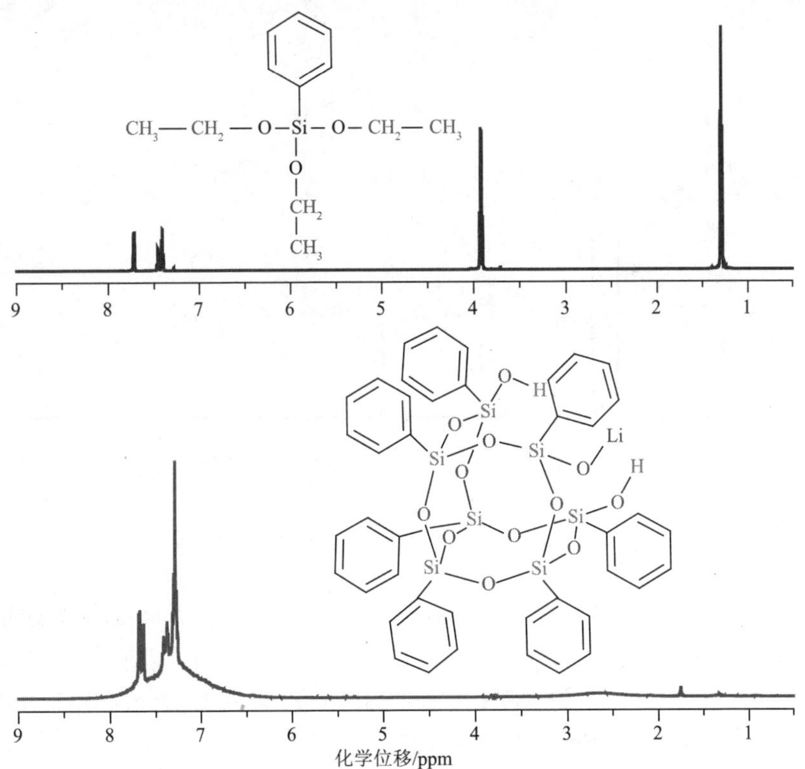

图 9-4　PTES 和 Li-Ph-POSS 的 ^{1}H NMR 谱

图 9-5 是 PTES 和 Li-Ph-POSS 的 ^{13}C NMR 谱。从图中可以看出，与 PTES 相似 Li-Ph-POSS 的 ^{13}C NMR 谱仅在 127～134 ppm 范围内出峰，此处为苯基碳谱峰位置，而且由于不完全缩聚的苯基处于多种化学环境中，因此，相比 PTES 出峰较多。

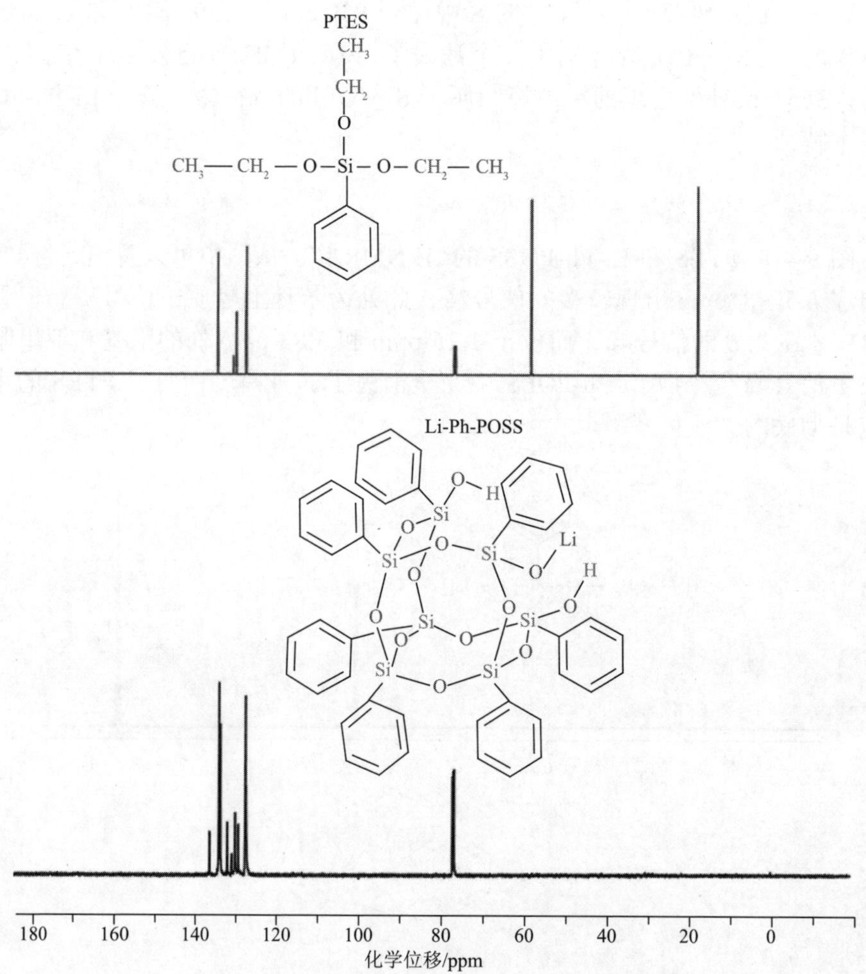

图 9-5　PTES 和 Li-Ph-POSS 的 ^{13}C NMR 谱

图 9-6 是 Li-Ph-POSS 的 ^{29}Si NMR 谱。图中出现了 3 个明显的共振吸收峰：分别在−69.62 ppm、−77.47 ppm 和−77.75 ppm 处，分别代表底角的 Si 原子、与 OLi 连着的 Si 原子以及与 OH 连着的 Si 原子，它们的积分面积比为 4 : 1 : 2，这些充分佐证了 Li-Ph-POSS 的结构。

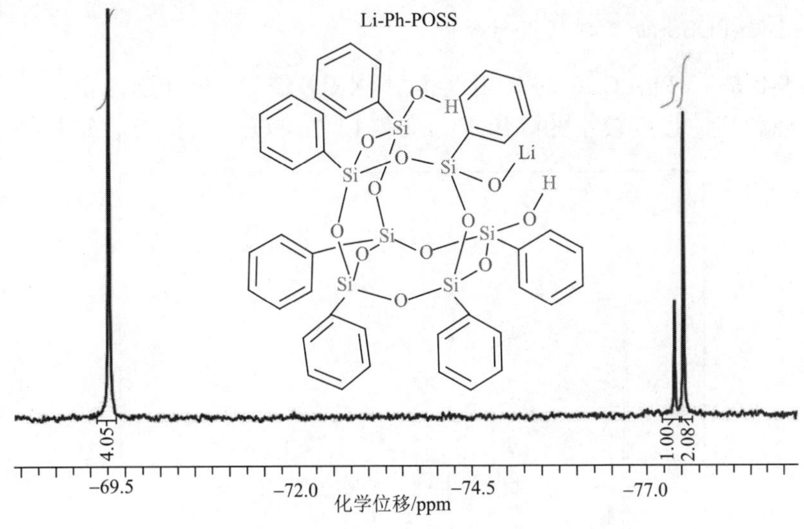

图 9-6　PTES 和 Li-Ph-POSS 的 ^{29}Si NMR 谱

3. Li-Ph-POSS 的基质辅助激光解吸电离飞行时间质谱分析

图 9-7 是 Li-Ph-POSS 的基质辅助激光解吸电离飞行时间质谱(MALDI-TOF MS)，采用 α-腈基-四羟基苯丙烯酸为基质，为了促进分子离子形成，基质中加入了钠盐和钾盐，所以会产生$[M+H]^+$、$[M+Na]^+$和$[M+K]^+$加合离子。图中只有在 937.1 处出现了单一的分子离子峰，是由分子量为 936 的合成产物 Li-Ph-POSS 加氢离子所得，单一分子离子峰的出现充分表明合成的产物 Li-Ph-POSS 单一，没有副产物的产生。

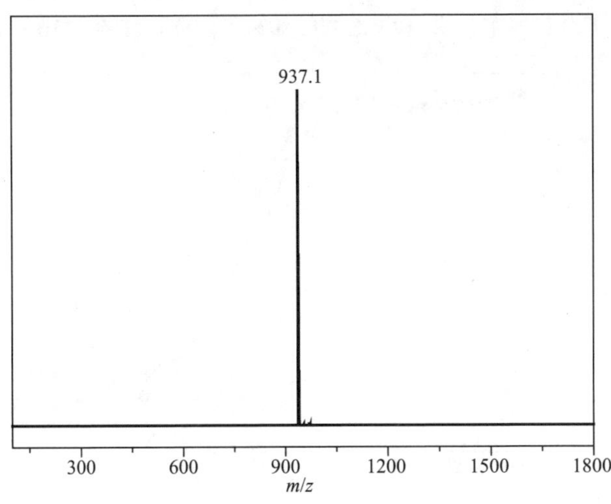

图 9-7　Li-Ph-POSS 的 MALDI-TOF MS 谱

4. Li-Ph-POSS 的 X 射线衍射分析

图 9-8 是 Li-Ph-POSS 的 X 射线衍射(XRD)谱。Li-Ph-POSS 谱由几个尖锐的衍射峰和其他强度较小的峰组成，推测 Li-Ph-POSS 可能存在结晶。

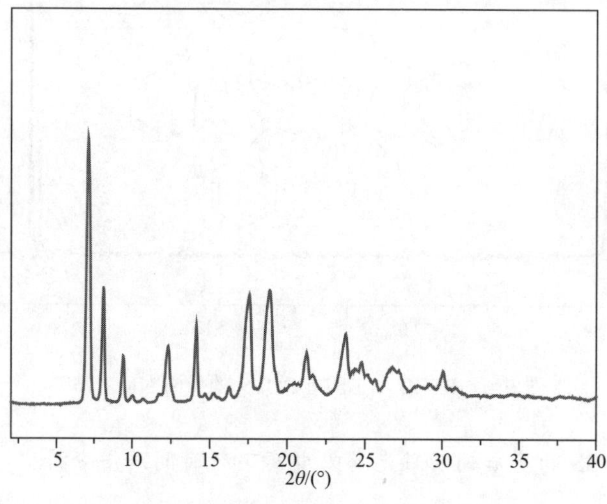

图 9-8　Li-Ph-POSS 的 XRD 谱

9.1.2　七苯基硅倍半氧烷三硅醇锂盐的热失重分析

Li-Ph-POSS 在氮气和空气气氛下的 TG 曲线如图 9-9 所示，表 9-1 给出了相关的数据。由图可知，Li-Ph-POSS 在氮气和空气下的热分解行为基本一致，主要为三个阶段分解：第一阶段在 80～210℃，主要是羟基脱水缩合，第二、三阶段在 350～420℃，主要是 POSS 的分解。第四阶段在 450～700℃，主要是

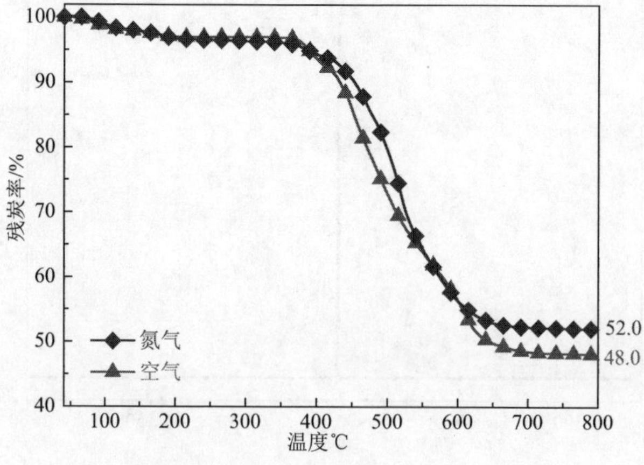

图 9-9　Li-Ph-POSS 在氮气和空气气氛下的 TG 曲线

表 9-1　Li-Ph-POSS 在氮气和空气气氛下的 TG 数据

气氛	T_{onset}/℃	T_{max1}/℃	T_{max2}/℃	T_{max3}/℃	T_{max4}/℃	800℃残炭率/%
氮气	372	88	392	471	518	52.0
空气	389	87	394	451	610	48.0

注：T_{onset} 是失重为 5%时的温度；T_{max} 是最大失重速率处的温度。

分解的 POSS 形成的残炭结构的进一步分解。从表 9-1 比较得知 Li-Ph-POSS 在氮气下的初始分解温度为 372℃，在空气下的初始分解温度为 389℃，说明 Li-Ph-POSS 在氮气中分解得较早一点，而且在氮气气氛下的残炭率和空气气氛相差不大，说明这两种气氛下的热分解机理几乎一致，氧气的存在并不会对后期残炭炭层的分解造成很大的影响。

9.1.3　七苯基硅倍半氧烷三硅醇锂盐合成条件的优化

作者团队研究了助溶剂、碱用量、用水量和反应温度对七苯基硅倍半氧烷三硅醇锂盐(Li-Ph-POSS)产物的影响。为研究助溶剂的类型对目标产物 Li-Ph-POSS 的影响，以苯基三乙氧硅烷(PTES)、单水氢氧化锂、去离子水的摩尔比为 1.00∶0.46∶1.30 为标准，控制同样的反应温度和反应时间，利用 ^{29}Si NMR 谱对两种体系下形成的产物进行了表征和分析。如图 9-10 所示，从其 ^{29}Si NMR 谱可以观察到以甲醇或异丙醇两种溶剂作为助溶剂条件下的产物结构相同。表明两种助溶剂对 Li-Ph-POSS 产物的结构并没有影响。

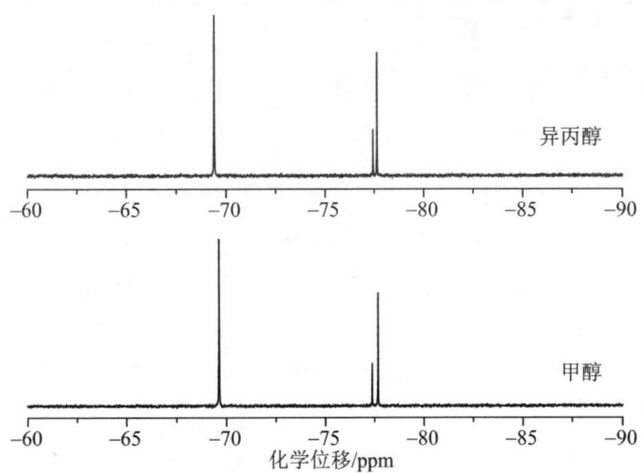

图 9-10　甲醇和异丙醇两种助溶剂条件下得到的 Li-Ph-POSS 的 ^{29}Si NMR 谱

为研究不同 $LiOH·H_2O$ 用量对 Li-Ph-POSS 的影响，固定苯基三乙氧硅烷和去离子水的摩尔比为 1.00：1.30，控制同样的反应温度和反应时间，而苯基三乙氧硅烷与 $LiOH\cdot H_2O$ 的摩尔比分别为 1：0.36、1：0.46、1：0.56，得到如图 9-11 所示的 ^{29}Si NMR 谱，同样地，从 ^{29}Si NMR 谱可以观察到 $LiOH\cdot H_2O$ 用量的多少并未对产物的结构造成很明显的影响。由表 9-2 可知，$LiOH\cdot H_2O$ 用量的多少会对产物的产率产生一定的影响，随着 $LiOH\cdot H_2O$ 用量的增加，产率略有提升。

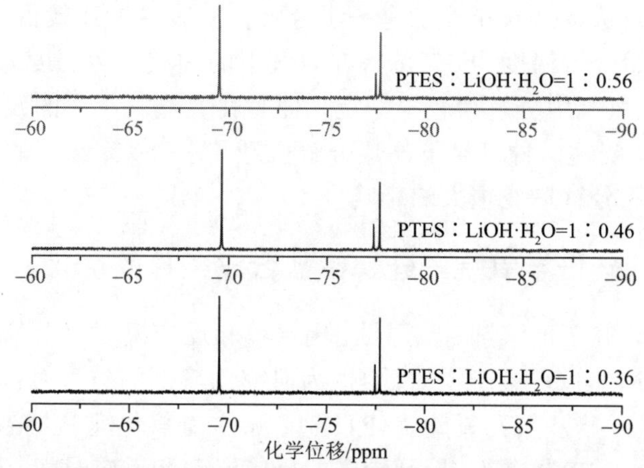

图 9-11　不同 $LiOH\cdot H_2O$ 用量下得到的 Li-Ph-POSS 的 ^{29}Si NMR 谱

表 9-2　不同 $LiOH\cdot H_2O$ 用量对 Li-Ph-POSS 产率的影响

产物	单一性	$LiOH\cdot H_2O$	H_2O	产率/%
	是	0.36		92
Li-Ph-POSS	是	0.46	1.30	93
	是	0.56		97

为研究用水量对 Li-Ph-POSS 的影响，固定苯基三乙氧硅烷和 $LiOH\cdot H_2O$ 的摩尔比为 1.00：0.46，控制同样的反应温度和反应时间，而苯基三乙氧硅烷与 H_2O 的摩尔比分别为 1：1.2、1：1.3、1：1.4，得到如图 9-12 所示的 ^{29}Si NMR 谱，同样地，从 ^{29}Si NMR 谱可以观察到用水量的多少并未对产物的结构造成很明显的影响。由表 9-3 可知，无论是增加用水量还是降低用水量都会对产物的产率产生一定的影响，只有在合适的用水量时，产物的产率才能达到最大。

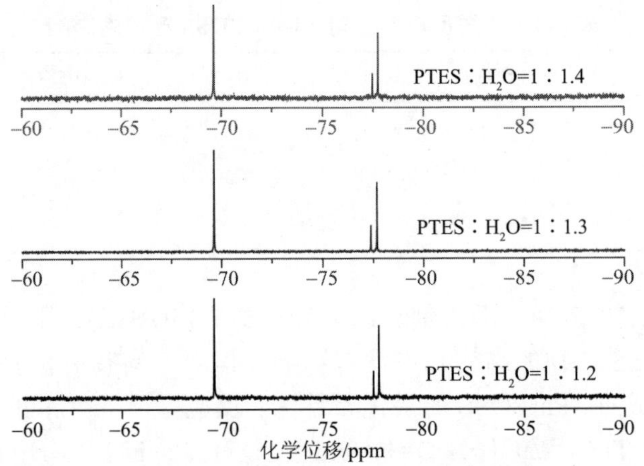

图 9-12　不同用水量下得到的 Li-Ph-POSS 的 ^{29}Si NMR 谱

表 9-3　不同用水量对 Li-Ph-POSS 产率的影响

产物	单一性	H_2O	$LiOH \cdot H_2O$	产率/%
	是	1.2		90
Li-Ph-POSS	是	1.3	0.46	93
	是	1.4		89

为研究温度的不同对 Li-Ph-POSS 的影响，固定苯基三乙氧硅烷、$LiOH \cdot H_2O$ 和 H_2O 的摩尔比为 1.00 : 0.46 : 1.3，控制同样的反应时间，得到如图 9-13 所示的 ^{29}Si NMR 谱，同样地，从 ^{29}Si NMR 谱可以观察到温度的变化并未对产物的结构造成很明显的影响。由表 9-4 可知，反应所选的温度会对产物的产率产生一定的影响，产物的产率随所选反应温度升高而增大。

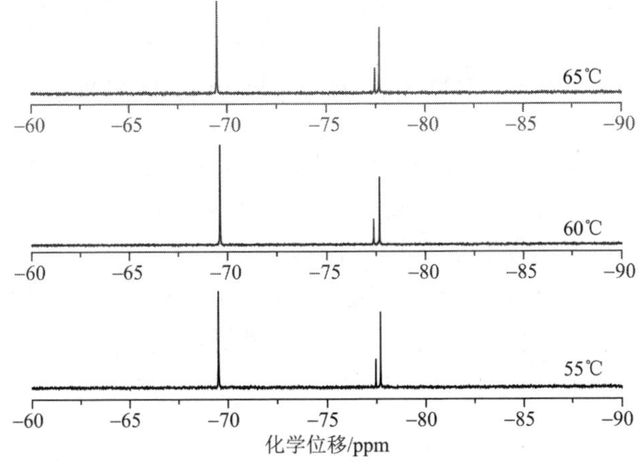

图 9-13　不同反应温度条件下得到的 Li-Ph-POSS 的 ^{29}Si NMR 谱

表 9-4　不同反应温度对 Li-Ph-POSS 产率的影响

产物	单一性	温度/℃	H_2O	$LiOH·H_2O$	产率/%
	是	55			93
Li-Ph-POSS	是	60	1.30	0.46	98
	是	65			99

上述实验结果表明，助溶剂异丙醇和甲醇、$LiOH·H_2O$ 用量、用水量、温度对 Li-Ph-POSS 产物的结构几乎没有影响，但对产率有所影响。在目前研究的条件下，合成 Li-Ph-POSS 的最优条件为：反应温度 65℃；助溶剂选择甲醇或者异丙醇；PTES：$LiOH·H_2O$=1：0.56(摩尔比)；PTES：H_2O=1：1.3(摩尔比)；PTES：H_2O=1：1.3(摩尔比)。

9.2　七苯基硅倍半氧烷三硅醇钠盐的合成及表征

七苯基硅倍半氧烷三硅醇钠盐(Na-Ph-POSS)的合成路线如图 9-14 所示。

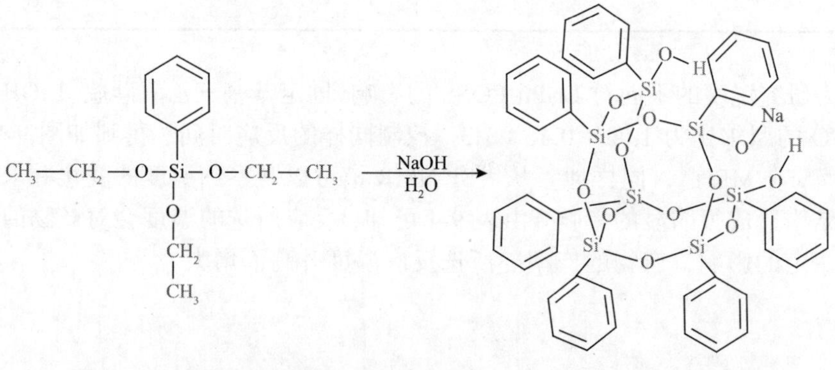

图 9-14　七苯基硅倍半氧烷三硅醇钠盐(Na-Ph-POSS)的合成路线

七苯基硅倍半氧烷三硅醇钠盐(Na-Ph-POSS)的制备：将 1000 mL 丙酮、28 g NaOH、33.6 mL H_2O、313.2 g 苯基三乙氧基硅烷加入到装有回流冷凝管、恒压滴液漏斗、控温装置和磁力搅拌器的 2000 mL 三口烧瓶中，搅拌状态下升温至 55～65℃，使体系内出现回流，然后将混合液继续回流反应 16～18 h，有固体产生，抽滤，大量溶剂洗涤，80℃鼓风烘干箱中烘干，得到白色粉末状固体 152.6 g，计算产率为 86.2%。

9.2.1　七苯基硅倍半氧烷三硅醇钠盐的结构分析

1. Na-Ph-POSS 的红外光谱分析

图 9-15 是 PTES 和 Na-Ph-POSS 的 FTIR 谱。从图中可以看出，与 Li-Ph-POSS 的红外吸收峰类似，Na-Ph-POSS 的 FTIR 谱在 980～1100 cm^{-1} 处出现了 Si—O 键的多重吸收峰，这是由不完全缩聚硅倍半氧烷中有机基团所处的化学环境不同所致。3076 cm^{-1}、3039 cm^{-1} 和 3009 cm^{-1} 处的吸收峰是苯环的 C—H 伸缩振动峰；1583 cm^{-1}、1430 cm^{-1} 处的吸收峰为苯基中 C═C 键和 C—C 键的特征吸收峰；738 cm^{-1} 和 694 cm^{-1} 处的吸收峰是单取代苯环上氢的面外弯曲振动吸收峰，原料 PTES 中位于 959 cm^{-1}、1391 cm^{-1} 和 2888 cm^{-1} 处出现的—O—CH_2—CH_3 在产物中完全消失了，说明了 PTES 已发生了完全水解，同时，3650 cm^{-1} 处出现的小峰归属于—ONa 的特征峰，符合 Na-Ph-POSS 的基本结构特征。

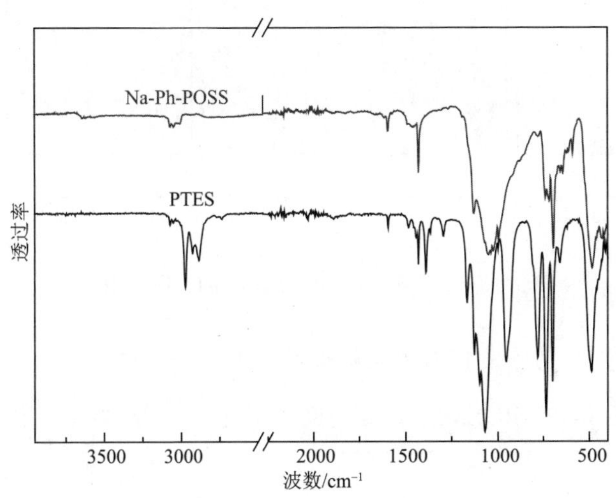

图 9-15　PTES 和 Na-Ph-POSS 的 FTIR 谱

2. Na-Ph-POSS 的核磁分析

图 9-16 是 PTES 和 Na-Ph-POSS 的 ^{13}C NMR 谱。从图中可以看出，与 PTES 相似，Na-Ph-POSS 的 ^{13}C NMR 谱仅在 127～134 ppm 范围内出峰，此处为苯基碳谱峰位置，而且由于不完全缩聚苯基处于多种化学环境中，因此，相比 PTES 在此处的尖峰，而 Na-Ph-POSS 的 ^{13}C NMR 谱出现了三个峰，同时，在 PTES 中甲基和亚甲基的碳谱峰并没有在 Na-Ph-POSS 中出现，进一步验证了 PTES 的水解反应是彻底的。

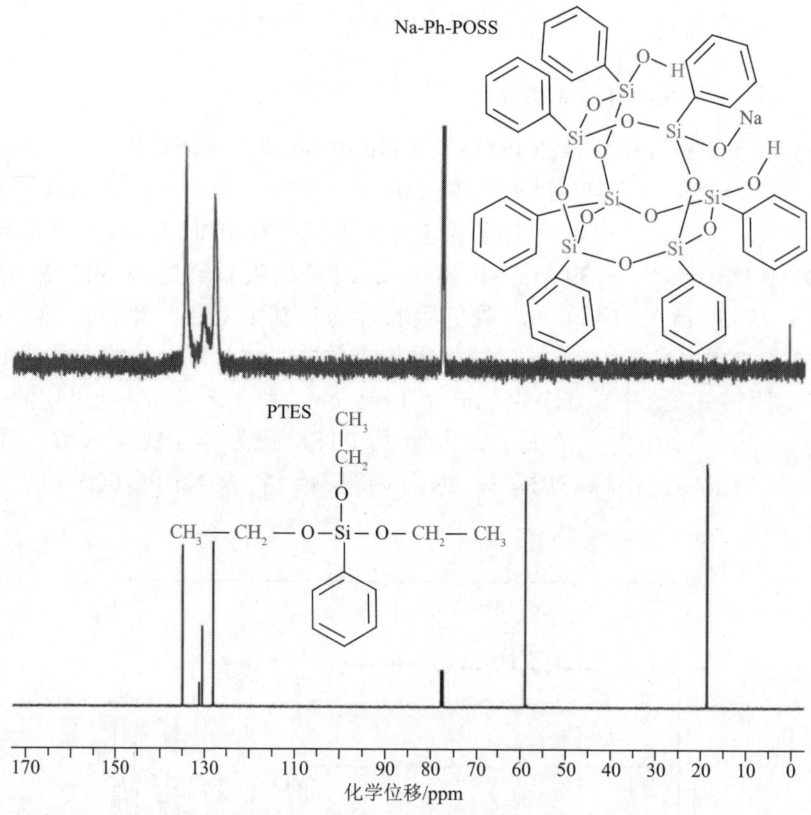

图 9-16　PTES 和 Na-Ph-POSS 的 ^{13}C NMR 谱

3. Na-Ph-POSS 的基质辅助激光解吸电离飞行时间质谱分析

图 9-17 是 Na-Ph-POSS 的基质辅助激光解吸电离飞行时间质谱（MALDI-

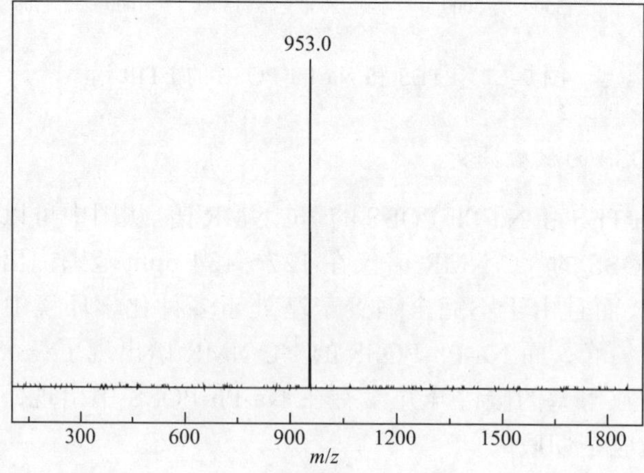

图 9-17　Na-Ph-POSS 的 MALDI-TOF MS 谱

TOF MS)，采用α-腈基-四羟基苯丙烯酸为基质，为了促进分子离子形成，基质中加入了钠盐和钾盐，所以会产生$[M+H]^+$、$[M+Na]^+$和$[M+K]^+$加合离子。图中只有在953.0处出现了单一的分子离子峰，是由分子量为952的合成产物Na-Ph-POSS加氢离子所得，单一分子离子峰的出现充分表明合成的产物Na-Ph-POSS结构单一，没有副产物的产生。

4. Na-Ph-POSS的X射线衍射分析

图9-18是Na-Ph-POSS的XRD谱。Na-Ph-POSS谱图由5°～10°出现几个尖锐的衍射峰和其他位置出现了强度较小的峰，表明产物Na-Ph-POSS中可能存在结晶。

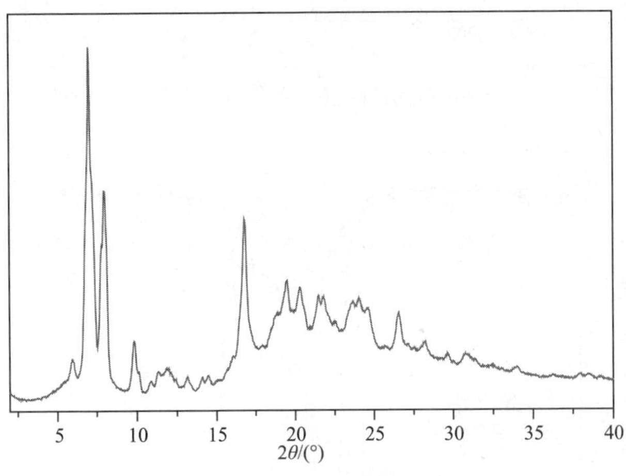

图9-18　Na-Ph-POSS的XRD谱

9.2.2　七苯基硅倍半氧烷三硅醇钠盐的热失重分析

Na-Ph-POSS在氮气和空气气氛下的TG和DTG曲线如图9-19和图9-20所示，表9-5给出了相关的数据。由图可知，Na-Ph-POSS在氮气和空气下的热分解均为两个阶段但分解路径相异，在80～150℃，是结合水的损失。而且在空气气氛和氮气气氛下两者的T_{onset}温度几乎相同。而温度高于T_{onset}之后，两种气氛中Na-Ph-POSS的分解明显不同，氮气气氛中失重相对空气气氛中较慢，在大约为550℃时氮气气氛中失重转化为另外一段，仅有少量适中，残炭率高，而空气气氛中从T_{onset}温度之后失重明显加快，到510℃左右，失重基本结束，残炭率较低。

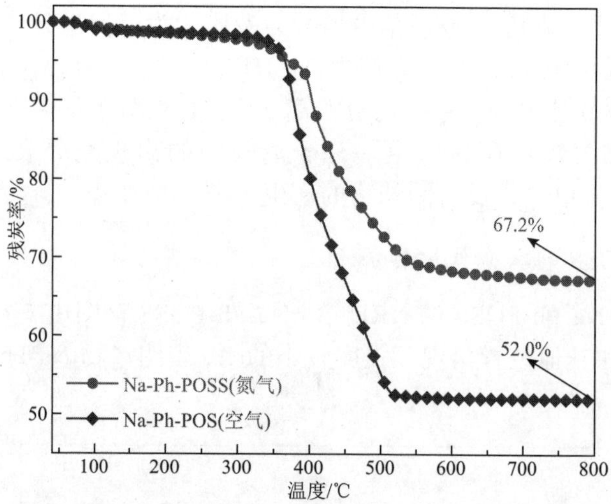

图 9-19 Na-Ph-POSS 在氮气和空气气氛下的 TG 曲线

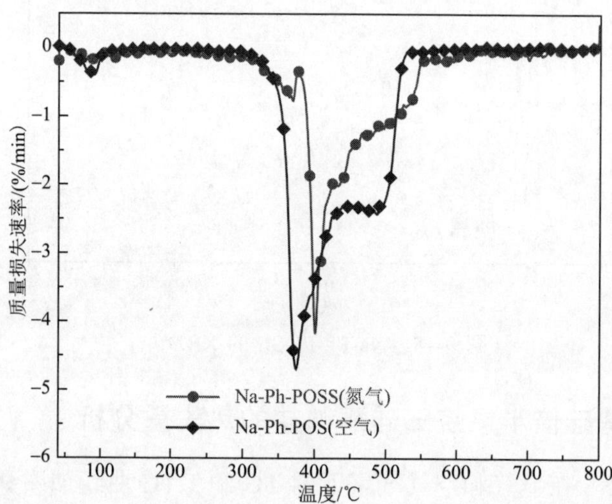

图 9-20 Na-Ph-POSS 在氮气和空气气氛下的 DTG 曲线

表 9-5 Na-Ph-POSS 在氮气和空气气氛下的 TG 数据

气氛	T_{onset}/℃	T_{max1}/℃	T_{max2}/℃	800℃残炭率/%
氮气	369	400	—	67.2
空气	364	374	487	52.0

注：T_{onset} 是质量损失为 5%时所对应的温度；T_{max} 是最大降解速率处的温度。

9.3 本章小结

本章合成了七苯基硅倍半氧烷三硅醇锂盐(Li-Ph-POSS)和七苯基硅倍半氧烷三硅醇钠盐(Na-Ph-POSS)，对其结构和热稳定性进行了分析。

此外，Li-Ph-POSS 的合成采用在回流温度缓慢滴加反应物苯基三乙氧基硅烷的方法，而合成 Na-Ph-POSS 时将几种反应物同时加入，然后再升温继续反应，两者不同的实验方法是因为合成 Li-Ph-POSS 时采用的催化剂为 $LiOH·H_2O$，有一定的结晶水提供反应缩聚的原料，而且 LiOH 的碱性弱于 NaOH，因此反应过程较为缓慢。最终，Li-Ph-POSS 的产率明显大于 Na-Ph-POSS 的产率。

参考文献

[1] Lee D W, Kawakami Y. Incompletely condensed silsesquioxanes: formation and reactivity[J]. Polymer Journal, 2007, 39(3): 230-238.

[2] Yoshida K, Ito K, Oikawa H, et al. Production process for silsesquioxane derivative having functional group and silsesquioxane derivative: US, US 20040068074 A1[P]. 2004-08-04.

[3] Koh K, Sugiyama S, Morinaga T, et al. Precision synthesis of a fluorinated polyhedral oligomeric silsesquioxane-terminated polymer and surface characterization of its blend film with poly (methyl methacrylate) [J]. Macromolecules, 2005, 38(4): 1264-1270.